Ihre Arbeitshilfen zum Download:

Die folgenden Arbeitshilfen stehen für Sie zum Download bereit:

- Überblick über das Gemeinnützigkeitsrecht
- Mechanik der Steuerbegünstigung
- Voraussetzungen der Gemeinnützigkeit i. w. S.
- Handlungsmaximen und Grundsätze für die Betätigung
- Verfahren der Anerkennung
- Mustersatzung
- Betätigungsbereiche
- Auswirkungen auf die Besteuerung des gemeinnützigen Vereins
- FAQ der Besteuerung gemeinnütziger Vereine

Den Link sowie Ihren Zugangscode finden Sie am Buchende.

Rechnungslegung für Vereine

Friedrich Vogelbusch

Rechnungslegung für Vereine

Finanzielle Entscheidungen erfolgreich vorbereiten, korrekt an Gremien und die Mitgliederversammlung berichten

1. Auflage 2020

Haufe Group
Freiburg · München · Stuttgart

Bibliografische Information der Deutschen Nationalbibliothek

Die Deutsche Nationalbibliothek verzeichnet diese Publikation in der Deutschen Nationalbibliografie; detaillierte bibliografische Daten sind im Internet über http://dnb.dnb.de abrufbar.

Print:	ISBN 978-3-648-13779-6	Bestell-Nr.:	17026-0001
ePub:	ISBN 978-3-648-13780-2	Bestell-Nr.:	17026-0100
ePDF:	ISBN 978-3-648-13781-9	Bestell-Nr.:	17026-0150

Friedrich Vogelbusch
Rechnungslegung für Vereine
1. Auflage 2020

www.haufe.de
info@haufe.de

Bildnachweis (Cover): © madpixblue, Adobe Stock

Produktmanagement: Annette Ziegler
Lektorat/Satz: Hans-Jörg Knabel

Inhaltsverzeichnis

Abbildungsverzeichnis 11
Vorwort 17

1 Überblick über das Vereinsrechnungswesen 21
1.1 Besonderheit: nur rudimentäre gesetzliche Vorschriften für Vereine 22
1.2 Exkurs: Chefmappe des RKW 23
1.3 Verschiedene Gruppen von Adressaten des Rechnungswesens 28

2 Externe und interne Instrumente des Rechnungswesens 31
2.1 Externe Instrumente des Rechnungswesens 34
2.1.1 Gesetzliche Prüfungspflicht für die Handelsbilanz und (freiwillige) Prüfungspflicht für die Vereinsbilanz 38
2.1.2 Offenlegung des handelsrechtlichen Jahresabschlusses 41
2.1.3 Ableitung der Steuerbilanz aus der Handelsbilanz 42
2.1.4 Fazit: Besonderheiten der externen Rechnungslegung bei Vereinen 48
2.2 Interne Instrumente des Rechnungswesens 50
2.3 Instrumente des Rechnungswesens, die sowohl für externe als auch für interne Zwecke verwendet werden 51

3 Im Laufe des Lebens eines Unternehmens eingesetzte Instrumente des Rechnungswesens (»Von der Wiege bis zur Bahre«) 55
3.1 Businessplan 57
3.2 Finanz- und Lohnbuchhaltung als Grundlage 68
3.2.1 Finanzbuchhaltung in der Form der Staffelrechnung 68
3.2.2 Finanzbuchhaltung in der Form der Einnahme-Überschuss-rechnung 70
3.2.3 Finanz- und Lohnbuchhaltung in der Form der Doppelten Buchführung in Konten (Doppik) 78
3.3 Internes Kontrollsystem 87
3.4 Betriebswirtschaftliche Auswertung (BWA) 89
3.5 Jahresabschluss und Lagebericht 96
3.6 Reporting (Kostenrechnung, Budgetierung und Controlling) 99
3.6.1 Kosten- und Leistungsrechnung 99
3.6.2 Kostenartenrechnung 103
3.6.3 Kostenstellenrechnung 105

3.6.4 Kostenträgerrechnung 110
3.6.5 Deckungsbeitragsrechnung 117
3.6.6 Prozesskostenrechnung 122
3.6.7 Zielkostenrechnung 130
3.6.8 Unternehmerische Planung bei Vereinen 132
3.6.9 Budgetierung 137
3.7 Umfassende Controlling- und Reportinginstrumente 143
3.7.1 Controllinginstrumente zur Steuerung der Wirkungen 143
3.7.2 Reportinginstrumente zur Berichterstattung über die Wirkungen eines Vereins 147
3.7.3 Die Balanced Scorecard als umfassendes Reportinginstrument 151
3.8 Zwischenfazit zu den Instrumenten des Rechnungswesens 159
3.9 Investitionsrechnung 161
3.9.1 Grundlagen der Investitionsrechnung 161
3.9.2 Verfahren der Investitionsrechnung 164
3.10 Kalkulation als Hauptanwendungsfall der Kostenrechnung im Verein 170
3.11 Insolvenzprophylaxe (Überschuldungsstatus und Fortführungsprognose) 174
3.12 Fazit zu den Rechnungslegungsinstrumenten in Vereinen 187

4 Prüfung des Rechnungswesens von Vereinen 189
4.1 Unterscheidung zwischen verschiedenen Vereinsgrößen 189
4.2 Aufgaben und Regelungen der Vereinsprüfung 192
4.2.1 Prüfung der Kassenführung bei kleineren Vereinen 193
4.2.2 Rechnungsprüfung bei mittelgroßen und großen Vereinen 196

5 Analyse des Jahresabschlusses/ Betriebsvergleich/Benchmarking 201
5.1 Überblick zur Analyse des Jahresabschlusses 201
5.2 Kennzahlenanalyse 202
5.3 Betriebsvergleich und Benchmarking 211
5.3.1 Betriebsvergleich 211
5.3.2 Benchmarking 213
5.4 Analyse von Vereinsjahresabschlüssen anhand von Beispielen 220
5.4.1 Einnahmen- und Ausgabenrechnung in verkürzter Form für einen Verein aus dem Bereich Kultur und Bildung 222
5.4.2 Einnahmen- und Ausgabenrechnung und Vermögensübersicht für einen Sportverein 224

5.4.3 Haushaltsplan, Einnahmen- und Ausgabenrechnung und Bestandsverzeichnis/Vermögensübersicht für einen Verein der Freiwilligen Feuerwehr 226
5.4.4 Zusammengefasste Bilanz und Gewinn- und Verlustrechnung für einen in der Wohlfahrt tätigen Verein 229
5.4.5 Bilanz und Gewinn- und Verlustrechnung für einen in der Wohlfahrt tätigen Verein 231
5.4.6 Bilanz- und Gewinn- und Verlustrechnung sowie Prüfungsbericht für einen in der Wohlfahrt tätigen Verein 238
5.4.7 Jahresabschluss und Lagebericht und Prüfungsbericht für einen Sportverein 249
5.4.8 Abschließende Hinweise zur Vorgehensweise bei der Analyse eines Jahresabschlusses (*quick and dirty*) 260

6 Das System der Transparenz für Vereine 263
6.1 Bestandteile des Systems 263
6.2 Prüfungen durch die Vereinsregister 263
6.3 Prüfungen durch die Finanzverwaltung 264
6.4 Prüfungen durch die Zuwendungsgeber 265
6.5 Prüfungen durch private/halbstaatliche Organisationen 265
6.6 Kontrolle durch die Jahresabschlussprüfung 268
6.7 Gesetzliche Vorschriften zur Transparenz im Bereich der Pflege 269
6.8 Reformvorschläge zur Rechnungslegung und Transparenz für Vereine 270
6.9 Reformvorschläge zur Offenlegung 271

7 Schluss und Zusammenfassung: Rechnungslegung für Vereine 273

Literaturverzeichnis 277
Stichwortverzeichnis 285

Abbildungsverzeichnis

Abb. 1: Chefmappe; in Anlehnung an die RKW-Führungsmappe 24
Abb. 2: Beispiel für eine Auswertungs- und Eingabemaske 26
Abb. 3: »Drill-Through« als zusätzliche Funktion auf der Taskleiste eines Personal Computers 27
Abb. 4: Beispiel für »Drill-Through« 27
Abb. 5: Externe und interne Adressaten des externen Rechnungswesens 28
Abb. 6: Überblick über das betriebliche Rechnungswesen 32
Abb. 7: Größeneinteilung von Vereinen nach Einnahmen und Spenden pro Jahr 34
Abb. 8: Handelsbilanz mit Überschuldung 36
Abb. 9: Übersicht über die IDW-Standards zur Prüfung 41
Abb. 10: Rechnungslegungs- und Prüfungsstandards des Instituts der Wirtschaftsprüfer 41
Abb. 11: Allgemeine Regeln zur Buchführung und Buchführungspflicht 44
Abb. 12: Grundsätze ordnungsmäßiger Buchführung i. w. S. 44
Abb. 13: Grundsätze ordnungsmäßiger Buchführung i. e. S. 45
Abb. 14: Weitere Grundsätze ordnungsmäßiger Bilanzierung 46
Abb. 15: Im Laufe des Lebens eines Unternehmens eingesetzte Instrumente des Rechnungswesens 56
Abb. 16: Gliederung und wesentliche Inhalte des Geschäftsplans 59
Abb. 17: Übersicht zu ausgewählten Businessplan- und Innovationswettbewerben 60
Abb. 18: Geschäftsplan – Investitions- und Finanzierungsplan 62
Abb. 19: Geschäftsplan – Finanzplan (schematische Darstellung) 63
Abb. 20: Geschäftsplan – Rentabilitätsplan 64
Abb. 21: Schema der Staffelrechnung 69
Abb. 22: Beispiel für die Staffelrechnung 69
Abb. 23: Beispiel-BWA für einen Überschussrechner 73
Abb. 24: Vermögensaufstellung für einen Verein mit EÜR 74
Abb. 25: Aufstellung über die Rücklagen eines Vereins mit EÜR 75
Abb. 26: Vermögensaufstellung nach dem Bilanzschema (Teil 1) 76
Abb. 27: Vermögensaufstellung nach dem Bilanzschema (Teil 2) 77
Abb. 28: Schema der Kontenrechnung (einschließlich Beispiel) 78
Abb. 29: Übersicht zur Bilanz 79
Abb. 30: Schema der Ermittlung des Eigenkapitals als Saldo in der Bilanz 79
Abb. 31: Ableitung der zu bebuchenden Konten aus der Anfangsbilanz 80
Abb. 32: Gewinn- und Verlustrechnung in Kontoform 80

Abb. 33: Gewinn- und Verlustrechnung in Staffelform ... 81
Abb. 34: Gewinn- und Verlustrechnung mit den in der internationalen Rechnungslegung üblichen Zwischensummen ... 81
Abb. 35: Grundstruktur eines Kontenrahmens (Sachkontenrahmen 4 – SKR 04) ... 84
Abb. 36: Prinzipien des internen Kontrollsystems ... 88
Abb. 37: Schema einer Betriebswirtschaftlichen Auswertung (BWA) ... 90
Abb. 38: Beispiel einer Betriebswirtschaftlichen Auswertung (BWA) mit Soll-Ist-Vergleichswerten ... 91
Abb. 39: Beispiel für eine laufend geführte OP-Liste ... 92
Abb. 40: Beispiel für eine OP-Liste, die einmal im Monat als Ergänzung zur BWA erstellt wird ... 93
Abb. 41: Ausbau der Standard-BWA (dargestellt am Beispiel der DATEV e. G.) ... 94
Abb. 42: Verschiedene Formen der BWA (DATEV) ... 94
Abb. 43: DATEV-Auswertungslayouts für die BWA ... 95
Abb. 44: Aufgaben des Jahresabschlusses ... 97
Abb. 45: Ist-, Normal- und Plan-Kostenrechnung ... 101
Abb. 46: Unterscheidung von Kostenrechnungen nach dem Zeitbezug und dem Umfang der Zuordnung ... 102
Abb. 47: Übersicht zur Gliederung der Kostenarten ... 102
Abb. 48: Teilbereiche der Kostenrechnung ... 103
Abb. 49: Verfahren der Kostenrechnung ... 106
Abb. 50: Grundschema des Betriebsabrechnungsbogens ... 107
Abb. 51: Übersicht – Verfahren zur Verrechnung der sekundären Kosten ... 109
Abb. 52: Beispiel für eine Erfolgsspaltung bei einem Verein im Pflegebereich ... 109
Abb. 53: Kostenträgerrechnung in den Ausprägungen Kalkulation und Betriebsergebnisrechnung ... 110
Abb. 54: Beispiel für die Berechnung der Anschaffungs- und Herstellungskosten sowie der Selbstkosten ... 111
Abb. 55: Kalkulationsverfahren ... 112
Abb. 56: Ermittlung der Selbstkosten pro Stück ... 113
Abb. 57: Übersicht zur Ermittlung der Selbstkosten nach § 255 HGB ... 114
Abb. 58: Betriebsergebniskonto ... 115
Abb. 59: Gesamtkostenverfahren (HGB) ... 116
Abb. 60: Umsatzkostenverfahren (HGB) ... 116
Abb. 61: Beispiel für eine einfache Deckungsbeitragsrechnung in einer WfbM ... 118
Abb. 62: Deckungsbeitragsrechnung mit DB je Engpasseinheit (je Stück) – Ausgangssituation ... 118
Abb. 63: Deckungsbeitragsrechnung mit DB je Engpasseinheit (je Stück) – verbesserte Verteilung der Produktionskapazität ... 119
Abb. 64: Untergliederung der Fixkosten in Unterarten ... 120
Abb. 65: Schema einer mehrstufigen Deckungsbeitragsrechnung ... 121

Abb. 66: Zahlenbeispiel für eine mehrstufige Deckungsbeitragsrechnung 121
Abb. 67: Anwendungsbereiche der Prozesskostenrechnung 124
Abb. 68: Prozessanalyse im Rahmen der Erstellung einer Prozesskostenrechnung 125
Abb. 69: Formeln zur Berechnung der Prozesskostensätze, Umlagesätze und der Gesamtprozesskosten 126
Abb. 70: Beispiel Prozesskostenrechnung - der Allokationseffekt 127
Abb. 71: Beispiel Prozesskostenrechnung - unterschiedliche Kalkulationen (Zuschlagskalkulation versus prozessorientierte Kalkulation) ergeben einen Komplexitätseffekt 128
Abb. 72: Beispiel Prozesskostenrechnung - unterschiedliche Kalkulationen (Zuschlagskalkulation versus prozessorientierte Kalkulation) ergeben einen Degressionseffekt 129
Abb. 73: Beispiel für das Vorgehen beim Zielkostenmanagement 132
Abb. 74: Phasen des Planungsprozesses 134
Abb. 75: Zeitliche Horizonte und Inhalte der Planung 136
Abb. 76: Zusammenhang der verschiedenen operativen Teilpläne 137
Abb. 77: Eigenschaften flexibler und fixer Budgets 142
Abb. 78: Zusammenhang zwischen Planung, Budgetierung und Budgetkontrolle 142
Abb. 79: Veranschaulichung der vier Messgrößen der Wirkungskette anhand von Beispielen 144
Abb. 80: Dimensionen der Erfolgs- und Wirkungsmessung (gemessen in der handelsrechtlichen GuV und in weiteren Rechenwerken) 145
Abb. 81: Stakeholderbezogene Wirkungsmatrix 145
Abb. 82: Beispielindikatoren für Leistungen 149
Abb. 83: Beispielindikatoren für Wirkungen 149
Abb. 84: Gemeinwohlbilanz 150
Abb. 85: Die vier Perspektiven der Balanced Scorecard 155
Abb. 86: Beispiel für eine Balanced Scorecard 158
Abb. 87: Wertung der Balanced Scorecard 158
Abb. 88: Instrumente des Kaufmanns, gegliedert nach Entwicklungsstufen des Rechnungswesens 160
Abb. 89: Übersicht über den Prozess der Investitionsplanung 163
Abb. 90: Kostenvergleichsrechnung 165
Abb. 91: Vollständiger Finanzplan (fiktives Beispiel für zwei Waschmaschinen) .. 166
Abb. 92: Definition der Rentabilitätskennziffer 167
Abb. 93: Ermittlung der Amortisationsdauer 168
Abb. 94: Übersicht zu den dynamischen Verfahren der Investitionsrechnung 169
Abb. 95: Beispiel für eine Divisionskalkulation für einen Verein mit einem stationären Pflegeheim 171

Abb. 96: Beispiel für eine Divisionskalkulation – Berechnung der Divisoren 172
Abb. 97: Beispiel für eine Divisionskalkulation – Berechnung der kostendeckenden Investkosten (Varianten 96 % und 40 % Wagniszuschlag und 100 % Auslastung) 172
Abb. 98: Absolute Zahl der Insolvenzen nach Branchen (2018 und 2017) 175
Abb. 99: Insolvenzanfälligkeitsquote nach Branchen (2018 und 2017) 176
Abb. 100: Ursachen einer unternehmerischen Krise 178
Abb. 101: Phasen der unternehmerischen Krise 179
Abb. 102: Insolvenzsymptome außerhalb des Rechnungswesens 180
Abb. 103: Insolvenzsymptome aus dem Rechnungswesen 180
Abb. 104: Zusammenhang zwischen Unternehmensentwicklung und Unternehmenskrisen 181
Abb. 105: Tatbestandsmerkmale der Zahlungsunfähigkeit 182
Abb. 106: Abgrenzung von der Zahlungsunfähigkeit – die Zahlungsstockung 183
Abb. 107: Tatbestandsmerkmale der drohenden Zahlungsunfähigkeit 184
Abb. 108: Tatbestandsmerkmale der Überschuldung 184
Abb. 109: Finanzwirtschaftliche Sanierungsmaßnahmen 186
Abb. 110: Stadien von unternehmerischen Krisen 187
Abb. 111: Übersicht über die Organe und die Rechenschaftslegung bei kleinen Vereinen 190
Abb. 112: Übersicht über die Organe und die Rechenschaftslegung bei großen Vereinen 191
Abb. 113: Überblick über die unterjährige Rechenschaftslegung der Geschäftsführung und der Aufsichtstätigkeit des Vorstands bei kleineren Vereinen 191
Abb. 114: Überblick über die unterjährige Rechenschaftslegung der Geschäftsführung und der Aufsichtstätigkeit des Vorstands bei großen Vereinen 192
Abb. 115: Prüfung bei kleineren Vereinen im Überblick (mit internem Kassenprüfer) 193
Abb. 116: Checkliste zu den Erörterungen zur Kassenprüfung kleinerer Vereine ... 196
Abb. 117: Kassenprüfung bei mittelgroßen und großen Vereinen (mit externem Abschlussprüfer) 197
Abb. 118: Externe und interne Kennzahlen 204
Abb. 119: Absolute Kennzahlen und Verhältniskennzahlen 205
Abb. 120: Wichtige Kennzahlen zur Analyse des Jahresabschlusses 206
Abb. 121: Weitere Kennzahlen für Vereine 208
Abb. 122: DuPont-Kennzahlensystem 210
Abb. 123: Typen des Benchmarkings 215
Abb. 124: Verwaltungskosten bezogen auf die Umsatzerlöse 217

Abb. 125: Einnahmen- und Ausgabenrechnung in verkürzter Form für den Omse e. V. ... 222
Abb. 126: Anzahl der Mitarbeiter 2018 ... 223
Abb. 127: Kennzahlen für den Omse e. V. (2018) ... 223
Abb. 128: Einnahmen und Ausgaben des Gautinger SC e. V. ... 225
Abb. 129: Kennzahlen zur Ertragslage für den Gautinger SC e. V. ... 225
Abb. 130: Einnahmen und Ausgaben des Gautinger SC e. V. ... 225
Abb. 131: Schema für den Haushaltsplan für einen Verein der Freiwilligen Feuerwehr ... 226
Abb. 132: Schema für die Einnahmen- und Ausgabenrechnung inkl. Soll-Ist-Vergleichs für einen Verein der Freiwilligen Feuerwehr ... 227
Abb. 133: Schema für eine Vermögensübersicht für einen Verein der Freiwilligen Feuerwehr ... 228
Abb. 134: Gewinn- und Verlustrechnung des Diözesan-Caritasverbands Augsburg ... 229
Abb. 135: Kennzahlen zur Ertragslage des Diözesan-Caritasverbands Augsburg ... 230
Abb. 136: Bilanz des Diözesan-Caritasverbands Augsburg ... 230
Abb. 137: Kennzahlen zur Vermögenslage des Diözesan-Caritasverbands Augsburg ... 231
Abb. 138: Bilanz der Diakonie Rostocker Stadtmission zum 31.12.2018 ... 232
Abb. 139: Kennzahlen zur Vermögenslage der Diakonie Rostocker Stadtmission zum 31.12.2018 ... 233
Abb. 140: Gewinn- und Verlustrechnung für die Diakonie Rostocker Stadtmission e. V. ... 234
Abb. 141: Kennzahlen zur Vermögenslage der Diakonie Rostocker Stadtmission für das Geschäftsjahr 2018 und das Vorjahr ... 235
Abb. 142: Angaben aus dem Anhang des Diakonie Rostocker Stadtmission e. V. ... 236
Abb. 143: Beteiligungsübersicht des Diakonie Rostocker Stadtmission e. V. ... 236
Abb. 144: Beteiligungsübersicht des Diakonie Rostocker Stadtmission e. V. ... 237
Abb. 145: Bilanz zum 31.12.2017 des DRK Kreisverband Berlin Steglitz-Zehlendorf e. V. ... 239
Abb. 146: Gewinn und Verlustrechnung 2017 des DRK Kreisverband Berlin Steglitz-Zehlendorf e. V. ... 240
Abb. 147: Ertragslage des DRK Kreisverband Berlin Steglitz-Zehlendorf e. V. – Prüfungsbericht ... 241
Abb. 148: Zusammensetzung der Gesamtleistung ... 242
Abb. 149: Kennzahlen zur Ertragslage des DRK Kreisverband Berlin Steglitz-Zehlendorf e. V. für die Jahre 2016 und 2017 ... 243
Abb. 150: Vermögenslage (Vermögensstruktur) des DRK Kreisverband Berlin Steglitz-Zehlendorf e. V. – Prüfungsbericht ... 243

Abb. 151: Vermögenslage (Kapitalstruktur) des DRK Kreisverband Berlin Steglitz-Zehlendorf e. V. – Prüfungsbericht ... 244
Abb. 152: Kennzahlen zur Vermögenslage, Kapital- und Finanzstruktur des DRK Kreisverband Berlin Steglitz-Zehlendorf e. V. für die Jahre 2016 und 2017 ... 245
Abb. 153: Anlagenspiegel des DRK Kreisverband Berlin Steglitz-Zehlendorf e. V. zum 31.12.2017 Prüfungsbericht ... 246
Abb. 154: Siegel und Unterschrift des Abschlussprüfers des DRK Kreisverband Berlin Steglitz-Zehlendorf e. V. zum 31.12.2017 ... 249
Abb. 155: Titelseite des Prüfungsberichts des DOSB e. V. zum 31.12.2017 ... 250
Abb. 156: Bilanz des DOSB e. V. zum 31.12.2017 ... 251
Abb. 157: Gewinn- und Verlustrechnung des DOSB e. V. für die Jahre 2017 und 2016 ... 252
Abb. 158: Ertragslage des DOSB e. V. 2017 und 2016 – Prüfungsbericht ... 253
Abb. 159: Aufgliederung des neutralen Ergebnisses für den DOSB e. V. 2017 und 2016 – Prüfungsbericht ... 254
Abb. 160: Kennzahlen zur Ertragslage des DOSB e. V. 2017 und 2016 ... 254
Abb. 161: Vermögenslage (Vermögensstruktur) des DOSB e. V. 2017 und 2016 – Prüfungsbericht ... 255
Abb. 162: Vermögenslage (Kapitalstruktur) des DOSB e. V. 2017 und 2016 – Prüfungsbericht ... 255
Abb. 163: Kennzahlen zur Vermögenslage und zur Finanzstruktur des DOSB e. V. 2017 und 2016 ... 256
Abb. 164: Erster Analyseblick auf die Gewinn- und Verlustrechnung ... 261
Abb. 165: Zweiter bis vierter Analyseblicke auf die Bilanz ... 261

Vorwort

Vor Ihnen liegt eine Darstellung der Grundlagen der Rechnungslegung von Vereinen.

Meine berufliche Praxis als Steuerberater und Wirtschaftsprüfer hat mich in den letzten 27 Jahren wiederholt mit dem Thema in Verbindung gebracht. Schon immer war mir aufgefallen, dass die Jahresabschlussprüfung von Vereinen eine eigene Materie ist.

- Es gibt nur rudimentäre gesetzliche Vorschriften zur Rechnungslegung, dies ist anders als bei Kapitalgesellschaften und Kaufleuten. Für diese Unternehmen gibt das III. Buch des Handelsgesetzbuchs (HGB) gesetzliche Regeln für ein „kaufmännisches Rechnungswesen" und eine doppelte Buchführung in Konten (Doppik) vor.
- In der Praxis ist es bei größeren Trägern (z. B. aus der Sozialwirtschaft oder bei Sportvereinen) üblich, freiwillig das kaufmännische Rechnungswesen, d. h. einen Jahresabschluss bestehend aus einer Bilanz, einer Gewinn- und Verlustrechnung und einem Anhang, aufzustellen und um einen Lagebericht zu ergänzen.

Als ich Anfang 2006 meine Antrittsvorlesung an der Ev. Hochschule für soziale Arbeit in Dresden zum Thema „Transparenz im Bereich der Freien Wohlfahrt" vorbereitete, musste ich feststellen, dass die Beschäftigung mit diesem Thema bei den meisten Vereinen noch in den Kinderschuhen steckte.

Zum 1.1.2007 hat der Gesetzgeber die Pflicht zur Veröffentlichung der Jahresabschlüsse für gewerbliche Unternehmen verschärft. Mittlerweile kann man im elektronischen Bundesanzeiger die Jahresabschlüsse, die sie ergänzenden Lageberichte und das Testat der Abschlussprüfer von über 5 Mio. Unternehmen einsehen. Zudem veröffentlichen die Kommunen in sog. Beteiligungsberichten die Haushaltspläne und Jahresabschlüsse der kommunalen Unternehmen.

Hier gibt es also noch eine „offene Baustelle" für Vereine. Zwar gibt es weder für die Rechnungslegung noch für die Offenlegung von Vereinen gesetzliche Vorschriften, aber im Zusammenhang mit Skandalen und den sich daraus ergebenden Vorwürfen wird das Thema der Transparenz und der Offenheit oft angesprochen. Mit meinen Ausführungen in Kapitel 6 (»Das System der Transparenz für Vereine«) möchte ich dazu beitragen, dass sich möglichst viele Vereine freiwillig auf eine größere Transparenz hinsichtlich ihrer Zahlen und vereinsrechtlichen Gegebenheiten einlassen.

Bei der Darstellung der Grundlagen der Rechnungslegung ist es inhaltlich für Vereine wichtig, die Standards des Instituts der Wirtschaftsprüfer (IDW) kennenzulernen. Da es keine ausführlichen gesetzlichen Vorschriften zur Rechnungslegung von Vereinen gibt, kommt den Empfehlungen des Instituts der Wirtschaftsprüfer eine besondere Rolle zu. Die Rechnungslegungs- und Prüfungsstandards (RS und PS des IDW) für

Vereine richten sich in erster Linie an die Abschlussprüfer, da sie wertvolle Hinweise als Empfehlungen der Prüfergilde geben. In Kapitel 2 gehe ich ausführlich auf die Standards des IDW ein. Ihre Kenntnis ist eine wesentliche Grundlage für jeden im Rechnungswesen von Vereinen tätigen Mitarbeiter.

In dieses Buch fließen meine langjährigen Praxiserfahrungen in der Beratung und Prüfung von Vereinen ein. Darüber hinaus verfüge ich über Erfahrungen aus zahlreichen Vorträgen und Vorlesungen zum Thema Vereinsrechnungswesen.

Bei der Vermittlung der Materie habe ich die positive Erfahrung gemacht, dass zwei didaktische Hilfsmittel besonders geeignet sind, den Verantwortlichen im Verein die Grundzüge des Rechnungswesens zu erklären:

- die strenge Unterscheidung zwischen internen und externen Rechnungslegungsinstrumenten,
- die chronologische Darstellung, welche Instrumente „von der Wiege bis zur Bahre“ von einem Verein genutzt werden können.

Darüber hinaus ist es hilfreich, sich anhand von Praxisbeispielen einen Einblick in die unterschiedlichen Formen der Rechnungslegung von Vereinen zu verschaffen. Die Abschnitte zur Rechnungslegung und Prüfung des Rechnungswesens von Vereinen werden deshalb durch ein Kapitel abgeschlossen, in dem ich anhand von Beispielen aus der Praxis verschiedene Typen von Vereinsjahresabschlüssen darstelle und analysiere.

Da die Offenlegung von Jahresabschlüssen keine Pflicht ist, musste ich auf die freiwillig im Internet veröffentlichten Vereinsjahresabschlüsse zurückgreifen. Ich bedanke mich ausdrücklich bei den Vereinen, die dies ermöglichen. Für die kommende Zeit appelliere ich an dieser Stelle ausdrücklich dazu, größere Transparenz und Offenheit zu gewähren. Spenderinnen und Spender sowie alle Institutionen, die Vereinen Geld z. B. in Form von Zuschüssen oder Leistungsentgelten anvertrauen, erwarten einen Bericht über die Tätigkeit und die erzielten ideellen und finanziellen Ergebnisse der eingesetzten Mittel.

Bei einigen Vereinen musste ich Details der Rechnungslegung schriftlich erfragen. Besonders Herrn Bernhard Gattner vom Caritasverband für die Diözese Augsburg e. V. danke ich für seine freundliche Zuarbeit.

Auf die besonderen Anforderungen, die sich aus dem Gemeinnützigkeits- und Umsatzsteuerrecht ergeben, will ich in diesem Vorwort gar nicht eingehen. Die hier dargestellte Materie ist komplex, und es ist eine Herausforderung, nicht nur den in der Vereinspraxis tätigen Verantwortlichen die Grundlagen und die Besonderheiten der Rechnungslegung zu vermitteln, sondern auch die Ehrenamtlichen mit in den Blick zu nehmen, die in Vorständen und Aufsichtsgremien über die Geschicke von Vereinen entscheiden sollen.

Die Governance-Struktur, wie Vereine hinsichtlich der Geschäftsführung und Aufsichtsgremien organisiert werden, und wie die Prüfung der Rechnungslegung stattfindet, spielt in den letzten Jahren eine immer größere Rolle. Mit der Frage, wie eine effektive Aufsicht stattfinden kann, beschäftigen sich verschiedene sog. Corporate-Governance-Kodizes in mehreren Vereinsbranchen. Hier wird zumindest den größeren Vereinen angeraten, dem hauptamtlichen Vorstand einen ehrenamtlichen Aufsichtsrat gegenüberzustellen. In der Wohlfahrtsbranche wird es seit über 15 Jahren empfohlen, in Vereinen das an das Aktienrecht angelehnte duale Modell zu verwirklichen. Da dieses Buch sich schwerpunktmäßig der Rechnungslegung widmet, kann auf das Governance-Thema nicht vertieft eigegangen werden.

Neben dem Dank an den Haufe-Lexware Verlag, die Begleitung während der gesamten Phase der Konzeption und Fertigstellung des Buchs durch Frau Annette Ziegler, möchte ich meiner Frau Heike für ihre kompetente, aber immer zugewandte Kritik und Korrektur der verschiedenen Textentwürfe danken. Ohne ihre Hilfe wäre dieses Buch nicht so fröhlich geschrieben und fertiggestellt geworden.

Dresden, den 7. Februar 2020

1 Überblick über das Vereinsrechnungswesen

Vereine und ihre Rechnungslegung sind traditionell ein wenig beachtetes betriebswirtschaftliches Thema.[1]

Über die **zahlenmäßige Bedeutung** der Rechtsform des eingetragenen Vereins liegt keine amtliche Statistik vor. Schätzungen auf der Basis der etwa 600 Vereinsregister in Deutschland gehen davon aus, dass derzeit mehr als 600.000 Vereine tätig sind. Darunter sind als wichtigste Kategorien über 200.000 Sportvereine, knapp 75.000 diakonische bzw. karitative Vereine und 60.000 Kulturvereine zu nennen.[2] Im Jahre 2016 waren rund 36 Mio. Kinder, Jugendliche und Erwachsene Mitglieder in einem Verein.

Als **Arbeitgeber** spielen insbesondere die in der Sozialwirtschaft tätigen Vereine der Wohlfahrtspflege eine bedeutsame Rolle. Eine Studie der Deutschen Bank hat ermittelt, dass bei den Wohlfahrtsverbänden, die in vielen Fällen in der Rechtsform des eingetragenen Vereins strukturiert sind, 5,6 % aller Beschäftigten in Deutschland angestellt sind.[3]

Beim Zusammenstellen der betriebswirtschaftlichen und vereinsrechtlichen Grundlagen für die Rechnungslegung der Vereine hat es sich als notwendig herausgestellt, zwischen kleinen Vereinen auf der einen Seite und mittelgroßen bzw. großen Vereinen auf der anderen Seite zu unterscheiden.

- **Kleinere Vereine** sind durch das persönliche Engagement der Vereinsmitglieder geprägt, ein ehrenamtlicher Vorstand ist tätig. Vorstand und Mitglieder kennen sich. Die Rechnungslegung für geringere Geschäftsumfänge kann als einfache Einnahmen-Ausgabenrechnung geführt werden. Mit Ausnahme von Übungsleitern sind keine Angestellten zu verzeichnen. Alles ist transparent und durch persönliche Bekanntschaften und im Idealfall durch Vertrauen geprägt.
- Dagegen sind Vereine mit einem **größeren Geschäftsbetrieb** (meist ein Zweckbetrieb, der Bildungsziele, sportliche, soziale oder kulturelle Ziele umsetzt) eher mit gewerblichen Unternehmen vergleichbar. Hier werden andere Instrumente der Vereinsgeschäftsführung genutzt, die Vereinsorganisation unterscheidet zwischen eh-

1 Es liegen einige wenige Beiträge vor, vgl. z. B. F. Vogelbusch (2007): Rechnungslegung gemeinnütziger Vereine, in: steuer-journal.de, Das Fachmagazin für Steuerberater, Heft Nr. 21, S. 24–29, ders. (2011): Transparenz und gute Vereinsführung, in: Der Verein, Heft 3, S. 1 ff. und ders. (2011): Prüfungen in Vereinen, in: Der Verein, Heft 4, S. 10 ff.

2 Vgl. Stiftung für Zukunftsfragen (2014): Immer mehr Vereine – immer weniger Mitglieder: Das Vereinswesen in Deutschland verändert sich, Newsletter Ausgabe 254.

3 Vgl. Deutsche Bank (2010): Wirtschaftsfaktor Wohlfahrtsverbände, Studie vom 16.11.2010, db-Research, Frankfurt a. M.

renamtlichen Aufsichtsfunktionen und professionellem Management. Dem einzelnen Vereinsmitglied ist es nicht mehr ohne Weiteres möglich, durch persönliches Inaugenscheinnehmen einen Überblick über die Vermögens-, Finanz- und Ertragslage zu behalten. Für solche mittelgroßen bzw. großen Vereine sind die in der gewerblichen Wirtschaft genutzten Rechnungslegungsinstrumente empfehlenswert.

Für dieses Buch ist es sinnvoll, zwischen kleinen Vereinen auf der einen und mittelgroßen bzw. großen Vereinen auf der anderen Seite zu unterscheiden. An verschiedenen Stellen dieses Buchs wird diese Unterscheidung vorgenommen und dort jeweils erläutert.

1.1 Besonderheit: nur rudimentäre gesetzliche Vorschriften für Vereine

Für gewerbliche Unternehmen ist unstreitig klar, dass das Management effiziente Instrumente zur Steuerung des Betriebsgeschehens vorhalten muss. Den Gesellschaftern, Aktionären und den von ihnen ins Amt gewählten Aufsichtsgremien ist regelmäßig über den Gang der Geschäfte zu berichten (**unterjährige Rechenschaft**) und am Ende des Geschäftsjahres Rechnung über die getätigten Geschäfte zu legen. Um einen ausschüttungsfähigen Gewinn zu ermitteln und für die Zwecke der Besteuerung ist ein **Jahresabschluss** aufzustellen und ab einer gewissen Größe auch durch einen unabhängigen Dritten (Abschlussprüfer) prüfen zu lassen.

Überraschenderweise stellt man fest, dass dies bei Vereinen nicht so ist – jedenfalls, wenn man auf die gesetzlichen Vorschriften zur Buchhaltung, Rechnungslegung und Lageberichterstattung schaut. Ein betriebswirtschaftlicher Autor hat es so formuliert: es gibt zur Rechnungslegung von Vereinen nur »rudimentäre« gesetzliche Bestimmungen – dies stellt eine Besonderheit gegenüber bilanzierenden Unternehmen in der gewerblichen Wirtschaft bzw. im kommunalen Bereich dar.[4]

Die Ausführungen in diesem Buch nehmen mitunter Bezug auf die Sozialbranche. Vereine aus dieser Branche stehen exemplarisch für andere Vereine mit einem vergleichbaren Geschäftsvolumen. Die Übertragung der für Vereine in der Sozialbranche gefundenen Lösungen ist z. B. auf den Bereich des Sports, der Bildung, Wissenschaft oder Kultur denkbar.

Zum Rechnungswesen ist einleitend anzumerken, dass mithilfe der vielfältigen Instrumente des Rechnungswesens das betriebliche Geschehen allumfassend abgebil-

---

4 J. Littkemann/B. Sunderdiek (1999): Der Verein: Rechtsgrundlagen zur Besteuerung, Rechnungslegung und Publizität, in: BBK 1999, F. 4, S. 1791.

det wird. Mithilfe des Rechnungswesens berichtet das Management und gibt Rechenschaft an die Vereinsmitglieder, die Aufsichtsorgane und die Öffentlichkeit.[5]

Für den Manager ist es erforderlich, alle Geschäftsvorfälle von der Planung, über die Realisierung bis hin zur Rechenschaftslegung und nachträglichen Kontrolle in steuerbaren Rechengrößen (qualitativ und quantitativ) abzubilden. Nach allgemeinen Marketinggrundsätzen müssen auch Informationen über die Nutzer, Klienten, Kunden und ihre Bedürfnisse (Marktseite) und die Mitbewerber (Konkurrenten) zur Verfügung stehen.

1.2 Exkurs: Chefmappe des RKW

Die Notwendigkeit für die Geschäftsleitung, allumfassende Informationen in einer geordneten Weise parat zu haben, veranschaulicht die sog. Chefmappe des Rationalisierungskuratoriums der Deutschen Wirtschaft (RKW).

Tabelle Bild Nr.	Bezeichnung	Berichts-zeitraum	Seite
Umsatzentwicklung			
1.1	Bruttoumsatz – grafische Darstellung	Monat	1
1.2	Bruttoumsatz	Monat	2
1.3	Bruttoumsatz – grafische Darstellung	Monat	3/4
Kostenentwicklung			
2.1	zeitabhängige Kosten – grafische Darstellung	Monat	6
2.2	zeitabhängige Kosten nach Kostenarten und Bereichen	Monat	7/8
Ergebnisentwicklung			
3.1	vorläufiges Betriebsergebnis – grafische Darstellung	Monat	10
3.2	vorläufiges Betriebsergebnis	Monat	11/12
3.3	Deckungsbeiträge der Hilfebereiche	Monat	13/14
3.4	Deckungsbeiträge der Regionen	Monat	14/15
3.5	Deckungsbeiträge der …	Quartal	16/17
3.6	Betriebsergebnis	Halbjahr	18/19

5 Vgl. als Übersichtswerke zu den besonderen Anforderungen und Lösungen im NPO-Sektor und bei Vereinen: R. Schauer/R. Andessner/D. Greiling (2015): Rechnungswesen und Controlling für Nonprofit-Organisationen, 4. Aufl., Bern und F. Vogelbusch (2018): Management von Sozialunternehmen, München, Kap. 9 und 11 (S. 463 ff.).

Tabelle Bild Nr.	Bezeichnung	Berichts-zeitraum	Seite
Finanzentwicklung			
4.1	Zahlungsbereitschaft	Monat	21/22
4.2	Forderungen und Zahlungsziele, Verbindlichkeiten	Monat	23/24
4.3	Mittelbedarf und -aufkommen	Halbjahr	25/26
Vergütungsbereich			
5.1	Auslastung stationäre Einrichtungen nach Bereichen	Monat	28/29
5.2	erwartete Zugänge abzgl. -abgänge	Monat	30/31
5.3	Betriebskostenzuschüsse Ist	Monat	32/33
5.4	Pflegesätze	Halbjahr	34
Leistungsbereich			
6.1		Monat	36/37
6.2	Krankenstand	Monat	38/39
6.3	Überstunden	Monat	40/41
Einkauf			
7.1	Bestände und Bewegungen A-Material	Quartal	43/44
7.2	Leistungsdaten	Halbjahr	45/46
Personal			
8.1	Einsatz und Kosten angestellte Mitarbeiter	Monat	47/48
8.2	Quoten (Fachkraftquote, Anteil Teilzeitbeschäftigte usw.)	Monat	49/50
8.3	Tarifentwicklung, Bewährungsaufstiege usw.	Monat	51

Abb. 1: Chefmappe; in Anlehnung an die RKW-Führungsmappe; Quelle: RKW (Hrsg.) (1995): RKW-Führungsmappe – Zahlen der Unternehmenssteuerung, 9. Aufl., Eschborn, S. 24

Traditionell wurde diese Chefmappe in Papierform gefüllt. Heute stehen elektronische Reportingsysteme zur Verfügung, die helfen, die Informationserfordernisse systematisch zur Verfügung zu stellen.

Das folgende Beispiel zeigt ein detailliertes und komplexes Berichtswesensinstrument, das heute in mittelgroßen und großen Vereinen zur Steuerung des Betriebsgeschehens angewendet wird.

Beispiel: OLAP-Datenbank eines Vereins der Freien Wohlfahrt (umfassendes und systematisch gegliedertes Reportingsystem)

!

Beim OLAP-System handelt es sich um ein vor fast 20 Jahren eingeführtes System auf der Basis einer multidimensionalen Realtime-Datenbank.

Das ursprüngliche Projekt hieß »Wirtschaftsplan auf Basis TM1«. Für die vielfältigen Anforderungen sind in den 1990er-Jahren komplexe und verknüpfte Excel-Mappen entstanden, waren aber an die Grenzen ihrer Leistungsfähigkeit gestoßen. Es zeichnete sich ab, dass die Berechnungen nicht weiter ausgebaut werden konnten. Beim Beispielsverein stand ein Generationenwechsel im Finanz- und Controllingbereich an. Das Know-how, das sich im Kopf des ausscheidenden bisherigen Controllers befand und in ausgefeilten Excel-Mappen steckte, sollte in eine Datenbank übernommen und systematisiert abgebildet werden. Gleichzeitig sollte die Flexibilität von Excel als Frontend erhalten bleiben. Das wurde durch die genannte Datenbanksoftware gewährleistet.

Das viele Jahre nur für einen einzelnen Arbeitsplatz ausgelegte System wurde 2014 auf ein Mehrplatzsystem mit 25 Arbeitsplätzen umgestellt. Damit haben alle Verantwortlichen Zugriff auf das System. Sie können in den webbasierten Berichten in alle Richtungen und Details analysieren. Durch einen »Drill-Through« auf die relationalen Buchungsdaten kann sich jeder Berechtige (z. B. der Einrichtungsleiter) bis zu den einzelnen Buchungssätzen »durchdrillen«. Es werden alle relevanten Daten inklusive der Buchungstexte angezeigt.

Vor Kurzem wurde das System auf die aktuelle Softwareversion umgestellt. Damit wurde der Grundstein für weitere Entwicklungen gelegt.

Im Beispielsfall wurde ein Reportinginstrument für einen in der Wohlfahrt tätigen Verein mit folgenden Hilfefeldern umgesetzt (siehe Abbildungen 2–4):

- Pflegeheim,
- Altenheim,
- Werkstatt für behinderte Menschen,
- Wohnheim für behinderte Menschen,
- ambulante Frühförderstelle,
- Tagungsort,
- Erholungs- und Rüstzeitenheim,
- Seniorenbegegnungsstätte.

Der Budgetierungs- und Planungsprozess verläuft in einem Wirtschaftsjahr wie folgt:

1. Erstellung des Haushaltsplans,
2. Verhandlung der Entgelte,
3. Berechnung des genehmigten Plans,
4. Aktualisierung,
5. Soll-/Ist-Vergleiche,
6. Prognoserechnung durch die jeweiligen Verantwortlichen.

Mithilfe des Reporting-Tools auf der Basis der Datenbank wird die Steuerung des Beispielvereins wesentlich erleichtert. Das zunächst in Excel programmierte Controlling wird heute in einer professionellen Steuerungssoftware an mehreren Arbeitsplätzen durchgeführt. Der hier dargestellte Verein ist in den vergangenen 25 Jahren stark gewachsen. Er verfügt mittlerweile über ein professionelles Berichts- und Rechnungswesen. Die heutige IT-gestützte Lösung steht einem in der Industrie üblichen Enterprise-Resource-Planning (ERP) nicht nach!

Einrichtung	XYZ-123			
	per Juli 2017			
	Wirtschaftsplan	Hoch-rechnung	Fibu plus Kalk.	Ist-Zahlen aus Fibu
POS100 Entgelt	1.763.734	1.789.491	1.801.565	1.802.035
POS532 sonstige betriebliche Erträge	0	0	3.754	3.754
POS533 Nutzungsentgelte	0	0	4.200	4.200
POS534 Bestandsänderungen und Verk	0	0	7.526	7.526
POS535 sonstige Erträge	0	0	5.597	5.597
POS856 Umsatzerlöse	1.763.734	1.789.491	1.822.642	1.823.112
POS100 Entgelt	1.763.734	1.789.491	1.801.565	1.802.035
POS110 pflegebed. / SGB XI	1.165.024	1.188.531	1.189.288	1.189.288
POS110_E pfl.bed. SGBXI/ MP/ WM S(	1.165.024	0	0	0
kto_420000_Erträge Pflegegrad 1 vst	0	0	0	0
kto_421000_Erträge Pflegegrad 2 vst	0	0	36.416	36.416
kto_422000_Erträge Pflegegrad 3 vst	0	0	278.803	278.803
kto_423000_Erträge Pflegegrad 4 vst	0	0	546.389	546.389
kto_423500_Erträge Pflegegrad 5 vst	0	0	266.623	266.623

Übersicht						
Prognose 2017		Ist - Fibu - Jahreszahlen			Jahreswerte 2017	
bisher	neu	2015	2016	2017	Wirtschaftsplan	Hoch-rechnung
3.036.620	3.036.620	2.662.621	2.811.819	2.051.982	3.036.618	3.065.814
0	0	3.379	2.999	3.754	0	0
0	0	7.200	7.200	4.800	0	0
0	0	22.004	37.355	7.526	0	0
0	0	9.875	11.389	6.551	0	0
3.036.620	3.036.620	2.705.078	2.870.762	2.074.612	3.036.618	3.065.814
3.036.620	3.036.620	2.662.621	2.811.819	2.051.982	3.036.618	3.065.814
2.005.820	2.005.820	1.721.373	1.831.224	1.360.918	2.005.820	2.030.640
2.005.820	2.005.820	0	0	0	2.005.820	0
0	0	276.727	249.248	0	0	0
0	0	937.202	974.075	41.319	0	0
0	0	431.552	498.362	319.273	0	0
0	0	3.413	5.398	629.372	0	0
0	0	0	0	301.048	0	0

Abb. 2: Beispiel für eine Auswertungs- und Eingabemaske; Quelle: A. Steffens (2017): Pantha Rhei

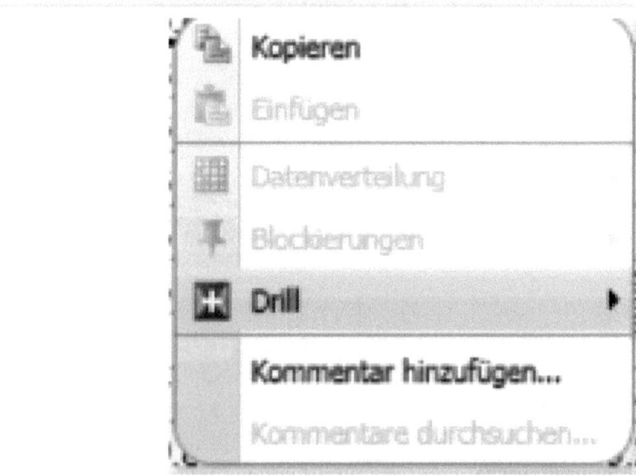

Abb. 3: »Drill-Through« als zusätzliche Funktion auf der Taskleiste eines Personal Computers; Quelle: A. Steffens (2017): Pantha Rhei

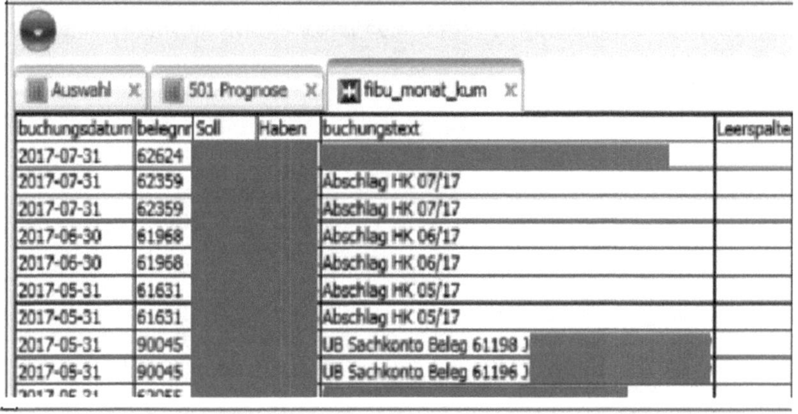

Auswahl | 501 Prognose | fibu_monat_kum

buchungsdatum	belegnr	Soll	Haben	buchungstext	Leerspalte
2017-07-31	62624				
2017-07-31	62359			Abschlag HK 07/17	
2017-07-31	62359			Abschlag HK 07/17	
2017-06-30	61968			Abschlag HK 06/17	
2017-06-30	61968			Abschlag HK 06/17	
2017-05-31	61631			Abschlag HK 05/17	
2017-05-31	61631			Abschlag HK 05/17	
2017-05-31	90045			UB Sachkonto Beleg 61198 J	
2017-05-31	90045			UB Sachkonto Beleg 61196 J	

ob_kostenstelle	KontoNr	Konto	Konto_id	status	vkz_art	sh_kennzeichen	EUR
302	421000	Erträge Pflegegrad 2 vst	102800000000002	AB	NB	SO	
302	421000	Erträge Pflegegrad 2 vst	102800000000002	AB	NB	HA	
302	421000	Erträge Pflegegrad 2 vst	102800000000002	AB	NB	HA	
302	421000	Erträge Pflegegrad 2 vst	102800000000002	AB	NB	HA	
302	421000	Erträge Pflegegrad 2 vst	102800000000002	AB	NB	HA	
302	421000	Erträge Pflegegrad 2 vst	102800000000002	AB	NB	HA	
302	421000	Erträge Pflegegrad 2 vst	102800000000002	AB	NB	HA	
302	421000	Erträge Pflegegrad 2 vst	102800000000002	AB	NB	SO	
302	421000	Erträge Pflegegrad 2 vst	102800000000002	AB	NB	SO	

Abb. 4: Beispiel für »Drill-Through«; Quelle: A. Steffens (2017): Pantha Rhei

1.3 Verschiedene Gruppen von Adressaten des Rechnungswesens

Beim Ermitteln der **Adressaten des Rechnungswesens** stellt man fest, dass mehrere Gruppen als Empfänger von Daten aus der Betriebs- und Finanzbuchhaltung anzutreffen sind. So können z. B. verschiedene Gruppen als Adressaten des Jahresabschlusses mit der Bilanz und der Gewinn- und Verlustrechnung in den Blick genommen werden:[6]

- finanzwirtschaftlich orientierte Adressaten (Anteilseigner, Gläubiger wie z. B. Kreditinstitute und die Finanzverwaltung),
- leistungswirtschaftlich orientierte Adressaten (Kunden, Lieferanten, Belegschaft und konkurrierende Unternehmen),
- Meinungsbildner (Finanzanalysten, Presse und Öffentlichkeit),
- weitere Interessierte aus der Politik oder Kostenträger,
- Stakeholder aus dem Umfeld des Vereins (Mitarbeiter, Vereinsmitglieder, Mitglieder von Aufsichtsgremien und Beiräten).

Ausgehend von der Stellung der Adressaten bietet es sich an, interne und externe Adressaten des Jahresabschlusses bzw. des Rechnungswesens zu unterscheiden (siehe Abbildung 5).

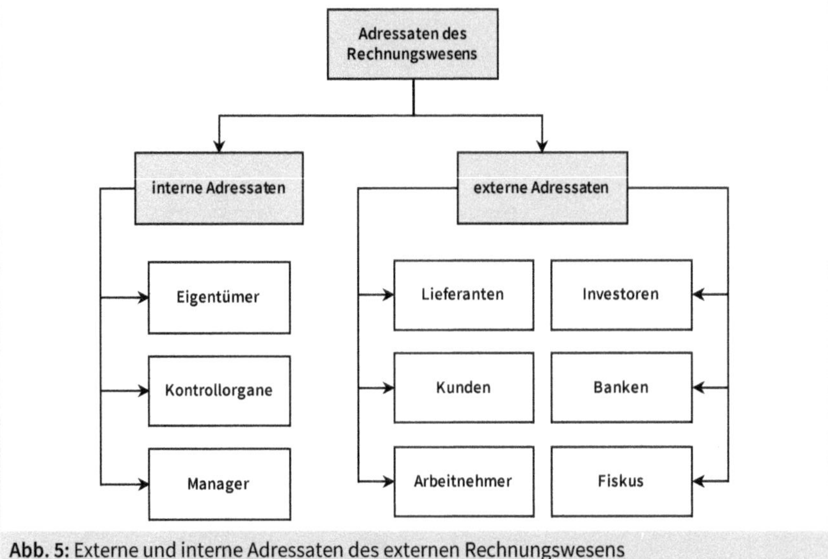

Abb. 5: Externe und interne Adressaten des externen Rechnungswesens

6 Unterscheidung stammt aus K. Küting (1996): Erhebliche Gestaltungsspielräume: Das Spannungsverhältnis zwischen Bilanzpolitik und Bilanzanalyse, in: Blick durch die Wirtschaft, S. 11.

Der Jahresabschluss soll **externen Dritten** eine allgemeine und standardisierte Informationsgrundlage bieten. An der Aussage des Jahresabschlusses sind zugleich auch **interne Adressaten** interessiert:

- Eigentümer wollen über die Vermögens-, Finanz- und Ertragslage sowie die Chancen und Risiken der zukünftigen Entwicklung des eigenen Unternehmens informiert sein.
- Entscheidungen der Manager werden rückwirkend anhand des Jahresabschlusses bewertet. Zudem erhalten sie häufig einen leistungsorientierten Teil des Gehalts als Vergütung. Erwirtschaftet das Unternehmen z. B. einen hohen Gewinn, fällt ihre variable Vergütung entsprechend hoch aus.
- Kontrollorgane, wie z. B. der Aufsichtsrat einer Aktiengesellschaft, nutzen den Jahresabschluss, um u. a. Risiken für das Unternehmen zu identifizieren.

Die weitaus größere Gruppe der Bilanzadressaten machen jedoch die **externen Adressaten** aus.

- die Beurteilung der Vermögens- und Ertragslage des Unternehmens dient Investoren zur Entscheidungsfindung,
- Kreditinstitute nehmen den Jahresabschluss als Grundlage für die Beurteilung der Bonität eines Vereins und damit für die Vergabe von Krediten sowie für deren Konditionen (z. B. Zinssatz),
- Lieferanten wollen sichergehen, dass ihre Rechnungen bezahlt werden, und Kunden erwarten bei einer Anzahlung auch ihre Ware,
- dem Fiskus dient der Jahresabschluss als Grundlage für die Besteuerung.

Für den am Vereinsmanagement Interessierten ist es zu Beginn seiner Ausbildung erfahrungsgemäß schwierig, einen Überblick über die verschiedenen Instrumente des Rechnungswesens zu gewinnen. Sie oder er fragt sich:

- Warum gibt es so eine Fülle an Instrumenten?
- Gibt es eine gesetzliche Vorgabe für ein Instrument oder bin ich in der Ausgestaltung frei, meine speziellen Anforderungen und Wünsche einzubringen?
- Welches Instrument soll ich in einer konkreten Entscheidungssituation einsetzen?

Da es ein ganzes System eingesetzter Instrumente gibt, empfiehlt sich eine Einordnung nach zwei Merkmalen:

- nach innen und nach außen gerichtete Instrumente,
- im Lebenszyklus eines Unternehmens eingesetzte Instrumente (von der Wiege bis zur Bahre).

2 Externe und interne Instrumente des Rechnungswesens

Man unterscheidet im Rechnungswesen zwischen Instrumenten, die **nach außen** gerichtet sind, um die Vereinsmitglieder, Gläubiger, Zuwendungsgeber und die interessierte Öffentlichkeit zu informieren, und **intern ausgerichteten** Rechenwerken, die dem Management zur Steuerung des Betriebsgeschehens dienen.

- **Externe Instrumente**
  dienen der Rechenschaftslegung ggü. Vereinsmitgliedern, der Information der Öffentlichkeit bzw. der Erfüllung steuerlicher oder handelsrechtlicher Pflichten.
- **Intern ausgerichtete Rechenwerke**
  dienen dem Management zur Steuerung, können laufend geführt werden (z. B. kurzfristige Erfolgsrechnung (BWA), Kostenstellen-Reporting) oder je nach Erfordernis in der jeweiligen Entscheidungssituation (Investitionsrechnung, Nachkalkulation)

Daneben gibt es Instrumente, die sowohl nach innen als auch nach außen eingesetzt werden bzw. allgemeine Zwecke haben (Finanzbuchhaltung und Lohnbuchhaltung dienen der Dokumentation der Geschäftsvorfälle, in Gerichtsverfahren können in der Buchhaltung erfasste Geschäftsvorfälle vorgelegt werden). Sie haben eine wichtige Beweisfunktion. Für statistische Zwecke sind dagegen verschiedenste Daten einsetzbar. Aus allgemeiner, jahrhundertealter kaufmännischer Übung folgt, dass bei der Verbuchung die Grundsätze ordnungsmäßiger Buchführung einzuhalten sind.

Abbildung 6 gibt einen Überblick über die nach innen und nach außen gerichteten Instrumente.

Für kleine Vereine mit einer überschaubaren Tätigkeit ist die externe Rechnungslegung über eine Einnahmen-Ausgabenrechnung (**einfache Buchführung**) ausreichend.[7]

Tipp zur Einnahmen-Ausgabenrechnung (einfache Buchführung) !

Das Institut der Wirtschaftsprüfer in Deutschland (IDW) hat am 1.3.2006 eine Stellungnahme zur »Rechnungslegung von Vereinen« verabschiedet (IDW RS HFA 14), die sich mit den Normen für den eingetragenen Verein (e. V.) befasst. Diese fachliche Stellungnahme ist für Vereine besonders bedeutsam, weil es – wie eingangs betont – keine bzw. nur rudimentäre gesetzlichen Bestimmungen zur Rechnungslegung gibt.

Der IDW RS HFA 14 betrachtet es als ausreichend, dass kleinere Vereine eine Rechnungslegung im Sinne einer Einnahmen-Ausgabenrechnung erstellen. Die einfache Buchführung sei allerdings nur für »leicht zu überschaubare Verhältnisse« angemessen und ausreichend, in denen die Zufälligkeiten der Zahlungszeitpunkte sich nicht wesentlich auswirken (IDW RS HFA 14 Tz. 19).

7 Auf die Rechnungslegungsinstrumente kleiner Vereine geht Kapitel 3.2.2 ein.

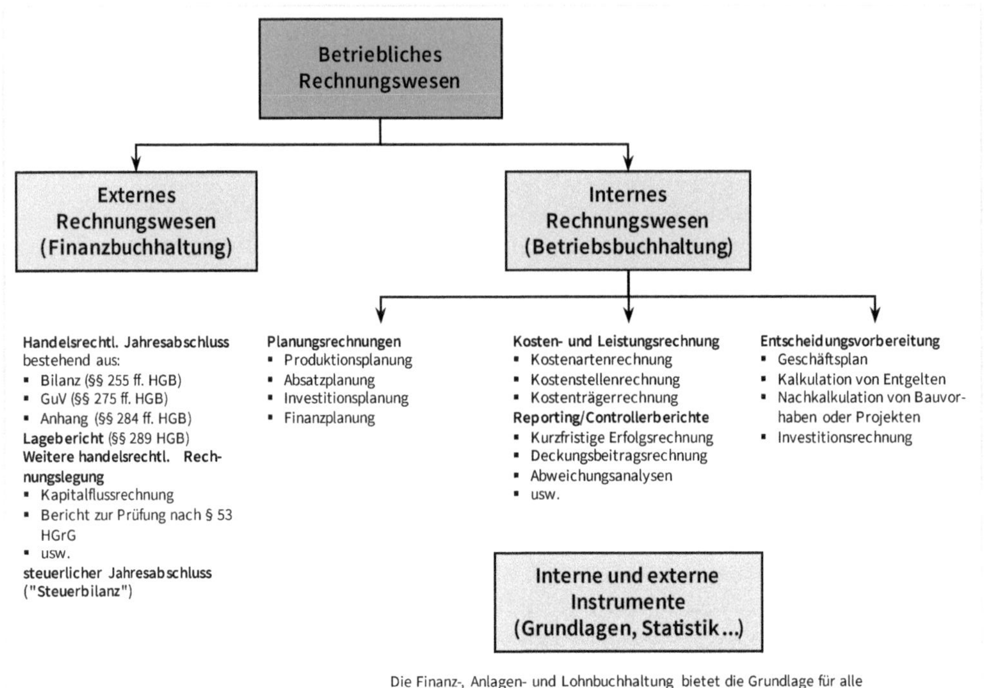

Abb. 6: Überblick über das betriebliche Rechnungswesen

! **Tipp zur steuerrechtlichen Buchführungspflicht**

Steuerrechtlich ist die derivative von der originären Buchführungspflicht zu unterscheiden.

Derivative Buchführungspflicht

Nach dem Steuerrecht sind zunächst alle Unternehmer buchführungspflichtig, die unter § 238 HGB fallen. Man spricht von der **derivativen** oder **abgeleiteten Buchführungspflicht** nach § 140 Abgabenordnung (AO); sie gilt für eingetragene Vereine, die nach der Art ihrer wirtschaftlichen Tätigkeit (im Zweckbetrieb bzw. im wirtschaftlichen Geschäftsbetrieb), nach der Branchenbetätigung (im Pflegebereich bzw. in der Krankenhausbranche) oder wegen der (extrem seltenen) Größe der Betätigung des wirtschaftlichen Geschäftsbetriebs nach dem Publizitätsgesetz (PublG) handelsrechtlich buchführungspflichtig sind.

Originäre Buchführungspflicht

Die steuerliche Buchführungspflicht knüpft nicht an der Tätigkeit oder der Rechtsform an, sondern am Umsatz und am Gewinn. Nach § 141 AO entsteht die steuerliche Buchführungspflicht beim Überschreiten folgender Grenzen:

- Umsätze ab 500.000 € im Kalenderjahr oder
- Gewinn aus Gewerbebetrieb von mehr als 50.000 € im Wirtschaftsjahr.

In diesem Fall spricht man von **originärer Buchführungspflicht**. Es ist darauf hinzuweisen, dass die Finanzverwaltung einen Verein, der nach § 141 AO bilanzierungspflichtig ist, ausdrücklich auffordern muss, kaufmännisch Bücher zu führen. Die steuerliche originäre Buchführungspflicht beginnt mit dem Beginn des Wirtschaftsjahres, das auf diese Aufforderung des Finanzamts folgt.

Vereine sind aufgrund ihrer Rechtsform nicht wie Kaufleute bzw. Unternehmen in der Rechtsform einer Kapitalgesellschaft buchführungspflichtig.

Allenfalls kommt daher eine Buchführungspflicht aufgrund des Überschreitens der steuerlichen Grenzen oder des Unterhaltens eines Handelsgewerbes in Betracht. Aus den üblichen Vereinszwecken ergeben sich nach den Erfahrungen des Autors nur in sehr seltenen Ausnahmefällen (z. B. Sozialkaufhäuser und Werkstätten) handelsgewerbliche Betätigungen.

Hieraus folgt, dass Vereine eine einfache Zusammenstellung ihrer Einnahmen und Ausgaben verwenden können, um den vereinsrechtlichen und steuerlichen Rechnungslegungspflichten nachzukommen.

Wenn ein Verein sich dazu entschließt, nach den handelsrechtlichen Grundsätzen Bücher doppisch zu führen, tut er dies freiwillig. Ab einer gewissen Größenordnung der Vereinstätigkeit wird dieses kaufmännische Rechnungswesen den Vereinen empfohlen, da nur so die umfassenden Informationen bereitgestellt werden können, die das Vereinsmanagement zur optimalen Entscheidungsfindung und betrieblichen Steuerung benötigt.

Segna hat 2006 und Buchheim/Deffland/Penter haben 2008 analog der Unterscheidung der Rechnungslegungsvorschriften bei Kapitalgesellschaften (§ 267 HGB) **Größenklassen für die Vereinsrechnungslegung** vorgeschlagen.[8] Damit ließen sich die Anforderungen, die an die Rechnungslegung von Vereinen gestellt werden, abstufen, z. B. nach Umsätzen und erhaltenen Spenden. Weitere Merkmale könnten die Zahl der Mitarbeiter und die Bilanzsumme sein. Abbildung 7 zeigt diesen Zusammenhang.

Für dieses Buch wird in Übereinstimmung mit diesen Autoren für mittelgroße und große Vereine empfohlen, einen kaufmännischen Jahresabschluss mit den Bestandteilen 1. Bilanz, 2. Gewinn- und Verlustrechnung und 3. Anhang sowie einen Lagebericht zu erstellen. Die Grundlage für die Bilanz und die Gewinn- und Verlustrechnung ist eine **doppelte Buchführung** in Konten (Doppik).

---

8 U. Segna (2006): Rechnungslegung und Prüfung von Vereinen – Reformbedarf im deutschen Recht, in: DStR, S. 1568 ff. und R. Buchheim/M. Deffland/V. Penter (2008): An den europäischen Nachbarn orientieren: Die aktuellen Ereignisse haben die Diskussion um Transparenz im Non-Profit-Sektor neu entfacht, in: Wohlfahrt intern, 4. Jahrgang, Heft 4, S. 10 ff.

Kleine Vereine		Mittelgroße Vereine		Große Vereine			
Einnahmen p. a. < 1 Mio. €		Einnahmen p. a. > 1 Mio. €		Einnahmen p. a. > 3 Mio. € bzw. Spenden > 1 Mio. €			
Einnahmen/ Ausgaben-rechnung	einfache Vermögens-übersicht	Jahresabschluss		Jahresabschluss			
		Bilanz	GuV	Bilanz	GuV	Anhang	Lage-bericht
2 Rechnungsprüfer		2 Rechnungsprüfer		Abschlussprüfer			

Abb. 7: Größeneinteilung von Vereinen nach Einnahmen und Spenden pro Jahr; in Anlehnung an Buchheim/Deffland/Penter (2008): Nachbarn, a. a. O.

2.1 Externe Instrumente des Rechnungswesens

Für die Aufgabe des nach außen gerichteten externen Rechnungswesens ist es charakteristisch, dass objektive Grundlagen für die Form und die Inhalte der Rechenwerke zur Information der außenstehenden Adressaten zur Verfügung gestellt werden. Allgemeine Grundlage der nach außen gerichteten Rechnungslegung ist der Handelsbrauch – die sog. **Grundsätze ordnungsmäßiger Buchführung** (GoB).

Die GoB haben als Generalnorm den Grundsatz der Nachvollziehbarkeit und Objektivität. Ein sachverständiger Dritter muss sich nach diesem Grundsatz in angemessener Zeit einen Überblick über die Lage des Vereins und seiner Geschäftsvorfälle verschaffen können.

Die Zwecke von Buchführung und handelsrechtlichem Jahresabschluss sind aus dem Gesetzestext, der Entstehungsgeschichte des HGB sowie aus rechtlichen und betriebswirtschaftlichen Begründungen abzuleiten. In der Literatur werden vornehmlich drei Buchführungs- und Jahresabschlusszwecke angeführt: die Dokumentation, die Rechenschaft und die Kapitalerhaltung.[9]

- Unter der **Dokumentation** ist die vollständige und nachvollziehbare Aufzeichnung aller Geschäftsvorfälle zu verzeichnen. Dies ist der grundlegende Zweck der Buchführung. Die Buchführungspflicht ist in § 238 Abs. 1 HGB normiert. Aus der Buchführung können alle weiteren Informationen entnommen werden, die für den Jahresabschluss erforderlich sind.
- Ein weiterer Zweck ist die **Rechenschaft** über die wirtschaftliche Lage und Entwicklung des Unternehmens.
- Der Zweck der Substanz- und **Kapitalerhaltung** des Unternehmens wird dadurch erfüllt, dass intern und extern über die Lage informiert wird (Pflicht zur Selbstinformation des Kaufmanns und zur Offenlegung über den Bundesanzeiger) und für die Ausschüttung von Gewinnen bzw. die Entnahme von Eigenkapital bestimmte Regeln und Grenzen (Ausschüttungssperr-Regelungen) gesetzt werden.

9 Vgl. J. Baetge/H.-J. Kirsch (2002): Grundsätze ordnungsmäßiger Buchführung, in: K. Küting/C.-P. Weber (Hrsg.): Handbuch der Rechnungslegung, 5. Aufl., Stuttgart, Tz. 30 ff., J. Baetge/D. Fey/G. Fey (2002): § 243, Aufstellungsgrundsatz, ebenda, Tz. 21 ff.

Diese drei Zwecke bilden zusammen ein ausgewogenes System, das zum Ausgleich der divergierenden Interessen der Adressaten des Jahresabschlusses dient.

Am Rande sei darauf hingewiesen, dass die Buchführung und der handelsrechtliche Jahresabschluss das Fundament für den steuerrechtlichen Jahresabschluss (verkürzt die Steuerbilanz) bieten.

Aufgaben der Handelsbilanz

Die Handelsbilanz hat zwei wesentliche Aufgaben:

- Feststellen des jährlichen Gewinns und
- feststellen der Fortführungsprämisse.

Die **erste wichtige gesetzliche Aufgabe** des handelsrechtlichen Jahresabschlusses nach §§ 242 ff. HGB (die sog. »Handelsbilanz«) besteht darin, den jährlichen Gewinn festzustellen, der für eine Gewinnausschüttung zur Verfügung steht. Eine gewerbliche AG oder GmbH kann u. a. nur dann einen Jahresgewinn ausschütten, wenn ein ausreichendes Eigenkapital vorhanden ist.[10] Die Hauptversammlung der AG bzw. die Gesellschafterversammlung der GmbH stellt den Jahresabschluss fest und beschließt eine Gewinnverwendung (Thesaurierung/Einbehalt von Gewinnen oder Dividenden bzw. Gewinnausschüttung). Ohne den nach den handelsrechtlichen Vorschriften aufgestellten Jahresabschluss ist ein Gewinnverwendungsbeschluss nichtig (§ 256 Aktiengesetz – AktG).

Damit regelt die Handelsbilanz die Kompetenz der Organe eines Unternehmens (Machtverteilung zwischen Gesellschaftern/Aktionären und Management/Vorstand). Dem Aufsichtsrat kommt die Aufgabe zu, die Bilanz zu prüfen und sie der Hauptversammlung zur Feststellung vorzuschlagen. Die wegen einer gebildeten Rückstellung oder einer Forderungseinzelwertberichtigung nicht ausschüttbaren finanziellen Mittel verbleiben im Unternehmen. Die Gesellschafter bzw. Aktionäre können nur über den ausgewiesenen Bilanzgewinn verfügen.[11]

Vereine sind in den allermeisten Fällen gemeinnützig. Ein **gemeinnütziger Verein** kann grundsätzlich keine Gewinne an seine Vereinsmitglieder ausschütten.[12] Ver-

ARBEITSHILFE ONLINE

---

10 Weitere Voraussetzungen sind, dass keine Ausschüttungssperre gesetzt ist bzw. keine Vorgabe besteht, eine gesetzliche Rücklage zu bilden. Eine Ausschüttungssperre gilt z. B., wenn selbst erstellte immaterieller Vermögensgegenstände des Anlagevermögens (siehe originärer Firmenwert; § 248 Abs. 2 und § 255 Abs. 2a HGB) aktiviert werden. Sofern bei einer Aktiengesellschaft die gesetzliche Rücklage und die Kapitalrücklagen zusammen nicht 10 % des Grundkapitals erreichen, sieht § 150 Abs. 3 und 4 AktG ebenfalls eine Begrenzung der Ausschüttung vor.

11 Vgl. W. Stützel (1967): Bemerkungen zur Bilanztheorie, in: Zeitschrift für Betriebswirtschaftslehre, S. 314.

12 Im Ausnahmefall kann ein Verein jedoch eine Ausschüttung seiner Tochtergesellschaft erhalten. Dieser Ausnahmefall ist in der Arbeitshilfe »FAQ der Besteuerung von Vereinen« dargestellt. Erforderlich ist, dass Mutterverein und Tochtergesellschaft beide gemeinnützig sind.

einsmitglieder erhalten somit – und das ist anders als bei gewerblichen Unternehmen – keine Ausschüttungen aus dem erzielten Jahresgewinn!

Dennoch ist die **Feststellung des Jahresabschlusses** für einen gemeinnützigen Verein wichtig. Mit diesem Beschluss wird auch das Jahresergebnis festgestellt und über die Verwendung des Jahresergebnisses entschieden. Die Feststellung des Jahresabschlusses, der **Beschluss über die Verwendung der Rücklagen** und die **Entlastung des Vorstands** gehören zu den jährlichen Standardbeschlüssen einer jeden Vereinsmitgliederversammlung, dem obersten Souverän des Vereins.[13]

Eine **zweite wesentliche Aufgabe** der externen Rechnungslegung ist im Selbstschutz des Managements vor einer Insolvenz gegeben.

Das Management überzeugt sich durch eine zeitnahe Bilanzierung (Handelsbilanz) davon, dass er **nicht überschuldet** ist. Damit wird den Geschäftspartnern und Gläubigern gedient, denn bei einer Kapitalgesellschaft bzw. bei einem Verein haftet nur das Gesellschafts- bzw. Vereinsvermögen für die Verbindlichkeiten der Gesellschaft bzw. des Vereins. Wird eine Überschuldung festgestellt, kann dies ein Indiz für eine eingetretene Unternehmenskrise sein. Der gesetzliche Vertreter eines Unternehmens und eines Vereins muss in diesem Fall unverzüglich handeln, um eine persönliche Haftung und strafrechtliche Konsequenzen zu vermeiden. Abbildung 8 zeigt in einem vereinfachten Bilanzschema, wie eine Überschuldung entstehen kann.

Bilanz zum Ende eines Geschäftsjahres

Aktiva = Vermögen		Schulden + EK = Passiva	
Vermögen	105.000.000	Verbindlichkeiten und Rückstellungen	123.000.000
EK = Saldo	18.000.000		
	123.000.000		123.000.000

Unterbilanz

Abb. 8: Handelsbilanz mit Überschuldung

13 Die hier genannten Aufgaben der Vereinsorgane stellen nur eine Möglichkeit der Satzungsgestaltung dar. Das Vereinsrecht ist so flexibel gestaltbar, dass neben dem Vertretungsorgan Vorstand ein Aufsichtsgremium (z. B. Aufsichtsrat) bestimmt werden kann. Die Feststellung des Jahresabschlusses und die Dotation der Rücklagen kann in diesem Fall auch dem Aufsichtsorgan als Aufgabe zugewiesen werden.

Eine **Unterbilanz** hatte bis 2013 folgende Konsequenzen (unterschieden nach Rechtsformen):

- Kapitalgesellschaft (GmbH, AG) und e. V.:
  Das Management musste prüfen, ob neben der bilanziellen Überschuldung auch eine tatsächliche Überschuldung vorliegt. Wenn ja, musste es Insolvenz anmelden.
- Einzelunternehmer oder Personengesellschaft (BGB-Gesellschaft, OHG, KG):
  Als Konsequenz wurde von den Lieferanten i. d. R. Vorauskasse verlangt, die Banken gaben keine neuen Kredite, zusätzliche Sicherheiten waren erforderlich usw.

In den letzten Jahren wurde eine seit 2013 bis auf Weiteres festgeschriebene Besonderheit eingeführt. Seit der Finanzkrise im Jahr 2008 ist die Überschuldung einer Kapitalgesellschaft bzw. eines Vereins kein gesetzlich vorgeschriebener Auslöser für die Anmeldung der Insolvenz mehr, wenn eine positive Fortführungsprognose für das Unternehmen gegeben werden kann.[14]

Diese Entwicklung wird deutlich, wenn der alte Text der Insolvenzordnung dem neuen gegenübergestellt wird. Der alte Gesetzestext der Insolvenzordnung lautete:[15]

> **§ 19 InsO a. F.: Überschuldung**
>
> *(1) Bei einer juristischen Person ist auch die Überschuldung Eröffnungsgrund.*
>
> *(2) Überschuldung liegt vor, wenn das Vermögen des Schuldners die bestehenden Verbindlichkeiten nicht mehr deckt.*
>
> *(3) Ist bei einer Gesellschaft ohne Rechtspersönlichkeit kein persönlich haftender Gesellschafter eine natürliche Person, so gelten die Absätze 1 und 2 entsprechend.*

Der neue Gesetzestext der Insolvenzordnung lautet:[16]

> **§ 19 InsO n. F.: Überschuldung**
>
> *(1) Bei einer juristischen Person ist auch die Überschuldung Eröffnungsgrund.*

---

14 Nach dem im Folgenden wiedergebenden Gesetzestext besteht in diesem Fall sogar keine Überschuldung (§ 19 Abs. 2 InsO n. F.).

15 Fassung der Insolvenzordnung vom 5.10.1994 (BGBl. I S. 2866), zuletzt geändert durch Art. 9 des Gesetzes vom 12.12.2007 (BGBl. I S. 2840).

16 Diese Ergänzung in Abs. 2 erfolgte durch das Gesetz zur Modernisierung des GmbH-Rechts und zur Bekämpfung von Missbräuchen (MoMiG) vom 23.10.2008 (BGBl. I S. 2026) m. W. v. 1.11.2008. Die Überschuldung war zunächst nur befristet als Insolvenzgrund ausgesetzt. Der Deutsche Bundestag hat am 9.11.2012 beschlossen, die bisher bis zum 31.12.2013 befristete Regelung zur insolvenzrechtlichen Überschuldung (§ 19 Abs. 2 InsO) unbefristet auf Dauer beizubehalten.

> *(2) Überschuldung liegt vor, wenn das Vermögen des Schuldners die bestehenden Verbindlichkeiten nicht mehr deckt, **es sei denn, die Fortführung des Unternehmens ist nach den Umständen überwiegend wahrscheinlich.***

In Kapitel 3.11 werden die Tatbestandsmerkmale der Insolvenzordnung näher betrachtet.

2.1.1 Gesetzliche Prüfungspflicht für die Handelsbilanz und (freiwillige) Prüfungspflicht für die Vereinsbilanz

Ab einer gewissen Größenordnung ist es darüber hinaus vorgeschrieben, dass die Verlässlichkeit des Jahresabschlusses dadurch erhöht wird, dass die Buchführung und der Jahresabschluss durch einen Externen geprüft werden. Die Aufgabe, dem Abschlussprüfer als **Prüfungsobjekt** zu dienen, ist die **dritte wesentliche Aufgabe** der handelsrechtlichen Rechnungslegung.

Die **gesetzliche Prüfungspflicht** ist in § 316 Abs. 1 HGB definiert. Danach haben mittelgroße und große Kapitalgesellschaften ihren Jahresabschluss durch einen Abschlussprüfer prüfen zu lassen. Die Unterscheidung in kleine, mittelgroße und große Kapitalgesellschaften ist in § 267 HGB zu finden.[17]

> **§ 267 HGB: Umschreibung der Größenklassen**
>
> *(1) **Kleine Kapitalgesellschaften** sind solche, die mindestens zwei der drei nachstehenden Merkmale nicht überschreiten:*
>
> *1. 6.000.000 € Bilanzsumme,*
> *2. 12.000.000 € Umsatzerlöse in den zwölf Monaten vor dem Abschlussstichtag,*
> *3. Im Jahresdurchschnitt fünfzig Arbeitnehmer.*
>
> *(2) **Mittelgroße Kapitalgesellschaften** sind solche, die mindestens zwei der drei in Absatz 1 bezeichneten Merkmale überschreiten und jeweils mindestens zwei der drei nachstehenden Merkmale nicht überschreiten:*
>
> *1. 20.000.000 € Bilanzsumme ,*
> *2. 40.000.000 € Umsatzerlöse in den zwölf Monaten vor dem Abschlussstichtag,*
> *3. Im Jahresdurchschnitt zweihundertfünfzig Arbeitnehmer.*

---

17 Handelsgesetzbuch in der im Bundesgesetzblatt Teil III, Gliederungsnummer 4100-1, veröffentlichten bereinigten Fassung, das zuletzt durch Art. 13 des Gesetzes vom 15.7.2014 (BGBl. I S. 934) geändert worden ist. Anmerkung: Die Werte für die Bilanzsumme und die Umsatzerlöse werden regelmäßig an die Entwicklung des allgemeinen Preisniveaus angepasst.

*(3) **Große Kapitalgesellschaften** sind solche, die mindestens zwei der drei in Absatz 2 bezeichneten Merkmale überschreiten. Eine Kapitalgesellschaft im Sinn des § 264d gilt stets als große.*

(4) Die Rechtsfolgen der Merkmale nach den Absätzen 1 bis 3 Satz 1 treten nur ein, wenn sie an den Abschlussstichtagen von zwei aufeinanderfolgenden Geschäftsjahren über- oder unterschritten werden.

(5) Als durchschnittliche Zahl der Arbeitnehmer gilt der vierte Teil der Summe aus den Zahlen der jeweils am 31. März, 30. Juni, 30. September und 31. Dezember beschäftigten Arbeitnehmer einschließlich der im Ausland beschäftigten Arbeitnehmer, jedoch ohne die zu ihrer Berufsausbildung Beschäftigten.

Vereine unterliegen nicht der gesetzlichen Prüfungspflicht. Allerdings ist bei Vereinen die **freiwillige Prüfung** bedeutsam, die sich ergibt, wenn die Satzung der Körperschaft festschreibt, dass eine Jahresabschlussprüfung analog § 316 HGB stattfinden muss. In vielen Fällen folgen mittelgroße und große Vereine dem Vorbild der mittelgroßen und großen Kapitalgesellschaften und schreiben in ihrer Satzung die Pflicht zur Jahresabschlussprüfung nach den gesetzlichen Vorschriften für große Kapitalgesellschaften vor.

Mit dieser Prüfung durch einen unabhängigen Dritten wird das **Vertrauen in die Rechenschaftslegung** erhöht. Die Bilanzleser können sich darauf verlassen, dass die Buchführung ordnungsgemäß ist und die Rechnungslegungsvorschriften eingehalten worden sind. Vereine benötigen – insbesondere, wenn sie eine größere unternehmerische Betätigung z. B. in einem Zweckbetrieb aufweisen – das Vertrauen der Geschäftspartner und Gläubiger. Darüber hinaus erwarten die Vereinsmitglieder einen verlässlichen Bericht über die Geschäftstätigkeit und den Umgang mit anvertrauten Spenden. Deshalb ist auch für Vereinsmitglieder die Prüfung der Vereinsrechnungslegung wichtig.

Seine Wirkung erzielt die Abschlussprüfung gegenüber der Öffentlichkeit durch das **Testat**. In ihm wird das Urteil über die durchgeführte Prüfung zusammengefasst. Die Mitglieder des Aufsichtsorgans erhalten einen ausführlichen Prüfungsbericht, der ihnen bei ihrer Kontrolltätigkeit hilft. Seit der Reform des Handelsgesetzbuchs Mitte der 1990er-Jahre durch das sog. Bilanzrechtsmodernisierungsgesetz (BilMoG) gehört die Vergabe des Prüfungsauftrags zu den Aufgaben des Aufsichtsorgans. Hiermit wurde klargestellt, dass das Aufsichtsorgan Auftraggeber und Empfänger des Prüfungsberichts ist.

Es gibt also eine zweifache Information durch den Abschlussprüfer:

- Für die Wirkungsmöglichkeit des Abschlussprüfers ist einmal das zur Veröffentlichung an die breite Öffentlichkeit gedachte **Testat** zu nennen. Es fasst das Ergebnis der Prüfung in einem mehr oder weniger formelhaften Vermerk zusammen.

- Daneben erstellt der Abschlussprüfer einen **Prüfungsbericht** an den Auftraggeber. Der Prüfungsbericht ist an das Aufsichtsorgan gerichtet. Im Bericht besteht die Möglichkeit einer detaillierten und differenzierten Berichterstattung.

Somit wird ein außerhalb des Vereins stehendes Mitglied eines Aufsichtsgremiums in die Lage versetzt, die Geschäftsführung zu beurteilen und kritisch zu begleiten.

Wenn die rechtlichen Grundlagen für die Rechenschaftslegung von Vereinen dargestellt werden sollen, kommt den Empfehlungen des **Instituts der Wirtschaftsprüfer** (IDW) eine große Bedeutung zu. Dieses Fachinstitut der Wirtschaftsprüfer hat Berufsstandards, Stellungnahmen und Hinweise für die Wirtschaftsprüfer erlassen, die die Inhalte der Rechnungslegung und die Berichtspflicht des Abschlussprüfers näher bestimmen.[18] Da es nur wenige gesetzliche Bestimmungen zur Vereinsrechnungslegung gibt, sind die **Standards zur Rechnungslegung und Prüfung** von Vereinen von einzigartiger Bedeutung.

Abbildung 9 stellt die IDW-Standards zur Prüfung (PS) dar. Das Institut der Wirtschaftsprüfer hat speziell für die in diesem Buch erörterten freiwillig erstellten Jahresabschlüsse und ihre freiwillig beauftragte Prüfung Standards erlassen,[19] die hilfreiche Hinweise nicht nur für den Abschlussprüfer, an den diese Standards in erster Linie gerichtet sind, sondern auch für den erstellenden Verein enthalten.

Da für Stiftungen ebenso wie für Vereine keine Rechnungslegungsvorschriften im Gesetz geregelt sind, erfolgt der Hinweis auf die IDW Rechnungslegungsstandards (IDW RS) sowohl für Vereine als auch für Stiftungen.[20]

Diese Rechnungslegungs- und Prüfungsstandards sind 2010 bzw. 2013 herausgegeben worden. Erst seit dieser Zeit liegen formulierte Grundsätze für Vereine und Stiftungen aus Sicht des IDW vor. Abbildung 10 gibt eine Übersicht über die Rechnungslegungs- und Prüfungsstandards des IDW.

---

18 IDW (Hrsg.) (2016): IDW Prüfungsstandards (IDW PS), IDW Stellungnahmen zur Rechnungslegung (IDW RS), IDW Standards (IDW S), 59. Ergänzungslieferung, Düsseldorf.

19 Rechnungslegungs- und Prüfungsstandards des Instituts der Wirtschaftsprüfer können beim IDW Verlag in Düsseldorf bestellt werden. Sie sind in den Zeitschriften »Die Wirtschaftsprüfung« bzw. in den »IDW-Fachnachrichten« zeitnah zu ihrer Verabschiedung veröffentlicht worden.

20 Vgl. für Stiftungen z. B. R. Berndt/F. Nordhoff (2019): Rechnungslegung und Prüfung von Stiftungen, 2. Aufl., München.

Standard Nr.	Inhalt
IDW PS 100	Zusammenfassender Standard
IDW PS 120–199	Qualitätssicherung
IDW PS 200–249	Prüfungsgegenstand und Prüfungsauftrag
IDW PS 250–299	Prüfungsansatz
IDW PS 300–399	Prüfungsdurchführung
IDW PS 400–499	Bestätigungsvermerk, Prüfungsbericht und Bescheinigungen
IDW PS 500–799	Abschlussprüfung von Unternehmen bestimmter Branchen
IDW PS 800–999	andere Reporting-Aufträge

Abb. 9: Übersicht über die IDW-Standards zur Prüfung

Standard Nr.	Inhalt	Stand
IDW RS HFA 5	Rechnungslegung von Stiftungen	6.12.2013
IDW RS HFA 14	Rechnungslegung:von Vereinen	6.12.2013
IDW PS 740	Prüfung von Stiftungen	25.2.2000
IDW PS 750	Prüfung von Vereinen	9.9.2010

Abb. 10: Rechnungslegungs- und Prüfungsstandards des Instituts der Wirtschaftsprüfer

Tipp/Merke !

- Im System der guten Geschäftsführung und Beaufsichtigung spielen der unabhängige Abschlussprüfer als Sachverständiger und das Aufsichtsgremium als unterstützender Experte eine nicht unwesentliche Rolle.
- Vgl. die weiterführenden Empfehlungen in Kapitel 5.2 »Abschlussprüfung« im Diakonischen Corporate-Governance-Kodex[21]
- oder die Mustersatzung des Landesverbands der Diakonie in Sachsen bzw. Bayern (dort sind explizite Empfehlungen für Vereine aufgenommen, z. B. ab welcher Größenordnung eine Jahresabschlussprüfung durch einen Wirtschaftsprüfer vorgenommen werden soll).

2.1.2 Offenlegung des handelsrechtlichen Jahresabschlusses

Weitere gesetzliche Pflichten im Zusammenhang mit der externen Rechnungslegung ergeben sich aus der **Offenlegung** bzw. Publizität. In Deutschland wurde zum 1.1.2007 die Pflicht zur Offenlegung des Jahresabschlusses wesentlich erweitert.

21 Dargestellt in Abschnitt 9.2 »Corporate Governance« des Buchs F. Vogelbusch (2018): Management von Sozialunternehmen.

Nach § 325 HGB mussten Kapitalgesellschaften bereits vor dem 1.1.2007 ihren Jahresabschluss zum Handelsregister einreichen (gesetzlich vorgeschriebene handelsrechtliche Publizität). Ebenso gab es eine Publizitätspflicht für Nichtkapitalgesellschaften als sonstige Unternehmen (z. B. der Verein oder die Stiftung), die mit ihrem wirtschaftlichen Geschäftsbetrieb gewisse Größenkriterien überschritten haben (§ 1 des 1969 erlassenen PublG)[22]. Für Vereine sind die Offenlegungsvorschriften des PublG in nahezu allen Fällen nicht einschlägig. Dem Verfasser ist kein Fall bekannt, in dem ein so großer steuerpflichtiger wirtschaftlicher Geschäftsbetrieb existiert.

Seit dem Jahr 2000 müssen auch Personenhandelsgesellschaften ohne natürliche Person als persönlich haftender Gesellschafter, z. B. die GmbH & Co. KG, nach § 264a HGB ihren Jahresabschluss - ggf. nebst Bestätigungsvermerk – spätestens zwölf Monate nach dem Ende des Geschäftsjahres im Bundesanzeiger offenlegen.

Für Vereine gibt es also de facto **keine gesetzliche Pflicht zur Offenlegung des Jahresabschlusses**. Auf die Frage, ob es aus vereinspolitischen Gründen und aus dem Motiv der Information der Stakeholder (Spender, Zuschussgeber, Zivilgesellschaft usw.) empfehlenswert ist, die Angaben zum Vermögen und den Erträgen und Aufwendungen des Vereins freiwillig zu veröffentlichen, geht Kapitel 6 ein.

2.1.3 Ableitung der Steuerbilanz aus der Handelsbilanz

Aus dem handelsrechtlichen Jahresabschluss werden die steuerlichen Rechenwerke (Steuerbilanz und steuerliche Gewinn- und Verlustrechnung) abgeleitet. In diesen Rechenwerken werden die Grundlagen für die jährlich zu erstellende Steuererklärung ermittelt.

Der Jahresabschluss nach Steuerrecht wird auch als **Steuerbilanz** bezeichnet. Mit der Steuerbilanz und der steuerlichen Gewinnermittlung (GuV) werden die Bemessungsgrundlagen der Besteuerung (ESt, KSt, GewSt, USt) ermittelt. Der Steuerpflichtige ist gesetzlich verpflichtet, den steuerlichen Jahresabschluss zusammen mit der Steuererklärung an das Finanzamt einzureichen. In den letzten Jahren hat sich die Form der Abgabe eines steuerlichen Rechnungslegungsinstruments deutlich verschärft. Mit der sog. **E-Bilanz** sind nach einem fest vorgegebenen Kontenrahmen (sog. Taxonomie)

22 Es sind folgende Kriterien relevant: Die Bilanzsumme übersteigt 65 Mio. €, die Umsatzerlöse übersteigen 130 Mio. € und es werden mehr als 5.000 Arbeitnehmer beschäftigt. Nach § 3 Abs. 1 Nr. 3 PublG gelten diese Größenmerkmale nur für Vereine, deren Zweck auf einen wirtschaftlichen Geschäftsbetrieb gerichtet ist.

die einzelnen Positionen der Bilanz und der Gewinn- und Verlustrechnung elektronisch an das Finanzamt zu übermitteln.[23]

Aus den genannten gesetzlichen Aufgabenstellungen folgt, dass der Inhalt der handels- und steuerrechtlichen Rechnungslegung detailliert vorgegeben ist. Dies wurde als das kennzeichnende Kriterium der externen Rechnungslegung benannt.

Grundsätze ordnungsmäßiger Buchführung

Ein außenstehender Bilanzleser soll sich anhand der mit dem Jahresabschluss weitergegebenen Informationen einen Einblick in die Vermögens, Finanz- und Ertragslage des Unternehmens verschaffen können. Es handelt sich bei den externen Instrumenten des Rechnungswesens um **objektivierte Informations- und Rechenschaftsinstrumente**.

Damit das handelsrechtliche Rechnungswesen seine Funktion als Informationsinstrument im Sinne des eingangs genannten Grundsatzes der Nachvollziehbarkeit und Objektivität erfüllen kann, muss es bestimmten Anforderungen genügen. Ziel der Objektivierung ist die Nachvollziehbarkeit für einen sachverständigen Dritten. Er muss durch das objektivierte Rechnungswesen in die Lage versetzt werden, sich in angemessener Zeit einen Überblick über die Geschäfte und die wirtschaftliche Lage des Unternehmens zu verschaffen. Dafür ist erforderlich, dass sich die Buchhalter an einheitlichen Grundsätzen orientieren.

Als generelle Anforderungen gelten seit vielen Jahrzehnten die **Grundsätze ordnungsmäßiger Buchführung.**[24] Dies sind gesetzlich normierte, aber auch ungeschriebene Regeln, wie das Rechnungswesen formell und materiell zu gestalten ist.

Die Abbildungen 11–13 nennen die einzelnen GoB.

Abbildung 11 zeigt, dass es neben den handelsrechtlichen Vorschriften für **alle Kaufleute** spezielle Bestimmungen **für Kapitalgesellschaften** gibt. Die Vorschriften zur Eröffnungsbilanz und zum Jahresabschluss unterscheiden sich in allgemeine Vorschriften und Vorschriften zur Bilanzierung und zur Bewertung. Vorschriften zum Ausweis finden sich in den Bestimmungen zur Bilanz, zur Gewinn- und Verlustrechnung und zum Anhang.

Bestimmte Vorschriften zur ordnungsgemäßen Buchführung sind im Steuerrecht (insbesondere in der AO) - z. T. zusätzlich zum HGB - kodifiziert.

---

23 Vgl. Vogelbusch, F. (2014): E-Bilanz für Vereine. In: Lexware der verein wissen online. Aktuelle Hinweise zur E-Bilanz für Vereine (Stand: September 2014), Haufe Index 7201158.

24 Vgl. U. Leffson (1987): Die Grundsätze ordnungsmäßiger Buchführung, 7. Aufl., Düsseldorf.

(1) §§ 238–263 HGB	(2) §§ 264–335 HGB	(3)	(4)	(5)
Vorschriften für alle Kaufleute	Ergänzende Vorschriften für Kapitalgesellschaften			

§§ 238–241	§§ 242–256	§§ 257–261	§§ 262–263
Buchführung, Inventar	Eröffnungsbilanz, Jahresabschluss	Aufbewahrung, Vorlage	Sollkaufleute, Landesrecht

§§ 242–245	§§ 246–251	§§ 252–256
Allgemeine Vorschriften	Ansatz	Bewertung

§§ 264–289*
Jahresabschluss und Lagebericht von Kapitalgesellschaften

§§ 264–265	§§ 266–274	§§ 275–278	§§ 279–283	§§ 284–288	§ 289
Allgemeine Vorschriften	Bilanz	GuV	Bewertung	Anhang	Lagebericht

* Hinweis: mittelgroßen und großen Vereinen wird empfohlen, sich an den Vorschriften für Kapitalgesellschaften zu orientieren

Abb. 11: Allgemeine Regeln zur Buchführung und Buchführungspflicht

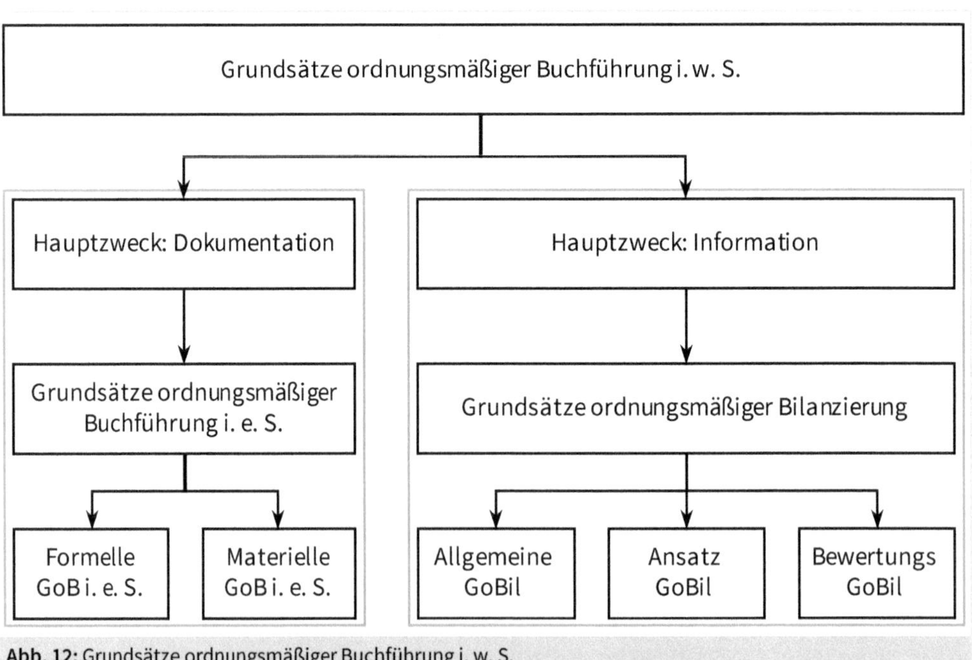

Abb. 12: Grundsätze ordnungsmäßiger Buchführung i. w. S.

Formelle GoB i. e. S.	**Materielle GoB i. e. S.**
Klarheit und Übersichtlichkeit **§ 239 Abs. 2 HGB**	**Vollständigkeit und Richtigkeit**
Bücher und sonstige Aufzeichnungen sind:	**Bücher und sonstige Aufzeichnungen sind so zu führen, dass:**
▪ nach einem geordneten Kontenplan ▪ in einer lebenden Sprache ▪ nach dem Belegprinzip (keine Buchung ohne Beleg) ▪ nach dem Grundsatz der Einzelerfassung und Nachprüfbarkeit zu führen.	▪ alle Geschäftsvorfälle lückenlos erfasst und verbucht werden ▪ keine Buchungen fingiert werden ▪ alle Geschäftsvorfälle auf dem zutreffenden Konto verbucht werden

Abb. 13: Grundsätze ordnungsmäßiger Buchführung i. e. S.

Die Grundsätze ordnungsmäßiger Buchführung i. w. S. (Abbildung 12) umfassen formelle und materielle Grundsätze i. e. S. und sind auf die Dokumentation der Geschäftsvorfälle und der Rechenwerke gerichtet.

Abbildung 13 zeigt die Grundsätze ordnungsmäßiger Buchführung i. e. S. Der **Grundsatz der Klarheit und Übersichtlichkeit** verlangt, dass die Buchführung so auszugestalten ist, dass sie einem sachverständigen Dritten einen Überblick über die Geschäftsvorfälle und die wirtschaftliche Lage des Unternehmens vermitteln kann (§ 238 HGB, § 145 Abs. 1 AO). Notwendig sind Eintragungen in einer lebenden Sprache. Bei heute üblichen EDV-Buchführungen dürfen Abkürzungen, Ziffern, Buchstaben oder Symbole verwendet werden. Es ist deshalb sicherzustellen, dass deren Bedeutung in Programmbeschreibungen, Organisationshandbüchern, Datenflussplänen usw. eindeutig festgeschrieben ist (§ 239 HGB).

Der **Grundsatz der Vollständigkeit** und (formellen und materiellen) **Richtigkeit** verlangt, dass keine Geschäftsvorfälle weggelassen, hinzugefügt oder anders dargestellt werden dürfen. Alle Vorfälle sind so abzubilden, wie sie tatsächlich angefallen sind. Konten dürfen nicht mit unzutreffenden oder erdichteten Namen bezeichnet werden. Bei der Führung von Büchern oder bei der Belegbuchhaltung sind die Blätter fortlaufend zu nummerieren. Ein ursprünglicher Buchungsinhalt darf nicht unleserlich gemacht werden, d. h., es sind offene Stornobuchungen durchzuführen. Zwischen den Buchungen dürfen keine Zwischenräume gelassen werden, ggfs. ist eine Buchhalternase (Abschlussstrich bei unterschiedlicher Anzahl von Posten) einzufügen. Bei elektronischen Buchführungen müssen Änderungen und Korrekturen automatisch aufgezeichnet werden (§ 239 Abs. 3 HGB).

Aufgrund der Belege müssen sämtliche Buchungen jederzeit nachprüfbar sein. Es gilt der Grundsatz »keine Buchung ohne Beleg« (**Belegprinzip**). Der Zusammenhang zwischen Geschäftsvorfall, Beleg und Konto ist durch Führen eines Grundbuchs zu gewährleisten. Dieses Grundbuch kann auch in einer geordneten und übersichtlichen Ablage der Belege bestehen. Bei einer elektronischen Buchführung kann die Grundbuchfunktion durch

Ausdruck oder durch Ausgabe auf einem Speichermedium (z. B. Mikrofilm) und bei Speicherbuchführung durch jederzeitige Ausdruckbereitschaft sichergestellt werden.

Nach dem **Grundsatz der zeitnahen und geordneten Buchung** ist zu gewährleisten, dass die Buchungen in ihrer zeitlichen Reihenfolge und innerhalb einer angemessenen Frist erfolgen. Für bar abgewickelte Geschäftsvorfälle ist täglich ein Kassenbuch mit Verzeichnung der Kasseneinnahmen und -ausgaben zu führen (§ 146 Abs. 1 AO). Die unbaren Geschäftsvorfälle sind in einem Kontokorrentbuch kontenmäßig festzuhalten.

Den Hauptzweck der Information verfolgen die Grundsätze ordnungsmäßiger Bilanzierung. Sie sind in Abbildung 14 wiedergegeben.

Der Jahresabschluss hat den GoB zu entsprechen. In der Generalnorm für Kapitalgesellschaften steht als zweite Richtschnur, dass der Jahresabschluss einen Einblick in die tatsächlichen Verhältnisse vermitteln soll. Dies wird im angelsächsischen Bereich als *true and fair view* bezeichnet.[25]

Grundsatz	Inhalt	Rechtsgrundlage
der Jahresabschluss hat den GoB zu entsprechen	alle kodifizierten und nicht kodifizierten formellen und materiellen GoB sind zu beachten	§ 243 Abs. 1 HGB
Generalnorm für Kapitalgesellschaften	der Jahresabschluss hat ein den tagsächlichen Verhältnissen entsprechendes Bild der Vermögens-, Finanz- und Ertragslage zu vermitteln	§ 264 Abs. 2 HGB
Klarheit und Übersichtlichkeit	insbesondere Beachtung der Gliederungsvorschriften der Bilanz und der Erfolgsrechnung sowie klarer Aufbau von Anhang und Lagebericht	§ 243 Abs. 2 HGB
Bilanzwahrheit	Bilanzansätze sollen nicht nur rechnerisch richtig, sondern auch geeignet sein, den jeweiligen Bilanzzweck zu erfüllen	nicht kodifiziert
Einhaltung der Aufstellungsfristen	kleine Kapitalgesellschaften haben den Jahresabschluss innerhalb von sechs Monaten auszustellen, mittelgroße und große Kapitalgesellschaften innerhalb von drei Monaten	§ 264 Abs. 1 HGB

Abb. 14: Weitere Grundsätze ordnungsmäßiger Bilanzierung

25 Wirtschaftlicher Hintergrund dieser beiden Prinzipien ist, dass in den angelsächsischen Ländern Unternehmen vornehmlich über die Börse (Eigenkapital) finanziert werden, während es auf dem Festland Tradition ist, dass Banken eine starke Rolle bei der Finanzierung (Fremdkapital) haben. Banken als Gläubiger sind an der Einhaltung des Vorsichtsprinzips interessiert, weil so stille Reserven gelegt werden können. Eigentümer dringen dagegen eher auf eine Darstellung der tatsächlichen Verhältnisse, weil diese an der Börse eine größere Rolle spielen.

1984 setze das Bilanzrichtliniengesetz die europäische Bilanzierungsrichtlinie um. Damit musste ein Kompromiss zwischen dem angelsächsischen Prinzip der Rechnungslegung im Sinne der Eigentümer (*true and fair view*) und dem kontinentalen Prinzip des Gläubigerschutzes (Vorsichtsprinzip) gefunden werden.[26]

Es gilt seitdem die **Generalnorm** des § 264 HGB, dass der Jahresabschluss unter Beachtung der GoB ein den tatsächlichen Verhältnissen entsprechendes Bild der Vermögens-, Finanz- und Ertragslage zu vermitteln hat. Unter der »Beachtung der GoB« ist insbesondere das Vorsichtsprinzip zu verstehen.

Da hier den mittelgroßen und großen Verein empfohlen wird, sich an den Vorschriften für Kapitalgesellschaften zu orientieren, gelten die Grundsätze des *true and fair views* auch für solche (nicht kleinen) Vereine.

Zur Gliederung (**Ausweis**) gelten folgende Grundsätze:

- Nach dem Grundsatz der Klarheit und Übersichtlichkeit (§ 243 Abs. 2 HGB), der für alle Bilanzierenden gilt, sind die Gliederung der Bilanz und der Gewinn- und Verlustrechnung so zu gestalten, dass jede Art von unklarem Ausweis vermieden wird.
- Die Form der Darstellung ist beizubehalten (Grundsatz der Stetigkeit oder der formellen Kontinuität, § 265 Abs. 1 HGB). Auf diese Art und Weise soll gewährleistet werden, dass die Jahresabschlüsse im Zeitverlauf vergleichbar sind.
- Abweichungen von den für alle Kapitalgesellschaften geltenden gesetzlichen bzw. für einzelne Branchen durch Rechtsverordnungen vorgeschriebenen Gliederungen sind zulässig – insbesondere für Vereine in der Pflegebranche und für Krankenhäuser relevant.[27]
- Nach Ansicht des Verfassers haben gemeinnützige Vereine, die eine Bilanz aufstellen, die Pflicht, unter dem Eigenkapital die steuerlich relevanten Posten auszuweisen – insbesondere die Gewinnrücklagen wie zweckgebundene Rücklage, die Betriebsmittelrücklage und die freie Rücklage.[28]

Zum **Ansatz** (Bilanzierung dem Grunde nach) und zur **Bewertung** (Bilanzierung der Höhe nach) gilt Folgendes:

- Für die Inventur und den Jahresabschluss gilt der Grundsatz der Vollständigkeit.
- Aus dem Grundsatz der Klarheit und Übersichtlichkeit folgt, dass i. d. R. Forderungen nicht mit Verbindlichkeiten und Erträge nicht mit Aufwendungen verrechnet werden dürfen (§ 246 HGB).

---

26 Vgl. zur Entstehungsgeschichte H. Biener/W. Berneke (1986): Bilanzrichtlinien-Gesetz, Düsseldorf und für einen kritischen Blick nach zehn Jahren S. Lambert (2005): Die Rolle des § 264 Abs. 2 HGB – true and fair view – im deutschen Bilanzrecht, Berlin.

27 Vgl. KHBV und PBV.

28 Vgl. F. Vogelbusch (2006): Primat des Handelsrechts in der Rechnungslegung von Vereinen? – Eine kritische Kommentierung von IDW ERS HFA 14, in: Der Betrieb, Heft 37, S. 1796 ff.

- Der Jahresabschluss ist zum Schluss eines jeden Geschäftsjahres aufzustellen (Stichtagsprinzip, § 242 HGB).
- Es gilt der Grundsatz der zeitnahen Aufstellung, d. h., der Jahresabschluss ist innerhalb der einem geordneten Geschäftsgang entsprechenden Zeit vorzulegen (§ 243 Abs. 3 HGB).
- Die Schlussbilanz des Vorjahres muss mit der Eröffnungsbilanz des nächsten Jahres übereinstimmen (Grundsatz der Bilanzidentität).
- Bei der Bewertung ist vom Grundsatz der Vorsicht auszugehen (§ 252 Abs. 1 Nr. 4 HGB). Dies bedeutet auf der einen Seite, dass Gewinne erst dann auszuweisen sind, wenn sie realisiert sind (Realisationsprinzip). Auf der anderen Seite sind vorhersehbare Risiken und Verluste im Gegensatz zu Gewinnen bereits vor ihrer Realisation zu berücksichtigen (Imparitätsprinzip).
- Im Jahresabschluss erfolgt keine Bewertung des Vereins als Ganzes, vielmehr sind grundsätzlich die einzelnen Vermögensgegenstände und Schulden zu bewerten (Grundsatz der Einzelbewertung, § 252 Abs. 1 Nr. 3 HGB).[29]
- Dabei ist von der Fortführung der Tätigkeit auszugehen, solange dem keine tatsächlichen oder rechtlichen Gegebenheiten entgegenstehen (Going-Concern-Prinzip, § 252 Abs. 1 Nr. 2 HGB). Die Bewertungsmethoden sind beizubehalten (materielle Bilanzkontinuität oder Stetigkeit, § 252 Abs. 1 Nr. 6 HGB). Für Aufwendungen und Erträge gilt der Grundsatz der periodengerechten Zuordnung (§ 252 Abs. 1 Nr. 5 HGB).

Vorschriften zum Ausweis finden sich jeweils unter den Bestimmungen zur Bilanz (§ 266 HGB), zur Gewinn- und Verlustrechnung (§ 275 HGB) und zum Anhang (§ 284 und § 285 HGB).

2.1.4 Fazit: Besonderheiten der externen Rechnungslegung bei Vereinen

Grundsätzlich sind die gesetzlichen Bestimmungen und die GoB für gewerbliche Unternehmen nicht anders als die Vorschriften und Grundsätze für Vereine. Entscheidend ist aber, dass es für die Rechtsform des e. V. keine gesetzlichen Rechnungslegungsvorschriften gibt. Für Kapitalgesellschaften sieht das Handelsrecht eine Bilanzierung abgestuft nach großen, mittelgroßen und kleinen Gesellschaften vor. Große und mittelgroße Kapitalgesellschaften haben den Jahresabschluss um einen Lagebericht zu ergänzen und müssen sich prüfen lassen. Vereine unterliegen diesen Rechnungslegungs- und Prüfungspflichten nicht.

29 Im Gegensatz dazu erfolgt bei der Unternehmensbewertung eine Bewertung des Unternehmens als Ganzes! Aus betriebswirtschaftlicher Sicht ergibt sich der Wert eines Unternehmens nicht aus der Summe der einzelnen Bilanzposten, sondern als Summe der Gewinne der kommenden Perioden (Ertragswert). Diese Thematik kann hier nicht weiter dargestellt werden.

Allerdings hat es sich für **Vereine mit einem größeren Zweckbetrieb** (beispielsweise im Bildungsbereich, in der Kultur bzw. im Sozialwesen) in den letzten Jahren ergeben, dass diese freiwillig die strengeren Vorschriften des HGB anwenden.

Das Institut der Wirtschaftsprüfer hat für diese freiwillig erstellten Jahresabschlüsse und ihre Prüfung Standards erlassen,[30] die hilfreiche Hinweise nicht nur für den Abschlussprüfer, an den diese Standards in erster Linie gerichtet sind, sondern auch für den erstellenden Verein enthalten.

Kleinere Vereine sind dagegen grundsätzlich frei in der Gestaltung ihrer Rechnungslegung. Die Unterscheidung in große und kleine Vereine findet sich auch in den IDW Standards. In Tz. 2.2 des IDW RS 14 zur Rechnungslegung von Vereinen wird empfohlen, dass auch für Vereine, die die Größenkriterien des § 267 Abs. 2 oder 3 HGB erfüllen und für den Fall, dass die Komplexität der Tätigkeit dies erfordert, die ergänzenden handelsrechtlichen Vorschriften für den Jahresabschluss von Kapitalgesellschaften (§§ 264 ff. HGB) angewendet werden sollten.[31]

An kleine Vereine werden weniger strenge Maßstäbe in der Art und Weise der Rechenschaftslegung gestellt. Bestimmte Angaben können unterbleiben bzw. bestimmte Angaben erfolgen nur zusammenfassend (kursorisch).

Hinweis: !

Ähnlich wie Vereine sind auch Stiftungen frei in der Gestaltung ihrer Rechnungslegung. Lediglich in den Landesstiftungsgesetzen finden sich kursorische Bestimmungen zur Rechnungslegung. Deshalb enthalten die IDW PS und RS für Vereine und Stiftungen - abgesehen von den rechtsformspezifischen Bestimmungen beispielsweise zur Erhaltung des Stiftungskapitals - weitgehend die gleichen Empfehlungen.

Es ergeben sich Besonderheiten der externen Rechnungslegung bei Vereinen aus anderen Gründen:

- Sie weisen einen eigenen Buchungsstoff auf, z. B. Spenden und Investitionszuschüsse sowie Ausgleiche bei Krankenhäusern.
- Sie sind aufgrund spezialgesetzlicher Vorschriften gehalten, bestimmte zusätzliche Rechenwerke zu führen, z. B. die Arbeitsergebnisrechnung bei Werkstätten für behinderte Menschen (WfbM).

---

30 Rechnungslegungs- und Prüfungsstandards des Instituts der Wirtschaftsprüfer können beim IDW Verlag in Düsseldorf bestellt werden. Sie sind in den Zeitschriften »Die Wirtschaftsprüfung« bzw. in den »IDW-Fachnachrichten« zeitnah zu ihrer Verabschiedung veröffentlicht worden.

31 Vgl. IDW RS HFA 14, Rn. 24–28.

! **Hinweis am Rande zum Haushaltsrecht (kamerales Rechnungswesen)**

Öffentliche Einrichtungen bzw. Körperschaften des öffentlichen Rechts, die auf der Basis eines von einem Parlament genehmigten Haushalts wirtschaften, benötigen in einigen Fällen einen Soll-Ist-Vergleich als Anlage zum Jahresabschluss. Sie führen ihre Geschäfte mit einer Haushaltsüberwachungsliste. Das kamerale Rechnungswesen ist darauf ausgerichtet, dem Parlament nachzuweisen, dass nur die genehmigten Haushaltsansätze verausgabt und nur die genehmigten Personalstellen besetzt wurden.

In der Praxis dürfte es nur sehr wenige Vereine geben, die ähnlich wie öffentliche Körperschaften mit der Kameralistik auf der Basis des Haushaltsrechts geführt werden. Als Paradebeispiel für kameral geführte Vereine können die Feuerwehrvereine genannt werden. Sie werden aus den hoheitlichen öffentlichen Feuerwehren ausgegliedert und übernehmen (nach steuerlicher Rechtsprechung) die Aufgaben der Kameradschaftspflege und Förderung des Feuerwehrwesens.[32]

Zum anderen sind Besonderheiten bezüglich der externen Rechnungslegung bei Vereinen festzustellen, die sich aus der Governance ergeben:

- Stakeholder ersetzen bei gemeinnützigen Vereinen den Eigentümer (Principal-Agent-Theorie).[33]
- Hohe Anforderungen ergeben sich aus der von den Stakeholdern geforderten Transparenz.
- Nach Ansicht des Verfassers empfiehlt sich zusätzlich zur Prüfung der Ordnungsmäßigkeit der Rechnungslegung eine Prüfung der Ordnungsmäßigkeit der Geschäftsführung. Bei kommunalen Unternehmen ist eine erweiterte Jahresabschlussprüfung vorgesehen. Bei gemeinnützigen Unternehmen insbesondere in der Rechtsform des eingetragenen Vereins bestehen ähnlich gelagerte Eigentümersituationen (bei Kommunen nehmen Parlamentarier die Eigentümerfunktion wahr, bei eingetragenen Vereinen sind es die ehrenamtlich tätigen Vereinsmitglieder). Sowohl die Parlamentarier als auch die Vereinsmitglieder sind selten Fachleute für Wirtschaftsrecht, Betriebswirtschaft, Management und Rechnungslegung.

2.2 Interne Instrumente des Rechnungswesens

Anders als die nach außen gerichteten Instrumente des externen Rechnungswesens dienen **interne Instrumente der Rechnungslegung** der Entscheidungsfindung und der laufenden Betriebssteuerung durch das Management.

---

32 Vgl. die Arbeitshilfe »FAQs der Besteuerung von Vereinen« auf den Arbeitshilfen online. In Kapitel 5.4.3 ist eine kamerale Haushaltsplanung als Empfehlung des Landesfeuerwehrverbands Schleswig-Holstein wiedergegeben (vgl. Abbildung 131).

33 Siehe Kapitel 9.2 »Corporate Governance« und Kapitel 3.1 »Besonderheiten der Erstellung sozialer Dienstleistungen« in F. Vogelbusch (2018): Management von Sozialunternehmen. München.

Beispiele für ihre Einsatzgebiete sind:

- Kalkulation von Preisen: Wie soll ich meine Preise festsetzen (nur möglich bei freier Preisgestaltung, nicht möglich bei vorgegebenen Entgelten)?
- Entgeltverhandlung: Welche Entgeltsteigerung brauche ich, um bei gestiegenen Kosten (z. B. Personalvergütung, Tarifsteigerung) noch rentabel wirtschaften zu können?
- Investitionsrechnung: Wann soll ich eine Maschine ersetzen, welche Investition lohnt sich? Vergleich: Kauf, Miete, Leasing?

Charakteristisch für die internen Instrumente ist, dass es i. d. R. keine gesetzlichen Vorschriften gibt, wie sie auszugestalten sind.[34] Hier kommt es allein auf die betriebswirtschaftlichen Kenntnisse und Erfahrungen an.

Auf die Instrumente im Einzelnen gehen die Kapitel

- Operatives und strategisches Reporting (Kostenrechnung, Budgetierung und Controlling sowie Balanced Score Card) - Kapitel 3.6 und 3.7,
- Investitionsrechnung - Kapitel 3.9 und
- Kalkulation von Entgelten - Kapitel 3.10

näher ein.

2.3 Instrumente des Rechnungswesens, die sowohl für externe als auch für interne Zwecke verwendet werden

Bestimmte Rechnungslegungsinstrumente dienen sowohl der Information und Entscheidungsfindung nach innen als auch der Rechenschaftslegung an außenstehende Adressaten.

Dies gilt generell für die allen Rechenwerken zugrunde liegende Finanz- und Lohnbuchhaltung. Sie hat eine allgemeine Dokumentationsfunktion, da allen Bilanzierenden nach § 238 und § 257 HGB vorgeschrieben ist, alle Handelsbriefe, Buchungsbelege, Handelsbücher, Inventare, Eröffnungsbilanzen, Jahresabschlüsse, Lageberichte sowie die zu ihrem Verständnis erforderlichen Arbeitsanweisungen und sonstigen Organisationsunterlagen aufzubewahren.

---

34 Nur in der Krankenhaus- und Pflegebranche hat es vom Gesetzgeber den Versuch gegeben, gesetzliche Vorschriften zur Kostenrechnung vorzugeben. Laut PBV sind die Kosten aus der Buchführung nachprüfbar herzuleiten. Das Bilden angemessener Kostenstellen und die verursachungsgerechte Zuordnung der Kosten auf Kostenstellen und Kostenträger waren gesetzlich vorgeschrieben. Beispielsweise ist in § 7 PBV eine Kostenstellenrechnung als Mindestanforderung vorgesehen gewesen. Ein Muster-Kostenstellenrahmen ist in der Anlage 5 der PBV und Muster-Kostenträger sind in Anlage 6 der PBV aufgeführt. Diese Anlagen sind jedoch in der Praxis nicht zur Anwendung gekommen. Vgl. W. Straßmann (2000): Pflege-Buchführungsverordnung, Gesamtdarstellung mit Kosten- und Leistungsrechnung, 2. Aufl., Hannover.

Stützel[35] hat in seiner funktionsanalytischen Bilanztheorie zehn Bilanzzwecke isoliert. Als ersten und grundlegenden Bilanzweck nennt er die »Bündelung von Buchführungszahlen zur Sicherung von Urkundenbeständen gegen nachträgliche Inhaltsänderung im Interesse der Rechtspflege«.

Die Buchhaltung der laufenden Geschäftsvorfälle wird ergänzt um die Buchhaltung der Gegenstände des Anlagenvermögens und die Offene-Posten-Buchhaltung.

- Die Vermögensgegenstände, die mehrjährig nutzbar sind (sog. »Investitionsgüter«) werden in der Finanzbuchhaltung gesondert erfasst und zur weiteren Bearbeitung an die Anlagenbuchhaltung weitergegeben. Es ist für das erste Nutzungsjahr eine anteilige Jahresabschreibung und für die Folgejahre der betriebsgewöhnlichen Nutzung eine ordentliche Jahresabschreibung zu ermitteln. Darüber hinaus sind etwaige Anschaffungsnebenkosten (z. B. Transport-, Montage- und Inbetriebnahmekosten) zu ermitteln und die Anschaffungs- bzw. Herstellungskosten hinzuzurechnen. Bei mit Investitionszuschüssen geförderten Investitionsgütern sind die Fördermittel zu erfassen und ebenfalls über die Nutzungsdauer abzuschreiben. Spiegelbildlich zu den Abschreibungen, die auf der Aufwandsseite der Gewinn- und Verlustrechnung den Werteverzehr der Investitionsgüter anzeigen, werden die Auflösungserträge aus den Sonderposten aus Investitionszuschüssen auf der Ertragsseite der Gewinn- und Verlustrechnung gezeigt.
- In der Offenen-Posten-Buchhaltung werden alle Geschäftsvorfälle notiert, die eine erfolgswirksame Aktivität anzeigen, jedoch noch nicht zu einer zahlungswirksamen Vereinnahmung bzw. Verausgabung von Geld geführt haben. Wenn ein Verein eine Leistung erbracht hat (z. B. in der stationären Pflege durch Ablauf des Monats), wird von der Verwaltung die Ausgangsrechnung geschrieben (Fakturierung). Diese geschriebene Rechnung führt zum Ausweis eines Ertrags aus der Pflegeleistung des abgelaufenen Monats. In der Debitorenbuchhaltung wird diese Rechnung solange notiert und als offen ausgewiesen, bis ein Zahlungseingang (in der Kasse bzw. im Regelfall auf dem Bankkonto) festgestellt werden kann. Umgekehrt werden Eingangsrechnungen mit Posteingang als offene Posten in der Kreditorenbuchhaltung verbucht. Erst wenn die Rechnung durch den Patienten oder die Pflegekasse bezahlt wurde, erfolgt die Auszifferung. Die gesondert geführte Offene-Posten-Buchhaltung eröffnet dem Management zusätzliche Informationen über die zu erwartenden Zahlungseingänge bzw. über die anstehenden Zahlungsausgänge. Zu einem Stichtag (z. B. dem Monatsende, zu dem auch standardmäßig die BWA für den abgelaufenen Monat erstellt wird) ergeben sich vielfältige Auswertungsmöglichkeiten.

---

35 Stützel (1967): Bemerkungen zur Bilanztheorie, a. a. O, S. 314. Die anderen Zwecke sind die Verteilung der Kompetenzen zwischen den Vereinsorganen (Mitgliederversammlung, Aufsichtsrat und Vorstand), die Ausschüttungssperre, die Kreditwürdigkeitsbeurteilung und der Gläubigerschutz durch Bilanzinformation.

Es kann z. B. ausgewertet werden, wie hoch die Salden gegenüber einem Kunden bzw. Lieferanten sind. Und es kann für das gesamte Unternehmen detailliert aufgelistet werden, welche Forderungen eine Laufzeit bis zu 30 Tagen, eine Laufzeit von 31 bis 60 Tagen und 61 bis 90 Tagen und darüber hinaus haben. Anknüpfend an diese Informationen kann das Finanzmanagement bestimmte Handlungen festlegen. Zum Beispiel kann für den Abnehmer einer WfbM festgelegt werden, dass nur ein bestimmtes Limit an offenen Positionen eingegangen werden kann (Kontokorrent-Limit). Wenn der Abnehmer weitere Produkte beziehen will, muss er Vorauskasse leisten bzw. seine Altverbindlichkeiten bezahlen. Oder es kann je nach Alter einer Forderung ein Mahnlauf bzw. das Einholen eines gerichtlichen Mahnbescheids vorgesehen werden.

Zu den Standardauswertungen der laufenden Finanzbuchhaltung gehört die monatlich erstellte **Betriebswirtschaftliche Auswertung (BWA)**. Sie ist der monatliche Abschluss der laufend bebuchten Konten und dient dem Management zur Selbstinformation und laufenden Betriebssteuerung. Sie ist somit das wichtigste Basisinformationsinstrument nach innen. Obwohl die BWA ein von Vereinen genutztes Instrument der kurzfristigen Steuerung ist, wird sie oft auch von Kreditinstituten angefordert. Etwa bei Existenzgründern bzw. bei Unternehmen in der Krise fordern Banken eine laufende aktuelle Information über die wirtschaftliche Lage.

Ein weiteres Rechenwerk, das sowohl für externe als auch für interne Zwecke verwendet werden kann, ist der **Geschäftsplan** (neudeutsch auch »Businessplan« genannt). Beim Geschäftsplan handelt es sich um eine verbale Beschreibung des Existenzgründungsvorhabens und der geplanten wirtschaftlichen Ergebnisse. Im Einzelnen ist ein Finanzierungs- und Investitionsplan sowie ein Finanzplan und ein Rentabilitätsplan zu erstellen. Der Geschäftsplan dient der Information der Existenzgründer selbst (Information nach innen) und kann als Grundlage für eine Förderung (Arbeitsamt, ESF usw.) bzw. für eine Bankenfinanzierung verwendet werden. Die zweite Aufgabe ist die Information nach außen.

3 Im Laufe des Lebens eines Unternehmens eingesetzte Instrumente des Rechnungswesens (»Von der Wiege bis zur Bahre«)

Neben der Unterscheidung zwischen externen und internen Instrumenten des Rechnungswesens hat es sich nach den Erfahrungen des Verfassers aus didaktischen Gründen bewährt, die kaufmännischen Instrumente des Rechnungswesens danach zu unterscheiden, in welcher Lebensphase eines Unternehmens bzw. eines Vereins sie eingesetzt werden.

Wenn der Manager weiß, welche Instrumente ihm in einer Entscheidungssituation zur Verfügung stehen, kann er sie zielgerichtet einsetzen. Die Lebensphasen umfassen die Wendepunkte des Lebens eines Unternehmens (Geburt und Tod), sind aber auch auf die regelmäßigen Anlässe (z. B. monatliche oder jährliche Berichte in Form der BWA) bezogen. Darüber hinaus gibt es bestimmte Rechenwerke, die anlassbezogen eingesetzt werden, z. B. die Kostenrechnung in der Entscheidungssituation: Kalkulation von Entgelten bzw. die Investitionsrechnung in der Entscheidungssituation: Vornahme einer Investition – Auswahl verschiedener Alternativen.

Abbildung 15 zeigt die Phasen »von der Wiege bis zur Bahre« auf.

Es werden die jeweils zu verwendenden Instrumente nach der hier gewählten Systematik entlang des Entstehens und Fortbestehens eines Unternehmens bis hin zum Ableben gezeigt. Beginnend bei der Existenzgründung, ergänzt durch Instrumente für den laufenden Geschäftsbetrieb und Instrumente, die für die Frage genutzt werden, ob das Unternehmen Insolvenz anmelden muss.

Die Übersicht enthält eine Angabe, ob es sich um ein externes oder/und ein internes Instrument des Rechnungswesens handelt.[36] Abbildung 15 zeigt des Weiteren die Vielfalt der Instrumente, die im »Werkzeugkasten« des Kaufmanns liegen, und das Erfordernis, jeweils das richtige Instrument einzusetzen.

36 Anzumerken ist, dass diese Einteilung nicht immer eindeutig vorzunehmen ist. Zum Beispiel dient die BWA der kurzfristigen Erfolgskontrolle des Vereinsvorstands. Damit ist sie ein internes Rechnungslegungsinstrument. In manchen Fällen verpflichten sich Vereine bei der Aufnahme eines Darlehns, der finanzierenden Bank regelmäßig die BWA zu übersenden. Damit erhält sie eine externe Funktion.

Nr.	Anlass	Instrument (intern/extern)	Inhalte	Aufgaben
1	Geburt, Existenzgründung	Geschäftsplan Business Plan *(sowohl intern als auch extern)*	verbale Vorhabensbeschreibung Plan (Finanzplan, Liquiditätsplan) Investitionsplan und Finanzierungsplan	Selbstinformation der Existenzgründer Information potenzieller Geldgeber (Banken, Zuschussgeber, Investoren)
2	monatliche Steuerung	kurzfristige Erfolgsrechnung BWA *(intern)*	Abschluss der Finanzbuchhaltung monatlich	Ermittlung des Monatsergebnisses Information nach innen
3	Rechenschaftslegung an Mitglieder Feststellung Jahresergebnis Dotation der Gewinnrücklagen	handelsrechtl. Jahresabschluss Bilanz, GuV, Anhang + Lagebericht *(extern)*	12 x BWA + Jahresabschlussbuchungen verbale Ergänzung des Jahresabschlusses zusätzlich: Chancen/Risiken der zukünftigen Entwicklung	Rechenschaft nach außen Vermittlung eines true and fair views/ein den tatsächlichen Verhältnissen entsprechendes Bild der Vermögens-, Finanz- u. Ertragslage
4	Info an Finanzamt	steuerlicher JA (»Steuerbilanz«) *(extern)*	Ermittlung der Bemessungsgrundlage für Steuern	Erfüllung der steuergesetzlichen Pflichten
5	Entscheidung über Neuanschaffen oder Leasen oder Weiternutzen	Investitionsrechnung (intern)	zukünftige Einnahmen und zukünftige Ausgaben des Investitionsvorhabens im Vergleich zum Status Quo oder zu verschiedenen Varianten	Ermitteln der besten Entscheidung, d.h. z.B. die Variante mit den niedrigsten Ausgaben
6	regelmäßige Info an das Management zur Betriebssteuerung	Kosten- und Leistungsrechnung Kalkulation *(intern)*	genaue Kosten der Produktion/Leistungserstellung andere Berücksichtigung des Verzehrs von Input	Info an das Management
7	bei kommunalen Unternehmen ist die Vorlage einer Planung gesetzlich vorgeschrieben	Planung (Finanzplanung, Plan-Bilanz und Plan-GuV) *(intern, bei Kommunen: extern)*	Planung der laufenden Einnahmen und Ausgaben Planung der Investitionen und deren Finanzierung Stellenplan	Handlungsrahmen für das Management Parlament oder Mitgliederversammlung gewährt ein Budget
8	laufende Betriebssteuerung insbesondere in der Krise!	Liquiditätsplan (intern)	zukünftige Zahlungseingänge und -ausgänge (Einzahlungen und Auszahlungen)	Nachweis des finanziellen Gleichgewichts
9	Ende der Tätigkeit	Überschuldungsstatus (intern) Schlussbilanz des werbenden Vereins *(extern)* Liquidationsschlussrechnung	Handelsbilanz: Überschuldung? Liquiditätsplan: finanzielles Gleichgewicht? Das heißt: zahlungsfähig oder zahlungsunfähig?	Info an das Management: liegt Insolvenzreife vor?

Abb. 15: Im Laufe des Lebens eines Unternehmens eingesetzte Instrumente des Rechnungswesens

Für den ausgebildeten Betriebswirt ist der »wohlgefüllte Werkzeugkasten des Kaufmanns« eine Selbstverständlichkeit, nach den Erfahrungen des Verfassers ist es jedoch für nicht ökonomisch vorgebildete Vereinsmitarbeiter und Gremienmitglieder, die aus dem fachlichen Bereich oder aus Kultur, Sport, Umweltschutz, Medizin, Theologie bzw. Pädagogik kommen, oft ein »Buch mit sieben Siegeln«. Von daher lohnt der Blick auf jedes einzelne Instrument. Der Verantwortliche in einem Verein muss lernen, für die jeweilige Entscheidungssituation das richtige Instrument zu wählen und nach den Erfordernissen der jeweiligen Entscheidungssituation zielgerichtet einzusetzen.

Dieses Wissen ist eines der wesentlichen Merkmale eines gut ausgebildeten und erfahrenen Managers.

3.1 Businessplan

Der Geschäftsplan[37] wird in der Situation der Existenzgründung bzw. einer ähnlichen Situation erstellt (Erweiterung des Unternehmens, Begründung einer neuen Niederlassung, Gründung einer Tochtergesellschaft, Übernahme eines bestehenden Unternehmens).

Der **Geschäftsplan** (engl. Businessplan) ist eine schriftliche Zusammenfassung eines unternehmerischen Vorhabens, das auf einer Geschäftsidee basiert. Inhalt des Geschäftsplans ist die Beschreibung des unternehmerischen Konzepts mit seinen Zielen, allen wesentlichen Voraussetzungen, Planungen und Maßnahmen. Für die Planung gilt: Sie sollte in den Anfangsmonaten detailliert sein und durch eine mittelfristige Rentabilitätsvorschau von meist drei bis fünf Jahren ergänzt werden.

Der Geschäftsplan besteht in der Regel aus mehreren Teilplänen wie zum Beispiel dem Finanz-, Personal-, Beschaffungs-, Produktions-, Marketing- und Vertriebsplan. Er ist zum einen geeignet, die Ziele und Strategien des Vorhabens für die Verfasser selbst zu formulieren, und zum anderen ein Kommunikationsmittel, durch das die Geschäftsidee nach außen »verkauft« wird. Er soll verdeutlichen, dass das investierte Kapital (gewinnbringend) mit dem beschriebenen Produkt oder der Dienstleistung wieder erwirtschaftet werden kann.

Damit bietet er eine Grundlage für Gespräche mit Finanzierern (Banken, Risikokapitalgebern, Bürgen, der öffentlichen Hand als Förderinstitution und Genehmigungsbehörde) und mit weiteren Interessierten (Beratern, Kooperationspartnern, Business Angels). Für die Geschäftsleitung stellt die Planung ein Instrument der Entscheidungsfindung und Selbstkontrolle dar.

Nach dem angelsächsischen Vorbild hat sich ein »Quasi-Standard« für die Erstellung eines Geschäftsplans etabliert. Nach diesem Standard ist ein Geschäftsplan aufzubauen und inhaltlich zu formulieren (Abbildung 16).[38]

---

37 Die Ausführungen in diesem Abschnitt profitieren von der Zusammenarbeit mit Tabea Kormeier und Margit Häcker aus Dresden, die im Rahmen ihrer Bachelorarbeiten (2014) für ein Existenzgründungsvorhaben eine Recherche der maßgebenden Literatur vorgenommen haben.

38 Vgl. etwa J. H. Ottersbach (2012): Der Businessplan: Praxisbeispiele für Unternehmensgründer und Unternehmer, 2. Aufl., München, S. 1 ff., F. v. Collrepp (2007): Handbuch Existenzgründung, 5. Aufl., Stuttgart, S. 65 ff. und Th. Plümer (2016): Existenzgründung Schritt für Schritt, 2. Aufl., Wiesbaden, S. 164 ff., A. Nagl (2015): Der Businessplan: Geschäftspläne professionell erstellen, Mit Checklisten und Fallbeispielen, 8. Aufl., Wiesbaden, S. 2 ff.

Nr.	Kapitelüberschrift	Hinweise zum Inhalt
1	Zusammenfassung (Executive Summary)	Komprimierte Darstellung des gesamten Businessplans, Zusammenfassung soll das Interesse des Lesers für das Geschäftsmodell wecken, beinhaltet die wichtigsten Eckdaten des Unternehmens: Gründerteam, Geschäftszweck, Umsatz, Kosten, Markt- und Wettbewerbsverhältnisse
2	Unternehmensgründer	Beschreibung der Gründerperson: Persönliche Daten, Ausbildung, Berufserfahrung, Status als Unternehmer, Gesellschafter, Anteil am Unternehmen, Geschäftsführer usw., Persönlichkeit, Problemorientierung, Risikoneigung, emotionaler Stabilität, Motivation, Interessen und Kompetenzen
3	Geschäftsidee	Bezeichnung des Produktes bzw. der Dienstleistung, technische Einzelheiten (Herkunft der Idee, Innovation), Leistungsbeschreibung (Bedürfnisbefriedigung, Lösung von Kundenproblemen, Vorteile gegenüber Konkurrenzprodukten, Bewertung der Erfolgswahrscheinlichkeit der Geschäftsidee, in dem die Höhe des generierten Kundennutzens und damit die Anzahl und Kaufbereitschaft potentieller Kunden eingeschätzt wird, gesetzliche Anforderungen an Produkt/Dienstleistung, Schutz der Idee und Risiken
4	Unternehmen	Beschreibung des Geschäftsmodells und des Unternehmenskonzepts: Geschäftsfeld (Wo ist Unternehmen tätig?), Mission und Vision (mittel- und langfristige Ziele), Geschäftsumfang, Wertschöpfung, Strategie (Wie werden Ziele erreicht?), Portfolio (Leistungs- und Produktangebot), Unique Selling Proposition (Alleinstellungsmerkmale) und Erfolgspotenzial (erwarteter Gewinn bzw. Return on Investment – ROI); darüber hinaus: Angaben zur Rechtsform und Standortwahl
5	Markt/Zukunftsaussichten	Informationen zur Branche (aktuelle Situation, Entwicklung, Prognosen, Rendite und Markteintrittsbarrieren), Kunden (Kundenanalyse, Verhalten, Standort, Markt Einschätzung nach Marktgröße, -volumen und -besetzung, sowie Segmentierung), Wettbewerb (wichtigste Konkurrenten, Konkurrenzanalyse), Lieferanten (Qualität, Zuverlässigkeit, Abhängigkeitsgrad), Abhängigkeit von externen Faktoren wie Gesetzgebung, Risiko staatliche Eingriffe, Abhängigkeit von Konjunktur usw., Darstellung möglich als SWOT-Analyse
6	Marketingplanung	Produkt, Preis, Distribution und Kommunikationsstrategie
7	Leistungserstellung	Management (Unternehmensleitung, Zuständigkeiten), Produktion (Maschinen, Werkzeuge, Betriebs und Geschäftsausstattung, gesetzliche Auflagen, Genehmigungen), Prozesse (z.B. Prozessverantwortlicher, Prozess-Owner, Case Manager, Einbindung in das Team), Verwaltung und Personalwesen (Verwaltung, Organisation), Mitarbeiterbedarf (Anzahl und Qualifikation, Schlüsselqualifikationen), Materialwirtschaft und Logistik (Bedarf und Beschaffung von Roh-, Hilfs- und Betriebsstoffen, Handelsware) und Rechnungswesen (Finanzbuchhaltung, Kostenrechnung, Controlling)

Nr.	Kapitelüberschrift	Hinweise zum Inhalt
8	finanzielle Planung	Darstellung der Machbarkeit in der Investitions- und Finanzierungsphase sowie in den ersten drei bis fünf Jahren der Umsetzung der Geschäftsidee, u. U. dargestellt in Szenarien, Bestandteile sind der Investitions- und Finanzierungsplan, monatlicher Finanzplan und Rentabilitätsplan (Plan-GuV) und Plan-Bilanz
9	Chancen und Risiken	Darstellung der Chancen und Risiken, zum Beispiel mit der SWOT-Analyse (interne Stärken, Schwächen und externe Möglichkeiten, Gefahren), Entwicklung von Strategien, wie das Unternehmen mit potenziellen Risiken und Chancen umgehend wird
10	Anhang	Relevante Hintergrund- und Zusatzinformationen, wie Lebenslauf des Gründers, Zeichnungen, Fotos, Patentschrift, Lizenzvertrag, Marktforschungsergebnisse, Referenzen, Empfehlungen, Gesellschaftsvertrag, Grundstückskaufvertrag, Unternehmens-, Miet- oder Pachtvertrag, Handelsregisterauszug, Zulassung, Konzession, sonstige behördliche Genehmigungen, Name und Anschrift, Steuer-, Rechts und Unternehmensberater, Zeitplan Kreditverhandlung, Kreditanträge, Anmeldeformalitäten, Abschluss von Verträgen, Anschaffungen, Personaleinstellung, Betriebs- und Geschäftseröffnung

Abb. 16: Gliederung und wesentliche Inhalte des Geschäftsplans

Am Rande kann auf die Businessplanwettbewerbe hingewiesen werden, im Rahmen derer Existenzgründer die Möglichkeit haben, Geschäftsideen bei den ausrichtenden Institutionen (z. B. Wirtschaftsförderung der Stadt/des Landes) einzureichen. Nach einheitlichen Kriterien bewerten Gutachter und Kapitalgeber die eingereichten Vorschläge auf potenzialträchtige Unternehmenskonzepte. Die Gewinner solcher Wettbewerbe können sich über ein bestätigtes und erfolgreiches Unternehmenskonzept sowie oft auch über Sach- und Geldpreise freuen.

Businessplanwettbewerbe sind von einfachen Businessplaninitiativen abzugrenzen. Bei Businessplanwettbewerben treten die Wettbewerbsteilnehmer mit ihren Geschäftsplänen gegeneinander an. Es ist dabei das Endziel, die Prämie von einer unabhängigen Jury für den bestbewerteten Businessplan zu erhalten. Die Idee des Wettbewerbs stammt aus den 1980er-Jahren und wurde am Massachusetts Institute of Technology (MIT) entwickelt. Die Unternehmensberatung McKinsey & Company übertrug im Jahre 1996 die Idee des Businessplanwettbewerbs nach Deutschland. So entstand der größte und älteste regionale Businessplanwettbewerb, der Businessplanwettbewerb Berlin Brandenburg. Abbildung 17 enthält eine Übersicht über die derzeit durchgeführten Wettbewerbe.

Das Bundesministerium für Wirtschaft und Arbeit veröffentlicht mehrere Anleitungen und Muster für Geschäftspläne: www.existenzgruender.de.

Businessplanwettbewerb	Beschreibung	Link
KfW-Gründerchampions (auch Unternehmensübernehmer können sich bewerben)	bundesweiter Wettbewerb der Kreditanstalt für Wiederaufbau	www.kfw-awards.de
Deutscher Innovationspreis	Veranstalter ist die Verlagsgruppe Handelsblatt, Partner sind verschiedene Unternehmensberater, gefördert vom BMWi	www.der-deutsche-innovationspreis.de
Deutscher Unternehmerpreis	Harvard Club of Germany zeichnet alle zwei Jahre Persönlichkeiten für vorbildliche unternehmerische Leistungen aus	www.deutscher-unternehmerpreis.de
Businessplan-Wettbewerb Berlin Brandenburg	Deutschlandweit ältester und größter regionaler Businessplanwettbewerb	www.b-p-w.de
Münchener Businessplan Wettbewerb	zweitältester Wettbewerb	www.baystartup.de
Wirtschaftsministerium Sachsen	Ideenwettbewerb (futureSAX-Publikumspreis) und Sächsischer Staatspreis für Innovation (nur für sächsische Unternehmen)	www.futuresax.de
Promotion Nordhessen	bundesweiter Businessplanwettbewerb	www.promotion-nordhessen.de
start2grow-Gründungswettbewerb	bundesweiter Wettbewerb der Regionalmanagement NordHessen GmbH	www.start2grow.de

Abb. 17: Übersicht zu ausgewählten Businessplan- und Innovationswettbewerben

Ein sog. »BMWi-Businessplan« steht als kostenlose Softwarelösung zum Download bereit. Er ist mit Beispielen und Vorlagen ausgestattet und ermöglicht die schrittweise Erstellung eines Businessplans. Darüber hinaus wird eine Publikationsserie »GründerZeiten« veröffentlicht, mit der das Bundeswirtschaftsministerium Gründern und jungen Unternehmen Hinweise, Hilfen und praktische Lösungsvorschläge zu typischen Problemlagen der Gründung und Unternehmensführung anbietet[39].

Geschäftspläne für Non-Profit-Einrichtungen wurden erst in letzter Zeit thematisiert. 2015 wurde ein Heft GründerZeiten (Nr. 22: »Existenzgründungen im sozialen Bereich«) nachgereicht, das wertvolle Informationen für Vereinsexistenzgründungen im Sozialbereich bereithält[40]. Für andere Branchen bzw. Tätigkeitsgebiete von Vereinen gibt es keine vergleichbare Broschüre.

39 www.existenzgruender.de/DE/Mediathek/Publikationen/Gruender-Zeiten/inhalt.html (Abrufdatum: 3.5.2017).

40 www.existenzgruender.de/SharedDocs/Downloads/DE/GruenderZeiten/GruenderZeiten-22.pdf?__blob=publicationFile (Abrufdatum: 3.5.2017).

Ausdrückliche Gründungswettbewerbe im Bereich der Vereine sind dem Verfasser nicht bekannt. Allenfalls lassen sich Innovationspreise im Wohlfahrtsbereich anführen, die neue Ideen und kreative Kampagnen prämieren.

- Seit 1998 fördert der Sozialpreis »innovatio« konkrete Antworten der Kirchen und der kirchlichen Wohlfahrt auf aktuelle soziale Fragen (www.innovatio-sozialpreis.de). Der Preis wird alle zwei Jahre verliehen. Er wird von einer Versicherungsgesellschaft (Bruderhilfe, Pax und Familienfürsorge) gestiftet und durch das Magazin chrismon und die Schirmherrschaft des Caritasverbands und der Diakonie gefördert.
- Für Einrichtungen und Organisationen des Sozial- und Gesundheitswesens sowie deren Agenturen wird alle zwei Jahre ein »Wettbewerb Sozialkampagne« prämiert. Dabei stehen innovative Werbekampagnen zu sozialen Themen im Vordergrund. Ausrichter des Wettbewerbs Sozialkampagne ist die Bank für Sozialwirtschaft AG (www.sozialbank.de/expertise/wettbewerb-sozialkampagne).
- Am Rande sei noch der von der Bundesarbeitsgemeinschaft der Freien Wohlfahrtspflege (BAGFW) seit 1971 jährlich verliehene Deutsche Sozialpreis erwähnt. Prämiert werden herausragende journalistische Arbeiten zu sozialen Themen (www.bagfw.de/sozialpreis).
- Darüber hinaus gibt es eine Vielzahl an Wettbewerben, mit denen vorbildliches Engagement in Vereinen ausgezeichnet wird.[41]

Beispiel für die Erstellung eines Geschäftsplans

Im Folgenden soll ein schematisches Beispiel für das Erstellen eines Geschäftsplans für einen Kindergartenverein dargestellt werden. Zunächst sind in einem Zahlenteil folgende Rechenwerke zu erstellen:

- Investitions- und Finanzierungsplan,
- Finanzplan (monatlich für mindestens die ersten zwölf Monate),
- Rentabilitätsplan (jährlich für mindestens die ersten drei Jahre).

Der Investitions- und Finanzierungsplan ist in Abbildung 18 dargestellt.

Im Finanzplan (Abbildung 19) werden die Einnahmen und Ausgaben zahlungsorientiert für die ersten Monate der Existenzgründung dargestellt.

---

41 Ein Blick ins Internet zeigt die vielfältigen Wettbewerbe, die vorbildliche Vereine prämieren. Die Suchwörter »Wettbewerb Verein des Jahres« ergeben über 2,5 Mio. Treffer. Zum Beispiel findet sich die Aktion eines Energieversorgers (www.vereinsaktion.entega.de/wettbewerb/) oder die Suche des Vereins des Jahres der ostsächsischen Sparkasse (www.vereindesjahres.de/). Für das Rheinland kann auf die Übersicht bei www.engagiert-in-nrw.de/wettbewerbe-und-preise verwiesen werden. Alle Zugriffe erfolgten am 21.11.2019.

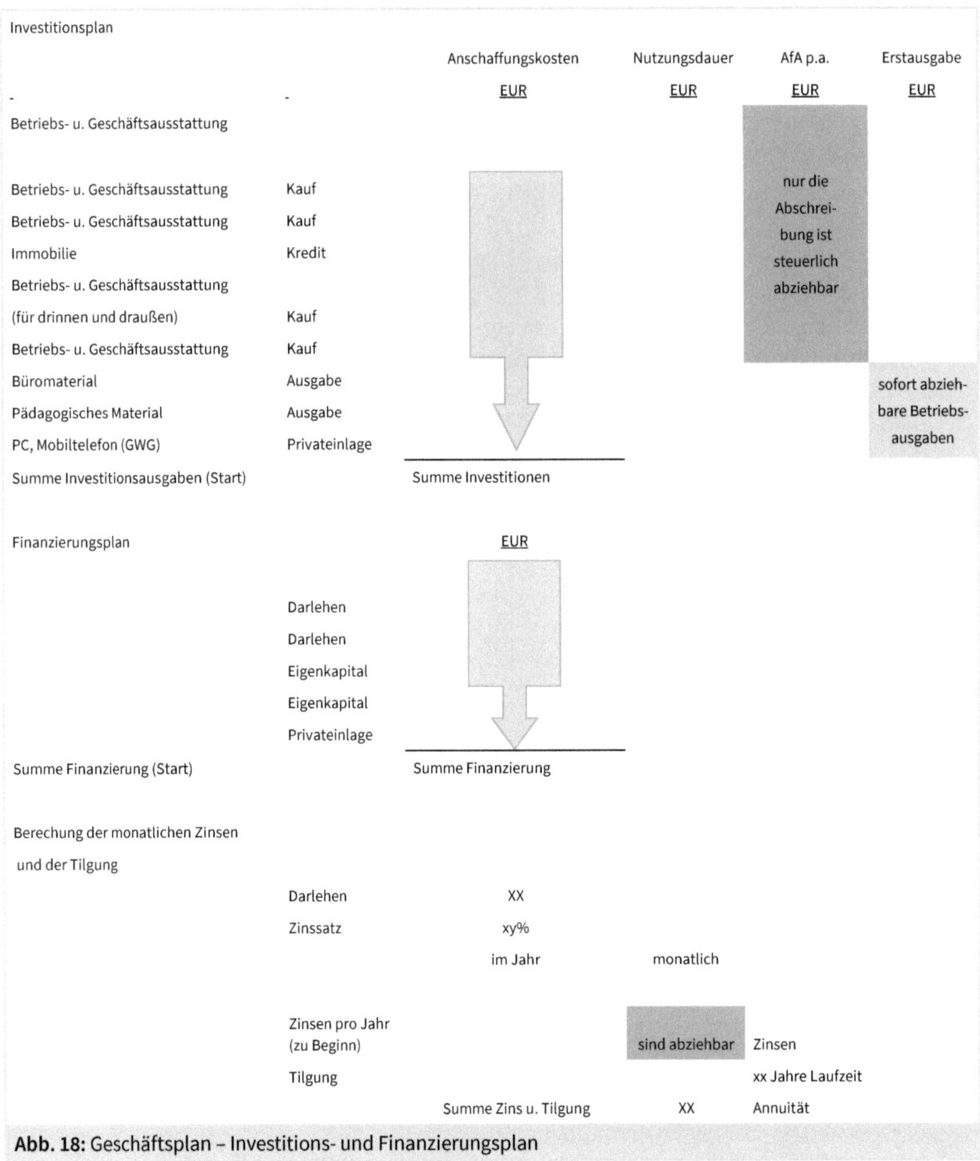

Abb. 18: Geschäftsplan – Investitions- und Finanzierungsplan

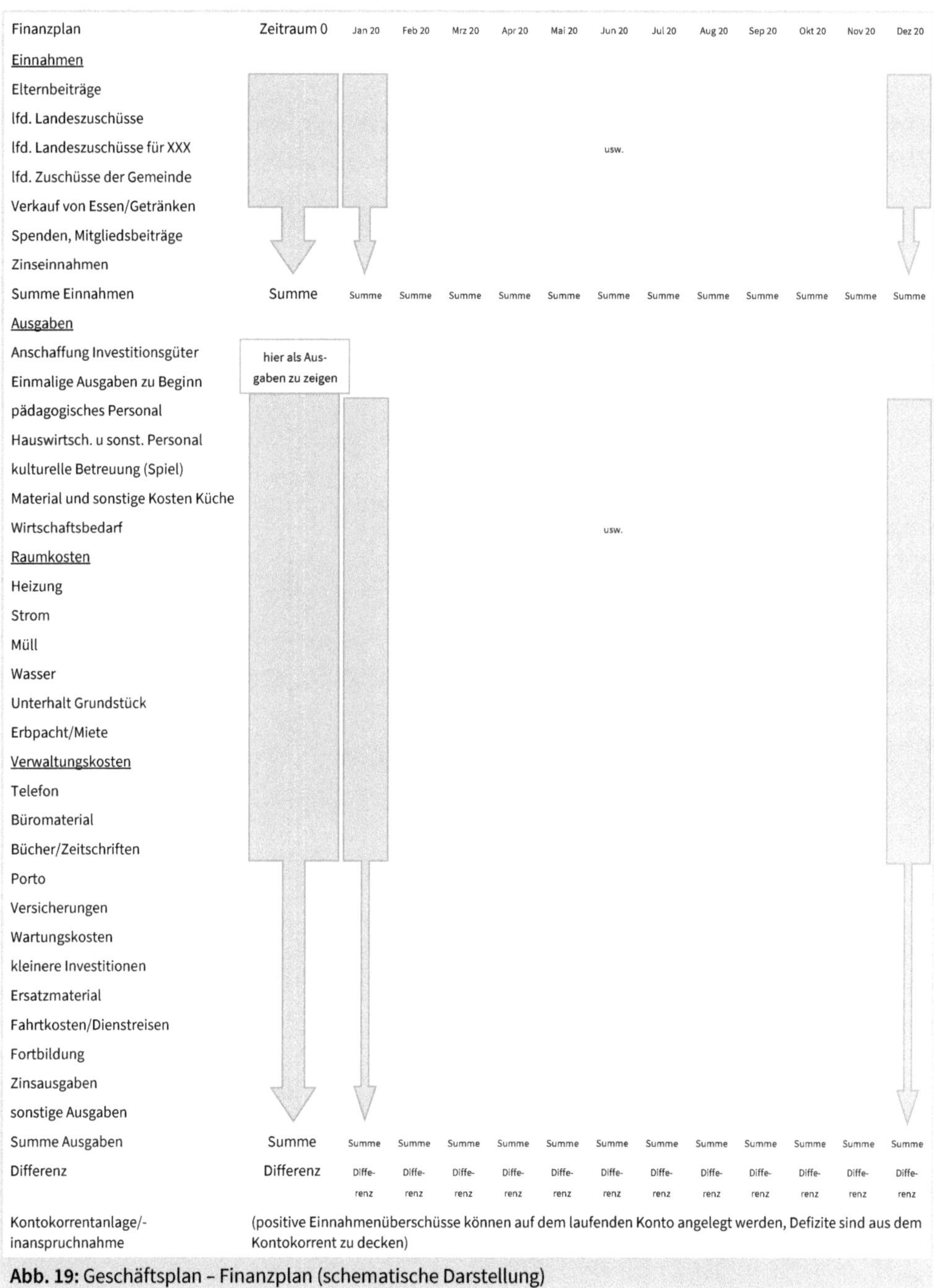

Abb. 19: Geschäftsplan – Finanzplan (schematische Darstellung)

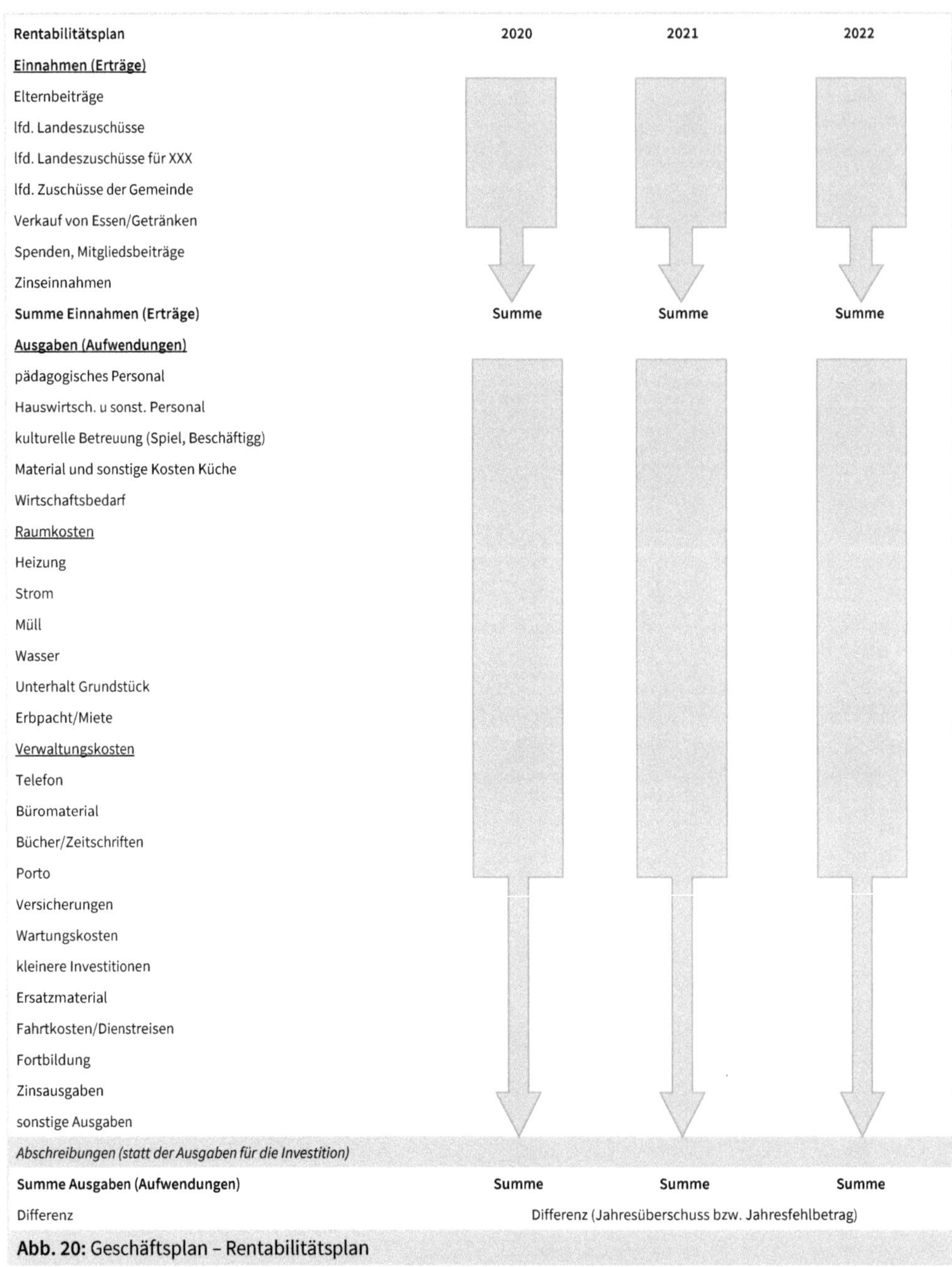

Rentabilitätsplan	2020	2021	2022
Einnahmen (Erträge)			
Elternbeiträge			
lfd. Landeszuschüsse			
lfd. Landeszuschüsse für XXX			
lfd. Zuschüsse der Gemeinde			
Verkauf von Essen/Getränken			
Spenden, Mitgliedsbeiträge			
Zinseinnahmen			
Summe Einnahmen (Erträge)	**Summe**	**Summe**	**Summe**
Ausgaben (Aufwendungen)			
pädagogisches Personal			
Hauswirtsch. u sonst. Personal			
kulturelle Betreuung (Spiel, Beschäftigg)			
Material und sonstige Kosten Küche			
Wirtschaftsbedarf			
Raumkosten			
Heizung			
Strom			
Müll			
Wasser			
Unterhalt Grundstück			
Erbpacht/Miete			
Verwaltungskosten			
Telefon			
Büromaterial			
Bücher/Zeitschriften			
Porto			
Versicherungen			
Wartungskosten			
kleinere Investitionen			
Ersatzmaterial			
Fahrtkosten/Dienstreisen			
Fortbildung			
Zinsausgaben			
sonstige Ausgaben			
Abschreibungen (statt der Ausgaben für die Investition)			
Summe Ausgaben (Aufwendungen)	**Summe**	**Summe**	**Summe**
Differenz	Differenz (Jahresüberschuss bzw. Jahresfehlbetrag)		

Abb. 20: Geschäftsplan – Rentabilitätsplan

Der Rentabilitätsplan (Abbildung 20) bezieht sich auf ein Jahr und ermittelt, ob das Vorhaben einen Gewinn abwirft. Dieser Gewinn ist die Bemessungsgrundlage für die Ertragsteuer, d. h., dass man die Vorauszahlungen aus dem Rentabilitätsplan ableiten kann.

Wenn der Kindergarten von einem gemeinnützigen Verein errichtet wird, fallen grundsätzlich keine Ertragsteuer an, da der Kindergarten als Zweckbetrieb steuerbegünstigt ist.

Im Finanzplan werden die **Einnahmen** und **Ausgaben** dargestellt, wie sie über die sog. Geldvermögensebene fließen. In der Rentabilitätsrechnung wird das Jahresergebnis, im positiven Fall der Gewinn, ermittelt. In der kaufmännischen Gewinn- und Verlustrechnung, die der Gewinnermittlung dient, werden periodengerecht zugeordnete **Erträge** und **Aufwendungen** gegenübergestellt. In Abbildung 20 werden die Einnahmen und Ausgaben des Finanzplans (Abbildung 19) in einer Jahressumme dargestellt. Auf die in der Rechnungslegungstheorie wichtige Unterscheidung zwischen Erträgen und Einnahmen bzw. Aufwendungen und Ausgaben wird hier – mit Ausnahme der **Abschreibungen** auf Gegenstände des Anlagevermögens – vereinfachend verzichtet.[42]

Nach der Vorstellung der drei Rechenwerke wird nun – nach den Erfahrungen des Autors – eine Empfehlung gegeben, wie und in welcher Reihenfolge ein Geschäftsplan erstellt werden kann.

Praxisempfehlung zur Reihenfolge beim Erstellen eines Geschäftsplans !

Die Mindestbestandteile sind:
1. Aufstellung und Finanzierung der Investitionen,
2. monatlicher Finanzplan,
3. Rentabilitätsrechnung,
4. verbale Vorhabensbeschreibung.

1. Aufstellung und Finanzierung der Investitionen
   - Die Höhe der Investitionen muss ermittelt werden (Zeitpunkt: zum Beginn der Tätigkeit). Inhaltlich betrifft dies die Anschaffung von mehrjährig nutzbaren Investitionsgütern und die einmaligen Ausgaben (z. B. Anschaffung von Briefpapier und Visitenkarten).

42 Die Abschreibungen verteilen die Ausgaben, die im Zuge der Anschaffung bzw. Herstellung angefallen sind, auf die Jahre der Nutzung. Diese Unterscheidung ist bei den Vermögensgegenständen des Anlagevermögens besonders wichtig.

- Die sich ergebende Summe an Ausgaben zu Beginn der Tätigkeit (in der Übersicht mit »Zeitraum 0« beschrieben) ist zu finanzieren. Es ist eine Aufstellung der zur Verfügung stehenden Finanzierung (Eigenkapital, Einlage von Gesellschaftern, Fremdkapital, etwaige Investitionszuschüsse usw.) zu erstellen.

2. Finanzplan
   - Vorbemerkung zum Finanzplan: Ein wenig knifflig ist die Zusammenstellung der betrieblichen Ausgaben. Beim Einzelunternehmen bzw. bei einer Personengesellschaft können für die Unternehmer selbst keine Personalausgaben und Sozialversicherungsbeiträge abgezogen werden. Dies ist bei Körperschaften (Kapitalgesellschaften, beim e. V. und bei der Stiftung) anders.
   - Einzelunternehmer bzw. Gesellschafter einer Personengesellschaft sollten die Versicherungsbeiträge, die für eine Renten-, Kranken- und Pflegeversicherung zu leisten sind, zurücklegen. Anders als bei einem angestellten Beschäftigten muss der Unternehmer diese Beiträge selbst mit der Versicherung vereinbaren und an die Versicherung abführen.[43] Auf Basis der ersten Jahressteuererklärung erfolgt dann die Festlegung des endgültigen Beitrags.
   - Der Finanzplan soll gedanklich das Bankkonto abbilden. Das heißt insbesondere, dass alle Zahlungen in ihrer tatsächlichen Höhe ausgewiesen werden, z. B. auch die Investitionsausgaben und die Tilgungszahlungen für etwaige aufgenommene Kredite.
   - Der monatliche Finanzplan sollte für mind. zwölf Monate ausgefüllt werden (bei unterjähriger Gründung für ein volles Kalenderjahr). Die erste Spalte ist der Monat der Beginn der Tätigkeit. Dann wird über einen längeren Zeitraum die monatliche Startphase abgebildet. Üblicherweise gibt es eine Anlaufphase für die Umsätze und Ausgaben zu Beginn (Werbekampagne, Einstellungskosten für die Mitarbeiter, Briefpapier, Visitenkarten, Büromaterial Erstausstattung usw.). Diese Anlaufphase sollte für einen solchen Zeitraum abgebildet werden, bis ein gewisses Umsatzniveau erreicht ist, in dem die laufenden Einnahmen höher als die laufenden Ausgaben.[44] Die Länge der Anlaufphase kann für die jeweilige Existenzgründung unterschiedlich lang ausfallen. Dies zu prognostizieren, ist eine der Aufgaben der Geschäftsplanung. Bei großer Unsicherheit über die Anlaufphase ist eine Planung in Szenarien (Best und Worst Case) hilfreich.
   - Zusätzlich können als Besonderheit Zuschüsse zu den Betriebskosten (z. B. vom Europäischen Sozialfonds, der Arbeitsagentur usw.) ausgewiesen werden. Die Kreditanstalt für Wiederaufbau (KfW) vergibt derzeit Zuschüsse für Gründercoachings in Deutschland. Wenn die ersten Monate detailliert geplant wurden, können auch diese Besonderheiten zu Beginn dargestellt werden.

---

43 Dem angestellten Beschäftigten werden vom Arbeitgeber direkt die Beiträge zur Sozialversicherung abgezogen. Es wird nur der verbleibende Nettobetrag abgeführt. Auch die Lohnsteuer wird durch den Arbeitgeber einbehalten und ans Finanzamt abgeführt. Wenn sich aus den persönlichen Einkommensverhältnissen und aus etwaigen Sonderausgaben und außergewöhnlichen Belastungen usw.

44 Wenn die Einnahmen die Ausgaben nicht übersteigen, sollte von der Existenzgründung abgesehen werden.

- Ergebnis: In der untersten Zeile (»Summe Einnahmen« – »Summe Ausgaben«) kann der Bedarf an zusätzlichen Finanzmitteln zur Finanzierung der Startphase abgelesen werden. Hier sollte ein entsprechender Betrag an Umlaufmitteln (Kontokorrent, zusätzliches Startkapital durch die Gesellschafter) vorgesehen werden.
- Die Summen bis zum Ende des Jahres werden jeweils ermittelt (Summe der Spalten nach rechts in Abbildung 19).

Hinweis: !

Im Rentabilitätsplan (Abbildung 20) sind dann die Anschaffungs- bzw. Herstellungsausgaben auf die Nutzungsdauer zu verteilen (die Abschreibungen werden über eine betriebsgewöhnliche Nutzungsdauer ermittelt). Im Finanzplan werden Tilgungszahlungen angesetzt. Im Rentabilitätsplan entsprechen diese betriebswirtschaftlich im Großen und Ganzen den Abschreibungen.

3. Rentabilitätsrechnung
   - Aus den ersten beiden Jahren (ggfs. im Jahr der Existenzgründung als Rumpfgeschäftsjahr) kann ein erster Teil einer Rentabilitätsrechnung erstellt werden. Die Folgejahre im Rentabilitätsplan können durch Fortschreiben des zweiten Jahres der Tätigkeit (z. B. Umsätze + xy %, Ausgaben plus yz %) berechnet werden. Zusätzlich müssen die Abschreibungen ermittelt werden. Diese werden statt der Tilgungszahlungen angesetzt.
   - Es empfiehlt sich daher, neben den Investitionsausgaben gleich in der Tabelle für Investitionen und Finanzierungen die Nutzungsdauer auszuweisen, die Abschreibung zu berechnen und einen Plan für einen etwaigen Kredit zur Finanzierung der Investition aufzustellen. Hier sind Zins- und Tilgungszahlungen für die jeweiligen Geschäftsjahre getrennt zu ermitteln.
   - Ergebnis: In der Zeile ganz unten (»Summe Erträge« – »Summe Aufwendungen«) ist zu sehen, ob sich das Existenzgründungsvorhaben trägt. Im Erstjahr ist ein Verlust nicht unüblich. Allerdings sollte in einem überschaubaren Zeitraum ein Gewinn erzielt werden.

   Der hier dargestellte Geschäftsplan weist lediglich die Mindestbestandteile aus. Die Rentabilitätsrechnung ist eine einfach abgeleitete Plan-GuV. Man kann auch eine Plan-Bilanz aufstellen, wenn dies für die Beschreibung des Investitionsvorhabens bedeutsam ist.

Hinweis: !

Bei einem Einzelunternehmen bzw. einer Personengesellschaft ist der ermittelte Gewinn der Betrag, der dem Gründer bzw. den Gründern zum Lebensunterhalt dienen kann. Aus dem Überschuss sind die Entnahmen zu finanzieren. Diese müssen für die Einkommensteuerzahlungen, die Versicherungsbeiträge (Kranken- und Rentenversicherung) und als Vorsorge für schlechte Zeiten (Risikoabdeckung) dienen. Deshalb muss die Rentabilitätsplanung bereits für die ersten Jahre einen Gewinn ausweisen, der ausreicht, um Entnahmen des Existenzgründers für seinen Unterhalt zu ermöglichen.

Bei einer Kapitalgesellschaft, einem e. V. und einer Stiftung sollte sich aus der Rentabilitätsplanung der ersten Jahre zumindest nach den Anfangsjahren ein Gewinn ergeben. Die Kosten für den/die Geschäftsführer sind bereits als Betriebsausgaben abgezogen.

4. Verbale Vorhabensbeschreibung
   Die Vorhabensbeschreibung erläutert inhaltlich die Idee und den rechtlichen und wirtschaftlichen Rahmen, den Nutzen für die Kunden, den Mehrwert gegenüber Mitbewerben, die Kenntnisse und Erfahrungen der Existenzgründer und der Mitarbeiter, etwaige Genehmigungen, Fördermöglichkeiten durch Zuschussgeber usw.
   Sie hat darüber hinaus die Aufgabe, die Berechnungstabellen zu erläutern und auf Besonderheiten hinzuweisen. Die Tabellen können dann im Anhang zum Text des Geschäftsplans beigefügt werden.

3.2 Finanz- und Lohnbuchhaltung als Grundlage

Die **Buchführung** dient der Dokumentation der Geschäftsvorfälle (Vorgänge) in einem Verein.[45] Neben der Finanzbuchführung ist eine Lohnbuchführung einzurichten, wenn Mitarbeiter gegen Entgelt als Arbeitnehmer beschäftigt werden. Die zeitliche Abfolge, in der sich die Geschäfte eines Vereins ergeben, soll dokumentiert werden. Darüber hinaus ist der Buchungsstoff inhaltlich zu gliedern und systematisch zu verarbeiten, um Aussagen zur Vermögens-, Finanz- und Ertragslage des Vereins abzuleiten.

In Kapitel 2.1 wurden die formellen Prinzipien, die bei der Buchführung zu beachten sind, dargestellt.

Für die **Finanzbuchführung** können hinsichtlich der Erfassungstechnik die Staffelrechnung, die einfache Buchführung (Einnahme-Überschussrechnung) und die Kontorechnung unterschieden werden.

3.2.1 Finanzbuchhaltung in der Form der Staffelrechnung

Bei der **Staffelrechnung** werden die Anfangsbestände um die jeweiligen Geschäftsvorfälle fortgeschrieben (Abbildung 21).

45 H. Wedell/A. A. Dilling (2014): Grundlagen des Rechnungswesens, 14. Aufl., Herne, S. 64 ff., vgl. auch R. Bachert (2005): Buchführung und Bilanzierung: Controlling und Rechnungswesen in Sozialen Unternehmen, Weinheim/München.

	Anfangsbestand
+/–	Zu-bzw. Abgang
=	neuer Bestand Anfangsbestand
+/–	Zu-bzw. Abgang
=	neuer Bestand
	...
	Anfangsbestand
+/–	Zu- bzw. Abgang
=	Endbestand

Abb. 21: Schema der Staffelrechnung

Zur Veranschaulichung der Staffelrechnung sei in Abbildung 22 ein einfaches Beispiel betrachtet.

Beispiel:

!

Ein Verein weist einen anfänglichen Kassenbestand von 1.300,00 € auf. Es ergeben sich folgende Geschäftsvorfälle:

1. Verkauf von in der Werkstatt erzeugten Produkten	1.000,00 €
2. Bareinkauf von Briefmarken	- 20,00 €
3. Ankauf von Büromaterial	- 88,12 €
usw.	

	Anfangsbestand	1.300,00 €
+	Zugang (1.)	1.000,00 €
=	neuer Bestand	2.300,00 €
-	Abgang (2.)	- 20,00 €
=	neuer Bestand	2.280,00 €
-	Abgang (3.)	- 88,12 €
=	Endbestand	2.191,88 €

Abb. 22: Beispiel für die Staffelrechnung

Die Staffelrechnung ist nur für übersichtliche und geringfügige Geschäftsumfänge geeignet. Wenn sich in einer der ersten Zeilen ein Rechenfehler ergibt, wird dieser fortgeschrieben. Ergeben sich umfangreiche Buchungen, wird die Rechnung leicht unübersichtlich.

3.2.2 Finanzbuchhaltung in der Form der Einnahme-Überschussrechnung

Die **Einnahme-Überschussrechnung** (oder auch Einnahmen-Ausgabenrechnung; abgekürzt EÜR) ist eine **einfache Buchführung**, die die Geschäftsvorfälle im Kassenbuch bzw. in den Bankkonten in chronologischer Reihenfolge auflistet. Für Vereine, die keiner handelsrechtlichen Buchführungspflicht unterliegen, ist die einfache Buchführung nach steuerlichen Bestimmungen (Einnahme-Überschussrechnung nach § 4 Abs. 3 EStG) eine weitverbreitete Form der Finanzbuchführung.[46]

Die Überschussrechnung nach § 4 Abs. 3 EStG wurde vom Gesetzgeber sehr zurückhaltend mit nur fünf Sätzen im Gesetz geregelt.

§ 4 Abs. 3 EStG

Steuerpflichtige, die nicht auf Grund gesetzlicher Vorschriften verpflichtet sind, Bücher zu führen und regelmäßig Abschlüsse zu machen, und die auch keine Bücher führen und keine Abschlüsse machen, können als Gewinn den Überschuss der Betriebseinnahmen über die Betriebsausgaben ansetzen.

Hierbei scheiden Betriebseinnahmen und Betriebsausgaben aus, die im Namen und für Rechnung eines anderen vereinnahmt und verausgabt werden (durchlaufende Posten).

Die Vorschriften über die Bewertungsfreiheit für geringwertige Wirtschaftsgüter (§ 6 Absatz 2), die Bildung eines Sammelpostens (§ 6 Absatz 2a) und über die Absetzung für Abnutzung oder Substanzverringerung sind zu befolgen.

Die Anschaffungs- oder Herstellungskosten für nicht abnutzbare Wirtschaftsgüter des Anlagevermögens, für Anteile an Kapitalgesellschaften, für Wertpapiere und vergleichbare nicht verbriefte Forderungen und Rechte, für Grund und Boden sowie Gebäude des Umlaufvermögens sind erst im Zeitpunkt des Zuflusses des Veräußerungserlöses oder bei Entnahme im Zeitpunkt der Entnahme als Betriebsausgaben zu berücksichtigen.

Die Wirtschaftsgüter des Anlagevermögens und Wirtschaftsgüter des Umlaufvermögens im Sinne des Satzes 4 sind unter Angabe des Tages der Anschaffung oder Herstellung und der Anschaffungs- oder Herstellungskosten oder des an deren Stelle getretenen Werts in besondere, laufend zu führende Verzeichnisse aufzunehmen.

---

46 Vgl. für eine Übersicht: R. Zimmermann (1995): Die Einnahmen-Überschussrechnung, in: NWB Nr. 39 vom 25.9.1995, S. 3087, Fach 17, S. 1379 und J. Schneider/J. Ramb (2010): Die Einnahmen-Überschussrechnung von A–Z, 5. Aufl., Stuttgart.

Die als Istrechnung oder als Geldrechnung konzipierte § 4 Abs. 3-Rechnung ist insoweit zwangsläufig verkürzt und besitzt Lücken (keine geschriebenen Rechnungen als Forderungen, keine erhaltenen Rechnungen als Verbindlichkeiten, keine ungewissen Verbindlichkeiten als Rückstellungen, keine Anschaffungsvorgänge, Wertminderungen z. B. bei uneinbringlichen Forderungen oder bei außerplanmäßigen Wertminderungen von Wirtschaftsgütern usw.). In der Totalperiode gleichen sich diese Lücken jedoch wieder aus, weshalb der Gesetzgeber für kleinere Geschäftsumfänge und für Nichtkaufleute diese Form der Gewinnermittlung als zulässig ansieht.[47]

Auch wenn bei der EÜR keine formelle Buchführung vorliegen muss (Bestandskonten, Kassenbücher etc.), müssen die Betriebseinnahmen und -ausgaben durch entsprechende Aufzeichnungen und Belege oder durch eine geordnete Belegablage dokumentiert werden. Ansonsten mangelt es an einem westlichen Grundsatz der GoB[48].

Die jährliche Auswertung der Einnahme-Überschussrechnung erfolgt im **Jahresabschluss**, der laufend geführten Zusammenstellung der Einnahmen und Ausgaben. Dieser Abschluss wird um eine Aufstellung des Vermögens ergänzt. Wenn ein elektronisches Buchhaltungsprogramm genutzt wird, ist es zusätzlich üblich, dem jährlichen Abschluss einen **Kontennachweis** beizufügen. In Kapitel 5.4.1 findet sich ein Beispiel für eine solche einfache EÜR.

Bei mittleren und größeren Vereinen empfiehlt es sich, die Einnahmen des »ideellen Bereichs« sowie den Umsätzen der Bereiche »Zweckbetriebe«, »Vermögensverwaltung« und »steuerpflichtige wirtschaftliche Geschäftsbetriebe« einzelnen Kostenstellen und Kostenträgern zuzuordnen. Für das Vereinsmanagement ist die monatliche Auswertung der Einnahmen, Ausgaben und Ergebnisse von Abteilungen bzw. Sparten und Projekten wichtig, um das Vereinsgeschehen transparent im Blick zu behalten und gemeinsam mit den Kostenstellen- bzw. Projektverantwortlichen zu steuern.[49]

Für die systematische Erfassung und Buchung der Geschäftsvorfälle biete es sich an, einen **Kontenrahmen** zu verwenden, der nach den steuerlichen Bereichen gegliedert ist.

Beispielhaft kann auf den Kontenrahmen 049 für Vereine der DATEV verwiesen werden (Abbildung 23).

---

47 Die Vorgängerbestimmung (§ 12 Abs. 1 Satz 3 EStG 1925) zur heutigen Einnahmen-Ausgabenrechnung nach § 4 Abs. 3 EStG machte die Anwendung dieser vereinfachten Gewinnermittlungsmethode von fehlenden Schwankungen im Betriebsvermögen abhängig. Im Jahre 1954 wurde dieses Tatbestandsmerkmal aus dem Gesetz gestrichen.

48 Die Finanzverwaltung muss die Einnahmen und Ausgaben und die Überschussermittlung auf Richtigkeit und Vollständigkeit überprüfen können (vgl. BFH, Urteil v. 13.3.2013, X B 16/12, BFH/NV 2013, 902).

49 Vgl. die Ausführungen zum Controlling, dem Report nach Kostenstellen und zur monatlichen Abweichungsanalyse in Kapitel 3.6.

Vereine SKR 049 Überschussrechner eV Musterstadt - [BWA-Nr. 1 - Vorjahresvergleich Juni 2020]									
BWA-Zeile	Einnahme-/Ausgabeart	Juni 2020	Juni 2019	Veränderung absolut	in %	Jan 2020 - Juni 2020	Jan 2019 - Juni 2019	Veränderung absolut	in %
1010	====================								
1011	IDEELLER BEREICH								
1012	(Bereich 2000)								
1013	====================								
1020	Nicht steuerb.Einn.								
1025	Mitgliedsbeiträge								
1030	Aufnahmegebühren								
1035	Zuschüsse								
1040	Sonstige								
1045	Summe Einnahmen								
1050	Nicht anzusetz.Ausg.								
1055	Abschreibungen								
1060	Personalkosten								
1065	Reisekosten								
1070	Raumkosten								
1075	Sonstige								
1080	Summe Ausgaben								
1100	VORLÄUFIGES ERGEBNIS								
1110	IDEELLER BEREICH								
1130	====================								
1135	ERTRAGSTEUERNEUTRALE								
1150	POSTEN (B. 3000)								
1155	====================								
1160									
1165	Ideeller Bereich								
1170	Einnahmen								
1175	Schenkungen								
1180	Erbschaft/Vermä.								
1185	Spenden								
1190	Sonstige								
1195	Summe Einnahmen								
1205	Ausgaben								
1210	Spenden								
1215	Sonstige								
1220	Summe Ausgaben								
1225	Zwischenergebnis								
1235	Vermögensverwaltung								
1240	Steuerneutr.Einnahmen								
1245	Nicht abz.Ausgaben								
1250	Zwischenergebnis								

1280	Zweckbetriebe Sport								
1285	Steuerneutr.Einn.								
1290	Nicht abz.Ausgaben								
1295	Zwischenergebnis								
1330	Sonstige Zweckbetriebe								
1335	Steuerneutr.Einnahmen								
1340	Nicht abz.Ausgaben								
1345	Zwischenergebnis								
1380	Geschäftsbetr.Sport								
1385	Steuerneutr.Einn.								
1390	Nicht abz.Ausgaben								
1395	Zwischenergebnis								
1430	Sonst.Gesch.betr.								
1435	Steuerneutr.Einnahmen								
1440	Nicht abz.Ausgaben								
1445	Zwischenergebnis								
1610	VORLÄUFIGES ERGEBNIS								
1620	ERTRAGSTEUERNEUTRALE								
1630	POSTEN (B.3000)								
1650	====================								
1660	VERMÖGENSVERWALTUNG								
1670	(Bereich 4000)								
1680	====================								
1700	Einnahmen								
1710	Ertragsteuerfreie Einnahmen								
1720	Mieten/Pachten								
1730	Zinsen/Kursgew.								
1740	Werbung								
1750	Sonstiges								
1760	Ertragst.pflichtige Einnahmen								
1770	Mieten/Pachten								
1780	Zinsen/Kursgew.								
1790	Sonstiges								
1800	Summe Einnahmen								
1820	Ausgaben/Werbungskosten								
1830	Abschreibungen								
1832	Personalkosten								
1834	Reisekosten								
1836	Mieten, Raumkosten								
1840	Sonstiges								
1850	Summe Ausgaben								
1860									
1870	VORLÄUFIGES ERGEBNIS								
1880	VERMÖGENSVERW.(4000)								

Abb. 23: Beispiel-BWA für einen Überschussrechner

Verfahrensmäßig ist die Einnahme-Überschussrechnung nach amtlich vorgeschriebenem Datensatz durch **Datenfernübertragung an das Finanzamt** zu übermitteln (§ 60 Abs. 4 EStDV). Um unbillige Härten zu vermeiden, kann die Finanzverwaltung auf eine elektronische Übermittlung verzichten. Dies ist zu beantragen. Ersatzweise ist in diesem Fall der Steuererklärung eine Gewinnermittlung nach amtlich vorgeschriebenem Vordruck auf Papier beizufügen.

Die einfache Zusammenstellung der Einnahmen und Ausgaben ist um eine **Aufstellung über das Vermögen** zu ergänzen. Hierzu kann die Übersicht in Abbildung 24 verwendet werden.

Vermögensaufstellung des Vereins ________	**Bestand am 1.1.**	**Bestand am 31.12.**	**Veränderung 1.1.–31.12.**
Hauptkasse			
Nebenkasse			
Bankkonto			
Sparkonto			
Finanzanlagen (z.B. Wertpapiere) und Beteiligungen**			
Sachanlagen und Vorräte ideeller Bereich und Zweckbetrieb (nutzungsgebundenes Sachvermögen)*			
Sachanlagen Vermögensverwaltung			
Sachanlagen und Vorräte steuerpflichtiger wirtschaftlicher Geschäftsbetrieb			
Immaterielle Vermögensgegenstände (Konzessionen,			
Lizenzen, geleistete Anzahlungen)**			
gegebene Darlehen und andere Förderungen			
erhaltene Darlehen und andere Verbindlichkeiten***			
Summe Vermögen			

* Eventuell aufgeteilt in: Grundstücke und Bauten, Technische Anlagen/Maschinen, Betriebs- und Geschäftsausstattung und Bauten

** eventuell getrennt nach Verwendung in den steuerlichen Bereichen

*** Kurzfristige Verbindlichkeiten aus Lieferungen und Leistungen wären hier nicht zu berücksichtigen. Nach dem Zufluss-Abfluss-Prinzip werden sie in der EÜR nicht erfasst. Umgekehrt werden Vorräte an Waren und Verbrauchsmaterial nicht verzeichnet, weil sie bereits zum Anschaffungszeitpunkt in die Überschussermittlung eingehen.

Abb. 24: Vermögensaufstellung für einen Verein mit EÜR

Aufstellung über die Rücklagen des Vereins ________						
	Bestand am 1.1.	Bestand am 31.12.	Umbu- chung 1.1.–31.12.	Zuführung 1.1.–31.12.	Inan- spruch- nahme 1.1.–31.12.	Verän- derung 1.1.–31.12.
freie Rücklagen						
zweckgebundene Rücklagen						
Wiederbeschaffungsrücklage						
Betriebsmittelrücklage						
freie Rücklage						
sonst. Rücklage (z.B. im stpfl. wirtsch. Geschäftsbetrieb)						

Abb. 25: Aufstellung über die Rücklagen eines Vereins mit EÜR

Diese Aufstellung ist um eine Entwicklung der Rücklagen zu ergänzen (Abbildung 25).

Weitere Sachverhalte wie z. B. erhaltene und noch nicht verausgabte Spenden, zweckgebundene Spenden und erhaltene Projekt- und Investitionszuschüsse usw. können zu weiteren Aufstellungen führen.

Alternativ ist eine Vermögensaufstellung nach dem handelsrechtlichen Bilanzschema möglich. Dieses Schema des DATEV SKR 049 zeigen die Abbildungen 26 und 27.

Die Vermögensaufstellung nach dem Bilanzschema hat die Angaben zum Vermögen, zu den Rücklagen und den weiteren Sachverhalten integriert.

Vermögensübersicht

Vereine Überschussrechner SKR 49, Musterstadt

zum

31. Dezember JJJJ

Aktiva					Passiva
	Euro	Euro		Euro	Euro
A. Anlagevermögen			**A. Vereinsvermögen**		
I. Immaterielle Vermögensgegenstände			I. Gewinnrücklagen		
			1. Gebundene Gewinnrücklagen	48.814,00	
II. Sachanlagen				3.00,00	49.814,00
			II. Ergebnisvorträge		
1. Grundstücke grundstücksgleiche			1. Ideeller Bereich	13.102,00	
Rechte und Bauten, einschließlich			2. Vermögensverwaltung	2.980,00	
der Bauten auf fremden Grundstücken			3. Ertragsteuerfreie		
Grundstücke, grundstücksgleiche			Zweckbetriebe Sport	76.641,00	
Rechte	25.000,00		4. Andere ertragsteuerfreie		
Gebäude	107.800,00		Zweckbetriebe	22.858,00	
2. Technische Anlagen und			5. Ertragsteuerpflichtige		
Maschinen	58.320,00		Geschäftsbetriebe Sport	11.429,00	
3. Andere Anlagen, Beriebs- und			6. Andere ertragsteuerpflichtige		
Geschäftsausstattungen			wirtschaftliche Geschäftsbetriebe	28.156,00	
Fahrzeuge, Transportmittel	4.650,00		7. Ergebnisvorträge allgemein	15.450,00	65.182,00
Vereinsausstattung	6.000,00				
			B. Verbindlichkeiten		
III. Finanzanlagen			1. Verbindlichkeiten gegenüber		
1. Beteiligungen	10.000,00	211.770,00	Kreditinstituten	83.223,00	
			2. Verbindlichkeiten aus Wechseln	38.752,00	
			3.Sonstige Verbindlichkeiten	35,00	122.010,00
Übertrag		211.770,00	Übertrag		237.006,00

Abb. 26: Vermögensaufstellung nach dem Bilanzschema (Teil 1)

Vermögensübersicht

Vereine Überschussrechner SKR 49, Musterstadt

zum

31. Dezember JJJJ

Aktiva					Passiva
	Euro	Euro		Euro	Euro
Übertrag		211.770,00	Übertrag		237.006,00
B. Umlaufvermögen					
I. Vorräte					
II. Forderungen sonstige Vermögensgegenstände					
1. Forderungen aus Lieferungen und Leistungen	365,00				
2.Sonstige Vermögensgegenstände	3.600,00				
III. Wertpapiere					
1. Sonstige Wertpapiere	4.085,00				
IV. Kasse, Bank	17.186,00	25.236,00			
		237.006,00			237.006,00

Abb. 27: Vermögensaufstellung nach dem Bilanzschema (Teil 2)

3.2.3 Finanz- und Lohnbuchhaltung in der Form der Doppelten Buchführung in Konten (Doppik)

Um die Nachteile der Staffelrechnung und der einfachen Buchführung (Einnahme-Überschussrechnung) zu vermeiden, wurde die Rechentechnik der **Kontobuchführung** entwickelt.

Ein **Konto** ermöglicht die zweiseitige Darstellung des Buchungsstoffs, die Bestandserhöhungen werden auf der einen und die Bestandsminderungen auf der anderen Seite eines T-förmigen Kontos eingetragen. Diese Buchungsschreibweise hat den Vorteil, dass die Aufrechnung der beiden Seiten direkt zum Endbestand führt. Abbildung 28 zeigt, wie die Kontenrechnung für das Beispiel in Abbildung 22 aussieht.

Schema

	Vorgang (Nr.)	Betrag		Vorgang (Nr.)	Betrag
	Anfangsbestand	...	-	Abgänge	...
+	Zugänge	...		Saldo = Endbestand	...

Beispiel

	Vorgang (Nr.)	Betrag		Vorgang (Nr.)	Betrag
	Anfangsbestand	1.300,00 €	-	Abgang (2.)	20,00 €
+	Zugänge (1.)	1.000,00 €		Abgang (3.)	88,12 €
				Saldo = Endbestand	2.191,88 €
		2.300,00 €			2.300,00 €

Abb. 28: Schema der Kontenrechnung (einschließlich Beispiel)

Dieses einfache Schema ist in der heute üblichen Buchführung verfeinert worden, es werden aktive und passive Bestandskonten und Erfolgskonten unterschieden. Die sichtbaren T-Konten sind in einer IT-gestützten Buchführung nicht mehr erkennbar. Das Schema der Zusammenstellung der einen Anfangsbestands erhöhenden und mindernden Buchungen und der Ermittlung eines Endbestands durch Saldierung am Ende der Periode bleibt jedoch auch bei Buchführungsprogrammen erhalten.

Die **Bilanz** ist der Ort, an dem der Kaufmann sein Vermögen und seine Schulden in einem T-Konto zusammenträgt. Auf der Aktivseite ist das Vermögen, auf der Passivseite die Finanzierung dieses Vermögens aufgeschrieben. Dies zeigt Abbildung 29.

Aktiva	Bilanz zum Stichtag (i. d. R. 31.12.) Passiva
Vermögen	Kapital
Wo ist das Geld investiert	Wie wurde das Geld aufgebracht?

Abb. 29: Übersicht zur Bilanz

Aktiva	31.12.	Passiva	31.12.
Anlagevermögen	...	Eigenkapital (Saldo)	...
Umlaufvermögen	...	Verbindlichkeiten = FK	...
Summe Aktiva	...	Summe Passiva	...

Abb. 30: Schema der Ermittlung des Eigenkapitals als Saldo in der Bilanz

Nach § 242 Abs. 1 HGB hat der Bilanzierende zu Beginn seiner Tätigkeit und zum Schluss eines jeden Geschäftsjahres eine Bilanz aufzustellen. In einer Bilanz werden die Bestände an Vermögensgegenständen auf der Aktivseite und die Bestände an Verbindlichkeiten auf der Passivseite notiert. Die Ermittlung des **Eigenkapitals** als **Saldo** zeigt Abbildung 30.

Die Bilanz (ital. Bilancia = Waage) ermittelt den Saldo aus der Summe der Vermögensgegenstände und der Schulden. Der Saldo wird nach allgemeiner Übereinkunft oben rechts aufgeschrieben und stellt das Eigenkapital (Reinvermögen) dar.

Auf der **Aktivseite** werden die Vermögensgegenstände nach ihrer Nutzungsdauer im Unternehmen in Anlagevermögen (langfristig) und Umlaufvermögen (kurzfristig) gegliedert. Die Verbindlichkeiten auf der **Passivseite** werden ebenfalls weiter untergliedert (die Fristigkeit wird in »davon-Vermerken« in Klammern angegeben). Sie werden zum einen nach sicheren und zum anderen nach ungewissen Verbindlichkeiten unterschieden. Die ungewissen Verbindlichkeiten nennt die Betriebswirtschaftslehre »Rückstellungen«. Außerdem unterteilt man die dem Grunde und der Höhe nach sicheren Verbindlichkeiten nach der Art der Gläubiger in Gesellschafter-, Bank-, Lieferanten- und sonstige Verbindlichkeiten.[50]

In der Buchführung werden die Konten der **Eröffnungsbilanz** (und in der Folgezeit der jährlichen Bilanz zum Ende des Geschäftsjahres) in aktive und passive Bestandskonten aufgelöst. In diesen Konten werden alle Geschäftsvorfälle mit Buchungssätzen erfasst. Da die Buchungssätze immer eine Haben- und eine Sollbuchung umfassen, nennt man dies Doppik (**Doppelte Buchung in Konten**).

50 Auf weitere Bilanzposten (z. B. Rechnungsabgrenzungsposten und Sonderposten für Investitionszuschüsse) wird hier aus didaktischen Gründen nicht eingegangen. Ebenso wird darauf verzichtet, die Aktivposten weiter zu unterteilen (in immobile und mobile Vermögensgegenstände, Finanzanlagen, Roh-, Hilfs- und Betriebsstoffe, Forderungen, Waren usw.). Die verbindliche Auflistung der Bilanzposten findet man in § 266 Abs. 2 HGB. Kleine Kapitalgesellschaften können nach § 266 Abs. 1 HGB auf die verfeinerte Untergliederung des § 266 Abs. 2 HGB (dritte Gliederungsebene – arabische Zahlen) verzichten.

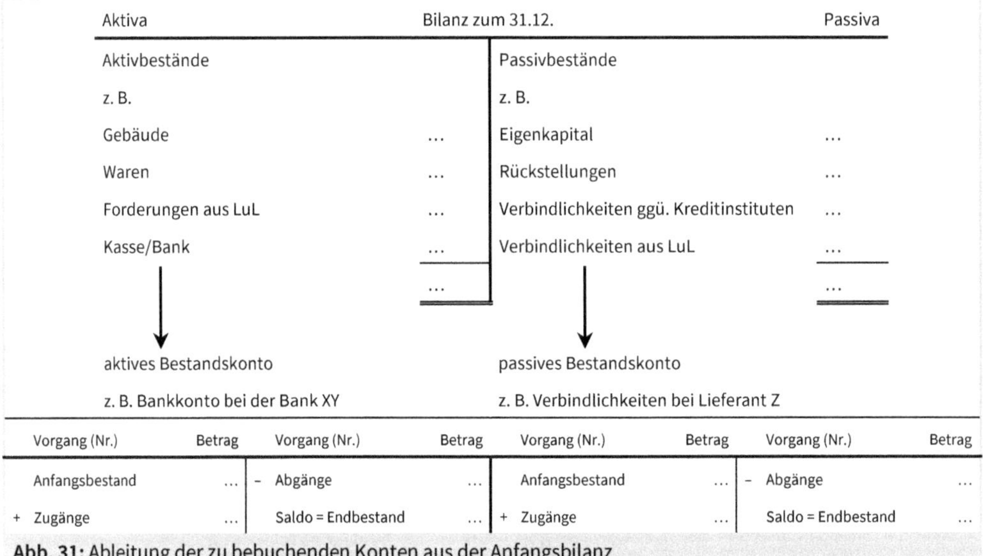

Abb. 31: Ableitung der zu bebuchenden Konten aus der Anfangsbilanz

Aufwendungen		GuV vom 1.1.–31.12.	Erträge
Personalaufwendungen	...	Mitgliedsbeiträge	...
Materialaufwendungen	...	Entgelte aus Leistungen Typ 1	...
sonstige betriebl. Aufwendungen	...	Entgelte aus Leistungen Typ 2	...
Zinsaufwendungen	...	sonstige Erträge	...
Abschreibungen	...	Spenden	...
Saldo = Erfolg (hier: Jahresüberschuss)	...	Zinserträge	...

Abb. 32: Gewinn- und Verlustrechnung in Kontoform

Abbildung 31 zeigt, wie die Konten aus der Anfangsbilanz abgeleitet und in einer laufenden Finanzbuchhaltung fortgeschrieben werden.

Nach § 242 Abs. 1 HGB hat der Bilanzierende eine Gegenüberstellung der Erträge und Aufwendungen des Geschäftsjahres vorzunehmen. Diese Gegenüberstellung wird als **Gewinn- und Verlustrechnung** (GuV) bezeichnet. Die Gewinn- und Verlustrechnung kann in Konto- und in Staffelform erstellt werden.

Abbildung 32 zeigt die Gewinn- und Verlustrechnung in **Kontoform**. Vorteilhaft an dieser Darstellung ist die auch für T-Konten geltende Übersichtlichkeit auf einen Blick.

Trotzdem hat sich in der handelsrechtlichen Praxis die **Staffelform** für die Gewinn- und Verlustrechnung durchgesetzt. Das Schema des § 266 HGB nennt ausdrücklich diese Art der Darstellung. Abbildung 33 stellt das Schema der Gewinn- und Verlustrechnung in Staffelform dar.

	Umsatzerlöse	...
+	Mitgliedsbeiträge	...
+	Entgelte aus Leistungen Typ 1	...
+	Entgelte aus Leistungen Typ 2	...
+	Spenden	...
-	Materialaufwand	...
=	**Rohertrag/Handelsspanne**	...
-	Personalaufwand	...
-	sonstiger betrieblicher Aufwand	...
-	Abschreibungen	...
=	**Betriebsergebnis**	...
+	Zinsertrag	...
-	Zinsaufwand	...
=	**negatives/positives Finanzergebnis**	...
-	Steuern	...
=	**Jahresergebnis (Jahresüberschuss/-fehlbetrag)**	...

Abb. 33: Gewinn- und Verlustrechnung in Staffelform

Wie aus Abbildung 33 ersichtlich wird, hat die Staffelform gegenüber der Kontoform den Vorteil, dass **Zwischensummen** gezogen werden können (Rohertrag und Betriebsergebnis) und so die Bestandteile des Jahresergebnisses ersichtlich werden.

Wenn die Gewinn- und Verlustrechnung nicht nach deutschem HGB, sondern nach **internationalen Bilanzierungsstandards** aufgestellt wird, sind weitere Zwischensummen üblich (siehe Abbildung 34).

Jahresüberschuss = Earnings After Taxes (EAT)	
+	Steueraufwand
-	Steuererträge
=	Ergebnis der gewöhnlichen Geschäftstätigkeit = Earnings Before Taxes (EBT)
+	Zinsaufwand und sonstiger Finanzaufwand
-	Zinsertrag und sonstiger Finanzertrag
=	operatives Ergebnis vor Investitionsaufwand = Earnings Before Interest and Taxes (EBIT)
+	Abschreibungen auf das Anlagevermögen
-	Zuschreibungen zum Anlagevermögen
=	Rohgewinn = Earnings Before Interest, Taxes, Depreciation and Amortization (EBITDA)
+	außergewöhnliche Aufwendungen
-	außergewöhnliche Erträge
=	bereinigter Rohgewinn (bereinigtes EBITDA)

Abb. 34: Gewinn- und Verlustrechnung mit den in der internationalen Rechnungslegung üblichen Zwischensummen

! **Hinweis:**

Eine Gewinn- und Verlustrechnung nach internationalen Bilanzierungsstandards ist derzeit bei Vereinen nur selten anzutreffen. Lediglich im Umfeld von internationalen Organisationen kommt eine Gliederung nach den internationalen Standards vor. Wenn sich die internationale Rechnungslegung weiter in Deutschland verbreiten sollte, wird eine internationale Rechnungslegung möglicherweise auch bei Vereinen eine größere Bedeutung erhalten. Dies bleibt jedoch abzuwarten.

Die doppische Finanzbuchführung wird in **Grundbüchern** vorgenommen. § 239 Abs. 2 HGB verlangt, dass die Eintragungen in Büchern und die sonstigen erforderlichen Aufzeichnungen vollständig, richtig, zeitgerecht und geordnet vorgenommen werden. Unter einer **zeitgerechten Erfassung** wird im Allgemeinen verstanden, dass die buchungsrelevanten Vorgänge spätestens innerhalb von vier Wochen erfasst werden. Ein Kassenbuch ist tagesaktuell zu führen. Unter einer **geordneten Erfassung** wird verstanden, dass die Geschäftsvorfälle nach ihrer zeitlichen Reihenfolge im Grundbuch aufgeschrieben werden – so erklären sich auch die alternativen Bezeichnungen »Journal«, »Primanota« oder »Memorial«.[51]

Eine Vielzahl von Geschäftsvorfällen kann man nur überblicken, wenn sie in sachlich aufgeteilten Grundbüchern vorgenommen werden. In der Finanzbuchhaltung unterscheidet man das **Kassenbuch** für alle in Bargeld abgewickelten Einzahlungen und Auszahlungen, sowie das **Wareneingangs- und -ausgangsbuch**. Die **Bankbelege** (Kontoauszüge) werden in einem Grundbuch des Bankverkehrs abgelegt.

In Nebenbüchern werden die offenen Posten geführt, das sog. Geschäftsfreundebuch unterscheidet die Beziehungen zu den Lieferanten (**Kreditoren**) und den Kunden (**Debitoren**). Nebenbücher werden parallel zu den Hauptbuchkonten geführt. Die sog. Offene-Posten-Liste (OP-Liste) ermöglicht eine Analyse der noch zu bezahlenden Eingangsrechnungen (Kreditoren) bzw. Ausgangsrechnungen (Debitoren) z. B. nach einem Laufzeitband (0–30 Tage, 31–60 Tage, 61–90 Tage und 90+ Tage). Eine solche OP-Liste kann EDV-gestützt mit einem Mahnprozess verknüpft werden.

In einem weiteren Nebenbuch, der **Anlagenbuchhaltung** werden die Vermögensgegenstände des Anlagevermögens mit einer längeren Nutzungsdauer (gem. § 247 HGB) erfasst und verwaltet. Die Anlagenbuchhaltung hat zur Aufgabe, die Zu- und Abgängen des Anlagevermögens zu bewerten und zu buchen und die Abschreibungen zu ermitteln. Bei den Anschaffungen ist die präzise Ermittlung der Anschaffungskosten einschließlich der Nebenkosten und der nachträglichen Anschaffungskosten (§ 255 Abs. 1 HGB) vorzunehmen. Bei den Herstellungen (z. B. von Gebäuden) besteht die Herausforderung darin, sämtliche Pflichtbestandteile der Herstellungskosten i. S. d.

---

51 Vgl. Wedell/Dilling (2013): Grundlagen des Rechnungswesens, a. a. O., S. 86.

§ 255 Abs. 2 HGB zu erfassen, über etwaige Wahlbestandteile[52] zu entscheiden und die richtige Zuordnung vorzunehmen. Vereine stellen im Regelfall keine Produkte her, deshalb kommen Herstellungskosten am häufigsten bei Baumaßnahmen vor.

Bei geförderten Vereinen sind spiegelbildlich zu den aktivierten Vermögensgegenständen die Gegenwerte der erhaltenen Investitionszuschüsse zu passivieren. Dies erfolgt in der **Sonderpostenbuchhaltung.**[53]

Die Konten des Anlagevermögens sind in der Buchführung Sammelkonten. Zum Beispiel werden alle Wertänderungen für Fahrzeuge auf dem Konto »Fuhrpark« erfasst. Eine gesonderte Anlagekarte für jeden eigenständig nutzbaren Gegenstand wird geführt, die Angaben wie Anschaffungsdatum, Anschaffungskosten und Nutzungsdauer enthält. Die Anlagekartei bildet ein Nebenbuch der Buchführung und ist die Grundlage für die vollständige Erfassung des Anlagevermögens im Inventar.

Auf Initiative von Eugen Schmalenbach hat das Handelsrecht vor vielen Jahrzehnten bereits eine Standardisierung der Kontenbezeichnungen und ihrer Ordnung erfahren. Im sog. **Kontenrahmen** wurde ein Standard für verschiedene Branche vorgegeben, nach dem sich die Buchführungen richteten.[54]

Über die Zwischenstufe eines Gemeinschaftskontenrahmens wurde nach der Novelle des AktG 1965 der noch heute gebräuchliche Industriekontenrahmen geschaffen. Er ist nach dem Abschlussprinzip gegliedert, d. h., die Bilanz- und GuV-Posten geben die Systematik vor. Die erste Stelle eines Kontos bezeichnet die Kontenklasse.[55] Abbildung 35 zeigt die Grundstruktur eines Kontenrahmens.

---

52 Nach § 255 Abs. 2 S. 2 HGB dürfen bei der Berechnung der Herstellungskosten angemessene Teile der Kosten der allgemeinen Verwaltung sowie angemessene Aufwendungen für soziale Einrichtungen des Betriebs, für freiwillige soziale Leistungen und für die betriebliche Altersversorgung einbezogen werden.

53 Vgl. Vogelbusch (2018): Management von Sozialunternehmen, a. a. O., Kap. 8.2.7 »Investitionszuschüsse«.

54 Eugen Schmalenbach konnte auf das Kontensystem von Johann Friedrich Schär zurückgreifen, der Ende des 19. Jahrhunderts Konten nach dem betrieblichen Ablaufprozess geordnet hatte. Dem Betriebsablauf folgend werden bei diesem System die Konten nach den der Produktion vorausgehenden Abläufen, der Produktion selbst bis hin zu der Leistungsverwertung gegliedert. Der Begriff Kontenrahmen wurde gebräuchlich, als im Jahre 1937 ein verbindlicher Reichskontenrahmen (RKR) vorgegeben wurde.

55 Eine weitere Ebene tiefer werden Kontengruppen mit einer Doppelziffer (z. B. 51) bezeichnet. Die Kontengruppe wird weiter in dreiziffrige Konten untergliedert. Diese können durch Hinzufügen einer weiteren Ziffer wiederum in Unterkonten unterteilt werden.

Klasse 0	Klasse 1	Klasse 2	Klasse 3	Klasse 4	Klasse 5	Klasse 6	Klasse 7	Klasse 8	Klasse 9
Bilanz	Bilanz	Bilanz	Bilanz	GuV	GuV	GuV	GuV	Abschluss Bilanz + GuV	weitere Angaben
Bestand	Bestand	Bestand	Bestand	Erfolg	Erfolg	Erfolg	Erfolg	Vortrags-konten	
Lang-fristig	Kurz-fristig	Eigen-kapital	Fremd-kapital	Ertrag	Aufwand Material	Aufwand weiterer betriebl.	Sonstiger Ertrag und Aufwand		z. B. KLR oder statist. Angaben

Abb. 35: Grundstruktur eines Kontenrahmens (Sachkontenrahmen 4 – SKR 04)

Durch die erste Ziffer (Kontenklasse) ist es für die Person, die die Bücher führt, leicht möglich, die Konten zu identifizieren. Die ersten vier Kontenklassen bezeichnen Bilanzkonten, die Kontenklassen 4 bis 7 Konten der Gewinn- und Verlustrechnung. In der Kontenklasse 8 können Abschlussbuchungen vorgenommen werden (z. B. das Eröffnungs- und Schlussbilanzkonto), die Kontenklasse 9 eignet sich für kostenrechnerische Korrekturen bzw. statistische Angaben.

Weit bekannt sind auch die für verschiedene Branchen aufgestellten Standardkontenrahmen (SKR), die von der DATEV für ihre Buchführungsdienstleistungen eingesetzt und regelmäßig überarbeitet werden. Die heute gebräuchlichen Kontenrahmen stellen eine Empfehlung für die Vereine dar, sind jedoch nicht gesetzlich verbindlich vorgeschrieben.

In manchen Branchen ist dies anders. Vereine, die Krankenhäuser oder Pflegeunternehmen als Zweckbetriebe unterhalten, müssen sich der in diesen Branchen vorgeschriebenen Kontenrahmen bedienen. Die Anlage 4 der Krankenhausbuchführungsverordnung (KHBV) und Anlage 4 der Pflegebuchführungsverordnung (PBV) sieht einen Kontenrahmen für die Buchführung (Kontenklasse 0–8) vor. Diese Kontenrahmen sind im Jahre 2017 aktualisiert worden.[56]

In der Vereinspraxis ist der bei der einfachen Einnahme-Überschussrechnung genannte Vereinskontenrahmen auch für die Doppik anwendbar. Beispielsweise können die Geschäftsvorfälle mit dem SKR 04 der DATEV nach den steuerlichen Berei-

56 KHBV: DATEV-Kontenrahmen nach der Krankenhaus-Buchführungsverordnung zum Branchenpaket für Krankenhäuser (Basis SKR99) (gültig für 2017); unter: www.datev.de/web/ de/datev-shop/material/kontenrahmen-skr-99-fuer-krankenhaeuser/ (Abrufdatum: 7.8.2017) und PBV: DATEV-Kontenrahmen nach der PBV Branchenpaket für Soziale Einrichtungen (SKR 45) (gültig für 2017); unter: www.stb-hdh.de/app/.../DATEV-Kontenrahmen+SKR+45+Jahr+2017.pdf (Abrufdatum: 7.8.2017).

chen verbucht werden. Die monatliche BWA und der Jahresabschluss sind dann in die folgenden vier Bereiche unterteilt:

- ideeller Bereich,
- Vermögensverwaltung,
- Zweckbetrieb und
- wirtschaftlicher Geschäftsbetrieb.

Beim gemeinnützigen Verein ist die Einnahme-Überschussrechnung bzw. bei bilanzierenden Vereinen die Gewinn- und Verlustrechnung nach den steuerlichen Bereichen gegliedert. Die Vermögensaufstellung und die Bilanz sind dagegen in der Vereinspraxis nicht nach den steuerlichen Bereichen gegliedert.[57]

Traditionell wurden die Buchungen in Büchern in Papierform vorgenommen. Heute erfolgt die Finanzbuchführung EDV-gestützt in Buchhaltungsprogrammen. Die Grundsätze ordnungsmäßiger Buchführung (GoB) wurden um **Grundsätze ordnungsmäßiger Speicherbuchführung** (GoS) ergänzt. Sie befassen sich mit der elektronischen Datenverarbeitung und -speicherung. Inhaltlich hat sich hierdurch grundsätzlich nichts wesentlich Neues ergeben. Die Anforderungen werden im Wesentlichen auf die technische Weiterentwicklung der EDV-gestützten Buchführung übertragen.

Es gelten z. B. folgende Grundsätze: Vollständigkeit, Richtigkeit, Zeitgerechtigkeit und Unveränderbarkeit der auf Datenträgern gespeicherten Buchungen, jederzeitige Ausdrucksbereitschaft und Prüfbarkeit mithilfe einer Verfahrensdokumentation.

Die GoS wurden in mehreren Schreiben des Bundesministeriums der Finanzen niedergelegt.[58]

Im Handelsrecht besteht nur für bestimmte Branchen die gesetzlich vorgeschriebene Kontengliederung. Im Steuerrecht hat die sog. E-Bilanz zu zusätzliche Pflichten geführt. Seit 2014 sind alle Steuerpflichtigen und Unternehmen, die ihren Gewinn durch Bilanzierung nach § 4 Abs. 1, § 5 oder § 5a EStG ermitteln, verpflichtet, eine E-Bilanz digital an das Finanzamt zu übermitteln. Unter der E-Bilanz ist eine nach einem einheitlichen Schema (**Taxonomie**) gegliederte detaillierte Aufstellung der Konten zu

---

57 Für die Ermittlung der Abschreibungen ist in der Anlagenbuchhaltung zu unterscheiden, in welchen Bereichen die Vermögensgegenstände eingesetzt werden.

58 BMF, Schreiben v. 5.7.1978 (BStBl. I 1978, S. 250 ff.) zu den Grundsätzen ordnungsmäßiger Speicherbuchführung (GoS). Das BMF-Schreiben vom 7.11.1995 (BStBl. I 1995, S. 7380 ff.) regelt die Grundsätze ordnungsmäßiger DV-gestützter Buchführungssysteme (GoBS) und das BMF-Schreiben vom 1.2.1984 (BStBl. I 1984, S. 155 ff.) die Grundsätze zu Mikrofilmen. Vgl. in diesem Zusammenhang auch das BMF-Schreiben vom 14.11.2014 (BStBl. I 2014, S. 1450 ff.) Grundsätze zur ordnungsmäßigen Führung und Aufbewahrung von Büchern, Aufzeichnungen und Unterlagen in elektronischer Form sowie zum Datenzugriff (GoBD).

verstehen.[59] Für gemeinnützige Vereine wurden nach intensiver Diskussion in der Finanzverwaltung, im Schrifttum und der Vereinspraxis bestimmte Erleichterungen vorgesehen.[60] Die E-Bilanz ist nach dem Ergebnis der Diskussion nur für den steuerpflichtigen wirtschaftlichen Geschäftsbetrieb erforderlich, und die Angabe lässt sich auf **eine einzige Zahl** (Ergebnis des wirtschaftlichen Geschäftsbetriebs) reduzieren.[61]

Die **Lohnbuchführung** (Lohnbuchhaltung) wickelt die Lohn- und Gehaltsabrechnungen ab. Darüber hinaus werden auch Aufgaben der Personalverwaltung wahrgenommen. Hierunter zählen u. a. die Pflege von Personalstammdaten, das Führen der Jahreslohnkonten, das Erfüllen der gesetzlich vorgeschriebenen Meldeerfordernisse sowie das Erstellen von Buchungsbelegen für die Finanzbuchhaltung.

Als Lohnkonten werden die Datensätze bzw. Registerkarten der einzelnen Arbeitnehmer bezeichnet. In § 41 EStG bzw. in § 4 Lohnsteuer-Durchführungsverordnung (LStDV) ist geregelt, welche Daten die Lohnkonten enthalten müssen.

Für die IT-gestützte Lohnbuchführung werden bei kleineren und mittelgroßen Arbeitgebern Personalinformationssysteme eingeführt. Bei größeren Arbeitgebern sind Personalmanagementmodule Bestandteile von umfangreichen in das Enterprise-Resource-Planning (ERP) eingebetteten IT-Lösungen. Darüber hinaus wird die Lohnbuchhaltung oftmals im Rahmen von Outsourcing an externe Dienstleister ausgelagert.

Die eingesetzten Lohnbuchhalter müssen über umfangreiche Kenntnisse in verschiedensten Bereichen, wie dem Sozialversicherungs- und Lohnsteuerrecht sowie den Grundzügen des Arbeitsrechts, verfügen.[62] Neben den im vollen Umfang Beschäftigten sind Teilzeit-, Aushilfs-, geringfügig Beschäftigte (sog. 450-Euro- oder Mini-Jobs) und Praktikanten zu betreuen. Hieraus ergibt sich eine Fülle an speziellen Wissensgebieten.

---

59 Diese elektronisch übersandten Detailinformationen sollen für eine IT-gestützte Überprüfung der Buchhaltungen (Mehrjahresvergleiche, Verprobungen und Validitätsprüfungen) genutzt werden.

60 Vgl. für eine Darstellung der gesetzlichen Vorschriften und der Anwendungsschreiben der Finanzverwaltung: I. Pfeiffer/D. Schwecke/F. Vogelbusch (2011): Auswirkungen der Einführung der E-Bilanz auf kirchliche und diakonische Körperschaften, in: KVI im Dialog, Heft 4, S. 6 ff., Y. Jordan/F. Vogelbusch (2013): Die E-Bilanz: Aktueller Stand, Relevanz und Konsequenzen im Non-Profit-Bereich, in: KVI im Dialog, Heft 4, S. 16 ff. und bzgl. des aktuellen Stands Y. Jordan/F. Vogelbusch (2014): Aktuelle Hinweise zur E-Bilanz im Non-Profit-Bereich, in: KVI im Dialog, Heft 3, S. 6 ff.

61 Vgl. BMF, Schreiben v. 19.12.2013.

62 Für die Arbeit in der Lohnbuchführung ist nach den Erfahrungen des Verfassers das folgende Werk unverzichtbar: W. Schönfeld/J. Plenker (2017): Lexikon für das Lohnbüro. Arbeitslohn, Lohnsteuer und Sozialversicherung von A–Z, Heidelberg. Vgl. für weitere Details G. C. Girlich (2011): Crashkurs Lohn- und Gehaltsabrechnung, München.

Die zu erledigenden Aufgaben gehen regelmäßig über die eigentliche Gehaltsabrechnung hinaus (z. B. Meldungen an die Sozialversicherungen und an das Finanzamt). Neu eingestellte Mitarbeiter und alle Veränderungen müssen lohnsteuerlich gewürdigt und an die Sozialversicherungsträger gemeldet werden. Für die Lohnbuchführung sind große Sorgfalt auf die Dokumentation und Ablage zu legen, da das Finanzamt und die Rentenversicherungsträger die Lohnkonten und die ordnungsgemäße Abführung der Lohnsteuer und SV-Abgaben regelmäßig prüfen. Am Ende eines Jahres muss die Lohnbuchhaltung die Lohnkonten abschließen und die darin einfließenden Werte an das Finanzamt und die Sozialversicherungsträger übermitteln. Für die Arbeitnehmer ist am Jahresende bzw. beim Ausscheiden eines Arbeitnehmers die Lohnsteuerbescheinigung zu erstellen. Zusätzlich können weitere Meldungen an die Agentur für Arbeit erforderlich sein. Nach Aufforderung sind weitere Meldungen an die Statistikämter zu übermitteln. Dies erfolgt heute generell auf elektronischem Weg.

3.3 Internes Kontrollsystem

Neben der Finanz- und Lohnbuchführung sollte das Management eines Vereins organisatorische Regelungen und Kontrollmechanismen einführen, die sicherstellen, dass alle Geschäftsvorfälle zutreffend verbucht werden.[63]

Diese Regelungen werden als **Internes Kontrollsystem** (IKS) bezeichnet. Bei einem mittelgroßen oder großen Verein bedarf es eines gegliederten Führungs- und Aufsichtssystems.[64] Das IKS ist ein Teilsystem dieses Überwachungssystems, das in der Verantwortung des Managements steht. In den letzten Jahren ist unter dem Schlagwort der Compliance die Gesamtheit aller Maßnahmen diskutiert worden, die das regelkonforme Verhalten eines Vereins, seiner Organisationsmitglieder und Mitarbeiter begründet. Das IKS ist ein Basiselement dieses Überwachungssystems, es sollte in Vereinen mit einem mittelgroßen und großen Geschäftsbetrieb angewendet werden. Je größer der Geschäftsumfang ist, desto ausgefeilter sollte das IKS ausgebaut werden.

Neben der Sicherung einer verlässlichen Buchhaltung ist mit dem IKS die Gesamtheit der Kontrollmechanismen gemeint, mit denen sich das Management vor einer Vermögensschädigung schützt und die Funktionsfähigkeit und Wirtschaftlichkeit der Geschäftsprozesse absichert. Abbildung 36 listet die Prinzipien auf, die für das IKS unterschieden werden.

63 Vgl. O. Bungartz (2011): Handbuch Interne Kontrollsysteme (IKS) – Steuerung und Überwachung von Unternehmen, Berlin.

64 Vgl. F. Vogelbusch (2018): Der Aufsichtsrat in gemeinnützigen Unternehmen, in: NZG 30/2018, S. 1161 ff.

Bezeichnung	Inhalt
Prinzip der Transparenz	für Prozesse müssen Sollkonzepte etabliert sein, die es einem Außenstehenden ermöglichen zu beurteilen, inwieweit Beteiligte entsprechend dieses Sollkonzepts arbeiten, gleichzeitig wird durch dieses Prinzip die Erwartungshaltung der Vereinsleitung definiert
Vier-Augen-Prinzip	in einem gut funktionierenden Kontrollsystem soll kein wesentlicher Vorgang ohne Kontrolle bleiben
Prinzip der Funktionstrennung	vollziehende Tätigkeiten (z. T. Abwicklung von Verkäufen), verwaltende Tätigkeiten (z. B. Lagerverwaltung) und verbuchende Tätigkeiten (z. B. Finanzbuchhaltung, Lohnbuchhaltung) und Tätigkeiten, die innerhalb eines Unternehmensprozesses (z. B. Einkaufsprozess verstanden als Prozess von der Bedarfsermittlung bis zum Zahlungsausgang) erfolgen, sollen nicht in einer Hand vereinigt sein
Prinzip der Mindestinformation	für Mitarbeiter sollen nur diejenigen Informationen verfügbar sein, die sie für ihre Arbeit brauchen, dies gilt insbesondere auch für die entsprechenden Sicherungsmaßnahmen bei IT-Systemen
Prinzip des Schaffens angemessener organisatorischer Regelungen	soweit möglich und sinnvoll, sind Arbeitsabläufe zu programmieren, die Ablauf- und Aufbauorganisation ist klar zu regeln
Prinzip automatischer Kontrolle	um Unwägbarkeiten auszuschalten, sollte das System der betrieblichen Abläufe sich selbsttätig und zwangsläufig kontrollieren

Abb. 36: Prinzipien des internen Kontrollsystems

Instrumente des IKS sind der Organisationsplan, der Kontenplan einschließlich der Kontierungsrichtlinien, sämtliche Aufzeichnungen und Unterlagen, die der Dokumentation der durchgeführten Kontrollen dienen, mechanische Kontrolleinrichtungen (z. B. Stechuhren, kodierte Geldschränke, Mess- und Rechengeräte, IT-Anlagen zur programmierten oder maschineninstallierten Kontrolle) sowie alle weiteren Dienst- und Arbeitsanweisungen, die mit den Geschäftsvorfällen, ihrer Genehmigung, Verwaltung und Verbuchung zusammenhängen.

! **Hinweis:**

Für den Abschlussprüfer eines Vereins stellt das vom Management eingeführte IKS eine wesentliche Unterstützung dar, weil ein funktionierendes IKS eine effizientere Abschlussprüfung ermöglicht. Je funktionstüchtiger und detaillierter das IKS ist, desto mehr kann sich ein Abschlussprüfer auf dessen Ergebnisse und auf die Ordnungsmäßigkeit der angewendeten Verfahren stützen.

Das Testat des Abschlussprüfers enthält aus gutem Grund immer eine Aussage über die Ordnungsmäßigkeit der Buchführung. Denn ohne eine Buchführung, die vollständig alle Geschäftsvorfälle abbildet und auf deren Grundlage eine Aussage zu drohenden Risiken i. S. eines Risikomanagementsystems möglich ist, kann kein Management den Überblick über ein Unternehmen behalten. Für die Aufsichtsorgane, die zu einem ordnungsgemäßen Corporate-Governance- und Compliance-System gehören, ist ebenfalls von grundlegender Bedeutung dafür, dass die Buchhaltung den Grundsätzen ordnungsmäßiger Buchführung entspricht.

3.4 Betriebswirtschaftliche Auswertung (BWA)

Die **Betriebswirtschaftliche Auswertung** (BWA) ist die **kurzfristige Erfolgsrechnung** eines Vereins. Sie schließt monatlich die laufenden bebuchten Konten ab. Sog. Jahresabschlussbuchungen (Abgrenzungsbuchungen z. B. Rechnungsabgrenzungen wie für nur einmal im Jahr gezahlte Berufsgenossenschafts- oder Versicherungsbeiträge und Kfz-Steuern) werden oft nicht aufgeführt. Die Abschreibungen für die Gegenstände des Anlagevermögens werden in einer BWA bereits berücksichtigt, auch wenn die Anschaffungen erst unterjährig vorgenommen wurden.

Abbildung 37 demonstriert, wie eine einfache BWA aussehen kann.

Kanzlei-Rechnungswesen pro - RW - 93112/13388/2017 / eV Musterstadt - [BWA-Nr. 1 - Vorjahresvergleich Juni 2020]

Zeile	Bezeichnung	Juni 2020	Juni 2019	Veränderung absolut	in %	Jan 2020 – Juni 2020	Jan 2019 – Juni 2019	Veränderung absolut	in %
1010									
1020	Umsatzerlöse								
1040	Best.Verändg. Fertiger-zeugn./UE								
1045	Akt.Eigenleistungen								
1050									
1051	Gesamtleistung								
1052									
1060	Mat./Wareneinkauf								
1070									
1080	Rohertrag								
1081									
1090	So. betr. Erlöse								
1091									
1092	Betriebl. Rohertrag								
1093									
1094	Kostenarten:								
1100	Personalkosten								
1120	Raumkosten								
1140	Betriebl. Steuern								
1150	Versich./Beiträge								
1160	Besondere Kosten								
1180	Kfz-Kosten (o. St.)								
1200	Werbe-/Reisekosten								
1220	Kosten Warenabgabe								
1240	Abschreibungen								
1250	Reparatur/Instandh.								
1260	Sonstige Kosten								

Kanzlei-Rechnungswesen pro - RW - 93112/13388/2017 / eV Musterstadt - [BWA-Nr. 1 - Vorjahresvergleich Juni 2020]									
Zeile	Bezeichnung	Juni 2020	Juni 2019	Veränderung absolut	in %	Jan 2020 – Juni 2020	Jan 2019 – Juni 2019	Veränderung absolut	in %
1280	Gesamtkosten								
1290									
1300	Betriebsergebnis								
1301									
1310	Zinsaufwand								
1312	Sonst. neutr. Aufwand								
1320	Neutraler Aufwand								
1321									
1322	Zinserträge								
1323	Sonst. neutr. Ertrag								
1324	Verr. kalk. Kosten								
1330	Neutraler Ertrag								
1331									
1340	Kontenkl. unbesetzt								
1342									
1345	Ergebnis vor Steuern								
1350									
1355	Steuern Eink. u. Ertrag								
1360									
1380	Vorläufiges Ergebnis								

Abb. 37: Schema einer Betriebswirtschaftlichen Auswertung (BWA)

Abbildung 37 stellt eine Vergleichs-BWA dar, bei der der aktuelle Monatswert (und der kumulierte Wert aus den ersten sechs Monaten des Jahres) mit den entsprechenden Vorjahreswerten (monatlich und kumuliert) verglichen wird.

Neben diesem Vorjahresvergleich kann es sich empfehlen, einen Vergleich aktueller Ist-Werte mit selbst festgelegten anderen Werten, z. B. Planwerten, durchzuführen. Dies bietet sich insbesondere in mittelgroßen und großen Vereinen an, in denen eine dezidierte Planungsrechnung erstellt wird. Der gegenwartsbezogene Vergleich ist u. U. aussagekräftiger als ein Vergleich mit Vergangenheitswerten, insbesondere dann, wenn sich die wirtschaftlichen Verhältnisse, z. B. durch eine neue Betätigung, verändert haben.

Ein BWA-Schema, das die Ist-Werte des Monats und die kumulierten Werte der ersten Monate (hier: Januar bis Juni) den entsprechenden Soll-Werten gegenüberstellt, sieht wie in Abbildung 38 aus.

Zeile	Bezeichnung	Ist Juni 2020	Plan Juni 2020	Abweichung absolut	in %	Ist Jan 2020 – Juni 2020	Plan Jan 2020 – Juni 2020	Abweichung absolut	in %
1010									
1020	Umsatzerlöse								
1040	Best.Verändg. Fertigerzeugn./UE								
1045	Akt.Eigenleistungen								
1050									
	Gesamtleistung								
	Mat./Wareneinkauf								

und so weiter

Abb. 38: Beispiel einer Betriebswirtschaftlichen Auswertung (BWA) mit Soll-Ist-Vergleichswerten

Eine BWA **komprimiert** die in der Finanzbuchhaltung erstellten Werte nach betriebswirtschaftlichen Aspekten und bietet grundlegende Anhaltspunkte für eine erste, zeitnahe Analyse des abgelaufenen Monats.

In der kurzfristigen Erfolgsrechnung wird das **vorläufige Ergebnis** ermittelt. In der Auswertung wird dabei zwischen der jeweiligen Buchungsperiode, meist dem Buchungsmonat, und den kumulierten (aufgelaufenen) Werten, den Jahresverkehrszahlen, unterschieden.

Die kurzfristige Erfolgsrechnung enthält i. d. R. folgende Zeilen:

- die Umsatzerlöse,
- die gewährten Skonti sowie alle anderen Preisnachlässe und Erlösschmälerungen (sind von den Umsätzen abzuziehen),
- Summe: Gesamtleistung,
- abzüglich des Wareneinsatzes,
- als Zwischensumme ergibt sich der Rohertrag,
- zzgl. der sonstigen betrieblichen Erlöse (alle weiteren betriebsbedingten Erlöse, die nicht unmittelbar aus dem eigentlichen Betriebszweck resultieren),
- abzgl. der Gesamtkosten,
- Zwischensumme Betriebsergebnis,
- abzgl. des neutralen Aufwands (differenziert nach Zinsaufwand und sonstigem neutralen Aufwand),
- zzgl. des neutralen Ertrags (differenziert nach Zinserträgen, sonstigen neutralen Erträgen),
- hieraus ergibt sich das Ergebnis vor Steuern,
- abzgl. Steuern vom Einkommen und Ertrag,
- vorläufiges Ergebnis.

Für das **endgültige Jahresergebnis** sind vom vorläufigen Ergebnis alle **Jahresabschlussbuchungen** (wie z. B. die Abschreibungen und Rückstellungen – Saldo aus Bildung und Auflösung) sowie die Periodenabgrenzung (z. B. bei Erträgen aus Finanzanlagen) abzuziehen.

Hinweise zum Layout der BWA

Es werden hinter jedem Eurobetrag Prozentzahlen angegeben. Um diese zu interpretieren, muss bekannt sein, auf welche Basis (100 %) sie sich beziehen. Eine Relation zur Gesamtleistung steht in der ersten Spalte neben den Eurobeträgen. Hier wird erfasst, wie viel Prozent der Gesamtleistung die einzelnen BWA-Zeilenwerte ausmachen. So kann beobachtet werden, wie sich einzelne Kostengruppen bezogen auf die Gesamtleistung entwickeln.[65]

Besonders zu beachten sind Abweichungen zwischen den Prozentzahlen der einzelnen Auswertungsmonate und den Prozentzahlen der aufgelaufenen Werte. Bei starken Differenzen sollten die Abweichungsursachen geklärt werden. Diese können z. B. saisonale Schwankungen oder Trendentwicklungen sein. Evtl. beruhen festgestellte Abweichungen auch auf Kontierungs- oder Buchungsfehlern.

Darüber hinaus kann die BWA um eine detaillierte **Summen- und Saldenliste** und um Informationen zu den **offenen Posten** (Forderungen und Verbindlichkeiten) ergänzt werden. Diese können z. B. nach der Fristigkeit ausgewiesen werden.

Grundsätzlich ist eine **OP-Liste** eine nach Kunden oder Lieferanten (Personen) gegliederte Aufstellung aus der Buchhaltung. In ihr werden die offenen Posten (OP) einzeln mit den jeweiligen Belegsummen und Belegnummern erfasst und bei Bezahlung oder Verrechnung ausgeglichen.

Bezogen auf Kunden kann die Liste wie in Abbildung 39 gezeigt aussehen.

Rechnung	Rechn.art	Datum	Rechn.betrag	bisher bezahlt	noch offen	Zahlart	fällig am
XXXXXXXXXXX0	AB	01.01.2020	225,90 €	- €	225,90 €		02.02.2020
Zwischensumme Kunde Y					**225,90 €**		
XXXXXXXXXX11	AB	17.01.2020	333,50 €	200,00 €	133,50 €		18.02.2020
Zwischensumme Kunde YY					**133,50 €**		
XXXXXXXXXX13	AB	19.01.2020	229,00 €	229,00 €	- €		22.02.2020
XXXXXXXXXX17	AB	22.01.2020	1.118,00 €	- €	1.118,00 €		23.02.2020
Zwischensumme Kunde YYY					**1.118,00 €**		

Abb. 39: Beispiel für eine laufend geführte OP-Liste

65 Die Prozentzahlen können sich auch auf andere Bezugsgrößen wie z. B. die Personalkosten oder die Gesamtkosten beziehen.

Die OP-Liste kann mit dem Verkauf verknüpft werden. Es wird z. B. in einer Verkaufsstelle einer WfbM für Kunden ein Limit festgelegt, bis zu dem sie Waren auf Rechnung erwerben können. Wenn das Limit überschritten wird, sind nur noch Lieferungen gegen Vorauskasse möglich.

Die OP-Liste kann zum Auswertungszeitpunkt, z. B. zum Monatsende, standardmäßig als Ergänzung zur BWA erstellt und an das Management übermittelt werden. Mit ihr erfolgt die Überprüfung der Werthaltigkeit der Debitoren und Kreditoren eines Vereins (Abbildung 40).

Konto	Name	0–30 Tage	31–60 Tage	61–90 Tage	90 Tage +	Summe
K1039	Name, Vorname 1	-8.251,00 €	0,00 €	-13.455,00 €	0,00 €	-21.706,00 €
K1041	Name, Vorname 2	-155,00 €	0,00 €	0,00 €	0,00 €	-155,00 €
K1047	Name, Vorname 3	0,00 €	0,00 €	-44,00 €	0,00 €	-44,00 €
K1055	Name, Vorname 4	0,00 €	0,00 €	0,00 €	-534,00 €	-534,00 €
K1077	Name, Vorname 5	0,00 €	-67,00 €	0,00 €	0,00 €	-67,00 €
K1099	Name, Vorname 6	-17.000,00 €	0,00 €	0,00 €	0,00 €	-17.000,00 €
K1121	Name, Vorname 7	0,00 €	0,00 €	0,00 €	-119,00 €	-119,00 €
K1143	Name, Vorname 8	-80,00 €	0,00 €	0,00 €	0,00 €	-80,00 €
Summe		-25.486,00 €	-67,00 €	-13.499,00 €	-653,00 €	-39.705,00 €

Abb. 40: Beispiel für eine OP-Liste, die einmal im Monat als Ergänzung zur BWA erstellt wird

Mithilfe der **OP-Auswertung** kann das Management **überwachen**, wie hoch die offenen Posten (hier die Forderungen an die Kunden) sind. Es wird auf einen Blick die Gesamtsumme je Kunde (Zeilensumme) und die Struktur der Gesamtforderungen (Spaltensumme) ersichtlich.

Die BWA kann **verbessert** werden, indem **unregelmäßig anfallende Zahlungen** (Versicherungsprämien, Kfz-Steuer, Beiträge zur Berufsgenossenschaft, Weihnachts- und Urlaubsgeld) und **Abschreibungen** ausdrücklich berechnet und in der BWA berücksichtigt werden. Dies ist z. B. möglich, indem die einmal im Jahr zu zahlenden Ausgaben auf zwölf Monate verteilt werden (kalkulatorische Berücksichtigung, standardisierte Kosten) und indem die Anschaffungen von mehrjährig nutzbaren Vermögensgegenständen des Anlagevermögens bereits unterjährig in der Anlagenbuchhaltung erfasst und bearbeitet werden. Allenfalls bei komplexeren Anschaffungen (z. B. von ganzen Unternehmen) bzw. bei Bauvorhaben mit einer Vielzahl von Vermögensgegenständen (Gebäude, Außenanlagen und Betriebsvorrichtungen) bleibt es bei der Ermittlung der Abschreibungen erst im Zuge der Jahresabschlusserstellung.

Abbildung 41 gibt einen Überblick über mögliche **Ergänzungen der BWA**, hier dargestellt am Beispiel des Angebots der Firma DATEV für Pflegeinrichtungen.

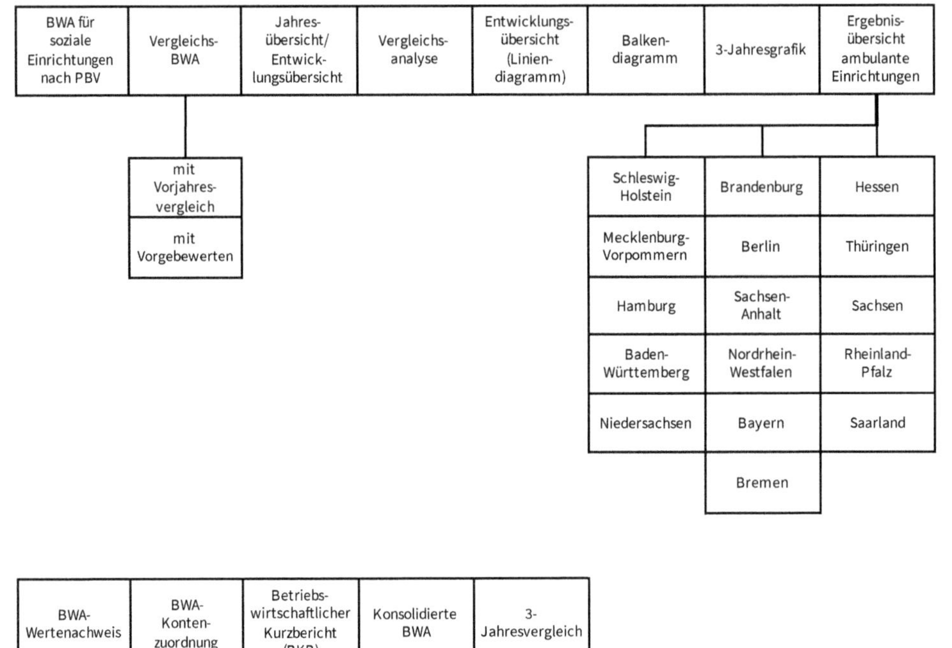

Abb. 41: Ausbau der Standard-BWA (dargestellt am Beispiel der DATEV e. G.)

Es können zum einen verschiedene **BWA-Formen** gewählt werden (Abbildung 42).

BWA-Form	Bezeichnung
01	DATEV-BWA
02	kurzfristige Erfolgsrechnung für Zahnärzte (SKR 80) und Ärzte (SKR 81)
04	Controllingreport-BWA
05	Gesamtkostenverfahren-BWA
06	Umsatzkostenverfahren-BWA
07	Controllingreport-BWA Einnahmen-/Ausgaben
15	Kapitaldienstgrenze-BWA
20	Handwerks-BWA
43	Einnahmen-/Ausgaben-BWA
51	Kapitalflussrechnung
	individuelle BWA
	Controllingreport
	Branchenpakete

Abb. 42: Verschiedene Formen der BWA (DATEV)

Nr.	Auswertungen der BWA
1	BWA-Grundauswertung
2	Vergleichs-Auswertung ▪ mit Vorjahreswerten Soll-/Ist-Vergleich ▪ 3-Jahresvergleich
3	Zeitreihen ▪ Jahresübersicht ▪ Entwicklungsübersicht
4	Grafiken ▪ Kreisdiagramm: BWA kurzfristige Erfolgsrechnung ▪ Balkendiagramm: BWA kurzfristige Erfolgsrechnung ▪ Liniendiagramm: BWA Jahresübersicht ▪ Liniendiagramm: BWA Entwicklungsübersicht
5	Auswertungen zum Betriebswirtschaftlichen Kurzbericht ▪ Betriebswirtschaftlicher Kurzbericht (BKB) ▪ Vergleichs-BKB Wertenachweise
6	Wertenachweise ▪ Wertenachweis Kurzfristige Erfolgsrechnung ▪ Wertenachweis Vorjahresvergleich
7	Konsolidierte BWA

Abb. 43: DATEV-Auswertungslayouts für die BWA

Zum anderen sind verschiedene **Layouts** für die Auswertungen denkbar. Dies zeigt Abbildung 43.

Die dargestellten vielfältigen Formen und Versionen der BWA sowie ihre Ergänzungsmöglichkeiten zeigen die ganze Vielfalt der kurzfristigen Erfolgsrechnungen auf. Das Management eines Vereins muss entscheiden, in welcher Form die kurzfristige Erfolgsrechnung an die Berichtsempfänger weitergegeben wird. Nach den Erfahrungen des Verfassers wird in nur wenigen Fällen das gesamte Repertoire genutzt, das die Finanzbuchhaltungssoftware anbietet. Dies ist bedauerlich, da so wesentliche Informationen zur Steuerung des Vereinsgeschehens ungenutzt bleiben!

In größeren Vereinen sollte den Berichtsadressaten ergänzend zur BWA umfangreich über die verschiedenen Erfolgsgrößen und **Kennzahlen** berichtet werden. Darüber hinaus sollten auch Angaben zu den erzielten **Wirkungen** in die kurzfristige Erfolgsrechnung aufgenommen werden.[66]

3.5 Jahresabschluss und Lagebericht

Der **Jahresabschluss** ist das am Ende eines Geschäftsjahres aufzustellende Instrument zur Rechenschaftslegung nach außen. Er besteht aus der Bilanz und der Gewinn- und Verlustrechnung (GuV). Bei Kapitalgesellschaften und haftungsbeschränkten Personengesellschaften[67] ist der Jahresabschluss um einen Anhang zu erweitern (§ 264 Abs. 1 HGB).

Die externen Adressaten des Jahresabschlusses erfahren, wie sich die Vermögens-, Finanz- und Ertragslage entwickelt hat.[68] Der Jahresabschluss hat mehrere Funktionen, von denen die Information nach außen (an die Aufsichtsgremien und die allgemeine Öffentlichkeit) und die Basis der Jahresabschlussprüfung die wichtigsten sind. Abbildung 44 nennt die einzelnen Funktionen.

Aufgaben	Beschreibung
Information des Managements	mit dem Jahresabschluss wird die Finanzbuchhaltung abgeschlossen, das Management erhält die monatliche BWA als Instrument, um sich über die aktuelle Lage des Vereins zu informieren, der Jahresabschluss ist die Addition der 12 Monatsabschlüsse unter zusätzlicher Berücksichtigung der Jahresabschlussbuchungen, in vielen Fällen ist das Gehalt des Managements erfolgsabhängig, i.d.R. orientieren sich einige Faktoren der variablen Vergütung (Tantieme) an Größen des Jahresabschlusses, z.B. dem Jahresergebnis
Information der Aufsichtsgremien	mit dem Jahresabschluss wird dem Aufsichtsgremium ein jährlicher Rechenschaftsbericht vorgelegt, der von den Aufsichtsgremien zu prüfen ist, dabei unterstützt sie der Abschlussprüfer mit seinem Bericht über die Jahresabschlussprüfung, bei Aktiengesellschaften hat der Vorstand den Jahresabschluss und den Lagebericht unverzüglich nach Aufstellung dem Aufsichtsrat vorzulegen (§ 170 AktG), billigt dieser nach eigener Prüfung den Jahresabschluss, so ist dieser festgestellt, die Hauptversammlung kann in diesem Fall nur über die Verwendung des Bilanzgewinns beschließen, sie ist hierbei an den festgestellten Jahresabschluss gebunden (§ 174 Abs. 1 AktG)

66 Vgl. die weiterführenden Ausführungen bei F. Vogelbusch (2018): Management von Sozialunternehmen, München, Abschnitt 10.3.7 »Umfassende Controlling- und Reporting-Instrumente«.

67 Das sind Personengesellschaften wie die GmbH & Co., bei denen nicht wenigstens ein persönlich haftender Gesellschafter direkt oder indirekt eine natürliche Person ist (vgl. § 264 a HGB).

68 Bachert (2005): Buchführung und Bilanzierung, a. a. O.

Aufgaben	Beschreibung
Information der Öffentlichkeit	der nach §§ 325 HGB offen gelegte Jahresabschluss (und ggfs. der Lagebericht) bieten eine Grundlage für die Information der Öffentlichkeit, das elektronische Unternehmensregister veröffentlicht die Bilanz, GuV, den Anhang und bei mittelgroßen und großen Kapitalgesellschaften den Lagebericht sowie das Testat des Abschlussprüfers, für kleine Kapitalgesellschaften braucht nur eine verkürzte Bilanz und GuV offengelegt zu werden
Gegenstand der Jahresabschluss-prüfung	der Jahresabschluss ist zentraler Gegenstand der jährlichen Abschlussprüfung nach § 317 HGB, vom Umfang her erstreckt sich Prüfung des Jahresabschlusses auch auf die Buchführung, die Prüfung des Jahresabschlusses hat sich darauf zu erstrecken, ob die gesetzlichen Bilanzierungsvorschriften und sie ergänzende Bestimmungen des Gesellschaftsvertrags oder der Satzung beachtet worden sind

Abb. 44: Aufgaben des Jahresabschlusses

Der Jahresabschluss und der Lagebericht sind von den gesetzlichen Vertretern von Kapitalgesellschaften **in den ersten drei Monaten** des Geschäftsjahres für das vergangene Geschäftsjahr aufzustellen und den Abschlussprüfern zur Jahresabschlussprüfung unverzüglich vorzulegen (§ 320 HGB). Die größenabhängigen Erleichterungen sehen für kleine Kapitalgesellschaften[69] vor, dass der Jahresabschluss lediglich **innerhalb von sechs Monaten** nach dem Ende des Geschäftsjahres aufzustellen ist. Darüber hinaus besteht keine Prüfungspflicht.

Für Vereine, die den Vorschriften des HGB für Kapitalgesellschaften nicht unterliegen, gilt diese **Aufstellungsfris**t nicht. Nur wenn in der Satzung des Vereins festgelegt ist, dass die Rechnungslegung nach den handelsrechtlichen Vorschriften (beispielsweise für große Kapitalgesellschaften) zu erfolgen hat, ist § 320 HGB analog anzuwenden. Die Mehrzahl der Vereine erstellt ihren Jahresabschluss erst im Laufe des Jahres. Die den Jahresabschluss feststellende Mitgliederversammlung findet meist im Herbst bzw. November des Folgejahres statt.

An das Ergebnis der Bilanz (Bilanzgewinn) knüpft das Gesellschaftsrecht der nicht steuerbegünstigten Körperschaften die maximal mögliche Ausschüttung. Wenn kein Jahresüberschuss erzielt wurde (und nicht ausreichend Gewinnvortrag aus den Vorjahren vorhanden ist), kann der Gesellschaft keine Ausschüttung entnommen werden. Mit dieser »**Ausschüttungssperre**« setzt das Handelsrecht eine strenge Barriere. Die Zugriffsrechte der Eigentümer und der Schutz der Gläubiger (Kreditinstitute, Mitarbeiter als Gläubiger von Gehaltszahlungen und Pensionszusagen) werden somit durch das Bilanzrecht geregelt.

---

69 Die Größenklassen sind in § 267 HGB definiert. Kleine Kapitalgesellschaften sind solche mit weniger als 50 Beschäftigten und weniger als 6 Mio. € Bilanzsumme bzw. weniger als 12 Mio. € Umsatzerlöse in den zwölf Monaten vor dem Abschlussstichtag (zwei von diesen drei Merkmalen müssen unterschritten sein).

ARBEITSHILFE ONLINE

Steuerbegünstigten Körperschaften können, wie wir gesehen haben, grundsätzlich[70] keine Ausschüttungen vornehmen. Allerdings müssen die zuständigen Organe auch hier über die Verwendung des Jahresergebnisses entscheiden. Bei einem Jahresüberschuss ist ein Beschluss über die Einstellung dieses Jahresüberschusses in die Gewinnrücklagen[71] erforderlich.

Bei einer prüfungspflichtigen Kapitalgesellschaft kann der Gewinn erst nach Vorliegen des Bestätigungsvermerks **festgestellt** werden. Dies gilt ebenso für einen Verein, der sich in seiner Satzung verpflichtet hat, sich der handelsrechtlichen Jahresabschlussprüfung freiwillig zu unterziehen.

Der Jahresabschluss wird auch als **Einzelabschluss** für das jeweilige Unternehmen bezeichnet. Für die Gesamtheit aus Mutter- und Tochterunternehmen (Konzern)[72] sind ein **Konzernabschluss** und ein Konzernlagebericht zu erstellen (§§ 290 ff. HGB).

Den externen Gläubigern dient der Jahresabschluss als Informationsinstrument. Die Informationsmöglichkeit ist gegeben, weil das Handelsrecht eine **Pflicht zur Offenlegung** der Jahresabschlüsse vorsieht (§ 325 ff. HGB). Jeder Interessierte kann sich seit 2007 bei mittelgroßen und großen Kapitalgesellschaften und bei haftungsbeschränkten Personengesellschaften ohne größere Anstrengungen ein Exemplar des Jahresabschlusses aus dem elektronischen Bundesanzeiger (www.unternehmensregister.de) herunterladen.[73] Diese Pflicht bestand bereits vor 2007, wurde jedoch verwaltungsseitig nicht verfolgt, und Verstöße wurden nicht sanktioniert. Nach § 329 HGB hat der elektronische Bundesanzeiger zu prüfen, ob die einzureichenden Unterlagen fristgemäß und vollzählig eingereicht wurden. Dafür findet ein Abgleich mit den Eintragungen in den Handelsregistern statt. Etwaige Verstöße gegen die Offenlegungspflicht werden vom elektronischen Bundesanzeiger an das Bundesamt für Justiz in Bonn gemeldet, das dann ein Verfahren zur Ahndung von Verstößen von Amts wegen einleitet.

Bei Nichtbeachtung der Offenlegungsvorschriften wird nach § 335 HGB ein Ordnungsgeld durch das Bundesamt für Justiz von mindestens 2.500 € und höchstens 25.000 € festgesetzt. Das Ordnungsgeld kann in derselben Sache erneut festgesetzt

---

70 Vgl. für die Ausnahmeregelung, dass eine gemeinnützige Tochtergesellschaft an die gemeinnützige Mutterkörperschaft Gewinn ausschütten darf, die Ausführungen im Kapitel »Sind Gewinnausschüttungen an gemeinnützige Anteilseigner möglich?« der Arbeitshilfe online »FAQ der Besteuerung gemeinnütziger Vereine«.

71 Vgl. das Kapitel »Wie kann der Grundsatz der zeitnahen Mittelverwendung eingehalten werden?« der Arbeitshilfe online »FAQ der Besteuerung gemeinnütziger Vereine«.

72 Ein Konzern ist die wirtschaftlich einheitlich geleitete Gesamtheit aus Mutterverein und rechtlich selbstständigen Tochtergesellschaften. Das HGB bezeichnet diese Unternehmen als »verbundene Unternehmen« (vgl. § 271 Abs. 2 HGB und § 290 HGB).

73 Weiterhin sind Kreditinstitute, Finanzdienstleistungsinstitute und Versicherungen (§§ 340 f. HGB) und nach den §§ 1 und 2 PublG zur Rechnungslegung verpflichtete Unternehmen (§ 9 PublG) verpflichtet, ihren Jahresabschluss und Lagebericht offenzulegen.

werden, wenn der Verpflichtung zur Einreichung der Unterlagen nicht oder nicht vollständig nachgekommen wird. Damit haben die Behörden, die die Offenlegung vornehmen und kontrollieren, ein wirksames Instrument zur Durchsetzung gefunden. § 325 HGB, der bereits mit dem Bilanzrichtliniengesetz 1985 eingeführt wurde, ist kein »zahnloser Tiger«[74] mehr.

Vereine sind nach den derzeit geltenden gesetzlichen Vorschriften nicht verpflichtet, ihren Jahresabschluss offenzulegen. Hat ein Verein eine Tochtergesellschaft, gilt für diese Gesellschaft die Offenlegungspflicht.

In Kapitel 6 wird die Transparenz von Vereinen diskutiert. Den an der Tätigkeit des Vereins interessierten Stakeholdern, den Zuwendungsgebern und besonders den Spenderinnen und Spendern sollte nach den Empfehlungen des Verfassers freiwillig ein Einblick in die finanziellen Verhältnisse des Vereins gewährt werden. Dies entspricht auch dem Vorschlag der Initiative Transparente Zivilgesellschaft.

3.6 Reporting (Kostenrechnung, Budgetierung und Controlling)

Unter Reporting ist ein umfassendes Rechnungswesen zu verstehen. Es dient der Kontrolle der Wirtschaftlichkeit, der Vorbereitung von Entscheidungen des Aufsichtsgremiums mit Blick auf das abgelaufene Geschäftsjahr (Kommentierung und Interpretation des Jahresabschlusses, Entlastung der Geschäftsführung usw.), der laufenden Soll-Ist-Kontrolle und Abweichungsanalyse sowie der Vorbereitung zukünftiger Entscheidungen.

Zunächst werden die Grundlagen der Kosten- und Leistungsrechnung dargestellt, anschließend folgen die drei wichtigsten Arten der Kostenrechnung.[75]

3.6.1 Kosten- und Leistungsrechnung

Die Kosten- und Leistungsrechnung (kurz Kostenrechnung oder KLR) ist ein Instrument des internen Rechnungswesens. Es basiert nicht auf einer gesetzlichen Grundlage, son-

74 Vgl. die Einschätzung bei F. Vogelbusch (2012): Transparenz in Welt und Kirche, in: KVI im Dialog, Heft 1, S. 12 f. Zur Empirie der Offenlegung kann verweisen werden auf H. Merkt (2001): Unternehmenspublizität. Offenlegung von Unternehmensdaten als Korrelat der Marktteilnahme, Tübingen, S. 191 ff.

75 Vgl. auch die Darstellung bei Wöhe/Döring (2013): Allgemeine Betriebswirtschaftslehre, a. a. O., S. 867 ff. bzw. D. Bach/M. Hamm (2012): Betriebswirtschaftliche Steuerung von Nonprofit-Organisationen – Grundlagenwissen, Projekt ERiS – Erfolgschancen in der Sozialwirtschaft, Parität Baden-Württemberg, Stuttgart, S. 94 ff.

dern auf dem betriebswirtschaftlichen Sachverstand des Managements. Dies bedeutet, dass es keine gesetzlichen Grundlagen für die Art und Weise der Kostenrechnung gibt.

Auch für Vereine ist die Kosten- und Leistungsrechnung grundsätzlich ein Instrument, das freiwillig und ohne gesetzliche Verpflichtungen und Vorgaben erstellt wird.

Lediglich für Krankenhäuser und Pflegeeinrichtungen ist gesetzlich vorgeschrieben, dass eine Kosten- und Leistungsrechnung zwingend zu führen ist.

Verwiesen sei auf

- § 8 Krankenhausbuchführungsverordnung (KHBV) für Krankenhäuser und
- § 7 Pflegebuchführungsverordnung (PBV) für Pflegeeinrichtungen.

Auf Basis der Kostenrechnung kann das Betriebsgeschehen transparent nach Kostenarten, Kostenstellen und Kostenträgern dargestellt werden. In der Ausprägung der Kostenstellenrechnung liegt eine Gliederung für ein Reporting vor, das als ein ideales Steuerungsinstrument zur genauen Analyse und zum Controlling des Betriebsgeschehens genutzt werden kann. Indem zusätzlich auf der Basis einer detaillierten Planung die Soll-Werte für einzelne Kostenarten und -bereiche (Kostenstellen, Projekte und/oder Kostenträger) eingepflegt werden, kann das Ist laufend einem Sollwert gegenübergestellt werden. Mittels der Soll-Ist-Abweichungsanalyse können Erkenntnisse zur Beurteilung der Ist-Situation und Gestaltungsempfehlungen zur Reaktion bei Planabweichungen gegeben werden. In größeren Vereinen dienen Kostenstellenauswertungen der Kommunikation zwischen der Vereinsleitung und den Kostenstellenverantwortlichen.

Für Vereine, die regelmäßig mit fest vorgegebenen Entgelten arbeiten müssen, stellt die Planung, Steuerung und Kontrolle der Kosten eine besonders wichtige Aufgabe dar.[76]

Für die Kostenrechnung sind in der Betriebswirtschaftslehre vielfältige Überlegungen angestellt und Systeme vorgelegt worden. Eine Einteilung der Kostenrechnungssysteme ist in der Betriebswirtschaftslehre (a) nach dem Zeitbezug, (b) dem Umfang der Kostenverrechnung und (c) den Bereichen Kostenarten, Kostenstellen und Kostenträger möglich.

Zu (a): Einteilung der Kostenrechnung nach dem Zeitbezug

Unterteilt man die Rechnungssysteme nach ihrem zeitlichen Bezug, können die Ist-Kostenrechnung, die Normal-Kostenrechnung und die Plan-Kostenrechnung unterschieden werden (Abbildung 45).

---

76 R. Bachert (2005): Kosten- und Leistungsrechnung: Controlling und Rechnungswesen in Sozialen Unternehmen, Weinheim/München.

Art der Kostenrechnung	Beschreibung
Ist-Kostenrechnung	vergangenheitsorientierte Rechnung auf der Grundlage exakt erfassbarer, tatsächlich entstandener Kosten einer abgeschlossenen Zeitperiode, Verfahren ist sehr genau, aber relativ aufwendig, ist historisch das erste Kostenrechnungsverfahren, weit verbreitet und akzeptiert bei ertragsstarken Unternehmen
Normal-Kostenrechnung	ebenfalls vergangenheitsorientiert, es werden normalisierte Ist-Kosten, d. h., »normalerweise« entstehende Ist-Kosten verwendet, Ausreißer werden ausgeblendet, geeignet zur Kalkulation, wenn keine Plan-Kosten vorhanden sind, wird selten angewendet
Plan-Kostenrechnung	zukunftsorientiertes Verfahren, getrennt nach Mengen- und Wertgerüst sind die voraussichtlichen Kosten zu prognostizieren, aufwendiges Verfahren, nur in größeren Unternehmen verbreitet, gut geeignet für Controllingzwecke, da ein eigener Soll-Wert ermittelt wird

Abb. 45: Ist-, Normal- und Plan-Kostenrechnung

Zu (b): Einteilung der Kostenrechnung nach dem Umfang der Kostenverrechnung

Was den Umfang der verrechneten Kosten und den zeitlichen Bezug anbelangt, lassen sich Voll- und Teilkostenrechnungen unterscheiden.

- **Vollkostenrechnung:** Alle in einer Periode anfallenden Kosten werden auf die Kostenträger umgerechnet. Dieses Verfahren war traditionell das erste Kostenrechnungsverfahren in der Betriebswirtschaftslehre.
- **Teilkostenrechnung:** In diesem Kostenrechnungsverfahren werden nur Teile der vollständig erfassten Kosten den Produkten oder Leistungen (Kostenträgern) zugeordnet. In erster Linie werden die variablen oder direkt zuordenbaren Kosten den Leistungen zugerechnet. Eine weitverbreitete Art der Teilkostenrechnung ist die Deckungsbeitragsrechnung. Sie wird weiter unten im Einzelnen dargestellt.

In der Kostenrechnung kann neben den Kosten nach Umfang der Zuordnung mit Kosten im Zeitbezug gearbeitet werden. Wie Abbildung 46 zeigt, liefert die Kombination aus den beiden Unterscheidungen sechs denkbare Formen der Kostenrechnung.[77]

Die verschiedenen Begriffe und Systeme der Kostenrechnung werden in Abbildung 47 zusammengefasst.

77 W. Eisele/A. P. Knobloch/A. K. Disselkamp/M. Becker/P. Sossong (2011): Technik des betrieblichen Rechnungswesens, 8. Aufl., München, S. 644.

Zeitbezug Umfang der Zuordnung	vergangenheits-orientiert	durchschnitts-orientiert (vergangenheitsori-entiert)	zukunftsorientiert
Vollkosten	Ist-Vollkostenrechnung	Normal-Vollkostenrechnung	Plan-Vollkostenrechnung
Teilkosten	Ist-Teilkostenrechnung	Normal-Teilkostenrechnung	Plan-Teilkostenrechnung

Abb. 46: Unterscheidung von Kostenrechnungen nach dem Zeitbezug und dem Umfang der Zuordnung

Gliederung nach ...	Beschreibung
der Variabilität mit der Ausbringungsmenge	▪ Fixkosten, Besonderheit: sprungfixe Kosten ▪ variable Kosten
den Produktionsfaktoren	▪ Personalkosten ▪ Materialkosten ▪ Gebäudekosten
den Produktionsfaktoren	▪ Verwaltungskosten ▪ Reinigungskosten ▪ Fertigungskosten
der Art der Verrechnung	▪ Einzelkosten: direkt dem Kostenträger zurechenbar ▪ Gemeinkosten: nur über Umlagen den Kostenträgern zurechenbar
der Art der Verrechnung	▪ Primäre Kosten: von außen bezogene Güter und Dienstleistungen ▪ Sekundäre Kosten: stammen aus der innerbetrieblichen Leistungsverrechnung (über Hilfskostenstellen den Hauptkostenstellen zugeschlüsselt)
dem Umfang der verrechneten Kosten	▪ Teilkosten: nur die für eine Fragestellung relevanten Kosten werden betrachtet und umgelegt (z. B. variable oder Einzelkosten) ▪ Vollkosten: sämtliche Kosten werden betrachtet und umgelegt

Abb. 47: Übersicht zur Gliederung der Kostenarten

In Abbildung 47 sind die **sprungfixen Kosten** als Besonderheit genannt worden. Sie stehen zwischen den variablen und den fixen Kosten. Sprungfixe Kosten verändern sich nicht mit jeder Veränderung der zugrunde liegenden Bezugsgröße (meist der Beschäftigung), sondern nur mit größeren Veränderungsintervallen (z. B. einer zusätzlichen Produktionsschicht). Intervallfixe Kosten begründen einen treppenförmigen Kostenverlauf.

Zu (c): Einteilung der Kostenrechnung nach den Bereichen Kostenarten, Kostenstellen und Kostenträger

Die Kostenrechnung wird in drei Teilgebiete unterteilt, die miteinander zusammenhängen. Bei der Kostenartenrechnung geht es um die Frage, welche Kosten angefallen sind. Die Kostenstellenrechnung befasst sich mit der Frage, wo die Kosten angefallen sind, und die Kostenträgerrechnung ermittelt, wofür Kosten entstanden sind (Abbildung 48).

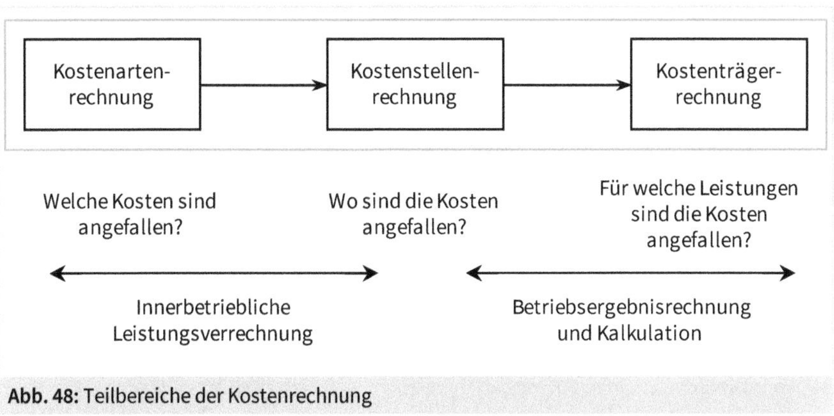

Abb. 48: Teilbereiche der Kostenrechnung

Die Kostenarten-, Kostenstellen- und Kostenträgerrechnung werden im Folgenden näher erläutert.

3.6.2 Kostenartenrechnung

Die **Kostenartenrechnung** hat die Aufgabe abzubilden, **welche Kosten** im Verein angefallen sind. Zu diesem Zweck werden die Kosten nach den Kostenarten Personal (z. B. Löhne, Gehälter, Provisionen), Material (z. B. Roh-, Hilfs- und Betriebsstoffe, Energiekosten), Abschreibungen und sonstige betriebliche Kosten untergliedert. Die Kostenartenrechnung bildet den Ausgangspunkt der Kostenrechnung, was bedeutet, dass die Qualität des Kostenrechnungssystems von der Qualität der Kostenartenrechnung abhängt.

Die Gliederung nach Kostenarten hat die Aufgabe, die entstandenen Kosten systematisch zu erfassen, zu bewerten und zu klassifizieren. Es gibt mehrere Möglichkeiten die Kostenarten zu differenzieren.

Die Differenzierung kann anhand der verbrauchten Güter und Leistungen erfolgen. In diesem Zusammenhang sind in erster Linie Personalkosten und Sozialkosten (Arbeitskosten), Sachkosten (Materialkosten), Kapitalkosten, öffentliche Abgaben und Steuern zu unterscheiden. Die Unterscheidung kann aber auch anhand der Zurechenbarkeit zu einer Verrechnungseinheit vorgenommen werden. Dann wird zwischen Einzelkosten und Gemeinkosten unterschieden.

- **Einzelkosten** sind alle Kosten, die sich direkt und ohne Aufschlüsselung den hergestellten Produkten oder Dienstleistungen zuordnen lassen (z. B. Einzelmaterial).
- **Gemeinkosten** sind Kosten, die für mehrere betriebliche Leistungen gemeinsam entstehen. Sie können den Leistungen nur anhand geeigneter Schlüssel zugeordnet werden (beispielsweise die Kosten des Jahresabschlusses oder die Vergütung des Geschäftsführers).

Ferner können Kostenarten anhand des Verhaltens bei der Variation der Beschäftigung (Anzahl der hergestellten Produkte bzw. der erbrachten Leistungen) unterschieden werden.

- **Fixe Kosten** sind Kosten, die unabhängig von der Ausbringungsmenge in konstanter Höhe anfallen (z. B. Wartungskosten eines Aufzugs, Zinsen für ein Investitionsdarlehen). Fixe Kosten sind in einer Periode fest anfallende Kosten, die der Aufrechterhaltung der Betriebsbereitschaft dienen. Im Dienstleistungsbetrieb können im Extremfall alle Kosten fixe Kosten sein (nicht tätig gewordene Nachtwache oder Feuerwehr).
- **Variable Kosten** hingegen verändern sich mit der hergestellten Ausbringungsmenge (z. B. Kosten für das Verbrauchsmaterial in der Pflege oder Kraftstoff im Fuhrpark).

! **Beispiel: Fixe/variable Kosten**

Ein gemeinnütziger Verein bereitet Mahlzeiten, die als »Essen auf Rädern« an ältere Menschen ausgefahren werden. Die Miete für die Küche, in der die Mahlzeiten zubereitet werden, stellt fixe Kosten dar, denn auch wenn an einem Tag mehr oder weniger Essen bestellt und ausgefahren werden, hat dies keinen Einfluss auf die Miethöhe. Anders dagegen bei den Treibstoffkosten für die Pkws, mit denen die Mahlzeiten ausgefahren werden. Müssen mehr Essensportionen ausgeliefert werden, steigen auch die Ausgaben für den Treibstoff. Die Treibstoffkosten haben den Charakter von variablen Kosten.

Die Frage nach der sachgemäßen Zurechnung von Kosten zu einer Kostenart, einer Kostenstelle oder einem Kostenträger stellt sich für jedes Teilgebiet der Kostenrechnung. Bei der betriebswirtschaftlichen Verteilung sind insbesondere zwei Grundprinzipien zu beachten. Gemäß **Verursachungs- bzw. Kausalprinzip** sollen einem Kostenträger nur Kosten zugerechnet werden, die durch die Herstellung des Kostenträgers direkt verursacht wurden. Nach dem alternativ anzuwendenden **Durchschnittsprinzip** werden Gemeinkosten über ermittelte Durchschnittswerte oder Verteilungsschlüssel verteilt. Als Schlüssel für die Umlage der Gemeinkosten können sowohl Wert- als auch Mengengrößen verwendet werden.[78]

---

78 M. Tanne (2007): Kostenrechnung, Stuttgart, A. G. Coenenberg/Th. M. Fischer/Th. Günther (2012): Kostenrechnung und Kostenanalyse, 9. Aufl., Stuttgart.

Praxishinweis: !

Die Zuordnung bei der Kostenartenrechnung erfolgt i. d. R. automatisch –über die Wahl des jeweiligen Sachkontos beim Buchen eines Belegs. Dabei sind bestimmte Modifikationen für bestimmte Kosten möglich (z. B. kalkulatorische Posten für bestimmte Kostenarten, die nur einmal jährlich anfallen – Beiträge zur Berufsgenossenschaft oder Kfz-Steuern und Versicherungsbeiträge). Diese werden in der kurzfristigen Erfolgsrechnung (z. B. nach der Höhe des Vorjahres) als kalkulatorische Kosten in jedem Monat unabhängig von ihrem tatsächlichen Anfall erfasst.

3.6.3 Kostenstellenrechnung

Die **Kostenstellenrechnung** stellt das Bindeglied zwischen der Kostenarten- und der Kostenträgerrechnung dar. Sie schafft die Voraussetzung für eine Weiterverrechnung der erfassten Gemeinkosten auf die hergestellten Kostenträger (Kostenträger können sowohl Produkte als auch Dienstleistungen sein). Kostenstellen können als rechnungstechnisch abgegrenzte betriebliche Teilbereiche verstanden werden, in denen Kosten entstehen und denen Kosten zugerechnet werden.

In der Kostenartenrechnung wurden die Gesamtkosten der Periode vollständig erfasst und nach Kostenarten strukturiert. Mithilfe der Kostenstellenrechnung wird untersucht, **wo** die Kosten entstanden sind, d. h., welche Kosten innerhalb einer Abrechnungsperiode für die einzelnen Teilbereiche eines Unternehmens anfallen.

Im Rahmen der Kostenstellenrechnung ist die Unterscheidung zwischen Einzel- und Gemeinkosten wichtig.

- **Einzelkosten**: Sie können einem Kostenträger direkt zugerechnet werden und werden daher direkt aus der Kostenarten- in die Kostenträgerrechnung übernommen. Primär sind diese Kosten, da sie von außen bezogen sind und direkt aus den Eingangsrechnungen abgelesen werden können.
- **Gemeinkosten**: Sie werden in der Kostenstellenrechnung über die Hilfskostenstellen den Hauptkostenstellen zugerechnet. Im Rahmen der innerbetrieblichen Leistungsverrechnung (IBL) werden Umlagen gebildet, sodass im Ergebnis auch die Gemeinkosten den Kostenträgern zugerechnet werden können. Gemeinkosten werden als primäre Kosten von außen bezogen und im ersten Schritt bei den Hilfskostenstellen erfasst. Nach der IBL entstehen im zweiten Schritt sekundäre Kosten.

Zunächst muss der gesamte Verein in geeignete Abrechnungseinheiten bzw. Kostenstellen untergliedert werden.

! **Beispiel: Kostenstellen**

So können beispielsweise einzelne Abteilungen oder ganze Betriebsstätten als Kostenstellen dienen. Eine Organisation, die Kindertagesstätten betreibt, kann jede KiTa als eigene Kostenstelle führen.

Ferner werden die zuvor gebildeten Kostenstellen nach betrieblichen Funktionen (Fertigungs-, Material-, Verwaltungsstellen), produktionstechnischen Gesichtspunkten (Haupt-, Neben- und Hilfskostenstellen) sowie nach rechentechnischen Gesichtspunkten (Vorkosten- und Endkostenstellen) differenziert.

Auch wenn die verwendeten Begriffe darauf hindeuten, dass die Kostenrechnung ursprünglich für produzierende Unternehmen entwickelt wurden, kann die Systematik durchaus auf den für Vereine typischen Dienstleistungsbereich übertragen werden: So wird auch die eben als Beispiel herangezogene Organisation, die Kindertagesstätten betreibt, eine Verwaltungskostenstelle haben.

Die Kostenstellenrechnung befasst sich mit der Stelle (dem Ort), an der die Kosten entstehen. In der Kostenstellenrechnung werden die in der Kostenartenrechnung vollständig ermittelten Kosten an die »Orte der Kostenentstehung« weiterverrechnet. Diese Verrechnung kann in tabellarischer Form über einen sog. **Betriebsabrechnungsbogen** (BAB) geschehen. Darüber hinaus kann eine Einteilung der Kosten und eine automatische Zuschlüsselung zu Kostenstellen auch in der Finanzbuchhaltung vorgenommen werden, wie aus Abbildung 49 hervorgeht.

Methode	System	Beschreibung
Finanzbuchhaltungs-software	Einkreissystem	es wird die verursachungsgerechte Verrechung der Kosten der Hilfskostenstellen auf die Hauptkostenstellen in der Finanzbuchhaltung fest programmiert, die FiBu ist mit der Kostenstellen- und -trägerrechnung fest verknüpft, erforderlich ist eine Stabilität der betrieblichen Leistungserstellung, vorteilhaft ist die automatische Kostenstellenrechnung sofort mit der Verbuchung , nachteilig die Starrheit und der hohe Programmier- und Buchungsaufwand
tabellarische Kosten-rechnung	Zweikreissystem	mit Hilfe eines außerhalb der Finanzbuchhaltung geführten Tabellenkalkulationsprogramms (z.B. MS Excel) werden Kostenstellen definiert und für die einzelnen Kostenarten Formeln programmiert, z.B. werden die Kostensummen der Hilfskostenstellen anhand eines Schlüssels (genutzte qm bei Gebäudekosten oder Anzahl VZÄ bei mitarbeiterbezogenen Kosten) auf die Kostenstellen umgelegt, die innerbetriebliche Leistungsverrechnung kann an sich ändernde Gegebenheiten angepasst werden (neue Schlüssel für die verursachungsgerechte Verrechnung, neue Kostenarten, neue Kostenstellen usw.)

Abb. 49: Verfahren der Kostenrechnung

Kostenstelle	Vorkostenstellen		Endkostenstellen			
Kostenarten	Transport	Reparatur	Material	Produktion	Verwaltung	Vertrieb
1. Einzelkosten						
Fertigungsmaterial						
Fertigungslöhne						
Summe Einzelkosten						
2. Gemeinkosten						
Gehälter						
Energie						
Versicherungen						
Bürobedarf						
Miete/Leasing						
sonstige Gemeinkosten						
Summe primäre Gemeinkosten						
3. Umlage Kosten der Vorkostenstellen	Summe	Summe				
Umlage Transport						
Umlage Reparatur						
Summe primäre und sekundäre Gemeinkosten			Summe	Summe	Summe	Summe

Abb. 50: Grundschema des Betriebsabrechnungsbogens

Bei der Kostenrechnung ist eine **kontenmäßige Darstellung** im System der doppelten Buchhaltung möglich. Hummel/Männel sprechen insofern von einem Einkreissystem.[79] Wenn die Kostenrechnung außerhalb der Finanzbuchhaltung mit einem **Tabellenkalkulationsprogramm** geführt wird, spricht man von einem Zweikreissystem. Hummel/Männel schätzen ein, dass die meisten Unternehmen eine von der Finanzbuchhaltung getrennte Kostenrechnung vornehmen.[80] Dies gilt nach Einschätzung des Verfassers auch für Vereine.

Der BAB (Abbildung 50) stellt eine Tabelle dar, in der die einzelnen Kostenarten über die entsprechenden Kostenstellen verrechnet werden. Mit seiner Hilfe werden ferner auch innerbetriebliche Leistungen verrechnet und Zuschlagssätze ermittelt, die für die Kostenträgerrechnung notwendig sind. Der BAB stellt sozusagen den klassischen Kern der Kostenstellenrechnung dar. Aus dem in Abbildung 50 dargestellten Betriebsabrechnungsbogen im Produktionsbereich wird schnell klar, dass dieser von der Grundsystematik her und mit einigen wenigen Anpassungen durchaus auf Vereine übertragen werden kann.

Zunächst werden im Rahmen der **Primärkostenverrechnung** die Gemeinkosten soweit möglich nach dem sog. (Kosten-) Verursachungsprinzip auf die einzelnen Kostenstellen

79 S. Hummel/W. Männel (2013): Kostenrechnung 1: Grundlagen, Aufbau und Anwendung, 4. Aufl., Wiesbaden, S. 202.
80 Ebenda.

verteilt. Gemäß Verursachungsprinzip sollen einem Kostenträger nur diejenigen Kosten zugerechnet werden, die durch die Herstellung des Kostenträgers direkt verursacht wurden. Kostenstellen, die nicht direkt an der Leistungserstellung beteiligt sind (wie beispielsweise Logistik, Heizung, Strom und Medien), geben ihre Gemeinkosten über die innerbetriebliche Leistungsverrechnung an die wertschöpfenden Kostenstellen weiter (Sekundärkostenverrechnung). Als Endkostenstellen (auch primäre Kostenstellen) werden betriebliche Teilbereiche bezeichnet, deren Kosten sich direkt auf die Kostenträger (also auf Produkte und Dienstleistungen) verrechnen bzw. umlegen lassen. Dazu zählen Fertigungs-, Material-, Verwaltungs- und Vertriebskostenstellen.

Vorkostenstellen (sekundäre Kostenstellen) arbeiten nicht direkt an Endprodukten, sondern erbringen Leistungen für andere Bereiche im Unternehmen, so beispielsweise die Stellen Transport, Reparatur oder die Betriebskantine. Die in diesen Stellen angefallenen Kosten können daher nicht direkt (aber mithilfe des BAB) auf die Kostenträger umgelegt werden.

Kosten für unternehmensextern bezogene Güter und Leistungen werden als **primäre Gemeinkosten** bezeichnet. Dies sind z. B. Kosten für die Beschaffung von Maschinen oder Material, aber auch für Personal. Wichtig ist hierbei zwischen direkt und nicht direkt zuordenbaren Gemeinkosten zu unterscheiden.

Direkt zurechenbare Kosten können problemlos der entsprechenden Kostenstelle zugeordnet werden, da sie durch Belege, Rechnungen oder Gehaltslisten dokumentiert sind. Dazu zählen unter anderem Löhne und Gehälter, Miete/Leasing, Bürobedarf und Energiekosten.

Nicht direkt zurechenbare Gemeinkosten müssen hingegen über geeignete Verteilungsschlüssel auf die Kostenstellen umgelegt werden. Als Schlüsselgrößen zur Verteilung können Mengengrößen (z. B. Anzahl der genutzten Fläche in qm), Zeitgrößen (z. B. Stunden für eine Leistung) oder Wertgrößen (z. B. Umsatz) herangezogen werden.

Im Rahmen der **Sekundärkostenverrechnung** werden die Kosten für innerbetriebliche Leistungen verrechnet. Als Sekundärkosten werden Gemeinkosten bezeichnet, die innerhalb eines Unternehmens entstehen und an andere Kostenstellen weitergegeben werden. Bei dieser Verrechnung werden sämtliche auf den Vorkostenstellen angefallenen Gemeinkosten möglichst verursachungsgerecht auf die Endkostenstellen verrechnet, sofern innerbetriebliche Leistungen ausschließlich durch Vorkostenstellen erbracht werden. Wichtig ist hierbei, dass nach der Umlegung auf den Vorkostenstellen alle Kosten aufgelöst – d. h. weiterberechnet – werden. Nur Endkostenstellen dürfen ihre Kosten weiter an entsprechende Kostenträger verrechnen.

Zur Verrechnung der innerbetrieblichen Leistungen bzw. der Sekundärkosten existieren mehrere Verfahren.[81] Abbildung 51 stellt das Grundschema vor.

Eine einfache Kostenstellenrechnung ist die im Jahresabschluss von Pflegeeinrichtungen enthaltene Aufstellung der Erfolgsquellen (Abbildung 52).

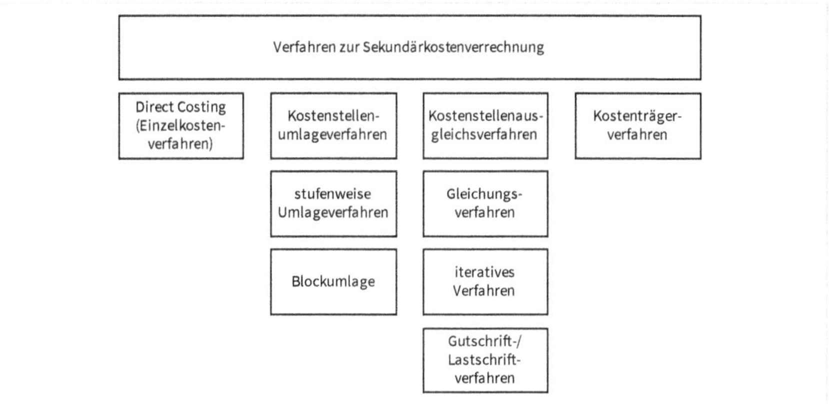

Abb. 51: Übersicht – Verfahren zur Verrechnung der sekundären Kosten

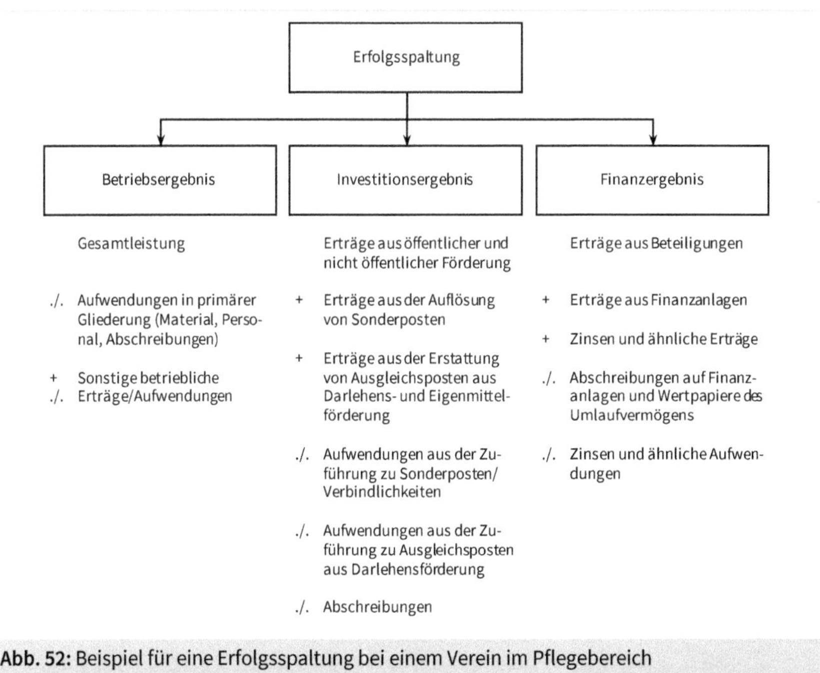

Abb. 52: Beispiel für eine Erfolgsspaltung bei einem Verein im Pflegebereich

81 Vgl. z. B. Coenenberg/Fischer/Günther (2012): Kostenrechnung und Kostenanalyse, a. a. O., S. 119 ff.

3.6.4 Kostenträgerrechnung

Unter einem **Kostenträger** versteht man jede selbstständige Einheit einer Dienstleistung bzw. eines Produkts. Der Verkauf dieser Dienstleistungen bzw. Produkte sichert die Erträge für den Verein. Die **Kostenträgerrechnung** hat die Aufgabe zu ermitteln, ob die erbrachten Dienstleistungen bzw. die erstellten Produkte kostendeckend produziert wurden. Sie stellt die **Erlöse** den **Herstellungskosten** gegenüber.

Die Kostenträgerrechnung baut auf der Kostenartenrechnung und der Kostenstellenrechnung auf. Hierbei wird zwischen der Kostenträger**stück**rechnung (Kalkulation der Herstellkosten und Selbstkosten) und der Kostenträger**zeit**rechnung (kurzfristige Betriebsergebnis- bzw. Erfolgsrechnung) unterschieden. Abbildung 53 zeigt die Aufschlüsselung der Kostenträgerrechnung in eine Kalkulation und eine Betriebsergebnisrechnung.

Die Kostenträgerstückrechnung hat dabei die Aufgabe, die entstandenen Kosten möglichst verursachungsgerecht zu verteilen und im Anschluss daran die Stückkosten (Kosten je Mengeneinheit) zu bestimmen. Die Problematik besteht dabei – ähnlich wie bei der Kostenstellenrechnung – in der verursachungsgerechten Zurechnung von Gemeinkosten.

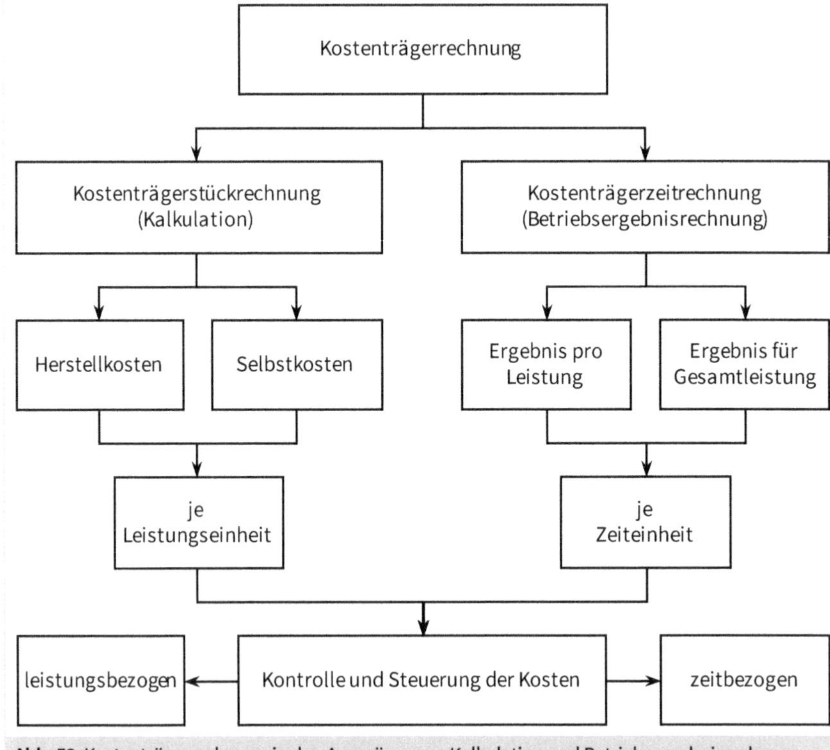

Abb. 53: Kostenträgerrechnung in den Ausprägungen Kalkulation und Betriebsergebnisrechnung

Die Kosten, die zur Herstellung eines Kostenträgers anfallen bzw. erforderlich sind, werden als **Herstellkosten** bezeichnet.[82] Falls neben den hergestellten auch die erworbenen Vermögensgegenstände betrachtet werden, spricht man von Anschaffungs- und Herstellungskosten. Werden zusätzlich die Verwaltungs- und die Vertriebskosten berücksichtigt, spricht man von **Selbstkosten**.

Beispiel: Anschaffungs-, Herstellungs- und Selbstkosten !

Ein Sportverein vermietet Tagungs- und Eventräumlichkeiten in seinem Sportlerheim. Die Tagesmiete soll »kostendeckend« sein. Das Sportlerheim wurde im Jahr 2019 errichtet. Neben den Räumlichkeiten wird das Inventar (Stühle, Tische und eine Theke) vermietet. An Nebenkosten fallen übliche Kosten wie Heizung, Reinigung, Instandhaltung, Versicherung, Strom, Wasser, Abwasser usw. an. Eine 450-Euro-Kraft kümmert sich um die Vermietung sowie um die Schlüsselübergabe und die Verwaltung der Räume. Der Vorstand hat beschlossen, dass für Wagnisse ein Zuschlag zu den anfallenden Kosten berücksichtigt werden soll.

Die Berechnung der Anschaffungs- und Herstellungskosten sowie der Selbstkosten zeigt Abbildung 54.

Herstellungskosten der Vereinsräume	160.000,00 €	
Abschreibung Vereinsräume		
(gerechnet mit einer Nutzungsdauer von 25 Jahren)	6.400,00 €	
pro Tag		17,53 €
Anschaffungskosten Inventar (Tische, Stühle, Theke)	30.000,00 €	
Abschreibung Inventar	2.500,00 €	
(gerechnet mit einer Nutzungsdauer von 12 Jahren) pro Tag		6,85 €
Summe Anschaffungs- und Herstellungseinzelkosten pro Tag		24,38 €
zzgl. Gemeinkosten (Heizung, Reinigung, Instandhaltung, Versicherung usw.) pro Tag		22,17 €
Summe Anschaffungs- und Herstellungskosten pro Tag		**46,55 €**
zzgl. Wagnisse (Risikozuschlag) pro Tag		20,00 €
zzgl. Verwaltungs- und Vertriebskosten pro Veranstaltungstag		46,55 €
Summe Selbstkosten pro Tag		**113,11 €**

Abb. 54: Beispiel für die Berechnung der Anschaffungs- und Herstellungskosten sowie der Selbstkosten

82 Am Rande sei darauf hingewiesen, dass sich die betriebswirtschaftlichen Herstellkosten von den Herstellungskosten, wie sie im Handelsrecht (§ 255 Abs. 2 HGB) definiert sind, unterscheiden. Diese Unterscheidung ist jedoch nur für Bilanzierungsexperten relevant und wird hier nicht weiter vertieft. Im Handelsrecht sind darüber hinaus Wahlrechte gegeben, die bestimmte Gemeinkosten betreffen (z. B. allgemeine Kosten der Verwaltung, Sozialeinrichtungen und Kosten der betrieblichen Altersversorgung bzw. den Zeitraum der Produktion betreffende allgemeine Gemeinkosten).

Das Ergebnis der Kalkulation von **Herstell- und Selbstkosten** ist für den Verein von herausragender Bedeutung, denn sie bilden die **Basis** für die von den Leistungsempfängern zu entrichtenden **Preise**, die kurzfristige Erfolgsrechnung sowie für weitere Analysen im Rahmen des Controllings. Im betrachteten Beispiel sollte der Verein zumindest die kalkulierten 113,11 € pro Tag als Entgelt verlangen.

Grundsätzlich stehen zur Durchführung der Kalkulation in der Industrie mehrere Verfahren zur Verfügung. Dies sind die Divisions-, Äquivalenzkennziffern-, Zuschlagssowie Kuppelproduktkalkulation, was durch Abbildung 55 veranschaulicht werden soll. In Vereinen ist im Regelfall die Divisionskalkulation vorherrschend.

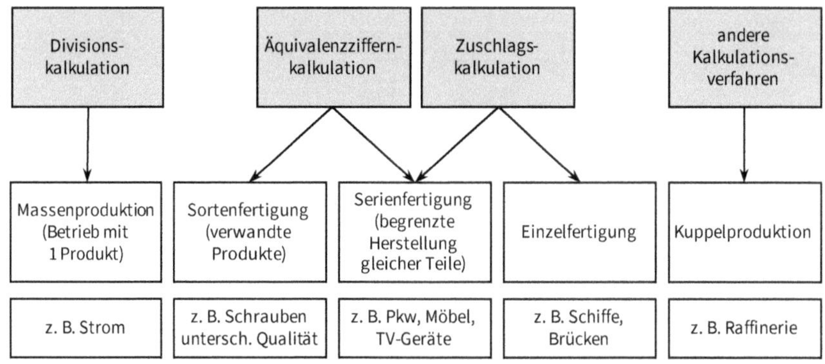

Abb. 55: Kalkulationsverfahren; in Anlehnung an Coenenberg/Fischer/Günther (2012): Kostenrechnung und Kostenanalyse, a. a. O., S. 137

Die zwei wichtigsten grundlegenden Verfahren im Rahmen der Kalkulation sind die **Divisionskalkulation** und die **Zuschlagskalkulation.**[83] Die Divisionskalkulation bietet die methodische Grundlage für die Zuschlagskalkulation. Die Äquivalenzziffernkalkulation ist eine modifizierte Form der Divisionskalkulation. Im Folgenden werden diese beiden Hauptverfahren erläutert.

Die **Divisionskalkulation** stellt das einfachste Verfahren der Kalkulation dar. Sie kann in die einstufige sowie die zwei- und mehrstufige Divisionskalkulation unterteilt werden. Sie ist geeignet für Unternehmen, die lediglich ein einziges homogenes Produkt wie z. B. Mineralwasser herstellen. Für solche Einproduktunternehmen stellt der gesamte Betrieb eine einzige Kostenstelle dar. Die Kalkulation kann direkt an die Kostenartenrechnung angefügt werden. Eine Kostenstellenrechnung ist nicht erforderlich. Die Selbstkosten pro Stück werden berechnet, indem die Gesamtkosten – die gesamten primären Einzel- und Gemeinkosten – einer Periode durch die Produktionsmenge geteilt werden. Dieses Verfahren für **Einproduktunternehmen** ist der einfachste Fall der Kalkulation. Unterstellt wird, dass die produzierte und die verkaufte Menge übereinstimmen.

83 Vgl. Coenenberg/Fischer/Günther (2012): Kostenrechnung und Kostenanalyse, a. a. O., S. 138 ff.

Wenn sich Produktions- und Absatzmenge nicht entsprechen, dann wird die **zweistufige Methode** angewendet. Die Selbstkosten pro Stück ergeben sich dann nach der Formel in Abbildung 56.

$$\text{Selbstkosten pro Stück} = \frac{\text{Herstellungskosten}}{\text{produzierte Menge}} + \frac{\text{Verwaltungs- und Vertriebskosten}}{\text{abgesetzte Menge}}$$

Abb. 56: Ermittlung der Selbstkosten pro Stück

Diese Berechnung zeigt, dass die Selbstkosten differenziert nach produzierter und abgesetzter Menge kalkuliert werden. Dies ist wichtig, wenn in einer Periode mehr oder weniger hergestellt als verkauft wird. Die Verwaltungs- und Vertriebskosten werden üblicherweise nur auf die abgesetzte Menge bezogen.

Die **mehrstufige Divisionskalkulation** erfolgt nach dem gleichen Prinzip wie die zweistufige Variante. Sie findet jedoch nur dann Anwendung, wenn die Herstellkosten nicht nur für Fertig-, sondern auch für Halbfertigwaren ermittelt werden müssen. Zu erwähnen ist an dieser Stelle, dass die Herstellkosten eines Produkts im Rahmen der mehrstufigen Divisionskalkulation entweder nach der Durchwälzmethode oder nach der Additionsmethode ermittelt werden können, die beide zum gleichen Ergebnis führen. Für eine detaillierte Beschreibung dieser beiden Verfahren wird auf die einschlägige Fachliteratur verwiesen.[84]

Die **Zuschlagskalkulation** kommt in Unternehmen mit auftragsbezogener Einzelfertigung oder Serienproduktion zum Einsatz, da die Divisionskalkulation hier aufgrund ihrer Durchschnittsbetrachtung keine exakten Ergebnisse liefern würde. Bei diesem Verfahren werden die Kosten nach Einzel-, Sondereinzel- und Gemeinkosten unterschieden und getrennt, was i. d. R. bereits in der Kostenartenrechnung geschieht. Dabei können die Einzel- und Sondereinzelkosten den Produkten direkt und verursachungsgerecht zugeordnet werden. Gemeinkosten müssen hingegen über sog. Zuschlagssätze zu den Einzelkosten auf die entsprechenden Kostenträger umgelegt werden – nachdem sie zuvor im BAB auf die entsprechenden Kostenstellen umgelegt wurden.[85]

Grundsätzlich werden zwei Methoden unterschieden, die summarische und die differenzierende Zuschlagskalkulation.

- Bei der summarischen Zuschlagskalkulation werden die gesamten Gemeinkosten dem Kostenträger über einen einzigen Zuschlagssatz berechnet. Bezugsgröße sind die Einzelkosten (z. B. Materialeinzelkosten sowie die Fertigungslöhne).

---

84 Es existieren z. B. die Durchwälzmethode oder die Additionsmethode (vgl. Coenenberg/ Fischer/ Günther (2012): Kostenrechnung und Kostenanalyse, a. a. O, S. 139 ff.).

85 Vgl. Wöhe/Döring (2013): Allgemeine BWL, a. a. O., S. 916 ff.

	Material-Einzelkosten (Fertigungsmaterial)
+	Material-Gemeinkosten-Zuschlag
=	**Materialkosten**
+	Fertigungs-Einzelkosten (Fertigungslöhne)
+	Fertigungs-Gemeinkostenzuschlag
=	**Fertigungskosten**
+	Sonder-Einzelkosten der Fertigung
=	**Herstellungskosten**
+	Verwaltungs-Gemeinkostenzuschlag
+	Vertriebs-Gemeinkostenzuschlag
=	**Selbstkosten**

Abb. 57: Übersicht zur Ermittlung der Selbstkosten nach § 255 HGB

- Bei der differenzierenden Zuschlagskalkulation werden die Gemeinkosten an mehreren Kostenstellen im Einzelnen erfasst. In einem zweiten Schritt werden die ermittelten Kostenstellenkosten über mehrere Zuschlagssätze auf die Kostenträger umgelegt. Abbildung 57 veranschaulicht, wie die Selbstkosten mithilfe der differenzierenden Zuschlagskalkulation ermittelt werden.

Der Materialgemeinkostenzuschlagssatz wird im Betriebsabrechnungsbogen ermittelt, indem die gesamten Materialgemeinkosten (z. B. eines Jahres) durch die Materialeinzelkosten (bezogen auf denselben Zeitraum) dividiert werden. Analog wird bei der Ermittlung des Fertigungsgemeinkostenzuschlagssatzes verfahren. Bei der Ermittlung des Verwaltungsgemeinkostenzuschlagssatzes dienen die Herstellkosten als Bezugsgröße, während bei der Ermittlung des Vertriebsgemeinkostenzuschlagssatzes die sog. Herstellkosten des Umsatzes herangezogen werden. Der Grund dafür besteht darin, dass i. d. R. keine Verwaltungs- und Vertriebseinzelkosten existieren. Bei den umsatzbezogenen Herstellkosten werden zusätzlich Bestandsänderungen in die Betrachtung miteinbezogen. Ohne Bestandsänderungen entsprechen sie den Herstellkosten.

Die **Kostenträgerzeitrechnung** wird auch als kurzfristige Erfolgsrechnung bzw. Betriebsergebnisrechnung bezeichnet. Das Ziel besteht darin, das Betriebsergebnis der Periode durch Gegenüberstellung von Kosten und (Umsatz-)Erlösen bzw. Leistungen zu ermitteln. Dies erfolgt anhand eines Betriebsergebniskontos (BEK). Dabei werden die Kosten auf der Sollseite des BEK erfasst, während die Leistungen einer Periode auf der Habenseite erfasst werden (Abbildung 58).

Betriebsergebniskonto	
S	H
Gesamtkosten der Periode (nach Kostenarten)	Umsatzerlöse der Periode (nach Produktarten)
Bestandsminderung (nach Produktarten)	Bestandserhöhung (nach Produktarten)
Betriebsgewinn	**Betriebsverlust**

Abb. 58: Betriebsergebniskonto

Das **Betriebsergebniskonto** stellt auf die Kosten der Rechnungsperiode ab und nicht, wie die Kostenträgerstückrechnung, auf die Kosten der produzierten Einheiten. Im Unterschied zur handelsrechtlichen Gewinn- und Verlustrechnung werden hier kürzere Abrechnungszeiträume von oftmals nur einem Monat verwendet. Ferner findet keine Gegenüberstellung von Aufwendungen und Erträgen, sondern von Kosten und Leistungen statt. Außerordentliche Einflüsse sowie vereins- und periodenfremde Ereignisse werden dabei ausgeblendet. Sie dient der Ermittlung der Kostenstrukturen und der laufenden Überwachung der Wirtschaftlichkeit eines Unternehmens.

Im Rahmen der Kostenträgerzeitrechnung werden zwei Verfahren unterschieden. Es handelt es sich dabei zum einen um das Gesamtkostenverfahren und zum anderen um das Umsatzkostenverfahren. Beide Verfahren werden eingesetzt, um Bestandsänderungen berücksichtigen zu können. Sie können entweder in Staffel- oder in Kontenform durchgeführt werden, wobei beide Formen zum gleichen Ergebnis führen.

Das **Gesamtkostenverfahren** zeichnet sich dadurch aus, dass sämtliche Kosten eines Betrachtungszeitraums den gesamten Leistungen bzw. erzielten Erlösen gegenübergestellt werden, um somit den Erfolg ermitteln zu können. Damit eine periodengerechte Zurechnung von Kosten und Leistungen erlangt wird, müssen Veränderungen des Lagerbestands an unfertigen und fertigen Erzeugnissen bzw. Leistungen berücksichtigt werden. Übersteigt der Absatz die Produktion, sind die Kosten der Periode um Bestandsminderungen zu erhöhen.

Umgekehrt sind die (Umsatz-)Erlöse um Bestandserhöhungen (und ggf. aktivierte Eigenleistungen) zu ergänzen. Bestandsveränderungen sind dabei als Herstellkosten zu bewerten. Abbildung 59 zeigt eine kurzfristige Ergebnisrechnung nach dem Gesamtkostenverfahren nach Konten- und Staffelform.

Beim **Umsatzkostenverfahren** wird der Betriebserfolg ermittelt, indem den Erlösen die Herstellkosten der abgesetzten Produkte sowie die Verwaltungs- und Vertriebskosten gegenübergestellt werden (umsatzbezogene Kosten). Im Unterschied zum Gesamtkostenverfahren müssen zunächst die Herstellkosten des Umsatzes mithilfe einer Kostenträgerstückrechnung ermittelt werden. Bei Erhöhungen des Lagerbestands werden die Herstellkosten für den Lageraufbau ausgeblendet, d. h., von den gesamten Herstellkosten wird nur der Teil erfolgswirksam, der auf den Umsatz entfällt. Umgekehrt werden bei Bestandsminderungen den Herstellkosten der Periode auch die Herstellkosten der Produkte vergangener Perioden hinzugerechnet, d. h., die Bestandsminderungen werden vom Umsatz nicht abgezogen.

Analog zum Gesamtkostenverfahren kann das Umsatzkostenverfahren entweder in Staffel- oder in Kontenform durchgeführt werden (siehe Abbildung 60).

Betriebsergebniskonto

S	H		
			Umsatz der Periode
Gesamtkosten der Periode (nach Kostenarten)	Umsatzerlöse der Periode (nach Produktarten)	+/–	Bestandserhöhung/ -minderung
		+	aktivierte Eigenleistungen
Bestandsminderung (nach Produktarten)	Bestandserhöhung (nach Produktarten)	=	**Gesamtleistung der Periode**
		–	Materialkosten
		–	Personalkosten
		–	Abschreibungen
		–	sonstige Kosten
Betriebsgewinn	**Betriebsverlust**	=	**Betriebsergebnis der Periode**

Abb. 59: Gesamtkostenverfahren (HGB); in Anlehnung an Coenenberg/Fischer/Günther (2012): Kostenrechnung und Kostenanalyse, a. a. O., S. 187

Betriebsergebniskonto

S	H		
			Umsatz der Periode
Herstellungskosten des Umsatzes	Umsatzerlöse der Periode	–	Herstellkosten der abgesetzten Produkte
		=	**Bruttoergebnis**
Verwaltungs- und Vertriebskosten der Periode		–	Verwaltungskosten
		–	Vertriebskosten
Betriebsgewinn	**Betriebsverlust**	=	**Betriebsergebnis der Periode**

Abb. 60: Umsatzkostenverfahren (HGB); in Anlehnung an Coenenberg/Fischer/Günther (2009): Kostenrechnung und Kostenanalyse, a. a. O., S. 186

Zusammenfassend lässt sich festhalten, dass das Ergebnis nach dem Gesamtkosten- und Umsatzkostenverfahren stets das Gleiche ist. Es besteht die Möglichkeit, das Betriebsergebnis des Umsatzkostenverfahrens in das Ergebnis des Gesamtkostenverfahrens zu transformieren und umgekehrt. Dazu wird der Betriebsabrechnungsbogen benötigt.

Beide Verfahren weisen sowohl Vor- als auch Nachteile auf, jedoch ist kein Verfahren dem anderen überlegen. Die Vorteile des Umsatzkostenverfahrens bestehen darin, dass keine Bestandsermittlung erfolgen muss und eine zügige Erfolgsermittlung möglich ist. Jedoch müssen erst die Selbstkosten ermittelt werden, bevor das Verfahren angewendet werden kann. Die Vorteile des Gesamtkostenverfahrens liegen im einfachen Aufbau, in der Erkennbarkeit von Bestandsänderungen und im Überblick über die Kostenartenstruktur. Als nachteilig ist zu erwähnen, dass im Rahmen dieses Verfahrens eine Inventur notwendig ist, damit die Bestandsänderungen überhaupt ermittelt werden können.

Weitere Verfahren der Kosten- und Leistungsrechnung, die für die Analyse und Kontrolle der Wirtschaftlichkeit große Bedeutung haben, sind

- die Deckungsbeitragsrechnung,
- die Prozesskostenrechnung und
- die Zielkostenrechnung.

Diese Verfahren werden im Folgenden dargestellt.

3.6.5 Deckungsbeitragsrechnung

Die **Deckungsbeitragsrechnung** (DB-Rechnung) hat ihren Ursprung in den 1930er-Jahren. Die Erkenntnis, dass der Periodenerfolg auch von der Produktionsmenge und nicht nur von den Verkaufsanstrengungen auf dem Markt abhängt, entwickelte sich zu dieser Zeit in den Vereinigten Staaten von Amerika. Der Grund ist der Fixkostenanteil in den Lagerbeständen. Wie der Begriff der Fixkosten ausdrückt, sind diese Kosten fest, auch wenn sich die Produktionsmenge verändert. Bei höherer Produktionsmenge fällt der relative Fixkostenanteil pro Stück und der Periodenerfolg steigt.

In Form des **Direct Costing** werden alle direkt zuordenbaren Kosten den Erlösen aus dem Verkauf der Erzeugnisse zugerechnet. Nun kann verursachungsgenau ermittelt werden, welches Erzeugnis einen Beitrag zur Deckung der fixen Kosten des Gesamtunternehmens liefert. Die Aussage des Direct Costings ist klar. Es sind solche Erzeugnisse zu fördern, die einen hohen Deckungsbeitrag abwerfen.

Das folgende Beispiel betrachtet einen Verein, der eine Werkstatt für behinderte Menschen (WfbM) als Zweckbetrieb unterhält. Sie hat eine Kapazität von 12.000 Stück. Die

Zeit, die ein Werkstück an einer Maschine benötigt, sei identisch. Welches Bild sich über die Preise, die variablen Kosten und die Fixkosten ergibt, zeigt Abbildung 61.

	Produkt 1	relativ	Produkt 2	relativ	gesamt	relativ
Umsatzerlöse	250.000,00 €	1,00 €	60.000,00 €	1,00 €	310.000,00 €	100 %
variable Kosten	-120.000,00 €	0,48 €	-25.000,00 €	0,42 €	-145.000,00 €	47 %
Deckungsbeitrag	130.000,00 €	0,52 €	35.000,00 €	0,58 €	165.000,00 €	53 %
fixe Kosten					-120.000,00 €	-39 %
Gewinn der WfbM					45.000,00 €	15 %

Abb. 61: Beispiel für eine einfache Deckungsbeitragsrechnung in einer WfbM

In diesem Beispiel gibt es zwei Produkte, die Umsätze i. H. v. 250.000 € bzw. 60.000 € aufweisen. Wenn die variablen Kosten der einzelner Kostenträger von den Umsatzerlösen abgezogen werden (einmal 120.000 €, zum anderen 25.000 €), ergeben sich die Deckungsbeiträge jedes Kostenträgers: 130.000 € für Produkt 1 und 35.000 € für Produkt 2, insgesamt 165.000 €. Um das Betriebsergebnis zu erhalten, werden die fixen Kosten i. H. v. 120.000 € vom Deckungsbeitrag abgezogen. Da die Deckungsbeiträge größer sind als die fixen Kosten, erzielt der Verein einen Gewinn (165.000 € – 120.000 € = 45.000 €). Auf den ersten Blick sieht es so aus, als ob das Produkt 1 stärker gefördert (beispielsweise bei begrenzten Kapazitäten vermehrt produziert) werden sollte.

Dieser erste Blick trügt jedoch, wie die weitere Betrachtung zeigt. Der insgesamt je Produkt ermittelte Deckungsbeitrag wird auf das einzelne produzierte Stück bezogen. Somit berechnet sich ein DB je Engpasseinheit (hier je Stück).[86] Dies zeigt Abbildung 62.

	Produkt 1	je Stück	Produkt 2	je Stück	gesamt
Umsatzerlöse	250.000,00 €	25,00 €	60.000,00 €	30,00 €	310.000,00 €
variable Kosten	-120.000,00 €	-12,00 €	-25.000,00 €	-12,50 €	-145.000,00 €
Deckungsbeitrag	130.000,00 €	13,00 €	35.000,00 €	17,50 €	165.000,00 €
fixe Kosten					-120.000,00 €
Gewinn der WfbM					45.000,00 €

Abb. 62: Deckungsbeitragsrechnung mit DB je Engpasseinheit (je Stück) – Ausgangssituation

Aus diesem Beispiel wird ersichtlich, dass der DB je Stück beim Produkt 2 höher ist (17,50 € gegenüber 13,– €). Deshalb empfiehlt es sich, mehr vom Produkt 2 zu produzieren, weil somit insgesamt ein höherer DB erzielt werden kann.

86 Bei exakter Betrachtung muss weiter analysiert werden, wie lange die Produktion eines Stücks an der Maschine (dem Engpassfaktor) dauert. Hier wird vereinfachend unterstellt, dass die Produkte 1 und 2 gleich lange Bearbeitungszeiten haben.

In unserem Beispiel ist eine Gesamtkapazität von 12.000 Stück vorgegeben. Wenn nach den Erkenntnissen der DB-Rechnung je Engpasseinheit die Produktion umverteilt wird, kann der Gewinn des Vereins aus der WfbM insgesamt gesteigert werden. Am Markt lassen sich 5.000 Stück des Produkts 2 absetzen, die restliche Produktionskapazität soll auf das Produkt 1 verteilt werden. Nun ergibt sich das Bild in Abbildung 63.

	Produkt 1	je Stück	Produkt 2	je Stück	gesamt
abgesetzte Menge	7.000,0		5.000,0		12.000,00 €
Umsatzerlöse	175.000,00 €	25,00 €	150.000,00 €	30,00 €	325.000,00 €
variable Kosten	-84.000,00 €	-12,00 €	-62.500,00 €	-12,50 €	-146.500,00 €
Deckungsbeitrag	91.000,00 €	13,00 €	87.500,00 €	17,50 €	178.500,00 €
fixe Kosten					-120.000,00 €
Gewinn der WfbM					58.500,00 €

Abb. 63: Deckungsbeitragsrechnung mit DB je Engpasseinheit (je Stück) – verbesserte Verteilung der Produktionskapazität

Nach der verbesserten Verteilung der Produktionskapazität kann ein höherer Deckungsbeitrag (178.500 €) und – da die Fixkosten gleich sind – ein höherer Gewinn (58.500 €) erzielt werden. Die WfbM erzielte vor dieser Produktionsumgestaltung nur 45.000 € Gewinn.

Exkurs: Profit-Center-Rechnung

Beim Direct Costing werden nur die den Erzeugnissen bzw. Leistungen direkt zurechenbaren Kosten betrachtet. Gemeinkosten werden mit der Begründung ausgeblendet, dass sie aus einer Kostenumlage stammen und daher »manipuliert« sein können. Eine spezielle Einsatzmöglichkeit des Direct Costings ist die **Profit-Center-Rechnung**. Für sie werden die Abteilungen eines Unternehmens, die Erträge erzielen, als Profit Center definiert. Für jede dieser Abteilungen übernimmt ein Leiter die Erlös- und Kostenverantwortung. Über das Direct Costing werden die Kosten den jeweiligen Abteilungen belastet. Der Verantwortliche für das Profit Center wird anhand des operativen Ergebnisses des Profit Centers beurteilt. Die nicht direkt zurechenbaren Kosten werden als indirekte Kosten über geeignete Verteilungsschlüssel den Abteilungen zugerechnet. Da der Abteilungsleiter nur »seine« direkten Kosten beeinflussen kann, wird er auch nur für das operative Ergebnis (den Deckungsbeitrag seines Profit Centers) beurteilt.

Mehrstufige Deckungsbeitragsrechnung

In weiteren Entwicklungsschritten ist die DB-Rechnung zu einer **stufenweisen Rechnung** ausgebaut worden. Im Zuge der Entwicklung der industriellen Produktion hat sich der Anteil der fixen Kosten immer weiter erhöht. Die Produktion in entwickelten

Industrieländern ist durch einen hohen Kapitaleinsatz gekennzeichnet. Mit der **stufenweisen Fixkostendeckungsrechnung** liegt ein gegenüber der einstufigen Deckungsbeitragsrechnung verbessertes Instrument zur Analyse und Steuerung der fixen Kosten vor, da die Fixkosten nicht mehr als ein monolithischer Block, sondern differenzierter behandelt werden.

Bei der mehrstufigen DB-Rechnung werden die Fixkosten in einzelne **Fixkostenschichten** untergliedert und dann sukzessive von den Erlösen abgezogen. Die Untergliederung der Fixkosten wird nach verschiedenen Kriterien vorgenommen. Dies zeigt Abbildung 64.

Fixkostenart	**Inhalt**
produktfixe Kosten	eindeutig einem Produkt zuzuordnende Kosten (z.B. Kosten einer Maschine, mit der Produkt A hergestellt wird)
kostenstellenfixe Kosten	einer Kostenstelle zuzurechnende Kosten (z.B. Personalkosten des Kostenstellenleiters)
bereichsfixe Kosten	fixe Kosten die einem Unternehmensbereich zugeordnet werden können (z.B. Kosten des Abteilungsleiters)
produktgruppenfixe Kosten	fixe Kosten die einer Gruppe von ähnlichen Produkten zugerechnet werden können (z.B. Kosten des Werkstattmeisters der Produktgruppe X)
allgemeine Fixkosten	sind unternehmensfixe Kosten, die weder dem Produkt, einem Bereich, noch einer Produktgruppe zugeordnet werden (z.B. Gehälter der Verwaltungsmitarbeiter)

Abb. 64: Untergliederung der Fixkosten in Unterarten

Kennzeichen einer Schicht ist, dass z. B. zu den Produktgruppenfixkosten nur solche Kosten gerechnet werden, die sich zwar nicht mit der Ausbringungsmenge einer Produktgruppe verändern, aber dann abbaubar sind, wenn auf die Produktgruppe ganz verzichtet wird.

Die Zahl zu unterscheidender Fixkostenschichten hängt von der Kostenstruktur des Unternehmens und von den Rechnungszwecken der stufenweisen Fixkostendeckungsrechnung ab.

Die schematische Abbildung 65 zeigt die Aufgliederung eines Vereins mit mehreren Produkten (z. B. eine Werkstatt mit zwei Vereinsbereichen (X und Y), drei Produktgruppen (I, II und III) und fünf Produkten (1 bis 5).

	Vereinsbereich	X		Y			Gesamt
	Produktgruppen	I		II		III	
	Produktarten	(1)	(2)	(3)	(4)	(5)	
		€	€	€	€	€	€
+	Umsatzerlöse						
./.	variable Kosten Produktart						
=	**Deckungsbeitrag I**						
./.	fixe Kosten Produktart						
=	**Deckungsbeitrag II**						
./.	fixe Kosten Produktgruppe						
=	**Deckungsbeitrag III**						
./.	fixe Kosten eV-Bereiche						
=	**Deckungsbeitrag IV**						
./.	fixe Kosten Verein						
=	**Gewinn**						

Abb. 65: Schema einer mehrstufigen Deckungsbeitragsrechnung

	Vereinsbereich	X		Y			Gesamt
	Produktgruppen	I		II		III	
	Produktarten	(1)	(2)	(3)	(4)	(5)	
		€	€	€	€	€	€
+	Umsatzerlöse	400,00	680,00	800,00	700,00	500,00	3.080,00
./.	variable Kosten Produktart	150,00	200,00	100,00	350,00	200,00	1.000,00
=	**Deckungsbeitrag I**	**250,00**	**480,00**	**700,00**	**350,00**	**300,00**	**2.080,00**
./.	fixe Kosten Produktart	220,00	200,00	150,00	100,00	100,00	770,00
=	**Deckungsbeitrag II**	**30,00**	**280,00**	**550,00**	**250,00**	**200,00**	**1.310,00**
./.	fixe Kosten Produktgruppe		220,00		200,00	50,00	470,00
=	**Deckungsbeitrag III**		**90,00**		**600,00**	**150,00**	**840,00**
./.	fixe Kosten eV-Bereiche		80,00			200,00	280,00
=	**Deckungsbeitrag IV**		**10,00**			**550,00**	**560,00**
./.	fixe Kosten Verein					200,00	200,00
=	**Gewinn**					**360,00**	**360,00**

Abb. 66: Zahlenbeispiel für eine mehrstufige Deckungsbeitragsrechnung

Mit Umsätzen und Kosten für die Bereiche variable Kosten und die Kostenschichten der Fixkosten (Produktart, Produktgruppe und Vereinsbereiche und Gesamtverein) ergibt sich ein Zahlenbeispiel in Abbildung 66.

Abbildung 66 zeigt, dass die Produkte einen positiven Deckungsbeitrag I (DB I) von insgesamt 2.000 € erzielen. Werden die produktfixen Kosten subtrahiert, ergibt sich ein DB II i. H. v. 1.310 €. Dieser DB wird weiter analysiert, indem die Fixkosten der Produktgruppe und des Vereinsbereichs abgezogen werden. Der DB III beträgt 840 €, der DB IV 560 €. Unter Abzug der Unternehmensfixkosten verbleibt ein Gewinn i. H. v. 360 €. Die für das einfache Beispiel mit zwei Produkten vorgenommene Analyse der Produktpalette kann nun differenziert für die fünf Produkte, die drei Produktgruppen und die beiden Vereinsbereiche vorgenommen werden. Im Einzelnen sind die Kapazitäten, die Beanspruchung der Maschinen (Engpassfaktoren) usw. zu berücksichtigen. Es ergibt sich ein differenziertes Bild. Das Management kann eine Entscheidung treffen und dabei die genaue Kostenverursachung berücksichtigen.

Die Deckungsbeitragsrechnung ist somit gut geeignet, um für einzelne Produkte bzw. Produktgruppen den Betrag zu ermitteln, den sie zum Betriebsergebnis beitragen. Die stufenweise Deckungsbeitragsrechnung stellt die Kostenstruktur des Vereins in einer verfeinerten Aufgliederung dar. Somit kann der Manager differenzierte Vorschläge erarbeiten, die eine rentablere und effizientere Produktion ermöglichen.

3.6.6 Prozesskostenrechnung

Die **Prozesskostenrechnung** ist ein weiteres Instrument, mit dem der Block der Fixkosten differenziert betrachtet werden kann. Sie ist in der betriebswirtschaftlichen Kostenrechnung erst relativ spät entwickelt worden und im Bereich der industriellen Fertigung etabliert.[87] Für Vereine dürfte sie nur eine Nebenrolle spielen, deshalb wird sie hier nur kurz dargestellt.

Bei der Kostenanalyse auf Basis der Prozesse wird nicht – wie bei der DB-Rechnung – auf den Charakter der Fixkosten und der hergestellten Stückzahl eines Produkts abgestellt, sondern auf die **indirekte Kostenverursachung** in den unterstützenden und nicht direkt produktiven Bereichen. Gerade für bei Dienstleistungen sind Gemeinkosten und ihre verursachungsgerechte Verrechnung das Hauptproblem der Kostenanalyse und -beeinflussung.

---

87 Vgl. P. Horváth/R. Mayer (1989): Prozesskostenrechnung – Der neue Weg zu mehr Kostentransparenz und wirkungsvolleren Unternehmensstrategien, in: Controlling, Heft 4/1989, S. 214 ff, Ch. Olshagen (1991): Prozesskostenrechnung – Aufbau und Einsatz, Wiesbaden, A. Strecker (1991): Prozesskostenrechnung in Forschung und Entwicklung, München, P. Horváth/R. Mayer (1993): Prozesskostenrechnung – Konzeption und Entwicklung, in: Kostenrechnungspraxis, Sonderheft 2, S. 15 ff, R. Kaplan/R. Cooper (1999): Prozesskostenrechnung als Managementinstrument, Frankfurt a. M., A. Schmidt (1996): Kostenrechnung – Grundlagen der Vollkosten-, Deckungsbeitrags-, Plankosten- und Prozesskostenrechnung, Stuttgart.

Aus dem höheren Kapitaleinsatz und der komplexer gewordenen Leistungserstellung ergibt sich nicht nur ein höherer Anteil an Fixkosten, sondern auch an Gemeinkosten. Gemeinkosten können aus verschiedenen Gründen nicht dem einzelnen Produkt (Kostenträger) zugerechnet werden. Von daher ist es nicht überraschend, dass der Blick des Kostenmanagements immer auf die indirekten Bereiche gerichtet wird. Die Rahmenbedingungen werden mit einer langfristigen Perspektive festgelegt. Die Produkt- und Leistungspalette, die Prozesse der Leistungserbringung und die unterstützenden Prozesse, die Ressourcen und die Möglichkeiten für Wettbewerbsvorteile sind somit bestimmt.

Für die Analyse der kostenmäßigen Situation, der zur Verfügung stehenden Alternativen und der Entscheidung in Bezug auf eine günstige Prozessarchitektur sind genaue Kenntnisse der eigenen Kostenlage mit eventuellen Einsparungs-/Verbesserungsmöglichkeiten bezogen auf die Prozesse und die Wertschöpfungskette erforderlich.

Die traditionelle Kostenträgerrechnung gibt Informationen zu den tatsächlichen Kosten eines Produkts. Somit bietet sie eine Entscheidungshilfe zur Bestimmung eines optimalen Produktionsprogramms. Mit der Prozesskostenrechnung wird dem Management ein weitergehender Ansatz angeboten, mit dessen Hilfe die Kosten der indirekten Bereiche und insbesondere die Kosten einer Dienstleistungserstellung besser geplant und gesteuert werden können. Die Prozesskostenrechnung orientiert sich an der Wertschöpfungskette, indem die Analyse auf die einzelnen Herstellungs- und Vertriebsprozesse bezogen wird.

Vorgehensweise im Einzelnen

Zunächst müssen die in den Kostenstellen des Vereins abgewickelten Aufgaben in prozessbezogene Aktivitäten zerleget werden. Die Kosten werden diesen Aktivitäten über sog. Kostentreiber zugeordnet. Für die jeweiligen Prozesse werden Prozesskostensätze ermittelt, mit deren Hilfe die prozessbezogenen Gemeinkosten auf die Produkte bzw. Leistungen umgelegt werden können (Abbildung 67).

Bei der Prozesskostenrechnung handelt es sich um eine Vollkostenrechnung.[88] Die Einzelkosten werden dem Kostenträger direkt zugerechnet. Damit verbleibt als Anwendungsgebiet der Prozesskostenrechnung der indirekte Leistungsbereich. Dieser lässt sich in zwei Bereiche untergliedern: einen Bereich mit repetitivem (sich wiederholendem) Charakter und einen Bereich mit nicht repetitivem Charakter.

88 Vgl. Abbildung 48 zur Übersicht über die Kostenbegriffe.

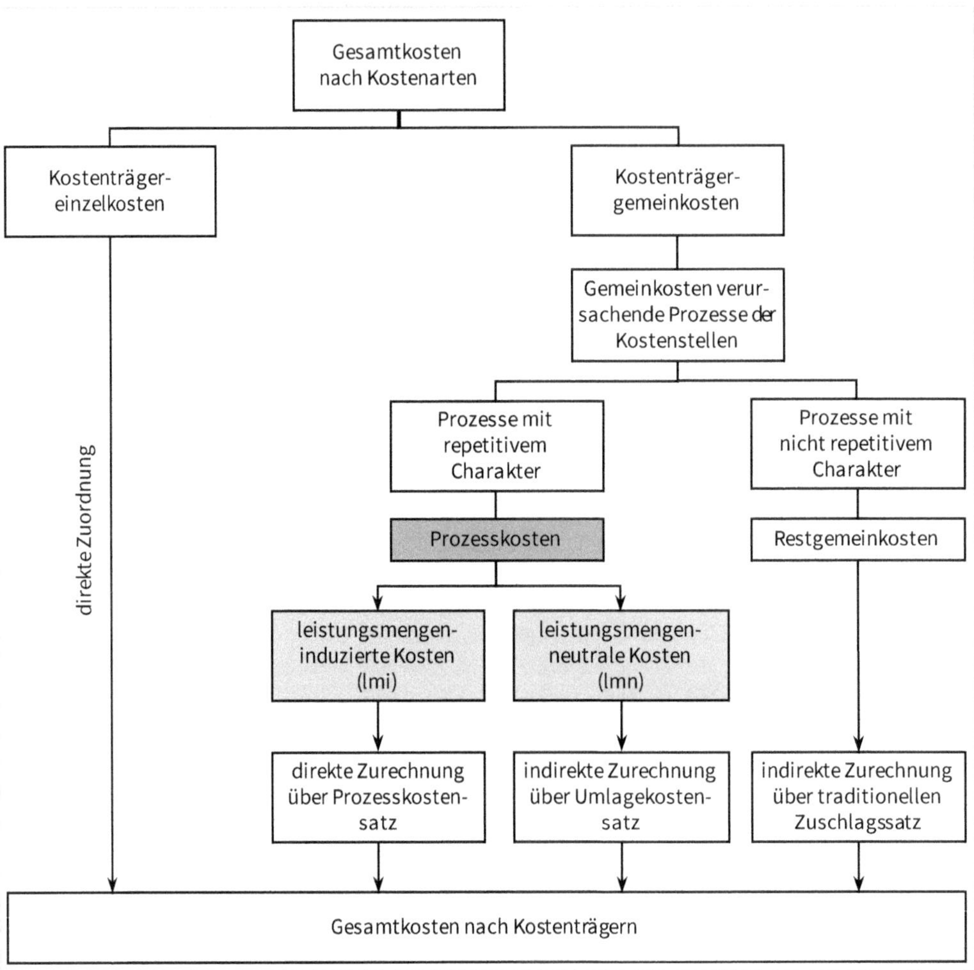

Abb. 67: Anwendungsbereiche der Prozesskostenrechnung

Für die Prozesskostenrechnung sind nur die Bereiche mit repetitivem Charakter relevant. Es wird untersucht, ob sich für die Tätigkeiten ein Verursachungsfaktor/Kostentreiber finden lässt. Wenn es einen Bezug der Tätigkeiten auf einen Verursacher gibt, dann werden diese Tätigkeiten als leistungsmengeninduzierte (lmi) bzw. leistungsmengenabhängige Bereiche definiert. Tätigkeiten, für die kein Kostentreiber festgestellt werden kann, sind leistungsmengenneutrale (lmn) bzw. leistungsmengenunabhängige Bereiche.

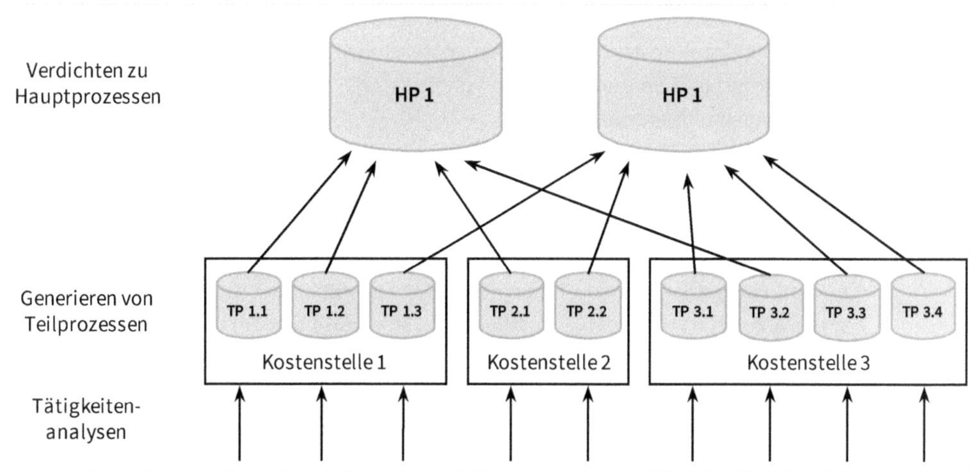

Abb. 68: Prozessanalyse im Rahmen der Erstellung einer Prozesskostenrechnung

Zunächst sind die Prozesse zu bestimmen. Dabei sind die einzelnen Verrichtungen zu Hauptprozessen zu aggregieren. Zusammengehörige Tätigkeiten einer Kostenstelle werden zu Teilprozessen zusammengefasst. Aus Teilprozessen mit den gleichen Kostentreibern ergeben sich zusammengefasst kostenstellenübergreifende Hauptprozesse (Abbildung 68).

Anschließend erfolgt die Bestimmung der Kostentreiber.

Der Kostentreiber ist das Maß für die Kostenverursachung bzw. die Ressourceninanspruchnahme für den Leistungsoutput. Er gibt somit die Häufigkeit der Durchführung des jeweiligen Prozesses an.

Beispiel: !

Der Kostentreiber im Fall einer Bestellung ist nicht die Bestellmenge allein. Die Kosten des Prozesses »Bestellabwicklung« sind unabhängig davon, ob die Bestellung über 5 oder 5.000 Stück lautet. Der Kostentreiber ist die »Anzahl der Bestellpositionen«.

Voraussetzungen für die Analyse der Kostentreiber sind

- Verständlichkeit,
- Berechenbarkeit,
- leicht aus den gesammelten Informationen zu entnehmen und
- Proportionalität zum Output.

Im nächsten Schritt können die Prozessmengen und Prozesskosten ermittelt werden. Die zu einer Prozessgröße gehörende messbare Leistung wird als Prozessmenge bezeichnet (z. B. die tatsächliche Anzahl der Bestellpositionen).

Prozesskosten können mittels der Analyse der einzelnen Prozessschritte und der Zuordnung der Kostentreiber zu den Kostenstellen ermittelt werden. Möglich ist auch die retrograde Ermittlung aus den Vorjahres- und Budgetwerten (Gefahr: Fortschreibung von Ineffizienzen).

Die Prozessmengen müssen nur für die leistungsmengenabhängigen (lmi) Prozesse ermittelt werden, da den leistungsmengenneutralen (lmn) Prozessen keine Bezugsgröße zugeteilt werden kann. Deshalb werden Kosten für die lmn-Prozesse in der Regel budgetiert. Für die Berechnung der Gesamtkosten müssen sog. Prozesskostensätze gebildet werden. Dies ist aus folgenden Gründe erforderlich:

- Es soll die Inanspruchnahme der Leistungen in den Gemeinkostenbereichen dem Kostenträger in der Kalkulation verursachungsgerecht zugerechnet werden können.
- Es können Kennzahlen gebildet werden, die eine Kostenkontrolle auf der Prozessebene ermöglichen.

Die Rechenschritte fasst Abbildung 69 zusammen.

$$\text{Prozesskostensatz} = \frac{\text{Prozesskosten}}{\text{Prozessmenge}}$$

$$\text{Umlagesatz} = \frac{\Sigma\ \text{lmn – Prozesskosten}}{\Sigma\ \text{lmi-Prozesskosten}} \times \text{Prozesskostensatz}$$

$$\text{Gesamtprozesskostensatz} = \text{Prozesskostensatz} + \text{Umlagesatz}$$

Abb. 69: Formeln zur Berechnung der Prozesskostensätze, Umlagesätze und der Gesamtprozesskosten

Bei der Prozesskostenrechnung erfolgt die Zuordnung der Gemeinkosten nach Inanspruchnahme der betrieblichen Ressourcen bei den Bearbeitungsprozessen. Die Zuordnung ist von der Höhe der Einzelkosten unabhängig. Bei der konventionellen Zuschlagskalkulation ergibt sich aus einer hohen Zuschlagsbasis ein hoher Gemeinkostenanteil, bei niedrigen Einzelkosten ein niedriger Gemeinkostenanteil.

Weitere Details zur Prozesskostenrechnung

Aus der unterschiedlichen Vorgehensweise ergeben sich Differenzen in den kalkulierten Kosten. Diese Effekte werden in Allokations-, Komplexitäts- und Degressionseffekte unterschieden. Diese Effekte sollen im Folgenden anhand von einfachen Beispielen dargestellt werden.

Allokationseffekt

Die Differenz zwischen den verrechneten Gemeinkosten bei der herkömmlichen Zuschlagskalkulation und der prozessorientierten Kalkulation nennt man Allokationseffekt.

Beispiel zum Allokationseffekt

Dies lässt sich an einem Beispiel verdeutlichen. In einer WfbM werden drei Produkte hergestellt, sie haben Einzelkosten von 40 € (Produkt A), 60 € (Produkt B) und 120 € (Produkt C). Mit der herkömmlichen Zuschlagskalkulation und einem angenommenen GK-Zuschlagssatz wird den Produkten ein Betrag an Gemeinkosten zugerechnet, der von der Höhe der Einzelkosten abhängig ist. In unserem Beispiel steht der Zuschlag an Gemeinkosten für die Kosten der Lagerung, Qualitätskontrolle und dem Handling durch die Verwaltung und den Vertrieb. Die Prozesskostenanalyse hat ergeben, dass sich diese Kosten nicht nach den Einzelkosten ergeben, sondern nach der Zahl und Komplexität der Verrichtungen in der Produktion, Verwaltung und im Vertrieb. Diese seien in diesem einfachen Beispiel für die drei Produkte gleich. Abbildung 70 zeigt die konventionelle Kalkulation im Vergleich zur Prozesskostenrechnung.

	Einzelkosten	**GK-Zuschlag 45%**	**Prozesskostensatz**	**Allokations-effekt = Diff.**
Produkt A	40,00 €	18,00 €	20,00 €	2,00 €
Produkt B	60,00 €	27,00 €	20,00 €	-7,00 €
Produkt C	120,00 €	54,00 €	20,00 €	-34,00 €

Abb. 70: Beispiel Prozesskostenrechnung – der Allokationseffekt

Produkt C hat in der konventionellen Kalkulation einen GK-Zuschlag von 54 € zu tragen. In der Prozesskostenrechnung wird hingegen die tatsächliche Kostenverursachung zugrunde gelegt. Da alle drei Produkte mit denselben Verrichtungen in derselben Komplexität verbunden sind, ergibt die Kalkulation nach dem Prozessprinzip eine Belastung der Einzelkosten mit demselben Betrag (20 €). Der Allokationseffekt zeigt an, in welcher Höhe die konventionelle Kalkulation eine nicht zutreffende Gemeinkostenverteilung vornimmt.

Komplexitätseffekt

Die prozessorientierte Kostenrechnung ermöglicht es, bei Produkten, die durch eine unterschiedliche Komplexität in den Prozessen bzw. eine Vielfalt an Varianten gekennzeichnet sind, eine aufwandsgerechtere Kostenverrechnung vorzunehmen. Auch hier ergibt sich ein Unterschied in den kalkulierten Kosten. Dieser wird als Komplexitätseffekt bezeichnet. Wenn komplexere Produkte mit z. B. mehr Bauteilen und einem aufwendigerem Herstellungsprozess vorhanden sind, ergeben sich auch höhere Gemeinkosten.

- Indirekte Leistungsbereiche werden stärker bei komplexen als bei einfachen Produktvarianten beansprucht.
- Die Zuschlagskalkulation vernachlässigt diesen Kostentreiber und verrechnet die Gemeinkosten proportional zur Höhe der Zuschlagsbasis (in unserem Beispiel die Einzelkosten).

Beispiel zum Komplexitätseffekt

Betrachtet werden zwei Produkte (A und B). Sie unterscheiden sich insofern, als Produkt B 20 einzelne Bauteile benötigt, die beschafft werden müssen, Produkt A hingegen nur zehn Bauteile. Für jede Beschaffung wurde ein Prozesskostensatz von 1,40 € je Beschaffung ermittelt. Die Einzelkosten seien bei beiden Produkten gleich hoch und betragen 60 €. Die herkömmliche Zuschlagskalkulation verwendet einen Satz von 35 %.

Die Berechnung der Selbstkosten mittels der herkömmlichen Zuschlagskalkulation und die Berechnung mittels der Prozesskostenrechnung zeigt Abbildung 71.

Erzeugnis		**X**	**Y**
Anzahl Kaufteile		10	20
Einzelkosten		60,00 €	60,00 €
Gemeinkostenzuschlagssatz		35 %	35 %
Prozessdurchführungen		10	20
Prozesskostensatz		1,40 €	1,40 €
Berechnung der Selbstkosten mit herkömmlicher Zuschlagskalkulation			
	Einzelkosten	60,00 €	60,00 €
	Gemeinkosten	21,00 €	21,00 €
	Selbstkosten	**81,00 €**	**81,00 €**
Berechnung der Selbstkosten mit prozessorientierter Kalkulation			
	Einzelkosten	60,00 €	60,00 €
	Gemeinkosten	14,00 €	28,00 €
	Selbstkosten	**74,00 €**	**88,00 €**

Abb. 71: Beispiel Prozesskostenrechnung – unterschiedliche Kalkulationen (Zuschlagskalkulation versus prozessorientierte Kalkulation) ergeben einen Komplexitätseffekt

Die herkömmliche Zuschlagskalkulation ermittelt die Selbstkosten für beide Produkte in gleicher Höhe (81 €). Da die Prozesskostenrechnung die Zahl der Beschaffungen berücksichtigt und für das Produkt B 20 Beschaffungsprozesse erforderlich sind, errechnen sich Selbstkosten i. H. v. 89 €. Da für Produkt A hingegen nur zehn Beschaffungen anfallen, ist es deutlich kostengünstiger (nur 74 €). Es zeigt sich in diesem einfachen Beispiel, wie sich die Betrachtung der Prozesse in der Kostenrechnung auswirkt.

Degressionseffekt

Es sind Fälle denkbar, in denen die unterstützenden Prozesse zu gleichen Kosten führen, egal ob eine Stückzahl von 100 oder von 1.000 Produktkomponenten beschafft werden muss. Das folgende Beispiel soll den Unterschied zwischen der herkömmlichen Zuschlagskalkulation und der Prozesskostenrechnung aufzeigen.

- Die Zuschlagskalkulation unterstellt, dass der Gemeinkostensatz je Stück konstant bleibt.
- Bei der Prozesskostenrechnung ergeben sich bei steigender Stückzahl degressive Prozesskosten für Prozesse, die von der Stückzahl unabhängig sind.

Dieser Degressionseffekt lässt sich wieder an einem einfachen Beispiel veranschaulichen.

Beispiel zum Degressionseffekt

Betrachtet werden zwei Erzeugnisse W und Z (Abbildung 72). Für das Produkt W liegt ein Auftrag über 100 Stück vor, für das Produkt Z hingegen ein Auftrag über 1.000 Stück. Die Einzelkosten der Produkte sind je Stück gleich, hieraus errechnen sich unterschiedliche Einzelkosten für den jeweiligen Auftrag. Da jedoch in diesem Beispiel unterstellt wird, dass die unterstützenden 40 durchgeführten Prozesse, die aus der Beschaffung, Produktionsüberwachung und dem Vertrieb bestehen, die gleichen Kosten bewirken, egal, ob der Auftrag über 1.000 oder über 100 Stück lautet, ergeben sich beträchtliche Unterschiede zwischen der herkömmliche Zuschlagskalkulation und der Prozesskostenrechnung. Unterstellt wird bei der herkömmlichen Kalkulation ein einfacher Zuschlagssatz von 25 % auf die Einzelkosten (Abbildung 72).

Erzeugnis		**W**	**Z**
Stückzahl		100	1.000
Einzelkosten		10,00 €	10,00 €
Gemeinkostenzuschlagssatz		25 %	25 %
Prozessdurchführungen		40	40
Prozesskostensatz		20,00 €	20,00 €
Berechnung der Selbstkosten mit herkömmlicher Zuschlagskalkulation			
	Einzelkosten	1.000,00 €	10.000,00 €
	Gemeinkosten	250,00 €	2.500,00 €
	Selbstkosten	**1.250,00 €**	**12.500,00 €**
	Stückkostensatz	12,50 €	12,50 €
Berechnung der Selbstkosten mit prozessorientierter Kalkulation			
	Einzelkosten	1.000,00 €	10.000,00 €
	Gemeinkosten	800,00 €	800,00 €
	Selbstkosten	**1.800,00 €**	**10.800,00 €**
	Stückkostensatz	18,00 €	10,80 €

Abb. 72: Beispiel Prozesskostenrechnung – unterschiedliche Kalkulationen (Zuschlagskalkulation versus prozessorientierte Kalkulation) ergeben einen Degressionseffekt

Es zeigen sich bei der herkömmlichen Zuschlagskalkulation konstante Selbstkosten, egal, ob 100 oder 1.000 Stück produziert werden.

Hingegen ermittelt die prozessorientierte Kalkulation eine differenzierte Zuschlüsselung. Da die Prozesse als Werttreiber bei beiden Produkten gleich hoch sind (die bearbeitete Menge spielt in diesem Beispiel keine Rolle, es fallen jeweils 800 € für die 40 Prozessdurchführungen an), ergeben sich einmal 18 € als ermittelte Stückkosten und einmal 10,80 €.

Die Komplexität der Darstellung der Prozesskostenrechnung zeigt, dass in größeren Produktions- und Dienstleistungsbetrieben der Einsatz der Prozesskostenrechnung wertvolle Informationen über die tatsächliche Kostenverursachung liefert. Für die meisten Vereine dürfte diese Rechnung jedoch zu komplex und daher nicht für die Vereinspraxis geeignet sein. Nur ausnahmsweise, z. B. bei größeren Werkstätten (für behinderte Menschen) oder Komplexträger mit vielen hundert Beschäftigten in der Erstellung von Gütern oder Dienstleistungen, ist die Prozesskostenrechnung ratsam. Dennoch zeigt die Darstellung, welche Erweiterungsmöglichkeiten es zur konventionellen Kostenrechnung gibt.

Im nächsten Kapitel wird eine weitere, in der jüngsten Zeit entwickelte Spielart der Kostenrechnung gezeigt, die sog. Zielkostenrechnung. Auch sie wird nur angerissen, da sie ebenfalls nur für Vereine mit einem größeren Zweckbetrieb oder Geschäftsbetrieb infrage kommen dürfte.

3.6.7 Zielkostenrechnung

Die **Zielkostenrechnung** wird neudeutsch auch als Target Costing bezeichnet. Sie verfolgt anders als die traditionellen Kostenrechnungen einen Managementansatz. Während die herkömmlichen Kostenrechnungen fragen, was ein Produkt kostet, will die Zielkostenrechnung ermitteln, welche Kosten für ein Produkt überhaupt anfallen dürfen.

Ausgehend vom am Markt durchsetzungsfähigen Preis rechnet diese Kostenrechnung retrograd und kalkuliert vom Ende her. Ausgangspunkt ist eine vorgegebene Kostenobergrenze für ein Projekt oder ein Produkt. Von diesen Kosten wird die beabsichtigte Gewinnmarge abgezogen. Die Differenz sind die zulässigen Kosten (Zielkosten). Diese Kosten sind so aufzuteilen, dass aus der Sicht des Kunden eine weitgehende Übereinstimmung besteht, welche Komponenten des Produkts ihm wichtig sind und für welche Teile er bereit ist, einen Kaufpreis zu zahlen. Im Idealfall soll verhindert werden, dass ein evtl. unwichtiges Bauteil hohe anteilige Kosten verursacht. Wenn dies festgestellt ist, kann das Produkt in seiner Art und Weise (Qualität) bestimmt werden.

Die Zielkostenrechnung möchte bereits in der Phase der Produktentwicklung Kostenvorgaben zur Verfügung stellen, an denen sich die Entwicklung, Konstruktion und die spätere Produktion orientieren können.[89]

Beispiel für die Zielkostenrechnung

Eine WfbM plant ein neues Produkt auf den Markt zu bringen: einen Balkonkasten für Blumen. Die Marketingabteilung nennt einen maximal durchsetzbaren Verkaufspreis von 10 €, dies ist der Zielpreis des Produkts. Die WfbM rechnet mit einer Gewinnspanne von 10 %, die Zielkosten (engl. allowable costs) belaufen sich somit auf 9 €.

Der Werkstattleiter erläutert, dass mit den bisherigen Herstellungsverfahren und den bisher eingesetzten Materialien die Kosten für einen Balkonkasten 12 € betragen. Die bisherigen Kosten, die beeinflusst werden sollen, werden engl. auch als drifting costs bezeichnet. Die Aufgabe des Zielkostenmanagements ist es, die Kosten von 12 auf 9 € abzusenken.

Nach Angaben des Marketings sind den (potenziellen) Käufern nur zwei Aspekte wichtig (Abbildung 73).

Aspekt	Gewichtung
Haltbarkeit des Produkts	40 %
Gewicht (möglichst niedrig)	60 %

Die Bauteile des Balkonkastens tragen nach Angaben der Konstruktions- und Entwicklungsabteilung mit folgenden Gewichten zu dem vom Kunden gewünschten Eigenschaften bei:

Bauteile	Haltbarkeit	Gewicht
Material (Holz)	80 %	20 %
Metallrahmen	20 %	80 %

Die Kostenanteile in der bisherigen Produktion beliefen sich auf:

Bauteile	Kostenanteil
Material (Holz)	60 %
Metallrahmen	40 %

89 Vgl. Eisele/Knobloch/Disselkamp/Becker/Sossong (2011): Technik des betrieblichen Rechnungswesens, a. a. O., 8. Aufl., S. 802 ff.

Nun können die Funktionsteilgewichte berechnet werden:

Bauteile	Haltbarkeit	Gewicht	Summe	Kostenanteil	Zielkosten-index
Material (Holz)	48 %	8 %	56 %	60 %	0,9300
Metallrahmen	12 %	32 %	44 %	40 %	1,1000

Erläuterungen zur Berechnung der Funktionsteilgewichte und des Zielkostenindexes

Die Gewichtung für die Haltbarkeit beträgt 60 %, die Bedeutung des Materials für die Haltbarkeit 80 %. Daraus ergibt sich das Funktionsteilgewicht in Höhe von 48 % (60 % x 80 %). Der Zielkostenindex von 0,93 für das verwendete Material ergibt sich, indem die Summe der Funktionsteilgewichte i. H. v. 56 % durch den Kostenanteil von 60 % geteilt wird. Aus dem Zielkostenindex von < 1 wird abgeleitet, dass das verwendete Material im Verhältnis zu seinem Anteil an der Funktionserfüllung zu viel kostet – die Kosten für das Material müssen gesenkt werden.

Abb. 73: Beispiel für das Vorgehen beim Zielkostenmanagement

Im vorliegenden Fall sollen die Kosten insgesamt gesenkt werden (von 12 auf 9 €). Der Metallrahmen hat eine höhere Bedeutung für die Erfüllung der Kundenanforderungen, sodass das Kostensenkungspotenzial eher beim Holzmaterial gesucht wird.

3.6.8 Unternehmerische Planung bei Vereinen

Gerade für dieses Kapitel zur **unternehmerischen Planung** bei Vereinen ist zu kennzeichnen, **welcher Vereinstyp** angesprochen wird. Die folgenden Ausführungen beziehen sich auf einen Verein mit einem mittelgroßen und großen Zweckbetrieb. Dieser Verein hat eine größere Zahl an Mitarbeitern, arbeitet mit erheblichem Anlagevermögen, das über Fördermittel bzw. Darlehen finanziert ist, für das Verpflichtungen zur Einhaltung von Zuwendungsbescheiden bzw. Kreditverträgen zu beachten sind. Es wird ein größeres Geschäftsvolumen bewegt, aus dem die laufenden finanziellen Verpflichtungen der Gehaltszahlung beglichen bzw. Kreditraten bedient werden.

Für einen kleinen Verein, der nahezu ausschließlich ideell und mit ehrenamtlichen Vorstandsmitgliedern und Mitarbeitern tätig ist, sind keine unternehmerische Planung, kein Controlling und keine Budgetierung erforderlich. Die Steuerung eines Vereins mit einem mittleren bzw. großen Zweckbetrieb ist hingegen nur möglich, wenn ein den gesamten Zweckbetrieb umfassendes Berichtswesen geführt wird. Die Planung und das Steuerungs- und Berichtswesen lassen sich in eine strategische, taktische und eine operative Ebene unterteilen.

In der **strategischen Planung** des Vereins wird die Vereinstätigkeit auf längere Sicht festgelegt.[90] Diese Planung wird auf Jahre und auf die operativen Maßnahmen heruntergebrochen. Für das Controlling sind ein Soll-Ist-Vergleich und eine Abweichungsanalyse die zentralen Instrumente zur Steuerung des Vereinsgeschehens. Ohne Planung kann ein Verein nicht geleitet werden, jedenfalls dann nicht, wenn es sich um einen mittelgroßen oder großen Verein handelt.

Der **zentrale Plan** für den Verein ist in einzelne Teilpläne aufzuteilen. Für die Vereinsleitung ist die Abstimmung dieser Teilpläne und die Zusammenführung zu einem Gesamtplan ein weiteres Instrument, um die beabsichtigten Ziele zu verfolgen. In der Realisierung der Pläne, im laufenden Steuern und Reagieren auf Abweichungen, liegt der Schwerpunkt der operativen Tätigkeit.

Die Planung nimmt gedanklich die beabsichtigten Aktivitäten vorweg und versetzt den Planenden in die Lage, sich auf abzeichnende Änderungen der Umwelt, der Vereinsmitglieder, der Kundenerwartungen, der betrieblichen Einsatzfaktoren und Ressourcen vorzubereiten. Charakteristische Merkmale der Planung sind die **Zukunftsbezogenheit** und die **Rationalität**. Da sich die Planung auf zukünftige Ereignisse und Maßnahmen bezieht, muss sie auf Prognosen beruhen und in einem gewissen unsicheren Umfeld erfolgen. Sie ist rational, weil der Planende bewusst und zielgerichtet vorgeht.[91]

Für die Planung ist es erforderlich, differenziert nach den Bereichen vorzugehen. Für die einzelnen Teilbereiche sind die wesentlichen Aktivitäten und die damit verbundenen Einnahmen und Ausgaben systematisch zu planen. Dabei hat das betriebliche Planungssystem folgende Elemente:[92]

- Analyse des eigenen Vereins und der Umwelt,
- Vorgabe von Zielen, Handlungsalternativen und Maßnahmenplanungen,
- Planaufstellung und Koordination der Einzelpläne zu einem Gesamtplan,
- Budgetierung.

Die Planung erfolgt als **Prozess**. Dies zeigt sich daran, dass eine Planung in ihren Teilplanungen und in ihrem Zusammenfügen immer wieder neu durchlaufen wird. Zu Beginn einer Planung ergibt sich die Notwendigkeit, aus den global vorgegebenen Zielen (z. B. der strategischen Planung oder der Gesamtplanung für ein Geschäftsjahr) ein operationalisierbares Ziel festzulegen, das für die konkrete Planungsaufgabe die notwendige Richtung vorgibt. Eine Revision der in der Vergangenheit aufgestellten Planung ist erforderlich, wenn das Management ein Problem feststellt, sei es, dass ein Zustand als unbefriedigend

90 Hier wird auf die Darstellung der verschiedenen Managementebenen bei Vogelbusch (2018): Management, a. a. O., Kap. 9.3 »Modelle des Strategischen Managements« verwiesen.

91 H.-U. Küpper/G. Friedl/Ch. Hofmann/Y. Hofmann/B. Pedell (2005): Controlling. Konzeption, Aufgaben, Instrumente, 4. Aufl., Stuttgart, S. 81 ff.

92 Bachmann (2008): Grundlagen des Controllings, a. a. O., S. 15.

empfunden oder ein Sollzustand nicht mehr erreicht werden kann. Solche Anhaltspunkte liefert u. a. das Controlling aus der Abweichungsanalyse.

Um Alternativen zur Lösung des Problems zu finden, ist eine sorgfältige Problemanalyse erforderlich. Je größer die Abweichung vom Soll ist, desto größer wird das Gewicht des Problems. Indem der jetzige Zustand und der zukünftig zu erreichende Sollzustand exakt beschrieben werden, ergibt sich ein wohldefiniertes Problem. In der Phase der Suche nach Alternativen sind Lösungsideen zu entwickeln und zusammenzutragen. Die Alternativen sind auf Realisierbarkeit und erhoffte Wirkungen hin zu untersuchen. Über die Zielerreichung und ihren Beitrag zur Problemlösung ist eine Prognose aufzustellen. Anhand geeigneter Kriterien sind die Alternativen zu bewerten. Die Planung wird abgeschlossen, indem die beste Lösungsalternative ausgewählt wird. Die Teilaufgaben des Planungsprozesses veranschaulicht Abbildung 74.

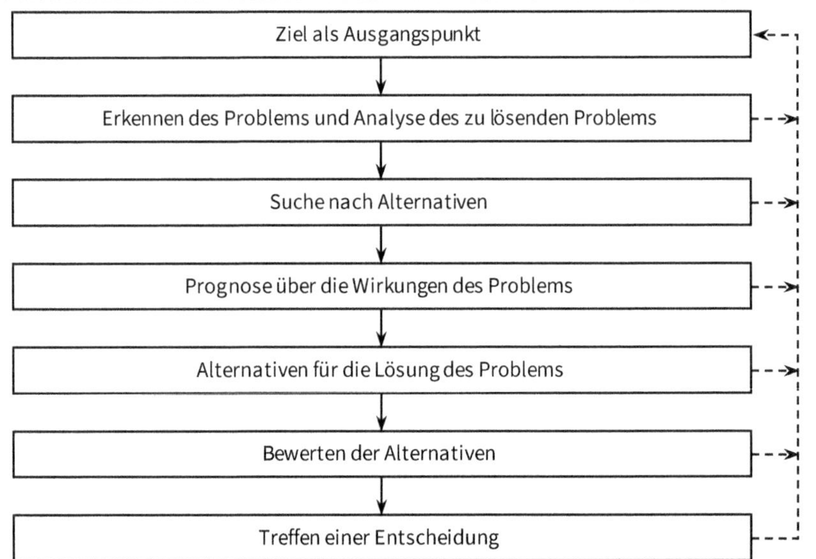

Abb. 74: Phasen des Planungsprozesses; Quelle: Küpper/Friedl/Hofmann/Hofmann/Pedell (2005): Controlling, a. a. O., S. 82

Der Prozesscharakter der Planung wird daraus ersichtlich, dass nach der Entscheidung über eine Alternative zur Lösung des Planungsproblems ein neuer Kreislauf beginnt. Das Management wird die Zielerreichung kontrollieren und bei weiteren Abweichungen erneut gegensteuern und einen erneuten Planungsprozess anstoßen.

Es wird empfohlen, dass die unternehmerische Planung eines Vereins mit mittelgroßem bzw. großem Zweckbetrieb in den Bereichen strategische Planung, taktische

Planung und operative Planung erfolgt. Diese Unterscheidung orientiert sich am zeitlichen Einsatz und an den jeweiligen Planungsinhalten.

- Die **strategische Planung** hat eine langfristige Ausrichtung und ist auf die Erfolgspotenziale des Gesamtunternehmens gerichtet. Dafür sind die Aktivitätsbereiche sowie die Produktions- und Leistungspalette zu entwickeln, Marktpositionen festzulegen, Ressourcen und qualifiziertes Führungspersonal zu beschaffen und die rechtliche und organisatorische Struktur festzulegen. Die Planung erfolgt in qualitativen und langfristig ausgerichteten Zielgrößen.
- Im Rahmen der **taktischen Planung** sind operationale Programme und die Kapazitäten zu planen. Die erforderlichen Investitions- und Finanzierungsplanungen sind umzusetzen. Das Management richtet den Blick auf die Vereinsbereiche. Die strategischen Vorgaben sind in quantitative Planungsvorgaben umzusetzen.
- Die **operative Planung** setzt die Festlegungen der beiden vorangegangenen Planungsphasen mit Einzelmaßnahmen um. Der Blick ist auf den Erfolg der Periode und die Wirtschaftlichkeit der einzelnen Aktivitäten, Produkte und Leistungen gerichtet. Daneben wird das Ziel verfolgt, den Verein im finanziellen Gleichgewicht zu halten (d. h., eine jederzeitige Zahlungsfähigkeit zu erhalten – die sog. dynamische Liquidität).[93]

Abbildung 75 zeigt den zeitlichen Horizont, die Zielgrößen und die Inhalte der Planung.

	Strategische Planung	**Taktische Planung**	**Operative Planung**
Planungshorizont	langfristig	mittelfristig	kurzfristig
	von 5 bis über 10 Jahre	bis ca. 5 Jahre	bis 1 Jahr und kürzer
Zielgrößen	qualitative Zielgrößen	eher quantitative Zielgrößen	quantitative Zielgrößen
	▪ Erfolgspotentiale ▪ Wirkungsziele ▪ Bestimmungsgrößen des Gewinns	▪ Ziele für Aktivitäten ▪ Produktziele ▪ mehrperiodige Erfolgsziele (z.B. Kapitalwert, Endwert interner Zinsfuß) ▪ Erhaltung der Zahlungsfähigkeit	▪ Produktionsziele (opt. Kapazitätsauslastung, Kostenminimierung) ▪ einperiodige und stückbezogene Erfolgsziele (Periodengewinn, DB usw.) ▪ Tages, Monats-, Jahresliquidität
Variablen und Alternativen	▪ Produkt- und Marktstrategien ▪ Geschäftsfelder ▪ Standorte	▪ quantitatives und qualitatives Produktionsprogramm ▪ Investitions- und ▪ Finanzierungsprogramme ▪ Personalausstattung	▪ Ablaufplanung ▪ Losgrößenplanung ▪ Bestellmengenplanung ▪ Kapazitätsabstimmung ▪ Personaleinsatzplanung

93 Der Begriff des finanziellen Gleichgewichts stammt von Erich Gutenberg. Die dynamische Liquidität grenzt sich von der statischen Liquidität ab, vgl. zu diesen Begriffen Vogelbusch (2018): Management von Sozialunternehmen, a. a. O., S. 69 ff.

	Strategische Planung	Taktische Planung	Operative Planung
charakteristische Merkmale	▪ auf den gesamten Verein bezogen ▪ hohes Abstraktionsniveau ▪ großer Planungsumfang ▪ geringe Detailliertheit und Vollständigkeit ▪ qualitative Ausrichtung ▪ langfristige Rahmenplanung	▪ funktionsbezogen ▪ mittleres Abstraktionsniveau ▪ mittlerer Planungsumfang, zunehmende Detailliertheit und Vollständigkeit ▪ stärker quantitative Ausrichtung ▪ inhaltliche Konkretisierung der strategischen Planung	▪ durchführungsbezogen ▪ niedriges Abstraktionsniveau ▪ geringer Planungsumfang, hohe Detailliertheit und Vollständigkeit ▪ quantitative Ausrichtung ▪ Umsetzung der taktischen Planung in konkrete Durchführungspläne

Abb. 75: Zeitliche Horizonte und Inhalte der Planung; Quelle: Küpper/Friedl/Hofmann/Hofmann/Pedell (2005): Controlling, a. a. O., S. 86

Die drei Planungen sind miteinander zu verknüpfen. Der Zusammenhang ergibt sich zudem aus dem prozesshaften Charakter. Die strategische Planung ist dabei in größeren Zeitabständen zu erneuern, die taktische und die operative Planung hingegen häufiger.

Die Informationen, die für die unternehmerische Planung erforderlich sind, und die Personen, die Träger der Planungen sind, sind im Rahmen eines Kommunikationskonzepts und eines Planungskalenders festzulegen.

Von der **zeitlichen Planung** her kommt es auf ein abgestimmtes Vorgehen an. Die einzelnen Planungsaktivitäten sind zu koordinieren, eine Kontrolle der vorgegebenen Termine und das Anzeigen und Wahrnehmen von Engpässen sind für einen geordneten Planungsablauf zu beachten.[94]

Die betriebswirtschaftliche Planung erfolgt für die einzelnen Teilbereiche des hier betrachteten Vereinstyps. Wenn eine Teilplanung für die einzelnen Funktionen (z. B. Leistungserstellung, Beschaffung, Investition, Finanzierung, Personal und Vertrieb) betrachtet wird, ist in einem marktwirtschaftlichen System auch den Vereinen mit einem mittleren bzw. größeren Zweckbetrieb vorgegeben, dass die Planung mit der Planung des **Absatzes** beginnt. Die Nachfrage der Abnehmer bestimmt die operative betriebliche Planung, egal ob es sich bei den Abnehmern um Patienten einer medizinischen Einrichtung, Bewohner eines Wohnheims, Besucher einer kulturellen Veranstaltung oder Kunden einer Werkstatt oder eines Dienstleistungsbetriebs handelt. Die Vorgehensweise nach den betrieblichen Teilbereichen lässt sich anhand der Übersicht in Abbildung 76 darstellen.

---

94 Vgl. für weitere Einzelheiten Küpper/Friedl/Hofmann/Hofmann/Pedell (2005): Controlling, a. a. O., S. 87 ff.

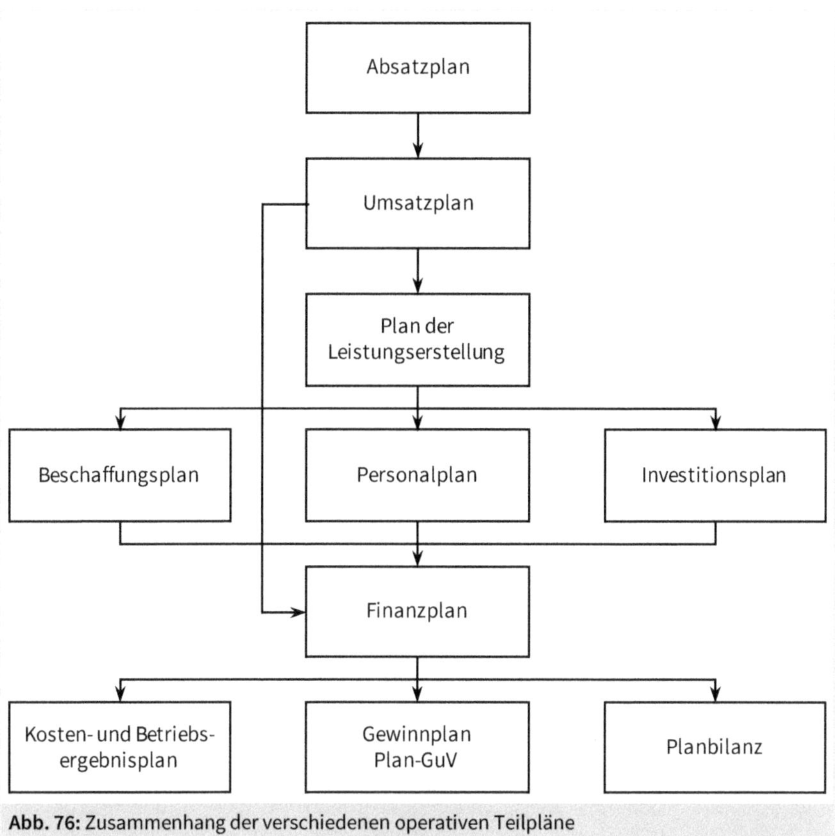

Abb. 76: Zusammenhang der verschiedenen operativen Teilpläne

Abbildung 76 zeigt, dass ausgehend von der Absatzplanung eine Planung der einzelnen funktionalen Planungen erfolgt. Die Einzelpläne münden in eine finanzielle Planung, die nach Kosten- bzw. Betriebsergebnisplan, Plan-GuV und Plan-Bilanz unterschieden sind. Die Ableitung der finanziellen Werte in sog. Budgets ist die letzte Stufe der Planung. Sie wird im folgenden Kapitel dargestellt.

3.6.9 Budgetierung

Die **Budgetierung** ist ein Instrument, mit dem eine Planung für den gesamten Verein verbindlich an die ausführenden Stellen weitergegeben wird. Die einzelnen Teilbereiche erhalten mit den Budgets einen Rahmen für ein eigenverantwortliches Handeln. Die Budgetierung ergänzt somit die in der Aufbauorganisation vorgenommene **Dele-**

gation von Kompetenzen und Verantwortlichkeiten.[95] In einem Verein, der die Trägerschaft eines mittelgroßen bzw. großen Zweckbetriebs übernommen hat und eine größere Anzahl an Mitarbeitern beschäftigt, ist es üblich, in einer Aufbauorganisation Kompetenzen und Verantwortlichkeiten von der obersten Managementebene auf die mittlere und untere Managementebene zu delegieren. Die übertragenen Aufgaben und Weisungsrechte für die jeweiligen Mitarbeiter werden finanziell durch übertragene Budgets »gespiegelt«.

Unter der Budgetierung versteht man den gesamten Prozess der Budgeterstellung. Das Budget für den Gesamtverein ist detailliert und setzt sich aus **Teilbudgets** zusammen. Diese können beispielsweise nach funktionalen Grundsätzen in Marketingplan, Absatzplan, Umsatzplan, Personaleinsatzplan, Investitions- und Finanzierungsplan sowie in den Liquiditätsplan mit den jeweiligen Budgets unterschieden werden.

In den hier im Mittelpunkt stehenden mittleren und großen Vereinen ist eine Budgetierung nach **Bereichen** und **Einrichtungen** (organisatorische Gliederung nach Verantwortungsbereichen) verbreitet. Die Bereiche werden bei Verbünden, die in Holdingorganisationen geführt werden, nach den einzelnen Tochtergesellschaften budgetiert. Werden verschiedene Einrichtungen eines Rechtsträgers (Verein und Tochter-GmbH) geführt, ist eine Budgetierung nach **Kostenstellen** üblich.

Anders als in der gewerblichen Wirtschaft, wo ein ausgebautes Planungs- und Budgetierungswesen nur bei größeren Unternehmen anzutreffen ist, ist bei mittelgroßen und großen Vereinen die Planung und Budgetierung **weitverbreitet**. Als Begründung für diese Beobachtung kann die demokratische Willensbildung in der Mitgliederversammlung angeführt werden. Vereinsmitglieder erwarten bei mittelgroßen und großen Vereinen von den Verantwortlichen die Vorlage eines **Haushaltsplans** sowie eines **Stellenplans**. Ist ein Aufsichtsgremium installiert, legt die Leitung des Vereins dem Aufsichtsgremium einen Plan für das kommende Geschäftsjahr vor, der aus einer Planungsrechnung für die Erträge und Aufwendungen, die Investitionen, deren Finanzierung und dem Stellenplan besteht. Das Aufsichtsgremium wird in einer der letzten Sitzungen des Wirtschaftsjahres einen Haushalt beschließen, der die laufenden Erträge, Aufwendungen, Investitionen, Finanzierungen und die Stellen umfasst. Das Management in Vereinen legt großen Wert darauf, dass die Aufsichtsgremien die Aktivitäten mittragen und die finanziellen Aufwendungen durch einen Beschluss zur Jahresplanung bestätigen.

Dabei wird in der Bewirtschaftung der Haushaltsplan nicht mit derselben Strenge gearbeitet wie im Bereich der Körperschaften des öffentlichen Rechts. Dies zeigt sich

95 Vgl. zu den folgenden Ausführungen die Darstellung bei P. Bachmann (2008): Controlling für die öffentliche Verwaltung, 2. Aufl., Wiesbaden, S. 194 ff. bzw. ders. (2008): Grundlagen des Controllings in sozialen Organisationen, 2. Aufl., Brandenburg, S. 22 ff.

beispielsweise daran, dass **keine Haushaltsüberwachungslisten** geführt werden. Nur in den seltensten Fällen hat die Leitung eines Vereins einen Plan-Ist-Vergleich vorzulegen und Überschreitungen der Planwerte zu rechtfertigen.

In gewerblichen Unternehmen lässt sich der Erfolg eines Geschäftsjahres – vereinfacht ausgedrückt – am Jahresüberschuss ablesen. Die Anteilsinhaber (Aktionäre bei Aktiengesellschaften) erhalten einen Teil dieses Jahresüberschusses über die jährliche Dividende. Entwickelt sich das Unternehmen erfolgreich, zeigt dies ein steigernder Börsenkurs an. Dividende und Performance sind daher die vorherrschenden Instrumente der Beurteilung der gewerblichen Tätigkeit eines Unternehmens. Bei gemeinnützigen Vereinen, die einen ideellen Satzungszweck verfolgen und keine Gewinne an die Vereinsmitglieder ausschütten dürfen, ist dies komplexer.

Beispielsweise ist ein Verein, der eine allgemeinbildende Schule unterhält, erfolgreich, wenn die Absolventinnen und Absolventen einen guten Bildungsabschluss erreichen und über eine gute Lese- und Rechenfähigkeit verfügen. Diese Wirkung der Schule kann durch Tests (wie den weltweit durchgeführten PISA-Test) nachgewiesen werden, nicht jedoch durch den Jahresüberschuss des Trägervereins.

Bei der Budgetierung sind zwei Arten zu unterscheiden:

- **Input-orientierte** oder ressourcenbezogene Budgetierung: Es wird i. d. R. von den einzusetzenden Ressourcen ausgegangen. Dabei orientiert sich der Planende an den Erfahrungswerten aus der Vergangenheit. Wenn neben den eigenen Ressourcen und den Kosten, die mit deren Einsatz verbunden sind, Vergleichswerte aus den Märkten in die Budgetbestimmung einfließen, orientiert sich die Budgetierung vor allem an den Leistungen und Kosten der Klassenbesten. Dies bezeichnet man als Benchmarking.[96]
- **Output-orientierte** oder programmbezogene Budgetierung: Diese Art der Budgetierung setzt an den zu erreichenden Zielen an. Geplant werden die Maßnahmen, die erforderlich sind, um die angestrebten Ziele zu erreichen. Aus dem Bündel an Maßnahmen ergeben sich die benötigten Ressourcen. Letztgenannte Vorgehensweise wird beim Zero-Base-Budgeting zugrunde gelegt. Zero-Based-Budgeting bedeutet eine völlige Neuplanung des Budgets von Grund auf. Alle bisherigen Planungen werden bewusst beiseitegelegt, um von einer gänzlich neuen Null-Basis zu starten.

Die Input-orientierte Budgetierung hat den Vorteil, dass auf der Basis bekannter Werte geplant werden kann. Hieraus ergibt sich eine hohe Planungssicherheit. Die Output-orientierte Planung soll verhindern, dass das Vorjahresbudget unverändert

---

96 Vgl. F. Vogelbusch (2014): Angemessene Verwaltungskosten für caritative und diakonische Unternehmen – Welchen Beitrag kann das Benchmarking für die Beurteilung der Höhe der Overheadkosten leisten?, in: kvi im dialog, Heft 2/2014, S. 6 ff.

fortgeschrieben wird. Gerade im Bereich der Gemeinkosten fehlt es an einem Test am Markt, ob die nicht direkt einzelnen Leistungen/Produkten zuzurechnenden Aufwendungen angemessen, wirtschaftlich und effizient sind. Das Zero-Based-Budgeting stellt einen wirkungsvollen Ansatz zur Überprüfung der Gemeinkosten und zur Ausrichtung der administrativen Ressourcen auf die Erfordernisse der Zukunft dar.

! **Beispiel: Zero-Base-Budgetierung der Overhead-Kosten**

Überprüft werden soll die Effizienz der Overhead-Kosten eines sozialen Trägervereins. Die bestehende Ressourcenverteilung soll grundsätzlich infrage gestellt werden. Der Budgetierungsprozess soll jeweils bei »Null« gestartet werden. Die in den vergangenen Jahren aufgestellten Budgets sind bei der neuen Planung zu ignorieren.

Das Unternehmen stellt sich deshalb folgende Fragen:

- Worin bestehen die Ziele des Vereins?
- Welche Abteilungen beziehungsweise welche Funktionen werden zum Erreichen der wesentlichen Unternehmensziele wirklich benötigt? Welche Aufgaben sind unerlässlich für die Erbringung der Leistung? Welche Leistungen sind dagegen der Kategorie »nice to have« zuzuordnen?
- Welche Ziele verfolgen die einzelnen Abteilungen?
- Werden zur Zielerreichung die effizientesten Methoden und Verfahren eingesetzt?
- Welche Mittel sollen für den Gemeinkostenbereich eingesetzt werden, welche werden tatsächlich eingesetzt?
- Welche Maßnahmen sind für eine Gemeinkostensenkung erforderlich?

Im Rahmen der Budgetierung werden Teileinheiten des Vereins gebildet, für deren Leistungen drei Leistungsniveaus abgefragt werden: ein niedriges, ein mittleres und ein hochwertiges. Das niedrigste Ergebnisniveau beschreibt das absolute Minimum an Arbeitsergebnissen, mit denen das Unternehmen gerade noch geführt werden kann. Die beiden anderen Ergebnisniveaus kennzeichnen darüber hinausgehende, zusätzliche Arbeitsergebnisse, die allerdings zusätzliche sachliche Ressourcen und zusätzliche Mitarbeiter erfordern. Eine höhere Leistung erfordert aufwendigere Ressourcen im jeweiligen Bereich.

Im nächsten Schritt sind die Arbeitsabläufe danach zu untersuchen, ob es unzweckmäßige Verfahren, Hilfsmittel oder Systeme gibt. Ohne Rücksicht auf die vorhandenen Ressourcen und ohne Rücksicht auf die bisherigen Arbeitsabläufe wird nun mit der Zero-Based-Budgeting-Methode geprüft, ob Potenziale für Effizienzverbesserungen und letztendlich auch für wirtschaftlichere Lösungen vorhanden sind. Wenn man sich von den bisherigen Lösungen trennt, werden Effizienzgewinne aus neuen Technologien oder der Übertragung eines Arbeitsschritts auf Dritte (Outsourcing) aufgedeckt.

Aus den Analysen ergeben sich alternative Maßnahmen, um die Arbeiten in einem Verein zu organisieren. Höhere Aufwendungen sind mit verbesserten Leistungen zu begründen. Die vorgelegten Maßnahmen zur Steigerung der Wirtschaftlichkeit werden in einer Prioritätenliste geordnet.

Die oberste Vereinsmanagementebene hat nun die Aufgabe, die Prioritäten zu prüfen und einen angemessenen Budgetschnitt vorzunehmen. Die Leitung des Vereins legt für jeden Bereich und für den gesamten Verein fest, wie viele Mittel zur Verfügung zu stellen sind. Oft hat es sich in der Praxis bewährt, eine pauschale Absenkung der Gemeinkosten vorzugeben (nach der sog. »Rasenmähermethode«).[97] Diese Richtgröße vor Augen ergeben die Einsparmaßnahmen nach der Prioritätenliste ein angemessenes Verhältnis von Leistungen und Kosten. Die beschlossenen Analysen, die Alternativen zur Verbesserung der Wirtschaftlichkeit und die Prioritätenliste eigenen sich zur Kommunikation mit den betroffenen Mitarbeitern und der Mitarbeitervertretung.

Hinzuweisen ist darauf, dass das Zero-Base-Budgeting mit seinem nicht geringen formalen und zeitlichen Aufwand nur alle vier bis fünf Jahre durchgeführt werden kann. In der Zwischenzeit sollte ein enges Controlling der Gemeinkosten erfolgen, um zu sicherzustellen, dass die beschlossenen Maßnahmen auch tatsächlich durchgeführt worden sind.

Für den Fall, dass bereichsbezogene Teilbudgets gebildet und zu einem Gesamtbudget integriert werden, nimmt die Budgetierung eine **Koordinationsfunktion** wahr. Budgetierungsprozesse können sich über einen mehrmonatigen Zeitraum (drei bis sechs Monate) hinziehen.

Innerhalb der drei Managementstufen (normatives, strategisches und operatives Management) nimmt die Budgetierung den zentralen Teil der **operativen Planung** ein. Um mittelgroße und große Vereine zentral zu steuern, kommt dem bereichsbezogenen Bilden von Budgets eine wichtige Funktion zu. Die operative Bedeutung der Budgets kann anhand des folgenden Beispiels verdeutlicht werden.

Beispiel: Budgetierung der Kostenart Büromaterial !

Für den GuV-Posten erfolgt die Planung für die Kontierungsobjekte (i. d. R. Kostenstellen) gemeinsam mit der Kostenart bzw. dem Sachkonto. So entsteht z. B. für die Kostenstelle Medizinisches Versorgungszentrum die Planposition Büromaterial (= Kostenart). Für sämtliche weiteren Kostenstellen (Kontierungsobjekte) ist die Planposition Büromaterial ebenfalls zu planen. Die Summe sämtlicher Kostenstellen für die Kostenart Büromaterial ergibt den Planwert Büromaterial für das gesamte Unternehmen.

Von der Variabilität in Bezug auf die Auslastung (in der Betriebswirtschaftslehre spricht man von der »Beschäftigung«) kann das vorgegebene Budget starr bzw. fix oder flexibel sein. **Starre Budgets** geben eine genau einzuhaltende Ober- oder Untergrenze vor (den sog. Etat). **Flexible Budgets** werden in Abhängigkeit verschiedener Planungsvariablen vorgegeben. Meist wird ein flexibles Budget nach Mengengrößen geplant.

Ein Beispiel ist das flexible Budget eines OP-Saals bei einem Verein mit einem Klinikbetrieb, das der Höhe nach von der Zahl der Operationen (die sog. Beschäftigung)

97 Bei Kostensenkungsprojekten sehen sich die Verantwortlichen immer wieder mit Einwänden der Betroffenen konfrontiert, die jeweils nachvollziehbar und verständlich sind. Wenn jedoch für den Gesamtverein ein Einsparziel erreicht werden muss, bleibt deshalb nur die – für alle gleich unbefriedigende – Vorgehensweise übrig.

abhängt. Eine weitere Form der Flexibilität eines Budgets ist die Möglichkeit, nicht ausgeschöpfte Mittel einer Budgetperiode in die nächste zu übertragen.

Abbildung 77 stellt die Budgetierung mit starren und flexiblen Budgets vor.

Eigenschaft	starres (fixes) Budget	flexibles Budget
Kostenvorgabe	Vollkosten je Kostenart	fixe und variable Kosten je Kostenart, Planung der Kosten für verschiedene Auslastungen bzw. Beschäftigungen
Zweck des Budgets	Steuerungsinstrument, Beschränkung der Kosten auf einen von der Leitung gewollten Betrag	Steuerungs- und Kontrollinstrument, Vorgabe der Kosten in Abhängigkeit von der Beschäftigung, Kontrolle Wirtschaftlichkeit und Kostenverursachung
Anwendung	Kosten hängen nicht von Beschäftigung ab bzw. die Abhängigkeit ist schwer zu erfassen	Kosten hängen relativ stark von der Beschäftigung ab und können auf unterschiedliche Beschäftigungen umgerechnet werden
Beispiel	Forschungs-/Entwicklungsabteilung, Personalabteilung	Fertigungsabteilung einer WfbM, Operationssaal in einem Krankenhaus

Abb. 77: Eigenschaften flexibler und fixer Budgets; Quelle: Bachmann (2008): Controlling für die öffentliche Verwaltung, a. a. O., S. 150

Die Kontrolle der Einhaltung der Budgets ist die letzte Phase, die auf die Planung und Budgetierung folgt. Dies veranschaulicht Abbildung 78.

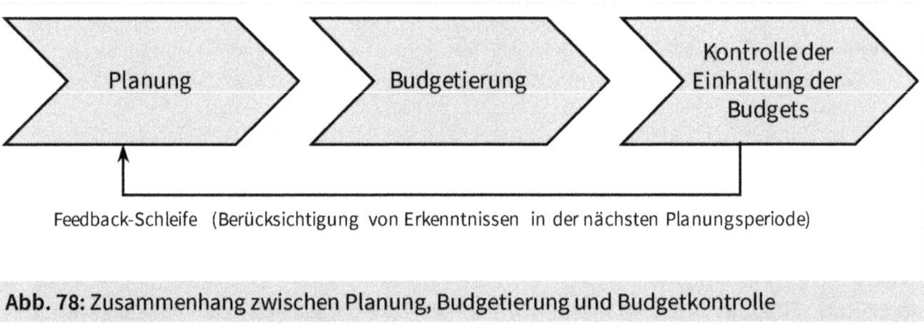

Abb. 78: Zusammenhang zwischen Planung, Budgetierung und Budgetkontrolle

Anschließend an die Planung und Budgetierung wird vom Controlling eine laufende Soll-Ist-Abweichungsanalyse durchgeführt.

3.7 Umfassende Controlling- und Reportinginstrumente

Im Non-Profit-Bereich sind in den vergangenen Jahrzehnten für größere Träger Instrumente entwickelt worden, um die komplexe Aufgabenstellung abzubilden und dem Management ein geeignetes Reporting und Steuerungsinstrumentarium an die Hand zu geben.

In diesem Kapitel werden zunächst die Instrumente zum Controlling der Wirkungen dargestellt. Anschließend wird auf das umfassende Instrument des ausgeglichenen Berichtsbogens – der Balanced Scorecard – eingegangen. Beide Instrumente spielen bei Vereinen mit größeren Zweckbetrieben und einer größeren Zahl von Mitarbeitern eine zunehmend wichtige Rolle.

3.7.1 Controllinginstrumente zur Steuerung der Wirkungen

Wirkungsorientiertes Management bedeutet, den Blick über den Tellerrand des eigenen Vereins zu heben. Bei Vereinen kommt neben dem klassischen Indikator Rentabilität die Wirkung beim Klienten bzw. das Outcome für eine größere gesellschaftliche Gruppe als Zielgröße hinzu. Das Konzept der **Wirkungskette** mit den Elementen Input-Output-Outcome-Impact und das Konzept der Sozialrendite (Social Return on Investment – SROI) sind in den letzten Jahren entwickelte Controllinginstrumente. Sie bieten Vereinen, die auf ihre Wirkungen und die Berichterstattung hierüber Wert legen, neue Instrumente.

Die Wirkungskette Input-Output-Outcome-Impact evaluiert und misst den Erfolg der Arbeit eines Vereins in den folgenden vier Dimensionen:

- Input/Output: quantitative Ausbringungsmenge (mengenmäßiges Produktionsergebnis),
- Outcome: gesellschaftliche Wirkungen und Nutzen für den Klienten (Kunden), die Kundenorganisation bzw. die Gesellschaft,
- Effect: direkter, objektivierbarer Nutzen des Vereins für definierte Zielgruppen,
- Impact: subjektiv erlebte Wirkung des Leistungsempfängers bzw. der Stakeholder; Impacts können als Reaktion auf die Leistung des Vereins geänderte Einstellungen, Urteile oder die Zufriedenheit des Leistungsempfängers sein.

In Abbildung 79 werden die Begriffe anhand von Beispielen veranschaulicht.

Ebene	Definition	Kurz	Beispiele
Output	quantitative Leistungsmenge, die letztlich die Basis für die anderen qualitative Wirkungseffekte darstellt	was der Verein leistet	Anzahl von Fortbildungen pro Jahr in einem Vereinsschulungszentrum
Outcome	gesellschaftliche Wirkungen und Nutzen (objektive kollektive Effektivität) der von der Organisation erbrachten Leistungen haben, die Leistungen wirken sich bei verschiedensten Adressatengruppen, bei Dritten, in der Gesellschaft aus, Outcome bezieht sich somit auf die weitergehenden Effekte (»wider effects«)		reduzierte Arbeitsunfähigkeitstage und vermiedene Kosten bei den Arbeitgebern der Patienten und den Sozialversicherungen
Effect	unmittelbare, objektiv ersichtliche und nachweisbare Wirkung (objektive Effektivität) für einzelne Stakeholder, abgebildet werden die Wirkungen für die Zielgruppe	was der Verein bewirken will	veränderte Cholesterinwerte der Patienten, besser gepflegte Zähne
Impact	subjektiv erlebte Wirkung des Leistungsempfängers beziehungsweise der Stakeholder (subjektive Effektivität), d.h. die Reaktion der Zielgruppen auf Leistungen (Output) und/oder auf die (objektiven) Wirkungen (Effects) der Leistungen; Impacts sind subjektive Reaktionen in den Einstellungen, Urteilen, Zufriedenheitsäußerungen, aber auch die Änderung bzw. Stabilisierung von Verhaltensweisen		veränderte subjektive Lebensqualität bei Patienten und deren Familien, gesünderes Leben, Prophylaxe

Abb. 79: Veranschaulichung der vier Messgrößen der Wirkungskette anhand von Beispielen

Die ersten beiden Messgrößen werden in der Gewinn- und Verlustrechnung gemessen, für die drei folgenden Größen sind eigene Messverfahren zu finden. Dies veranschaulicht Abbildung 80.[98]

Das wirkungsorientierte Controlling operiert mit einer **16-Felder-Tafel** (Abbildung 81), in die diejenigen Wirkungsziele in Form von Kennzahlen eingetragen werden, die einerseits den zentralen Wirkungserwartungen der Stakeholder entsprechen und andererseits auch vom Verein hergestellt und garantiert werden können.[99]

98 Das Schaubild stammt von Ch. Moehrle (2016): Aufbruch in die vierte Dimension in: Die Stiftung, Heft 4/2016, S. 56 f.

99 B. Halfar/B. Wagner (2011): Soziales wirkt. Teil 1: Der Social Return on Investment bewährt sich in der Praxis, in: BFS-Info/Bank für Sozialwirtschaft (Oktober 2011), S. 13–16 und dies. (2011): Soziales wirkt: Teil 2: Wirkungsorientiertes Controlling, in: BFS-Info/Bank für Sozialwirtschaft (November 2011), S. 13–16.

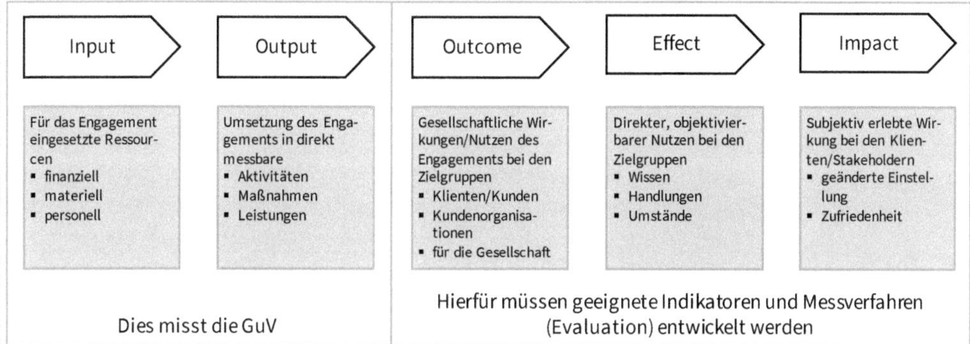

Abb. 80: Dimensionen der Erfolgs- und Wirkungsmessung (gemessen in der handelsrechtlichen GuV und in weiteren Rechenwerken); in Anlehnung an Moehrle (2016): Aufbruch in die vierte Dimension, a. a. O., S. 57

	direkte Wirkungsempfänger	weitere externe Stakeholder	Finanziers	Mitglieder/interne Stakeholder
Output				
Outcome				
Effect				
Impact				

Abb. 81: Stakeholderbezogene Wirkungsmatrix; Quelle: Halfar (2014): Controlling bei sozialwirtschaftlichen Organisationen, a. a. O., S. 780

Derzeit werden nicht alle Tätigkeitsbereiche von Vereinen vom erweiterten Blick der Wirkungsanalyse erfasst. In vier Bereichen ist die Wirkungsanalyse weit vorangeschritten:

1. In der **Entwicklungszusammenarbeit** ist es seit vielen Jahren weitverbreitet, dass die Entwicklungshilfeorganisationen über die gesellschaftlichen und makroökonomischen Effekte eines Förderprogramms berichten.[100]
2. Um über die Wirkungen der **sozialpädagogischen, pflegerischen oder therapeutischen Arbeit** eines Vereins systematisch Rechenschaft ablegen zu können, müssen patienten- beziehungsweise klientenbezogene individuelle Werte gemessen, aggregiert und in einer Kennzahl zusammengefasst werden. Diese Kennzahlen holt sich das wirkungsorientierte Controlling aus den Hilfeplänen, den Anamnesebögen, Zielvereinbarungen, Entwicklungsberichten – oder aus validen Messinstrumenten.[101] In Krankenhäusern werden zudem **Patientenzufriedenheitsanalysen** seit vielen Jahren durchgeführt.

---

100 Vgl. für eine Übersicht A. Borrmann/R. Stockmann (2009): Evaluation in der deutschen Entwicklungszusammenarbeit (Bd. 1 Systemanalyse und Bd. 2 Fallstudien), Münster et. al.

101 Näheres über die von Schallock/Van Loon entwickelte »Personal Outcome Scale« oder das vom Beratungsdienstleister »xit« und der Katholischen Universität Eichstätt/Ingolstadt

3. Vereine im **Schulbereich** orientieren sich an den seit 2000 durchgeführten PISA-Schulleistungsstudien.[102]
4. Weitere Verfahren wurden für die Jugendhilfe und für **Kindertagesstätten** (Kitas) entwickelt.[103]

Für Vereine in diesen Branchen ist es eine besondere Herausforderung, die »weichen« Erfolge bzw. Wirkungen zu messen. Im Schrifttum finden sich verschiedene Vorschläge, wie diese Wirkungen gemessen werden können.[104] Ob auch andere Bereiche (z. B. in der Kultur, im Sport, im Naturschutz oder bei der Feuerwehr) die Wirkungsbetrachtungen in Zukunft einsetzen werden, muss abgewartet werden.

Neben der in Abbildung 81 dargestellten Wirkungsmatrix kann eine weitere Ebene mit klassischen Controllingdimensionen (Qualitätsansprüche) betrachtet werden. Hier sind folgende Dimensionen von Interesse:

- Prozesse,
- Input,
- Kompetenzen,
- Finanzen,
- Personal und
- Know-how.

Es zeigt sich eine hohe Komplexität der Aufgabe für das wirkungsorientierte Vereinsmanagement. Unterschiedliche Erwartungen verschiedener Adressatenkreise müssen berücksichtigt werden. Aufgrund spezifischer Vergütungsregularien für Güter, die z. T. als meritorische oder kollektive bzw. öffentliche Güter einzustufen sind, gibt es andere Zielstellungen als in rein marktwirtschaftlich strukturierten Märkten. Das Controlling muss beispielsweise akzeptieren und abbilden, dass für einige Leistungen bewusst rote Zahlen akzeptiert werden. Dies ist allerdings nur in begrenztem Ausmaß möglich, ohne die nachhaltige Entwicklung des Vereins zu gefährden.

(KU) entwickelte Instrument zur Messung der Lebensqualität von Menschen mit Behinderung im Einrichtungskontext findet sich in J. v. Loon/M. Buchenau/F. Löbler/G. Bernshausen (2012): POS – Personal Outcomes Scale: Individuelle Qualität des Lebens, Gelsenkirchen und Halfar/Wagner (2011): Soziales wirkt, a. a. O.

102 Vgl. OECD (2001): Lernen für das Leben. Erste Ergebnisse der internationalen Schulleistungsstudie PISA 2000, Paris bzw. E. Klieme et. al. (2010): PISA 2009. Bilanz nach einem Jahrzehnt, Münster.

103 Vgl. S. Roux 2002 = PISA und die Folgen: Der Kindergarten zwischen Bildungskatstrophe und Bildungseuphorie (www.kindergartenpedagogik.de/fachartiekl/bildung-erziehung-betreung/967) und als Beispiel für eine Zufriedenheitsanalyse die in Dresden durchgeführte Elternzufriedenheitsstudie aus dem Jahr 2018 (www.dresden.de/rathaus/aktuelles/pressemitteilungen/2019/04/pm_092.php (Abrufdatum: 12.11.2019).

104 Weitere Literaturquellen von Halfar finden sich auf www.edoc.ku-eichstaett.de/view/person/Halfar=3ABernd=3A=3A.html.

Neben den dargestellten Controllingaufgaben steht das Management von Vereinen vor der Aufgabenstellung, über die Wirksamkeit der eigenen Aktivitäten zu berichten. Diese Berichte werden zunehmend von den Fördermittelgebern angefordert. Somit sind sie finanziell relevant!

Die Darstellung der Wirkungen ist in bestimmten Hilfebereichen weit fortgeschritten – je weniger von den Leistungsempfängern eine Gegenleistung in Geld gegeben wird, desto wichtiger ist die Betrachtung der Wirkungen.

Unter der **Sozialrendite** ist ein 2002 von der William and Flora Hewlett Foundation im angelsächsischen Bereich von Praktikern entwickelter Ansatz zu verstehen, der sich mit der Bewertung des gesellschaftlichen Mehrwerts durch (soziale) Projekte beschäftigt.[105] Neben den ökonomischen Zahlen werden sozialökonomische und umweltpolitische Werte berücksichtigt.

Das Konzept der Sozialrendite wird z. B. bei sozialen Projekten, Selbsthilfeorganisationen oder bei friedensstiftenden Missionen in Kriegsgebieten eingesetzt.

Der Vorteil dieses Ansatzes ist die Praktikabilität. Nachteilig ist, dass das Social-Return-on-Investment-Konzept nur bedingt durch eine Theorie gestützt ist. Hinter den dargestellten Wirkungsketten stehen Hypothesen, die nicht selten eine Monokausalität beinhalten.

3.7.2 Reportinginstrumente zur Berichterstattung über die Wirkungen eines Vereins

Vereine haben ein hohes Interesse daran, über die Wirkungen ihrer Aktivitäten zu berichten. Da Vereine und Non-Profit-Organisationen anders als klassische Unternehmen nicht primär den finanziellen Gewinn maximieren, sondern einen gesellschaftlichen Nutzen stiften, ist eine Anwendung der Financial Reporting Standards für diese Unternehmen nicht zweckmäßig.

Für die Berichterstattung und Dokumentation wurden Standards bzw. Sonderbilanzen entwickelt. Hier sind[106]

---

105 Vgl. J. Emerson (2003): The blended Value Proposition: Integrating Social and Financial Return, California Management, Review Nr. 4, S. 35 ff.

106 Social Impact Bonds (Wirkungskredite) sind ein Politik- und Finanzierungsinstrument bei dem soziale Dienstleistungen privat vorfinanziert und im Erfolgsfall öffentlich rückvergütet werden. Hierzu bilden die öffentliche Verwaltung, private Vorfinanzierer und Sozialdienstleister eine Wirkungspartnerschaft, die von einem Intermediär gemanagt und von einem Gutachter evaluiert wird. Vgl. Uebelhart/Zängl (2013): Praxisbuch zum Social-Impact-

- der Social Reporting Standard (SRS) und
- die Gemeinwohlbilanz/-matrix zu nennen.

Social Reporting Standard (SRS) bezeichnet einheitliche Richtlinien zur Berichterstattung von Initiativen und Projekten des Non-Profit-Bereichs. Der Begriff des SRS ist an die für profitorientierte Unternehmen geltenden Rechnungslegungsstandards (Financial Reporting Standard) angelehnt.

Der SRS ist ein Gemeinschaftsprojekt verschiedener Akteure aus der Zivilgesellschaft, Unternehmensberatern, der Universität Hamburg, der TU München und einer Wirtschaftsprüfungsgesellschaft. 2011 wurde die Social Reporting Initiative e. V. gegründet.

Spezielle Standards sind zu entwickeln, die die gesellschaftliche Zielsetzung der Vereine und Non-Profit-Organisationen berücksichtigen und darstellen können. Gesellschaftliche Effekte sind über geeignete Indikatoren in den Blick zu nehmen.

Der Social Reporting Standard ist eine Methode, mit der Vereine ihre Wirkung abbilden. Es handelt sich um eine systematische und standardisierte Darstellung

- der Organisation,
- der Leistungen,
- der Vision,
- der Arbeitsweisen und
- der Wirkungen.

Der SRS ist eine Möglichkeit, das eigene Verständnis von Wirkungszusammenhängen und die Kenntnis der eigenen Wirkungen darzulegen. Der Standard kann eigene Ansätze transparent machen, liefert jedoch keine objektiven Entscheidungskriterien.

Im Übrigen trägt der SRS nur indirekt dazu bei, die Finanzierung der Leistungen zu verbessern. Direkt hat der SRS keine Auswirkungen. Die Entscheidung, ob die berichteten Wirkungen gesellschaftlich akzeptiert und vor allem finanziert werden, liegt beim Berichtsadressaten.

Alle Richtlinien zur Berichterstattung im gesellschaftlichen Bereich können grundsätzlich als SRS bezeichnet werden. Ein solches Rahmenkonzept für Standards zur Rechnungslegung und Berichterstattung im sozialen Bereich, das bislang breite Unterstützung und Anwendung gefunden hat, wurde von verschiedenen Akteuren und Experten aus dem Sektor entwickelt. Dieser unter dem Namen Social Reporting Standard (SRS) geführte Ansatz versteht sich als offenes, nicht kommerzielles Projekt.

Modell, a. a. O., Baden-Baden, World Bank (2003): A User's Guide to Poverty and Social Impact Analysis, Poverty Reduction Group and Social Development Department, World Bank, Washington, Weber/Petrick (2013): Was sind Social Impact Bonds?, a. a. O.

Folgender Auszug aus dem **Leitfaden SRS** erläutert die grundsätzliche Vorgehensweise:[107]

- *nach Möglichkeit und im Rahmen des wirtschaftlich Vertretbaren sollen die Wirkungen anhand von geeigneten Indikatoren quantifiziert werden*
- *für alle Indikatoren gilt, dass sie konkret, messbar und positiv formuliert werden*
- *falls exakte Zahlen nicht bekannt oder ermittelbar sind, sollen Schätzungen erfolgen und zugrunde liegenden Annahmen begründet und Quellen angegeben werden*
- *die Entwicklungen über mehrere Jahre soll dargestellt werde (stetiger Ausweis derselben Indikatoren bzw. Zusatzangaben bei geänderten Indikatoren)*

Wenn es nicht möglich ist, die Wirkungen mit quantitativen Angaben zu beschreiben, bleibt nur die Wahl einer qualitativen Formulierung. Die Abbildungen 82 und 83 erläutern die Vorgehensweise anhand beispielhafter Indikatoren.

- Personenbezogene Leistungen: Anzahl der Personen, die von den Aktivitäten erreicht wurden (z.B. Anzahl der Schülerinnen und Schüler, der Teilnehmerinne und Teilnehmer an einer Maßnahme)
- Institutionsbezogene Leistungen: Anzahl der erreichten Institutionen (z.B. Anzahl der Schulen, der Kooperationspartner)
- Aktivitätsbezogene Leistungen: Anzahl der durchgeführten Aktivitäten (z.B. Anzahl der Kurse, Schulungen, Veranstaltungen, Betreuungsstunden, gepflanzten Bäume)
- Kosten pro Leistungseinheit (z.B. Kosten für eine Schule, für einen Arbeitsplatz)
- Benötigte Zeit pro Leistungseinheit (z.B. Zeit für die Durchführung eines Kurses, Zeit für die Vermittlung einer Arbeitsstelle)

Abb. 82: Beispielindikatoren für Leistungen; Quelle: SRS-Initiative (2014): Leitfaden, a. a. O., S. 25

- Angaben von Teilnehmerinnen und Teilnehmern einer Schulungsmaßnahme über Gelerntes und dessen Umsetzung
- Angaben zu Partner-Organisationen, die nach einer Schulung oder im Rahmen einer Kooperation ihre Aktivitäten verändert haben
- Ergebnisse in Entwicklungstests von Kindern
- Anzahl der Teilnehmer eines Existenzgründungsprogramms, die sich erfolgreich selbständig machen
- Veränderungen der schulischen Leistungen (z.B. Durchschnittsnote, Abbrecherquote) von Schülerinnen und Schülern in einem Nachhilfeprogramm
- Volkswirtschaftliche Einsparungen (soweit sich diese seriös berechnen bzw. abschätzen lassen) auf Grund geringerer Rückfallquoten bei Teilnehmern eines Resozialisierungsprogramms
- Änderung der Einstellung zu Themen oder Bevölkerungsgruppen als Ergebnis einer Aufklärungskampagne (ermittelt durch eine Umfrage)

Abb. 83: Beispielindikatoren für Wirkungen; Quelle: SRS-Initiative (2014): Leitfaden, a. a. O., S. 25 f.

107 Social Reporting Initiative e. V. (Hrsg.) (2014): Leitfaden zur wirkungsorientierten Berichterstattung, Mühlheim a. d. Ruhr, S. 25 ff.

Es ist davon auszugehen, dass der Berichterstattung über Wirkungen in Zukunft eine größere Bedeutung zukommen wird (besonders in den Hilfefeldern, bei denen keine Vergütungen existieren). Wenn solche Berichte auch finanziell relevant werden, wird die Aufmerksamkeit der Vereinsorgane (Management und Aufsicht) zunehmend auch auf diese Wirkungsberichte gelenkt werden.

In der **Gemeinwohlbilanz** werden die Ergebnisse eines Unternehmens in einem mehrdimensionalen Bewertungsschema dargestellt.[108] Damit wird der im vorangegangenen Abschnitt dargestellte Social Reporting Standard erweitert. Zusätzlich wird die gesellschaftliche Wirkung im Vergleich mit anderen finanziellen, ökologischen, mitarbeiterbezogenen Wirkungen (d. h. im Gesamtkontext) betrachtet.

Abbildung 84 zeigt, welche Inhalte in der Gemeinwohlbilanz betrachtet werden.

	Menschenwürde	**Solidarität**	**Ökologische Nachhaltigkeit**	**Soziale Gerechtigkeit**	**Mitbestimmung & Transparenz**
Lieferanten	A1 Beschaffungsmanagement				
Geldgeber	B1 Ethisches Finanzmanagement				
Mitarbeiter	C1 Arbeitsplatzqualität und Gleichstellung	C2 Gerechte Verteilung der Arbeit	C3 Förderung des ökologischen Verhaltens der Mitarbeiter	C4 Verteilung der Einkommen	C5 Mitbestimmung und Transparenz
Kunden, Produkte/Dienstleistungen	D1 Kundenbeziehung	D2 Kooperation in der Branche	D3 Ökologische Gestaltung der Produkte und Dienstleistungen	D4 Soziale Gestaltung der Produkte und Dienstleistungen	D5 Erhöhung des Branchen-standards
Gesellschaftliches Umfeld	E1 Sinn und gesellschaftliche Wirkung der Produkte/ Dienstleistungen	E2 Beitrag zum Gemeinwesen	E3 Reduktion ökologischer Auswirkungen	E4 Gemeinwohl-orientierte Gewinnverteilung	E5 Transparenz und Mitbestimmung
Negativ-Kriterien	N1	N2	N3	N4	N5
	Verletzung der ILO-Arbeitsnormen/ Menschenrechte	Feindliche Übernahme	illegitime Umweltbelastungen	Arbeitsrechtliches Fehlverhalten	Nichtoffenlegung von Beteiligungen
	menschenunwürdige Produkte	Sperrpatente	Verstöße gegen Umweltauflagen	Arbeitsplatzabbau trotz Gewinnen	Verhinderung eines Betriebsrats
	Kooperation mit Unternehmen, welche die Menschenwürde verletzen	Dumpingpreise	Geplante Obsoleszenz (absichtlich verkürzte Lebensdauer)	Umgehung der Steuerpflicht	Nichtoffenlegung von Lobby-Aktivitäten
				Unangemessene Verzinsung von Kapital	exzessive Einkommens-spreizung

Abb. 84: Gemeinwohlbilanz; in Anlehnung an Blachfellner et. al. (2017): Arbeitsbuch, a. a. O., S. 8 ff.

108 M. Blachfellner/A. Drosg-Plöckinger/S. Fieber/G. Hofielen/L. Knakrügge/M. Kofranek/S. Koloo/Ch. Loy/Ch. Rüther/D. Sennes/R. Sörgel/M. Teriete (2017): Arbeitsbuch zur Gemeinwohlbilanz 5.0, Wien.

Früher wurde die Gemeinwohlbilanz auch als **Sozialbilanz** bezeichnet. Derzeit erstellen ca. 400 europäische Unternehmen eine solche Gemeinwohlbilanz[109]. Sie wird vornehmlich für Wirtschaftsunternehmen und für die öffentliche Hand verwendet.

Die Gemeinwohlbilanz ist begrifflich nahe bei Idealvereinen, die sich nach ihrer Satzung für das Gemeinwohl einsetzten. Das Instrument der Gemeinwohlbilanz ist jedoch nicht spezifisch für Vereine. Die bisher erstellten Bilanzen stammen fast durchweg von gewerblichen Unternehmen. In der Vereinspraxis ist bisher zu beobachten, dass die Gemeinwohlbilanzen bisher nur ein Randthema geblieben sind[110].

Dennoch kann der gesellschaftliche Nutzen auch bei Vereinen betrachtet werden. Nach Ansicht des Verfassers wird sich in Zukunft erweisen, ob sich die Vereine mit diesem Instrument oder mit anderen Fragen der Wirkungsmessung intensiver beschäftigen werden.

3.7.3 Die Balanced Scorecard als umfassendes Reportinginstrument

Die **Balanced Scorecard** (BSC) ist ein Instrument, das in den vergangenen Jahrzenten zunächst in der gewerblichen Wirtschaft, zunehmend aber auch darüber hinaus eingesetzt wird. Nach den Beobachtungen des Verfassers ist sie in größeren Vereinen ein übliches Instrument der Planung im Management und der Kommunikation mit dem Vereinsaufsichtsgremium geworden.

Da Anfang der 90er-Jahre zunehmend Kritik an der Eindimensionalität finanzwirtschaftlich geprägter Kennzahlensysteme laut wurde, wurde durch Kaplan und Norton ein Forschungsprojekt mit zwölf US-amerikanischen Unternehmen ins Leben gerufen, das sich die Anpassung der bisherigen Kennzahlensystem an die Bedürfnisse der Unternehmen zum Ziel gesetzt hatte.[111]

Sie entwickelten ein Instrument, um die Wirksamkeit der **Strategieumsetzung** zu verbessern. In ihrer beruflichen Tätigkeit stellten sie fest, dass viele strategische Ansätze konzep-

109 Diese Angabe wurde der Homepage der Ecogood-Organisation entnommen, vgl. https://www.ecogood.org/de/community/pionier-unternehmen/ (Abrufdatum: 20.6.2017).

110 Im Internet finden sich vereinzelt Vereine, die eine Gemeinwohlbilanz erstellen und veröffentlichen. Im Bildungsbereich z. B. der St. Elisabeth-Verein Berufliche Bildung e. V. (Quelle: https://www2.elisabeth-verein.de/fileadmin/user_upload/PR/Dokumente/Jugendhilfe/GEMEINWOHL- Bilanz-30-11-18.pdf) oder in der sozialen Arbeit der Integra e. V. – Psychosoziale Dienstleistungen (Quelle: Integra e. V. – Psychosoziale Dienstleistungen) – (Abrufdaten jeweils: 12.11.2019).

111 R. S. Kaplan/D. P. Norton (1992): The Balanced Scorecard – Measures that Drive Performance, in: Harvard Business Review, Januar/Februar, S. 71 ff. Vgl. W. Pepels (2013) Strategisches Marketing-Controlling: Grundlagen, Organisation, Instrumente, 2. Aufl., Düsseldorf, S. 355.

tioniert und aufbereitet, aber dann nicht umgesetzt wurden. Bis heute ist dies der Kerngedanke ihres Konzepts geblieben: Translate strategy into action!

Anders als die konventionelle, vorwiegend auf finanzielle Daten wie Umsatz, Gewinn und Kapitalverwertung ausgerichtete Leistungsmessung und -bewertung propagierten sie ein **ausgewogenes** (»balanced«) **Set an Kennzahlen**, die auf einem übersichtlichen Berichtsbogens (Scorecard) dargestellt werden können – die Balanced Scorecard (BSC) war geboren.

Neben dem Blick auf die finanziellen Ergebnisse kommt es nach dem BSC-Konzept darauf an, gemeinsam strategieorientierte Aktionen zu erarbeiten und zu vereinbaren. Die wesentlichen Interessensgruppen eines Unternehmens werden von Kaplan/Norton als »**Perspektiven**« bezeichnet. Neben der Perspektive der Eigentümer (Shareholder) wurden weitere Blicke anderer Interessensträger (Stakeholder wie die Kunden, Kooperationspartner, die Öffentlichkeit und die Arbeitnehmer) betrachtet.

Da die BSC die verschiedenen Perspektiven der betrieblichen Tätigkeit umfassend berücksichtigt, hat sie sich als Reportinginstrument zunehmend auch im Sektor der (größeren) Vereine beispielsweise in der Wohlfahrtsbranche bewährt.[112]

Bei der Balanced Scorecard handelt es sich zudem um ein Instrument, das über den operativen Bereich hinaus **strategische Aspekte** abbildet. Die BSC ist in dem Sinne **umfassend**, als sie voneinander abhängige Zielsetzungen, Maßgrößen und Aktionen berücksichtigt und damit die Strategie einer Organisation darstellt und Maßnahmen aufzeigt, wie diese umzusetzen ist.

Damit kann sie eingesetzt werden, um die Berichterstattung und Steuerung über die strategischen Ziele und den Stand der Umsetzung zu gewährleisten. Sie dient der Kontrolle und Abstimmung ökonomischer und nicht wirtschaftlicher Indikatoren.

Die Balanced Scorecard betrachtet **vier Perspektiven** und erweitert so die für Vereine einseitige Betrachtung allein der finanziellen Aspekte, wie sie beispielsweise beim Shareholder-Value-Konzept bei profitorientierten Unternehmen vorherrscht.

Finanzielle Perspektive

Diese Perspektive betrachtet, wie die Strategie zur Verbesserung der finanziellen Ergebnisse beiträgt. Kennzahlen der finanziellen Perspektive sind z. B. der Umsatz und die erzielte Eigenkapitalrendite. Darüber hinaus dient die finanzielle Perspektive

112 M. Bruhn (2011): Marketing für Nonprofit-Organisationen, 2. Aufl., Stuttgart, S. 450.

als eine Richtgröße für die anderen Perspektiven. So sollen Kennzahlen der Kundenperspektive mit den monetären Zielen verbunden werden.[113]

Der Verein hat sich zu fragen: Wie muss er gegenüber den Anspruchsgruppen (Stakeholdern) auftreten, damit finanzieller Erfolg, wie zum Beispiel ein höherer Umsatz, eintritt? Welche Erwartungen haben die Vereinsmitglieder und Mitarbeiter an das finanzielle Ergebnis?

Kennzahlen der finanziellen Perspektive bei Norton/Kaplan: !

Umsatz pro Vertriebsbeauftragtem: Unterstützt das Wachstum des Unternehmens, nicht notwendigerweise die Profitabilität.

Kosten pro Stück: Diese Kennzahl unterstützt das Kostenbewusstsein, sie wird besonders dann erfüllt, wenn hohe Stückzahlen erreicht werden – diese Kennzahl befindet sich naturgegeben eher im Konflikt mit der Qualität.

Kundenperspektive

Die Kundenperspektive soll die strategischen Ziele des Vereins in Bezug auf Kunden- und Marktsegmente betrachten. Mittels dieser Blickrichtung soll betrachtet werden, wie ein Leistungserbringer seinen Abnehmern (Kunden, Patienten, Bewohnern usw.) gegenüber aufzutreten hat, um die unternehmerische Vision möglichst erfolgreich zu verwirklichen. Für die einzelnen Kundensegmente sollen Zielvorgaben, Maßnahmen und geeignete Kennzahlen entwickelt werden. Anders als bei der finanziellen Perspektive müssen die Kennzahlen um »weiche Faktoren« ergänzt werden. So kann die Kundenzufriedenheit mithilfe von Fragebögen erhoben werden. Die Messung der Kundenzufriedenheit wird darüber hinaus aber auch durch »harte Faktoren« dargestellt, etwa indem die Kennzahl »Marktanteil im Vergleich zu Mitbewerbern« gemessen wird.[114]

Die Ergebniskennzahlen (auch Kernkennzahlengruppe genannt) sind bei allen Leistungserbringern gleich: Marktanteil, Kundentreue, Kundenakquisition, Kundenzufriedenheit und Kundenrentabilität. Für die BSC eines Vereins können grundsätzlich entsprechende harte und weiche Kennzahlen für die relevanten Anspruchsgruppen zur Kundenperspektive herangezogen werden. Krankenhäuser z. B. erheben bereits seit vielen Jahren Daten zur Patientenzufriedenheit.[115] Aber auch bei Bildungseinrichtungen und sogar bei Kindergärten wird die Zufriedenheit der Abnehmer bzw. der Angehörigen erhoben.[116]

---

113 Vgl. J. Weber/U. Schäffer (2000): Balanced Scorecard & Controlling, 2. Aufl., Wiesbaden, S. 3 f.

114 Vgl. M. P. Zerres (2000): Handbuch Marketing-Controlling, 2. Aufl., Berlin, S. 273.

115 Vogelbusch (2009): Buchbesprechung zu Marc-Andreas Prill (Hrsg.): Balanced-Scorecard-Gestaltung für Krankenhäuser (www.Socialnet.de 11/09).

116 Vgl. etwa die in Dresden seit 1998 regelmäßig durchgeführte Befragung der Eltern zur Zufriedenheit: www.dresden.de/media/pdf/kitas/Ergebnisbericht_6._Dresdner_Elternbefragung_2018.pdf (Abrufdatum: 15.10.2019).

Interne Prozessperspektive

Mittels der internen Prozessperspektive sollen die Prozesse abgebildet werden, die für die Umsetzung der Kundenperspektive und der finanziellen Perspektive vorhanden sein müssen. Die BSC baut insofern auf der Analyse und Gestaltung der Vereinsprozesse auf. Ein wichtiger Bestandteil der Einführung einer BSC ist, die Prozesse zu analysieren, die die Kundenzufriedenheit steigern, die Anforderungen der Stakeholder beeinflussen, Wettbewerbsvorteile gegenüber den Konkurrenten generieren und den finanziellen Erfolg beeinflussen.[117] Es empfiehlt sich, die BSC schrittweise einzuführen, d. h., erst die kundenbezogenen und finanziellen Ziele zu bearbeiten und erst im Anschluss daran die internen Prozesse zu betrachten.

! **Kennzahlen der internen Prozessperspektive bei Norton/Kaplan:**

- Prozessqualität: Diese Kennzahl unterstützt die erstellte Qualität, hinzukommen sollte ein effektiver und effizienter Produktionsprozess.
- Prozessdurchlaufzeit: Diese Kennzahl ist auf kurze Durchlaufzeiten, eine geringe Kapitalbindung und wenig Bestände in Zwischenlagern (»Just-in-time-Produktion«) gerichtet.

In Vereinen ist die Prozessperspektive zentral. In den letzten Jahren haben hier in verschiedenen Bereichen Optimierungen angesetzt, beispielsweise durch die Einführung des Case-Managements bzw. des Entlass-Managements im Krankenhaus. Im NPO-Bereich ist festzustellen, dass der Krankenhaussektor als Pionier Konzepte übernimmt, die in der Betriebswirtschaftslehre entwickelt wurden.[118]

Lern- und Entwicklungsperspektive

Diese Perspektive fügt zu den drei bisherigen Perspektiven den Aspekt der Innovation und der Erweiterung des Wissens hinzu. Im Mittelpunkt dieser vierten Perspektive steht die Frage, wie Veränderungs- und Wachstumspotenziale im Verein gefördert werden können. Für ein stetiges und nachhaltiges Wachstum benennen die Autoren der BSC drei wichtige Faktoren: die Qualifizierung der Mitarbeiter, ein funktionierendes, leistungsfähiges Informationssystem sowie motivierte Mitarbeiter.[119]

Klassische Kennzahlen für die Mitarbeiterzufriedenheit sind die Fluktuation, der Krankenstand und in Anspruch genommene Weiterbildungen. Diese Kennzahlen lassen sich auch auf Vereine übertragen.

Zusätzlich müssen die Perspektiven der weiteren Stakeholder (einweisende Ärzte in stationären Einrichtungen, Fördermittelgeber für laufende Zuschüsse, Projekte und Investitionen sowie Spender) betrachtet werden. Bei kirchlichen Unternehmen kann das christliche Profil eingetragen werden (z. B. Seelsorge, Zeit für nicht vergütete Zuwendung, Engagement Ehrenamtlicher).

---

117 Vgl. Zerres (2000): Handbuch Marketing, a. a. O., S. 274.

118 Vgl. für eine entsprechende Darstellung F. Vogelbusch (2017): BWL Sozial – Entwicklung einer modernen Managementlehre für Sozialunternehmen Kap. 3.1.1 »Erste Ansätze der Entwicklung einer speziellen Managementlehre im Bereich der Krankenhäuser«, S. 124 ff.

119 Vgl. Darstellung bei Weber/Schäffer (2000): Balanced Scorecard & Controlling, a. a. O., S. 4 ff.

Abbildung 85 stellt die vier Perspektiven zusammenfassendend dar.

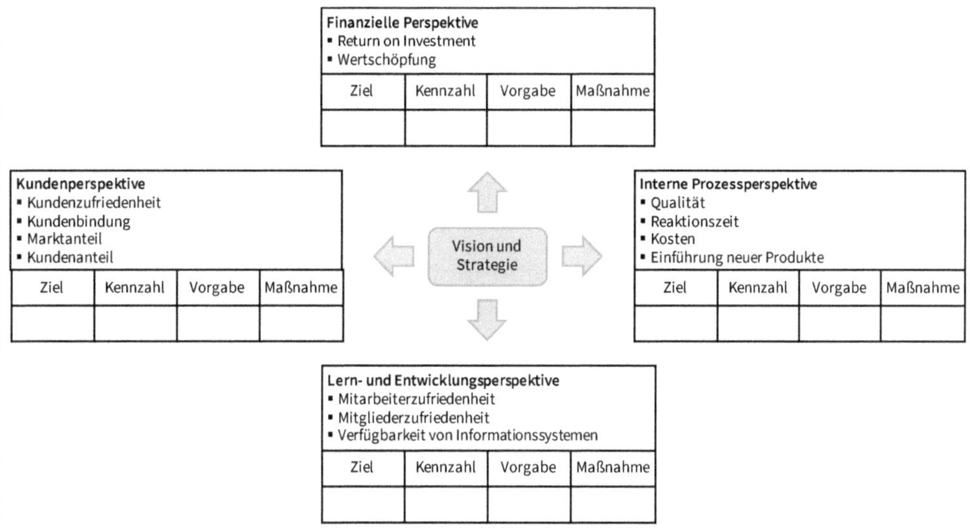

Finanzielle Perspektive
- Return on Investment
- Wertschöpfung

Ziel	Kennzahl	Vorgabe	Maßnahme

Kundenperspektive
- Kundenzufriedenheit
- Kundenbindung
- Marktanteil
- Kundenanteil

Ziel	Kennzahl	Vorgabe	Maßnahme

Vision und Strategie

Interne Prozessperspektive
- Qualität
- Reaktionszeit
- Kosten
- Einführung neuer Produkte

Ziel	Kennzahl	Vorgabe	Maßnahme

Lern- und Entwicklungsperspektive
- Mitarbeiterzufriedenheit
- Mitgliederzufriedenheit
- Verfügbarkeit von Informationssystemen

Ziel	Kennzahl	Vorgabe	Maßnahme

Abb. 85: Die vier Perspektiven der Balanced Scorecard; in Anlehnung an Kaplan/Norton (1992): The Balanced Scorecard (zitiert nach Wöhe/Döring (2013): Allgemeine Betriebswirtschaftslehre, a. a. O., S. 127)

Diese vier Perspektiven stehen in einer Beziehung zueinander. Bei einer geeigneten Formulierung kann es gelingen, die erfolgsrelevanten Bereiche eines Vereins abzubilden und ein adäquates Berichts- und Steuerungsinstrument zu schaffen.

In manchen Fällen kann es sich anbieten, eine weitere (neue) Perspektive hinzuzufügen – z. B. die Sicht der Lieferanten oder Förderer. Empfehlenswert ist jedoch die Beschränkung auf die wesentlichen Aspekte. Denkbar ist eine Vielzahl weiterer Perspektiven. Jede weitere Perspektive trägt jedoch dazu bei, dass die BSC unübersichtlicher wird.

> *Die vier Perspektiven der Scorecard ermöglichen ein Gleichgewicht von kurzfristigen und langfristigen Zielen, zwischen gewünschten Ergebnissen und den Leistungstreibern für diese Ergebnisse, zwischen harten Zielkennzahlen und weicheren, subjektiveren Messwerten.*[120]

Verbindung mit der Strategie

Nach Kaplan/Norton (1997) gibt es drei wesentliche Gründe, für die Verbindung der BSC mit der Vereinsstrategie:

120 R. S. Kaplan/D. Norton (1997): Balanced Scorecard, Stuttgart, S. 24.

- Die BSC hat die Aufgabe, allen Vereinsmitarbeitern die Vision zu vermitteln.
- Wenn es gelingt, die Strategie abzubilden, wird es für die Mitarbeiter möglich, den eigenen Beitrag zum Erfolg des Vereins zu erkennen.
- Auf diese Art und Weise sichert die BSC die Umsetzung der Strategie.

Für die Verbindung der BSC mit der Strategie des Vereins sind die **Ursache-Wirkungsbeziehungen** zwischen den einzelnen Perspektiven aufzuzeigen. Die »Leistungstreiber« sind offenzulegen. Diese Leistungstreiber ergänzen die sog. »Kostentreiber«, die bei der Prozessanalyse eine zentrale Rolle spielen.

Da die BSC nicht nur ein Reportinginstrument ist, sondern von Kaplan/Norton als Managementsystem eingeführt wurde, kommt den Ursache-Wirkungsbeziehungen eine zentrale Rolle zu. Die vier o. g. Perspektiven sind in einer wechselseitigen Beziehung aufzustellen. In diesem Diagramm werden die Ursache-Wirkungsbeziehungen nach ihrer Wichtigkeit geordnet. Die finanzielle Perspektive steht als erstes Ziel oben in Abbildung 85. Sie kann aber nur durch die erfolgreiche Entwicklung der Marke erreicht werden, die ihrerseits von der Kundenzufriedenheit abhängt. Diese Zufriedenstellung ist wiederum von der optimalen Ausführung der Marketingprozesse abhängig, die unmittelbar den Markenwert beeinflussen. Hieraus folgt, dass die Definition der Ziele durchdekliniert wird und beginnend bei der Finanzperspektive, über die Kunden- und Prozess- zur Lern- und Entwicklungsperspektive erfolgt.

Ein wesentliches Element der BSC ist, dass die Strategie und die dort formulierten Ziele für jeden Verein spezifisch in messbare Kennzahlen und Indikatoren gefasst werden. Es bedarf einer eigenen Analyse und Entscheidung, wie die Strategie in messbare Ziele zerlegt werden kann und wie die Messung des Grads der Zielerreichung umgesetzt werden kann.[121]

Bei der BSC handelt es sich um eine prozesshafte Umsetzung des Managements, die nicht auf ein strategieorientiertes Kennzahlensystem verkürzt werden darf. Die BSC denkt in Prozessen und blickt auf die Entwicklung und Umsetzung der Strategie. Der so gebildete Managementprozess hat folgende Zielstellungen:

1. Formulierung der Vereinsstrategie,
2. Kommunikation der Strategie im gesamten Verein,
3. Übertragen der strategischen Ziele auf Bereiche und Abteilungen,
4. Konzentration auf strategisch relevante Erfolgsfaktoren,
5. Einbindung strategieorientierter Maßnahmen in das jährliche Budget,
6. Integration der strategischen mit persönlichen Zielen der Mitarbeiter,
7. Aufbau eines Systems des strategischen Lernens.

121 Vgl. Baum/Coenenberg/Günther (2013): Strategisches Controlling, a. a. O., S. 416.

Umsetzung der Balanced Scorecard

Um mit der BSC erfolgreich zu arbeiten, empfiehlt sich in der Regel ein von oben nach unten gegliedertes Vorgehen. Das oberste Management entwickelt die Vereinsstrategie und diskutiert diese mit dem Aufsichtsgremium. Anschließend wird ein Projekt initiiert, mit dem die BSC in den Verein ausgerollt werden soll. Der Vorteil des von oben eingeführten Systems ist die gesicherte Stringenz in Bezug auf die Verpflichtung aller Mitarbeiter auf die Vereinsziele und die zeitlich gestraffte Vorgehensweise.

Nachteilig an diesem Vorgehen ist allerdings häufig eine geringe Identifikation der Mitarbeiter. Deshalb empfiehlt es sich, die Einführung von oben durch das Bottom-up-System zu ergänzen. Bei der Einführung von unten beginnt die Planung bei den unteren operativen Ebenen und wird dann anschließend schrittweise durch die einzelnen Ebenen hoch zum Management geschleust. Beide Ansätze können im sog. »Gegenstromverfahren« verbunden werden. Dies dürfte ein für die Praxis gangbarer Weg sein, der den Interessen beider Seiten entspricht.[122]

Abbildung 86 gibt ein Beispiel für eine Balanced Scorecard im Vereinsbereich. Es ist einer Vortragsunterlage von Gerhard Oswald aus dem Jahr 2000 entnommen.

	Strategische Ziele	Kennzahlen	Operative Ziele	Kontrolle
Finanzen »Wie sehen uns unsere Geldgeber?«	Verbesserung Betriebsergebnis	Erlöse ./. Kosten	Zuwachs von > 10% p.a.	Monat
	Umsatzsteigerung über Markt	Gesamtumsatz Unternehmen	Zuwachs über Markt 10 % vom Markt	Monat
	Steigerung Fundraisingerlöse	Spendenerträge / Umsatzerlöse	Zuwachsrate > 10 %	Jahr
Kunden »Wie sehen uns unsere Kunden?«	Kundenzufriedenheit verbessern	Umfrage	Steigerung > 5 %	Jährlich
	Marktanteil in der Region steigern	Marktanteil/Marktanteil / Region	Marktanteil > 35 %	Halbjahr
	Neukundengewinnung forcieren	Neukunden/ Gesamtkunden	Neukunden > 20 %	Quartal
Geschäftsprozesse »Wie organisieren wir unsere Geschäftsprozesse?	Qualitätsstandard verbessern	Kundenreklamationen/ Aufträge	Reklamationen < 1 %	Monat
	Anteil neuer Produkte Steigern	Neue Produkte/ Gesamtzahl	Zuwachs > 15 % p.a.	Monat
	Interne Kommunikation verbessern	Regelmäßige Besprechungen/ Protokolle	Fixtermine Woche, Monat nach Bereichen	Monat

122 Vgl. Pepels (2013): Strategisches Marketingcontrolling, a. a. O., S. 386.

	Strategische Ziele	Kennzahlen	Operative Ziele	Kontrolle
Wissen »Wie können wir uns verbessern und Wertschöpfung schaffen?«	Zufriedenheit unter den Vereinsmitgliedern verbessern	Fragebogen	Zufriedenheit > 80 %	Halbjahr
	Mitarbeiterzufriedenheit verbessern	Fragebogen	Zufriedenheit > 70 %	Halbjahr
	Mitarbeiterqualifikation verbessern	Fortbildung pro Mitarbeiter	2 Fortbildungen p.a./MA	Halbjahr
	Mitgliederqualifikation verbessern	Fortbildung pro Mitglied	1 Fortbildung p.a./Mitglied	Halbjahr
	Mitarbeiter-Know-how besser nutzen	Umgesetzte Verbesserungsvorschläge	> 5 Vorschläge MA/p. a.	Quartal

Abb. 86: Beispiel für eine Balanced Scorecard; in Anlehnung an Gerhard Oswald 2000 (unveröffentlichte Schulungsunterlage)

Einordnung der Balanced Scorecard

Die Balanced Scorecard ist aufgrund ihrer flexiblen Möglichkeiten der Gestaltung ein Instrument zur Einrichtung eines integrierten Managementsystems. Die Entwicklung der Geschäftsvision kann über die Kennziffern der betrachteten Objekte verfolgt werden. Das Management kann auf diese Weise neben den finanziellen Aspekten auch strukturelle Frühindikatoren für den unternehmerischen Erfolg analysieren, kommunizieren und gemeinsam mit den Aufsichtsgremien und den Leitern der Vereinsbereiche steuern. Abbildung 87 geht wertend auf die Charakteristika ein.

Charakterisierung der Balanced Scorecard
Die Strategie (»Vision«, »Mission«) eines Vereins wird in Zielperspektiven übersetzt
Die Zielperspektiven werden in ein »ausbalanciertes« System eingebracht, das ein mehrdimensionales Managementinformationssystem ermöglicht
Die Steuerungsgrößen werden als »Leistungstreiber« verstanden - sie sind also die für den Erfolg des Vereins bestimmenden Größen (analog den Kostentreibern)
Die einzelnen Perspektiven werden messbar gemacht - nicht nur mit finanziellen Kennziffern, jedoch mit klaren Kenngrößen
Für jede Zielperspektive werden Ziele, Kennziffern, Zielwerte, Aktionen und Verantwortliche formuliert
Die Zielperspektiven werden miteinander verknüpft und diese Beziehungen beschrieben

Abb. 87: Wertung der Balanced Scorecard

Mit der BSC erweitert sich das Blickfeld des Managements von den traditionellen finanziellen Aspekten auf die anderen relevanten Perspektiven. In diesem Sinne erklärt sich auch der Name der »Balanced Scorecard« als ausgewogenes (englisch

»balanced«) Steuerungsinstrument. Die umfassendere Sicht ermöglicht konkretere Maßnahmen zur Ausrichtung des Vereins an den aus der Vision abgeleiteten strategischen und operativen Zielen.

Die BSC ist für Vereine besonders geeignet, da neben der finanziellen Perspektive auch noch weitere Aspekte in die Betrachtung einfließen. Auf diesem Wege können vor allem die Bedürfnisse der Stakeholder abgebildet werden. Von daher bleibt diese Reportingmethode – trotz aller Kritik an der jeweiligen Ausgestaltung und aufwendigen Erstellung und Pflege – nach Ansicht des Verfassers ein wichtiges Instrument zur Erörterung der Strategieplanung und -umsetzung.

Es ist abschließend darauf hinzuweisen, dass eine dezidierte Planung und Steuerung strategischer Vereinsziele **nur bei größeren Vereinen** umsetzbar sein wird. Es ist ein ausgebautes Management mit einer größeren kaufmännischen Abteilung erforderlich, um die einzelnen Arbeiten zum Aufbau und zur Führung der BSC zu bewerkstelligen. In den vergangenen Jahren hat sich nach den Beobachtungen des Verfassers bei größeren Vereinen ein erfolgreicher Einsatz der Balanced Scorecard in der Praxis ergeben. Vorteilhaft ist an diesem Instrument, dass zwischen Vorstand und Aufsichtsgremium eine qualifizierte Kommunikation über die Vereinsstrategie und die jährlichen Ziele und Ergebnisse möglich wird.

Mittelgroße Vereine werden dieses Instrument in Teilen übernehmen können. Für kleinere Vereine ist die BSC hingegen nicht einzusetzen.

3.8 Zwischenfazit zu den Instrumenten des Rechnungswesens

Neben der Unterscheidung in interne und externe Instrumente und neben den Instrumenten, die im Laufe des Lebens eines Vereins eingesetzt werden, gibt es Rechnungsweseninstrumente, die zur »Grundversorgung« des Managements gehören. Andere Instrumente werden sozusagen zur »Kür« eingesetzt. Dies zeigt Abbildung 88.

Grundlegende Basisinformationen werden durch die Buchhaltung (Finanzbuchhaltung, Anlagenbuchhaltung, Sonderpostenbuchhaltung, Offene-Posten-Buchhaltung, Lohnbuchhaltung usw.) gewährleistet. Hiermit wird die Aufgabe der beweissichernden Dokumentation erfüllt.

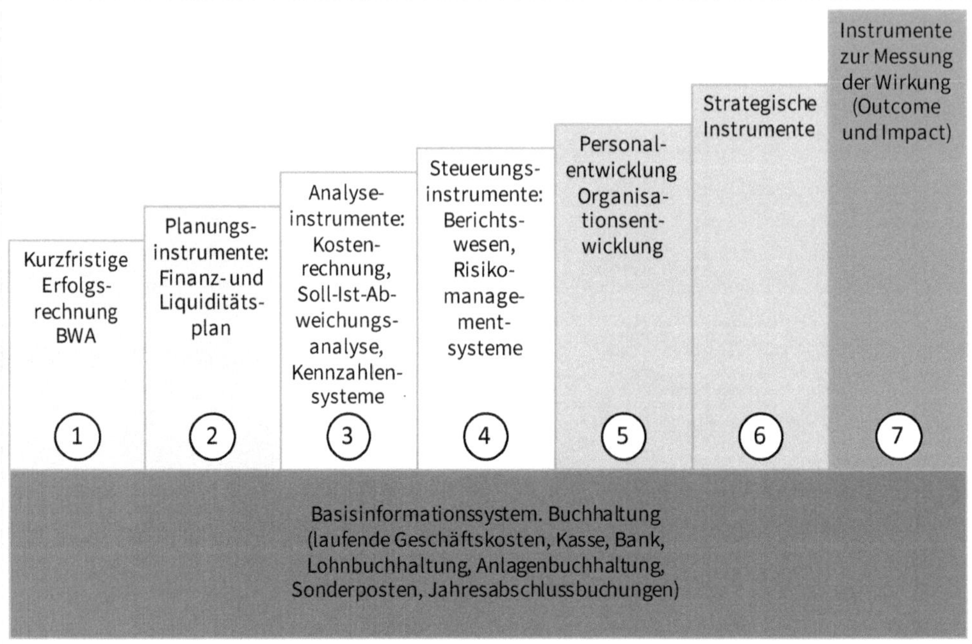

Abb. 88: Instrumente des Kaufmanns, gegliedert nach Entwicklungsstufen des Rechnungswesens

Abbildung 88 zeigt, wie stufenweise die Informationen »höherwertig« aufbereitet werden:

- Die BWA (1) ist der monatliche Abschluss der laufend bebuchten Konten, im Regelfall werden nur die Erfolgskonten abgeschlossen.
- Planungsinstrumente (2) sind der Finanz- und der Liquiditätsplan – jeweils für einen mittel- und kurzfristigen Betrachtungszeitraum.
- Wenn die Soll-Werte, die sich aus der Planung für einen Bereich (Gesamtunternehmen, Geschäftsbereich, Kostenstelle) ergeben, mit den Ist-Werten verglichen werden, kommen zusätzliche Informationen (3) zustande, die für die Steuerung des Unternehmens verwendet werden können.
- Mit einem umfassenden Reporting und Risikomanagement kann der Blick auf das Umfeld und die Entwicklung der zukünftigen Erfolgsfaktoren gerichtet werden; dies sind die für Vereine notwendigen Steuerungsinstrumente (4).
- Personal- und Organisationsentwicklung sind Instrumente, mit denen die Entwicklung der Personalwirtschaft und der Organisation des Vereins gesteuert werden kann (6). Die Managementlehre weist seit vielen Jahren darauf hin, dass eine Organisation nicht nur eine starre Struktur und festgelegte Prozesse aufweisen muss, vielmehr kommt es auch auf die Anpassungsfähigkeit hinsichtlich äußerer Umweltbedingungen und der Mitarbeiter und Vereinsmitglieder an.
- Die Balanced Scorecard ist ein ausgewogenes Instrument, um die verschiedenen für einen Verein relevanten Dimensionen aus strategischer Sicht zu steuern (6). Dies ist gerade für mittelgroße und große Vereine ein wichtiges und adäquates

Führungsinstrument. Eine Kommunikation mit dem Aufsichtsgremium wird so auf einem hohen und differenzierten Niveau ermöglicht. Neben der finanziellen Perspektive können die Bedürfnisse und Erwartungen der Stakeholder und Prozesse abgebildet werden.

- Instrumente der Wirkungsmessung (7) sind die (bislang) höchste Stufe der Rechnungsweseninstrumente. Hier können neben dem einzelwirtschaftlichen Erfolg die Wirkungen auf die Zielgruppe und die gesellschaftlichen Leistungen eines Vereins abgebildet werden. Nachdem das wirkungsorientierte Controlling in einigen Branchen weit voran geschritten ist, muss abgewartet werden, ob das Thema Wirkungen der Vereinstätigkeit weiter im Rechnungswesen anderer Branchen verankert werden wird.

Im folgenden Kapitel werden zwei Rechnungsweseninstrumente dargestellt, die immer dann genutzt werden, wenn eine Entscheidung ansteht. Zum einen betrifft dies die Investitionsentscheidung, für die die Betriebswirtschaftslehre verschiedene Instrumente der Investitionsrechnung entwickelt hat. Zum anderen geht es darum, wie ein Verein seine Preise für angebotene Produkte und Leistungen kalkulieren kann.

3.9 Investitionsrechnung

Die Investitionsrechnung ist ein weiteres Instrument des Kaufmanns, das bei anstehenden Investitionsentscheidungen hilft, die richtige Investitionsalternative zu finden. Im Folgenden werden zunächst die Grundlagen der Investitionsrechnung dargestellt, anschließend folgen die wichtigsten Verfahren.[123]

Unter einer **Investition** versteht man in der Betriebswirtschaftslehre die Ausgabe eines größeren Geldbetrags zur Anschaffung eines langlebigen Gebrauchsguts.

Vereine in der Gesundheitswirtschaft unterscheiden zwischen Großinvestitionen, für die die öffentliche Hand eine Einzelinvestitionsförderung gewährt, und kleineren Investitionen aus pauschalen Fördermitteln, die z. B. an der Bettenzahl einer stationären Einrichtung festgemacht werden. Demgegenüber ist die Pauschalförderung z. B. bei Krankenhäusern für kleinere bauliche Maßnahmen und die Wiederbeschaffung kurzfristiger Anlagegüter gedacht.

3.9.1 Grundlagen der Investitionsrechnung

Im Allgemeinen steht bei fast allen Investitionen am Anfang eine Auszahlung (z. B. der Kauf einer Maschine oder einer Immobilie) mit dem Ziel, in Zukunft höhere Einzahlungen

123 Vgl. auch die Darstellung bei Wöhe/Döring (2013): Allgemeine Betriebswirtschaftslehre, a. a. O., S. 476 ff. bzw. Bach/Hamm (2012): Betriebswirtschaftliche Steuerung, a. a. O., S. 108 ff.

(z. B. Verkaufserlöse oder Mieterträge) zu erzielen. Errichtet beispielsweise ein Verein ein neues Gebäude mit Appartements für Studierende, leistet er für den Erwerb des Grundstücks und für die Errichtung des Gebäudes Auszahlungen – verbunden mit dem Ziel, durch die Vermietung der Appartements Mieterträge als Einzahlungen zu generieren.

Der Strom der Auszahlungen zum Zeitpunkt der Investition und die Rückflüsse in Form von Einzahlungen sind das Charakteristikum der Investition im betriebswirtschaftlichen Sinne.

Vor jeder Investition sollte eine **Investitionsplanung** durchgeführt werden. Hierbei wird aus verschiedenen Investitionsalternativen (z. B. verschiedene Immobilien) die vorteilhafteste gewählt. Da Unternehmen in der Regel danach streben, ihren Gewinn zu maximieren, wird jeder Alternative ihr jeweiliger Gewinnbeitrag zugerechnet, der aus ihrer Realisierung erwartet wird. Die Alternative mit dem höchsten zu erwartenden Gewinnbeitrag wird also in der Regel umgesetzt werden.

Im Rahmen der Investitionsplanung erfolgt zunächst die Optimierung der Investitionsentscheidung, dann die Realisierung des Projekts und im Anschluss die Kontrolle der tatsächlich eingetretenen Erfolgsbeiträge.

Die Optimierung der Investitionsentscheidung beginnt auch für gemeinnützige Vereine mit einer Zielanalyse. Unternehmen (und insbesondere Non-Profit-Organisationen) verfolgen neben monetären (finanziellen) Zielen oftmals auch nicht monetäre Ziele, wie beispielsweise die Integration von Menschen mit Behinderung. Die betriebswirtschaftliche Planungsrechnung beschränkt sich jedoch im Wesentlichen auf die monetären Ziele, d. h. auf die langfristige Gewinnmaximierung, da nicht monetäre Ziele kaum berechnet werden können – zumindest nicht mit den üblichen Investitionsrechenverfahren.

Auf die Zielanalyse folgt eine Problemanalyse, im Rahmen derer sich der investierende Verein Klarheit darüber verschafft, welche Herausforderungen die geplante Investition mit sich bringt (z. B. hoher Konkurrenzdruck, Bereitstellung von Sicherheiten für die Bank).

Im Rahmen der Suche nach Alternativen werden verschiedene Investitionsobjekte (z. B. verschiedene Immobilien) ausgewählt, die theoretisch in Betracht kämen, um einen Vergleich zu ermöglichen und suboptimale Entscheidungen zu verhindern. In einem nächsten Schritt werden die Auswirkungen der jeweiligen Alternative auf das wirtschaftliche Ergebnis analysiert. Es wird also berechnet, wie die Entscheidung für die Umsetzung einer Alternative das wirtschaftliche Ergebnis im Vergleich zur Unterlassung verändert.

Hierbei werden sowohl die Erträge (z. B. Mehrerträge aufgrund einer größeren zu vermietenden Fläche) als auch die Kosten (z. B. Kosteneinsparungen durch den Ersatz einer älteren Immobilie) berücksichtigt. Jede Investitionsalternative wird dann mit ihrem Ergebnisbeitrag, also der Differenz aus Erträgen und Aufwendungen, bewertet. Die beiden letztgenannten Schritte, also die Analyse der Auswirkungen auf die Erträge und Aufwendungen sowie die Bewertung der Alternative, bezeichnet man zusammenfassend als Investitionsrechnung.

Im letzten Schritt, der Planungsphase, wird konkret über die Alternativen entschieden. Hierfür werden die Ergebnisse der Investitionsrechnung und zusätzlich weitere nicht monetäre Entscheidungskriterien herangezogen.

Beispiel: Nicht monetäre Entscheidungskriterien !

Beispielsweise kann es vorkommen, dass ein Verein sich für eine Betriebserweiterung für ein Wohnprojekt für Seniorinnen und Senioren am bisherigen innerstädtischen Standort entscheidet, obwohl die kostengünstigere Alternative eine Verlagerung in einen Randbereich »im Grünen« darstellen würde. Dort sind niedrigere Quadratmeterkosten für den Grundstückserwerb und günstigere Baukosten zu erwarten. Das nicht monetäre Entscheidungskriterium wäre in diesem Fall die Lage im innerstädtischen Umfeld. Für die Bewohnerinnen und Bewohner wird die Lage mitten in einem belebten Quartier als attraktiv eingeschätzt.

In der auf die Planungsphase folgenden Realisationsphase gilt es, das Investitionsprojekt, das in der vorherigen Stufe ausgewählt wurde, unter Einhaltung der technischen Standards und des geplanten Finanz- und Zeitrahmens umzusetzen. Die letzte Phase des Gesamtprozesses, nämlich die Kontrollphase, dient dazu, einen Soll-Ist-Vergleich durchzuführen. Die zuvor prognostizierten Auswirkungen auf den Gewinn werden nun mit den tatsächlichen Werten verglichen. Dies geschieht zum einen, um bei negativen Abweichungen noch gegensteuern zu können, und zum anderen, um Mängel in den eigenen Berechnungen zu beseitigen und zukünftige Investitionen besser beurteilen zu können. Abbildung 89 zeigt nochmals die aufeinanderfolgenden Phasen des Investitionsplanungsprozesses.

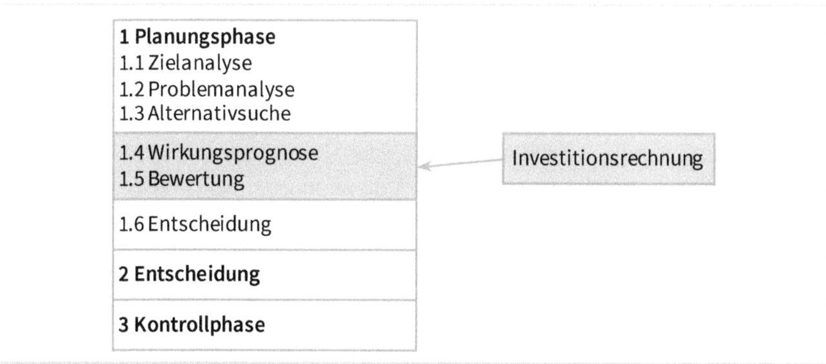

Abb. 89: Übersicht über den Prozess der Investitionsplanung; Quelle: Wöhe/Döring (2013): Allgemeine BWL, S. 477

Fasst man alle Investitionsprojekte, die innerhalb eines Jahres realisiert werden sollen, zusammen, erhält man das Investitionsbudget für dieses Jahr, also den Betrag, der insgesamt investiert werden soll. Unternehmen erstellen in der Regel einen solchen kurzfristigen (operativen) Investitionsplan sowie einen langfristigen (strategischen) Investitionsplan, der sich auf einen längeren Zeitraum (fünf bis zehn Jahre) bezieht.

3.9.2 Verfahren der Investitionsrechnung

Die **Investitionsrechnung**, auch Wirtschaftlichkeitsrechnung genannt, hat die Aufgabe, den durch die Investition erzielbaren Erfolg zu prognostizieren und zu bewerten.[124] Um diese Berechnungen durchzuführen, gibt es statische und dynamische Verfahren. Für Vereine seien zunächst und schwerpunktmäßig die **statischen Verfahren** gezeigt. Die **dynamischen Verfahren** liefern zwar präzisere Ergebnisse, sind aber im Vergleich zu den statischen Verfahren deutlich komplexer zu berechnen.

Die **Kostenvergleichsrechnung** zieht zum Vergleich der Alternativen das Kriterium der minimalen Kosten heran. Es wird also unterstellt, die Erlöse seien bei jeder Alternative gleich hoch und es würden lediglich die Kosten der verschiedenen Alternativen gegenübergestellt. Dieses Verfahren eignet sich zur Beantwortung der Frage nach der Vorteilhaftigkeit einer Ersatzinvestition (z. B. Vergleich alte/neue Maschine) bzw. mehrerer vergleichbarer Ersatzinvestitionen (z. B. Vergleich mehrerer neuer Maschinen). Als zu vergleichende Kosten kommen hierbei für die jeweilige Alternative in Betracht:

- Betriebskosten,
  - Personalkosten,
  - Reparaturkosten,
  - Energiekosten,
  - Materialkosten,
  - Raumkosten,
- kalkulatorische Abschreibungen,
- kalkulatorische Zinsen,
- kalkulatorische Wagnisse.

Die Kostenvergleichsrechnung votiert für die Variante mit den geringsten Kosten, ohne zu wissen, ob die durch die Realisation der Alternative erzielbaren Erlöse überhaupt ausreichen, um diese Kosten zu decken. Somit kann trotz Anwendung dieses Investitionsrechenverfahrens eine unwirtschaftliche Entscheidung getroffen werden.

Beispiele für eine Kostenvergleichsrechnung

Ein Verein mit einem ambulanten Pflegedienst will einen Pkw anschaffen. Betrachtet werden die Kosten für den Kauf von zwei Pkws des Typs VW up im Vergleich zum Leasing. Abbildung 90 zeigt dieses fiktive Beispiel für eine Kostenvergleichsrechnung.

---

124 Vgl. Wöhe/Döring (2013): Allgemeine Betriebswirtschaftslehre, a. a. O., S. 482 ff.

Beispiel Vergleich der Kosten	Anschaffung	versus		Variante Leasing		
Anschaffungskosten	20.000,00 €	2 PKW VW up		680,00 €	monatl.	Leasingrate inkl. Ser vice und Winterrä-der ohne Sonderzahlung
betriebsgewöhnliche Nutzungsdauer	5	Jahre				
Leasingrate				8.160,00 €		
Abschreibung	4.000,00 €					
Patienten	50			50		Patiententage
Kosten der Investition/Patient und Tag	0,22 €			0,45 €		
Betriebskosten je Tag	1,00 €		mit Service und Winterräder	0,80 €		
Gesamtkosten	**1,22 €**			**1,25 €**		

Abb. 90: Kostenvergleichsrechnung

Bei der Kostenvergleichsrechnung werden die Kosten für die beiden Varianten miteinander verglichen.

- Bei der Kaufvariante wird der Kaufpreis (20.000 € durch die Nutzungsdauer von fünf Jahren geteilt, es ergeben sich 4.000 € Abschreibungen pro Jahr; der Restwert nach fünf Jahren wird vernachlässigt).
- Beim Leasing fällt eine monatliche Leasingrate von 680 € an. Im Jahr ergeben sich Leasingzahlungen i. H. v. 8.160 €. In dieser Rate sind der Service und die Winterräder enthalten. Nicht berücksichtigt werden die Instandsetzungsmaßnahmen am Lack und im Innenraum am Ende der Leasingperiode. Dies ist natürlich eine wirklichkeitsfremde Unterstellung.
- Die jährlichen Kosten beziehen sich auf 50 Fahrten pro Tag. Hinzu kommen pauschal angenommene Fahrtkosten (Benzin, Öl, Service, Winterräder usw.). In diesem Beispiel sind die Kosten für den Leasingwagen 20 % niedriger, da der Service und die Winterräder im Leasingpreis enthalten sind. Pro Tag sind es 1,00 € Kosten für die angeschafften Fahrzeuge und 0,80 € für die Leasingfahrzeuge.

Im Ergebnis zeigt sich für die Erwerbsvariante ein niedrigerer durchschnittlicher Kostenbetrag pro Patiententag (1,22 € gegenüber 1,25 €). Wenn die Instandsetzungsmaßnahmen am Lack und im Innenraum am Ende der Leasingperiode mit berücksichtigt würden, würde der Vorteil für die Kaufvariante noch deutlicher ausfallen.

Das Beispiel in Abbildung 91 stellt eine alternative Investitionsrechnung vor, bei der ein **vollständiger Finanzplan** für zwei Alternativen dargestellt wird. Im Beispiel untersucht ein Sportverein alternativ die Anschaffung von zwei Waschmaschinen für die Wäsche der Trikots.

	Normalnutzung mit Strompreis 24 C/kwh			Normalnutzung mit Strompreis 30 C/kwh		Intensivnutzung (Stromverbrauch verdoppelt) mit Strompreis 30 C/kwh	
	Alt. 1	**Alt. 2**		**Alt. 1**	**Alt. 2**	**Alt. 1**	**Alt. 2**
Name Hersteller	Miele	Beko		Miele	Beko	Miele	Beko
Anschaffungspreis	1.200,00 €	300,00 €		1.200,00 €	300,00 €	1.200,00 €	300,00 €
Energieklasse	A+++	B		A+++	B	A+++	B
kwh / 6kg Wäsche 60 Grad							
Verbrauch (indexiert)	45	68		45	68	45	68
	100%	151%		100%	151%	100%	151%
Strompreis/kwh	0,24 €	0,24 €		0,30 €	0,30 €	0,30 €	0,30 €
Stromverbrauch/Jahr (kwh)	150	250		150	250	300	500
Stromkosten im Jahr	36,00 €	60,00 €		45,00 €	75,00 €	90,00 €	150,00€
Haltbarkeit (Jahre)	15	10		15	10	15	10
	Einnahmen	Einnahmen		Einnahmen	Einnahmen	Einnahmen	Einnahmen
	saubere	saubere		saubere	saubere	saubere	saubere
	Wäsche	Wäsche		Wäsche	Wäsche	Wäsche	Wäsche
	Ausgaben	Ausgaben		Ausgaben	Ausgaben	Ausgaben	Ausgaben
Jahr 1	1.200,00 €	300,00 €	Anschaffung	1.200,00 €	300,00 €	1.200,00 €	300,00 €
	36,00 €	60,00 €	Strom	45,00 €	75,00 €	90,00 €	150,00 €
Jahr 2	36,00 €	60,00 €	Strom	45,00 €	75,00 €	90,00 €	150,00 €
Jahr 3	36,00 €	60,00 €	Strom	45,00 €	75,00 €	90,00 €	150,00 €
Jahr 4	36,00 €	60,00 €	Strom	45,00 €	75,00 €	90,00 €	150,00 €
Jahr 5	36,00 €	60,00 €	Strom	45,00 €	75,00 €	90,00 €	150,00 €
Jahr 6	36,00 €	60,00 €	Strom	45,00 €	75,00 €	90,00 €	150,00 €
Jahr 7	36,00 €	60,00 €	Strom	45,00 €	75,00 €	90,00 €	150,00 €
Jahr 8	36,00 €	60,00 €	Strom	45,00 €	75,00 €	90,00 €	150,00 €
Jahr 9	36,00 €	60,00 €	Strom	45,00 €	75,00 €	90,00 €	150,00 €
Jahr 10	36,00 €	60,00 €	Strom	45,00 €	75,00 €	90,00 €	150,00 €
		300,00 €	Anschaffung Beko		300,00 €		300,00 €
Jahr 11	36,00 €	60,00 €	Strom	45,00 €	75,00 €	90,00 €	150,00 €
Jahr 12	36,00 €	60,00 €	Strom	45,00 €	75,00 €	90,00 €	150,00 €
Jahr 13	36,00 €	60,00 €	Strom	45,00 €	75,00 €	90,00 €	150,00 €
Jahr 14	36,00 €	60,00 €	Strom	45,00 €	75,00 €	90,00 €	150,00 €
Jahr 15	36,00 €	60,00 €	Strom	45,00 €	75,00 €	90,00 €	150,00 €
	1.200,00 €		Anschaffung Miele	1.200,00 €		1.200,00 €	
Jahr 16	36,00 €	60,00 €	Strom	45,00 €	75,00 €	90,00 €	150,00 €
Jahr 17	36,00 €	60,00 €	Strom	45,00 €	75,00 €	90,00 €	150,00 €
Jahr 18	36,00 €	60,00 €	Strom	45,00 €	75,00 €	90,00 €	150,00 €
Jahr 19	36,00 €	60,00 €	Strom	45,00 €	75,00 €	90,00 €	150,00 €
Jahr 20	36,00 €	60,00 €	Strom	45,00 €	75,00 €	90,00 €	150,00 €
		300,00 €	Anschaffung Beko		300,00 €		300,00 €
Jahr 21	36,00 €	60,00 €	Strom	45,00 €	75,00 €	90,00 €	150,00 €
Jahr 22	36,00 €	60,00 €	Strom	45,00 €	75,00 €	90,00 €	150,00 €
Jahr 23	36,00 €	60,00 €	Strom	45,00 €	75,00 €	90,00 €	150,00 €
Jahr 24	36,00 €	60,00 €	Strom	45,00 €	75,00 €	90,00 €	150,00 €
Jahr 25	36,00 €	60,00 €	Strom	45,00 €	75,00 €	90,00 €	150,00 €
Jahr 26	36,00 €	60,00 €	Strom	45,00 €	75,00 €	90,00 €	150,00 €
Jahr 27	36,00 €	60,00 €	Strom	45,00 €	75,00 €	90,00 €	150,00 €
Jahr 28	36,00 €	60,00 €	Strom	45,00 €	75,00 €	90,00 €	150,00 €
Jahr 29	36,00 €	60,00 €	Strom	45,00 €	75,00 €	90,00 €	150,00 €
Jahr 30	36,00 €	60,00 €	Strom	45,00 €	75,00 €	90,00 €	150,00 €
	1.200,00 €		Anschaffung Miele	1.200,00 €		1.200,00 €	
		300,00 €	Anschaffung Beko		300,00 €		300,00 €
Summe Jahr 30	*4.680,00 €*	*3.000,00 €*		*4.950,00 €*	*3.450,00 €*	*6.300,00 €*	*5.700,00 €*
ohne Neuanschaffung	3.480,00 €	2.700,00 €		3.750,00 €	*3.150,00 €*	5.100,00 €	5.400,00 €
Unterschied	780,00 €			600,00 €		-300,00 €	

Abb. 91: Vollständiger Finanzplan (fiktives Beispiel für zwei Waschmaschinen)

Bei dieser Investitionsrechnung in Form des vollständigen Finanzplans werden alle Zahlungen, die in den betrachteten 30 Jahren mit der Anschaffung und den Verbrauchskosten der beiden Maschinen (eine hochwertige Maschine vom Typ »Miele« mit einer Laufzeit von 15 Jahren im Vergleich zu einem alternativen Typ »Beko« mit einer geringeren Laufleistung von nur zehn Jahren) anfallen. Die teurere Maschine (1.200 € Kaufpreis gegenüber 300 €) hat einen niedrigeren Stromverbrauch.

Die aufgezeigte Investitionsrechnung in Form des vollständigen Finanzplans zeigt die Zahlungen über 30 Jahre. Je nach angenommenem Strompreis verändert sich das Ergebnis. Bei einem Strompreis von 24 Cent je kWh ist die Beko-Maschine nach 29 Jahren um 780 € günstiger (linke Spalte, Zeile 29 Jahre vor der Ersatzinvestition). Bei einem Strompreis von 30 Cent je kWh und einem Stromverbrauch von 300 bzw. 500 kWh dreht sich diese Vorteilhaftigkeit um. Nun ist die Miele-Maschine um 300 € günstiger.

Die **Gewinnvergleichsrechnung** berücksichtigt im Gegensatz zur Kostenvergleichsrechnung sowohl die Kosten als auch die erzielbaren Erlöse und somit die Gewinne einer Investition (Gewinn = Erlöse – Kosten) für eine bestimmte Periode. Gibt es nur ein einziges Investitionsprojekt, das beurteilt werden soll, wird es dann realisiert werden, wenn der ermittelte Gewinn positiv ist bzw. wenn er einen selbst festgelegten Mindestgewinn übersteigt. Werden mehrere Alternativen im Rahmen der Gewinnvergleichsrechnung gegenübergestellt, entscheidet man sich für diejenige mit dem höchsten Gewinn (sofern dieser positiv ist).

Bei der **Rentabilitätsvergleichsrechnung** wird neben dem erzielbaren Gewinn jeder Alternative zusätzlich das zur Umsetzung der Investition eingesetzte Kapital, also die Höhe der anfänglichen Auszahlung, berücksichtigt.

Beispiel: Rentabilitätsvergleichsrechnung !

Wenn beispielsweise eine Maschine, deren Anschaffungskosten 5.000 € betragen und die einen Gewinn von 200 € aufweist, mit einer alternativen Maschine verglichen wird, deren Anschaffungskosten 10.000 € betragen, einen potenziellen Gewinn i. H. v. 320 € erzielt, dann wäre es wenig sinnvoll, sich nur aufgrund des höheren Gewinns für die zweite Maschine zu entscheiden.

Die Rentabilitätsrechnung korrigiert daher den Gewinn (einer bestimmten Periode) um die (kalkulatorischen) Eigen- bzw. Fremdkapitalzinsen und setzt diesen ins Verhältnis zum durchschnittlich gebundenen (nicht verfügbaren) Kapital. Die Rentabilitätskennziffer ergibt sich also folgendermaßen:

$$\text{Rentabilität} = \frac{\text{korrigierter Gewinn}}{\text{durchschnittlich gebundenes Kapital}} \times 100$$

Abb. 92: Definition der Rentabilitätskennziffer

Die durchschnittliche Kapitalbindung entspricht im vereinfachten Modell der halben Anschaffungsauszahlung. Für die Entscheidung im Rahmen der Rentabilitätsrechnung vergleicht man die Rentabilität des jeweiligen Investitionsobjekts mit einer selbst festgelegten Mindestrentabilität (Mindestverzinsung). Sobald die erreichte Rentabilität die Mindestverzinsung übersteigt, ist das Projekt vorteilhaft und wird realisiert.

Mithilfe der **Amortisationsrechnung** wird ermittelt, wie lange (z. B. wie viele Jahre) es dauert, bis sich die Anschaffungsauszahlung (z. B. Kaufpreis einer Immobilie) durch spätere Einzahlungsüberschüsse amortisiert, also ausgeglichen hat. Im Gegensatz zu den vorher genannten Rechenverfahren bezieht dieses Verfahren nicht nur eine bestimmte Periode in die Betrachtung ein, sondern alle Perioden bis zur Amortisation.

Liegen beispielsweise bei einer Investitionsauszahlung i. H. v. 100.000 € Einzahlungsüberschüsse von jährlich 20.000 € vor, dann hat sich diese Investition nach fünf Jahren für den Verein amortisiert. Abbildung 93 verdeutlicht nochmals grafisch den Zeitpunkt der Amortisation.

Abb. 93: Ermittlung der Amortisationsdauer; in Anlehnung an Wöhe/Döring (2013): Allgemeine BWL, a. a. O., S. 486

Abbildung 93 zeigt, dass sich nach einer Anschaffungsauszahlung von 380 € die Investition nach vier Jahren amortisiert. In den vier Jahren wurden so viele Produkte verkauft, dass gerade die Anschaffungsausgaben wieder eingenommen wurden. Alle weiteren Umsätze führen dazu, dass der Verein einen Überschuss erwirtschaftet.

Ein vorsichtiger Investor möchte eine möglichst kurze Amortisationsdauer erreichen, um seine Anfangsauszahlung möglichst schnell wieder erwirtschaftet zu haben und dann in die rechnerische Gewinnzone zu gelangen. Um eine Entscheidung treffen zu können, vergleicht der Investor die errechnete Amortisationsdauer mit seiner vorher festgelegten Soll-Amortisationsdauer. Liegt die prognostizierte Zeitspane unterhalb der angestrebten Dauer (somit würde sich die Investition schneller amortisieren), fällt die Entscheidung für die Realisation der Investition aus.

Die statischen Verfahren der Investitionsrechnung (Kostenvergleichsrechnung, Gewinnvergleichsrechnung, Rentabilitätsrechnung und Amortisationsrechnung) vernachlässigen jedoch den Zeitfaktor in Bezug auf die Kapitalrückflüsse (Einzahlungsüberschüsse). Ein hoher Rückfluss in der Gegenwart ist unter finanzmathematischen Gesichtspunkten einem hohen Rückfluss in der Zukunft vorzuziehen. Denn Zahlungen in späteren Perioden sind heute betrachtet weniger Wert – dies ist der Effekt der Abzinsung.

Die **dynamischen Verfahren** der Investitionsrechnung, die in diesem vereinfachten Überblick unberücksichtigt bleiben, beziehen die Faktoren Zins und Zinseszins in die Berechnung der Überschüsse mit ein. Abbildung 94 listet die drei wichtigsten Verfahren der dynamischen Investitionsrechnung auf.[125]

Verfahren	Erläuterung
Kapitalwert-methode	über den gesamten Zeitraum der Invenstition und der Nutzung werden die **Einzahlungen und Auszahlungen** betrachtet, die Zahlungen in späteren Perioden werden auf den Entscheidungszeitpunkt **abgezinst** (Hintergrund: spätere Einzahlungen sind weniger wert als sofortige Einzahlungen, deshalb wird für jede Periode mit einem **Kalkulationszinssatz** abgezinst), die Summe aus den Rückflüssen einer Investition (Einzahlungen) und der Auszahlung zum Investitionszeitpunkt ist der **Kapitalwert** der Investition, ggf. ist noch der Verkaufserlös des abgenutzten Anlageguts zu berücksichtigen (Liquidattionserlös, abgezinst auf den Investitionszeitpunkt), Aussage: ein **positiver Kapitalwert** zeigt an, dass sich die Investition lohnt, bei mehreren Alternativen ist die Alternative zu wählen, die den höchsten Kapitalwert aufweist
Annuitäten-methode	bei dieser Methode handelt es sich um eine vereinfachte Form der Kapitalwertmethode, es werden die Einzahlungen und Auszahlungen einschließlich der Investitionsauszahlung in **gleiche Zahlungen** (Annuitäten) **umgerechnet**, diese Umrechnung ist bei einem Annuitätendarlehen bekannt, sind die Einzahlungsannuitäten größer als die Auszahlungsannuitäten, ist die Investition vorteilhaft
Methode des internen Zinsfußes	bei dieser Methode wird ein **Kapitalisierungszins (finanzökonomisch auch Zinsfuß genannt)** gesucht, bei dem der **Kapitalwert gerade gleich Null** ist, diese Methode macht verschiedenen Investitionsprojekte vergleichbar, indem die internen Zinssätze verglichen werden können, je höher der Zins ist, desto vorteilhafter ist die Investitionsalternative - problematisch ist die sog. Wiederanlageprämisse, da implizit unterstellt wird, dass alle Einzahlungsüberschüsse zum internen Zins angelegt werden können

Abb. 94: Übersicht zu den dynamischen Verfahren der Investitionsrechnung

125 Vgl. Korndörfer (2003): Allgemeine Betriebswirtschaftslehre, a. a. O., S. 288 ff.

In Vereinen werden nach den Beobachtungen des Verfassers komplexe Investitionsrechenverfahren nur im Ausnahmefall eingesetzt. Die hier dargestellte Methode des vollständigen Finanzplans ist in den meisten Fällen ausreichend, um eine betriebswirtschaftlich fundierte Investitionsentscheidung abzuleiten.

Wenn ein neues Geschäftsfeld durch Vornahme einer größeren Investition eröffnet werden bzw. wenn ein neues Gebäude angeschafft oder hergestellt werden soll (oder wenn ein Investorenmodell mit einem Mietvertrag über einen längeren Zeitraum abgeschlossen werden soll), spielen neben den meist sicher zu prognostizierenden Aufwendungen vor allem die zukünftigen Erträge eine entscheidende Rolle. Deshalb besteht bei Investitionsentscheidungen die größte Unsicherheit hinsichtlich der zukünftigen Auslastung und der zukünftigen Entgeltstruktur.

Dieser Unsicherheit über die zukünftigen Erträge kann nicht mit ausgefeilten Methoden der Investitionsrechnung begegnet werden. Zur Abbildung dieser Unsicherheit empfiehlt es sich, neben der Grundvariante eine Worst-Case- und ein Best-Case-Variante zu rechnen, um abzubilden, wie sich niedrigere Erträge bzw. höhere Aufwendungen auf die Rentabilität des Vorhabens auswirken. Das Management sollte gemeinsam mit dem Aufsichtsgremium realistische Szenarien berechnen. Wenn die Vor- und Nachteile und die Chancen und Risiken so abgebildet und erörtert sind, ergibt sich ein ausreichend umschriebenes Gesamtbild unter Einschluss etwaiger Risiken der zukünftigen Entwicklung. Im Zweifel sollten externe Experten um Rat und eine Stellungnahme gebeten werden. Die unternehmerische Entscheidung über die Investition ist eine bleibende Aufgabe für das Vereinsmanagement und das Aufsichtsgremium. Unternehmerisches Entscheiden ist notwendigerweise mit Risiken verbunden. Dessen sollten sich die Betroffenen stets bewusst sein.

3.10 Kalkulation als Hauptanwendungsfall der Kostenrechnung im Verein

Für das Management eines Vereins sind die Instrumente der Kosten- und Leistungsrechnung (hier kurz der Kostenrechnung) wichtige Werkzeuge, die alltäglich eingesetzt werden. Für die Entscheidung über kostendeckende Entgelte wird die Kostenrechnung in Form der **Kalkulation** genutzt. In diesem Kapitel wird dies anhand eines Beispiels für einen in der Pflege tätigen Verein veranschaulicht.

Für andere Entscheidungen (z. B. ob eine Leistung selbst erstellt oder von einem Dritten bezogen werden soll oder für die Bestimmung eines optimalen Produktionsprogramms in einer Blindenwerkstatt) sind jeweils geeignete Instrumente einzusetzen.

Die Kostenrechnung bietet darüber hinaus Informationen für die Steuerung und Kontrolle der Leistungserstellung, indem steuerungsrelevante Informationen an das Controlling gegeben werden. Ohne eine ausgebaute Kostenrechnung gibt es keine Kostenstellenrechnung, mit der die Geschäftsleitung und das Aufsichtsgremium über die Ergebnisse der Einrichtungen oder Geschäftsbereiche (Kostenstellen) informiert werden.

Da in Vereinen im Regelfall die einfache Divisionskalkulation eingesetzt wird, wird diese als Hauptanwendungsbeispiel für die Ermittlung des kostendeckenden Preises in Vereinen dargestellt.

Beispiel für die Kalkulation eines Pflegesatzes (Investitionsbetrag)

Ein Verein besitzt ein Pflegeheim mit 81 Plätzen (Einzelzimmer). Dieses Heim kann für 85.000 € Herstellungskosten für das Gebäude und Anschaffungskosten für das Mobiliar je Zimmer errichtet werden. Der Vorstand des Vereins möchte einen 40%igen Aufschlag auf die Herstellungskosten für die Bereitstellung des Grundstücks und für die unternehmerischen Wagnisse berechnen. Für die Zwecke der wirtschaftlichen Vereinsführung sollen die Risiken kostenrechnerisch abgebildet werden, dies geschieht durch den kalkulatorischen Wagnisaufschlag. Der Vorstand bittet die Verwaltung des Heims, den »die gesamten Kosten deckenden« Pflegesatz je Berechnungstag zu ermitteln.

Aufgabe: Es ist ein Pflegesatz für den Fall einer Auslastung von 96 % zu ermitteln. Zusätzlich erbittet das Vereinsmanagement von der Verwaltungsleitung eine Angabe, wie hoch der Betrag für den Fall ist, dass die Auslastung 100 % beträgt.

Schritt 1: Die Abschreibungen pro Jahr werden als Bemessungsgrundlage ermittelt (Abbildung 95).

85.000,00 €			Herstellkosten (€)/Platz
81			Plätze
6.885.000,00 €			Gebäude und Mobiliar
1.000.000,00 €			Grund und Boden
7.885.000,00 €			**Gesamtkosten (mit Grund und Boden)**
6.885.000,00 €	5.508.000,00 €		davon Gebäude (80 %)
1.377.000,00 €		1.377.000,00 €	davon Mobiliar (Betten, Schränke, Stühle, Tische, Pflege… -20 %)
	40		betriebsgewöhnliche Nutzungsdauer
	137.700,00 €		**Abschreibung Gebäude**
			= der jährliche Betrag an Verschleiß des Gebäudes und des Mobiliars
		12	durchschn. Jahre Nutzungsdauer
		114.750,00 €	**Abschreibung Mobiliar**
		252.450,00 €	**Gesamtabschreibung**

Abb. 95: Beispiel für eine Divisionskalkulation für einen Verein mit einem stationären Pflegeheim

Schritt 2: Um die Abschreibungen je Berechnungstag und Bett zu ermitteln, müssen die jährlichen Gesamtabschreibungen durch die Belegungstage dividiert werden. Bei der Entgeltkalkulation wird von den Pflegekassen eine Auslastung von 96 % zugrunde gelegt. Die Berechnung der Belegungstage (Divisor) ergibt sich aus der Zahl der Betten multipliziert mit der Zahl der Tage des Jahres. Die Ermittlung des Divisors zeigt Abbildung 96.

Plätze	Tage	Auslastung	Divisor
81	365	96 %	28382,4
			Divisor
81	365	100 %	29565,0

Abb. 96: Beispiel für eine Divisionskalkulation – Berechnung der Divisoren

Schritt 3: Abbildung 97 zeigt im oberen Bereich die Anwendung des Divisors bei einer Auslastung von 96 % und einem 40%igen Wagniszuschlag und im unteren Teil ergänzend den Investkostensatz bei einer 100%igen Auslastung.

252.450,00 €	Gesamtabschreibung
28382,4	Divisor bei 96 % Auslastung
8,89 €	Investkosten pro Tag
	kalk. Gewinnaufschlag (Wagnisse, Grund + Boden, kalk. EK-Zinsen)
3,56 €	i. H. v. 40 %
12,45 €	**geforderter Investitionsbetrag pro Tag**
	dieser Betrag ist nach § 82 SGB XI der Behörde anzuzeigen
Ergänzung	
252.450,00 €	Gesamtabschreibung
29565,0	Divisor bei 100 % Auslastung
8,54 €	Investkosten pro Tag

Abb. 97: Beispiel für eine Divisionskalkulation – Berechnung der kostendeckenden Investkosten (Varianten 96 % und 40 % Wagniszuschlag und 100 % Auslastung)

Die Antwort auf die ergänzende Frage nach den Investkosten bei 100%iger Auslastung lautet: 252.450,– € Gesamtabschreibung dividiert durch den Divisor von 29.565,0 ergibt 8,54 € pro Berechnungstag. Dieser Wert kann mit dem Investkostensatz bei 96%iger Auslastung verglichen werden, der den Entgeltverhandlungen zugrunde liegt. Das Vereinsmanagement erhält durch einen solchen zweiten Wert eine wichtige Zusatzinformation, z. B., um den in der Pflegesatzverhandlung letztendlich verhandelten Pflegesatz beurteilen zu können.

Dieses Beispiel zeigt die typische Situation, in der die Kalkulation eingesetzt wird, um dem Vereinsmanagement Informationen zu möglichen Handlungsalternativen zu geben.

Weitere Situationen, in denen die Kalkulation als Entscheidungsgrundlage verwendet werden kann, können sich für Vereine in folgenden Fällen ergeben:

- Ein Kulturverein plant ein Konzert, es soll überprüft werden, ob der Eintrittspreis von 5,– € pro Karte (die ermäßigte Karte soll für 3,– € angeboten werden) bei einer Auslastung der Sitzplätze von 75 % ausreicht, um die Saalmiete und die Gage für die Künstler zu bezahlen. Die Kosten der ehrenamtlichen Vereinsmitglieder, die den Einlass kontrollieren und die Veranstaltung vorbereiten, sollen nicht angesetzt werden.
- Ein Sportverein will die im Zuge einer Generalsanierung komplett renovierte Gaststätte im Vereinsheim neu verpachten. Der Schatzmeister soll für den Vorstand und die Mitgliederversammlung einen Vorschlag für eine »die Selbstkosten deckende Pacht« unterbreiten.
- Der VW-Bus des Feuerwehrvereins soll am Wochenende von Vereinsmitgliedern für private Zwecke genutzt werden. Aus steuerlichen Gründen ist nach den Auskünften des Steuerberaters ein »kostendeckender Preis« als Entgelt zu berechnen.

Abschließend ist zur Kostenrechnung auszuführen, dass kostenrechnerische Überlegungen über die Kalkulation hinaus in vielfältiger Hinsicht im Laufe des Lebens eines Vereins angestellt werden.

Beispiele: Einsatzgebiete der Kostenrechnung !

Die Kostenrechnung kann z. B. für die Bestimmung des günstigsten Produktionsprogramms eingesetzt werden oder bei der Frage, ob eine Leistung selbst erstellt oder am Markt von einem Dritten beschafft werden soll. Wenn in einer Blindenwerkstatt nur begrenzte Kapazitäten vorhanden sind, und mehr Aufträge vorliegen, als bearbeitet werden können, empfiehlt die Kostenrechnung, diejenigen Produkte herzustellen, die den höchsten Deckungsbeitrag (Unterschied zwischen Verkaufspreis und variablen Kosten) abwerfen. Für die Frage Selbsterstellung oder Fremdbezug sind die jeweiligen Kosten zu vergleichen. Aus der Kostenrechnung sind für diese Entscheidung die tatsächlichen Kosten vollständig zu ermitteln, d. h. auch die kalkulatorischen Kosten aus dem eingesetzten Eigenkapital.

Der Blick der Kostenrechnung wird auf die sog. Opportunitätskosten gerichtet. Wenn ein Produkt selbst erstellt wird, sind Maschinen und Material zu beschaffen. Damit wird Kapital gebunden. Wenn dieses Kapital als Fremdkapital beschafft wird, sind in der Kostenaufstellung für die Variante Selbsterstellung anteilige Fremdkapitalzinsen zu berücksichtigen. Wenn Eigenkapital genutzt wird, sind kalkulatorische Zinsen anzusetzen.

Bei der Bilanzierung werden die selbst erstellten Leistungen (z. B. unfertige Krankenbehandlungen zum 31.12. eines Jahres oder fertige Maschinen und Gebäude aus eigener Produktion) mit den Herstellungskosten bewertet. Für die Bilanzierung sind die direkt zurechenbaren Einzelkosten und die verursachungsgemäß zugeschlüsselten Gemeinkosten zu ermitteln. Dies ist eine weitere Aufgabe der Kostenrechnung.

Beim Einsatz der verschiedenen Arten der Kosten- und Leistungsrechnung ist ein großer Überblick und Sachverstand des jeweiligen Anwenders erforderlich. Zur Kostenrechnung ist generell anzumerken, dass sie kein starres, nach gesetzlichen Vorgaben zu erstellendes Rechenwerk ist. Vielmehr kommt es auf den jeweiligen Zweck an. Der betriebswirtschaftliche Sachverstand und die Erfahrungen, die der Anwender im Laufe seiner Tätigkeit für den Verein bzw. in seinem beruflichen Umfeld außerhalb des Vereins gesammelt hat, spielen in der Vereinspraxis eine große Rolle.

Im Übrigen sind nicht alle Kostenarten für eine Entscheidung anzusetzen, sondern nur die für die Entscheidung maßgeblichen. Deshalb spricht man in der Betriebswirtschaftslehre von den **relevanten Kosten**. Damit ist gemeint, dass nur die Kostenarten für eine Analyse heranzuziehen sind, die für die jeweilige Entscheidung eine Bedeutung haben.

Ob sich für die in der Industrie ausgefeilten Methoden ein breites Anwendungsgebiet in Vereinen ergeben wird, ist jedoch aus Sicht des Verfassers unsicher. Ein Einsatz ist zunächst nur bei Vereinen mit einem größeren Zweckbetrieb realistisch.

In den kommenden Jahren ist eher davon auszugehen, dass Überlegungen zur Prozesskostenrechnung an Bedeutung gewinnen werden, da die Gemeinkosten z. B. aus dem Bereich der IT-Kosten bei vielen Vereinen einen immer größeren Anteil ausmachen. Mit der Prozesskostenrechnung kann die Kostenanalyse auch in Bezug auf die Prozesse erfolgen. Der Blick auf die Prozesse ermöglicht es, die Kostentreiber zu identifizieren, und aus dieser Erkenntnis Entscheidungen in Richtung einer höheren Wirtschaftlichkeit zu ziehen.

Für Analysen doch erforderliche vertiefte Kenntnisse des internen Rechnungswesens im Einzelfall werden im Zweifel durch externen Sachverstand abgedeckt werden müssen.

3.11 Insolvenzprophylaxe (Überschuldungsstatus und Fortführungsprognose)

Krisen sind auch für Vereine ein relevantes Thema. Die Creditreform ist eine der wenigen Quellen für eine Insolvenzstatistik nach Rechtsformen.[126] Für 2017 und 2018 weist diese Statistik aus, dass lediglich 0,8 % (2018) bzw. 0,9 % (2017) aller Unternehmensinsolvenzen in Deutschland Vereine betreffen. In absoluten Zahlen sind dies 159 Vereinsinsolvenzen im Jahr 2018 und 181 im Jahr 2017.

---

126 Vgl. Creditreform (2019): Insolvenzen in Deutschland, Neuss, S. 8 f. Die Insolvenzstatistik des Destatis benennt keine Ergebnisse für Vereine, vgl. die Insolvenzstatistik des Statischen Bundesamtes: https://www.destatis.de/DE/Themen/Branchen-Unternehmen/Unternehmen/Gewerbemeldungen-Insolvenzen/Publikationen/_publikationen-innen-insolvenzen.html?nn=206104 (Abrufdatum: 16.10.2019).

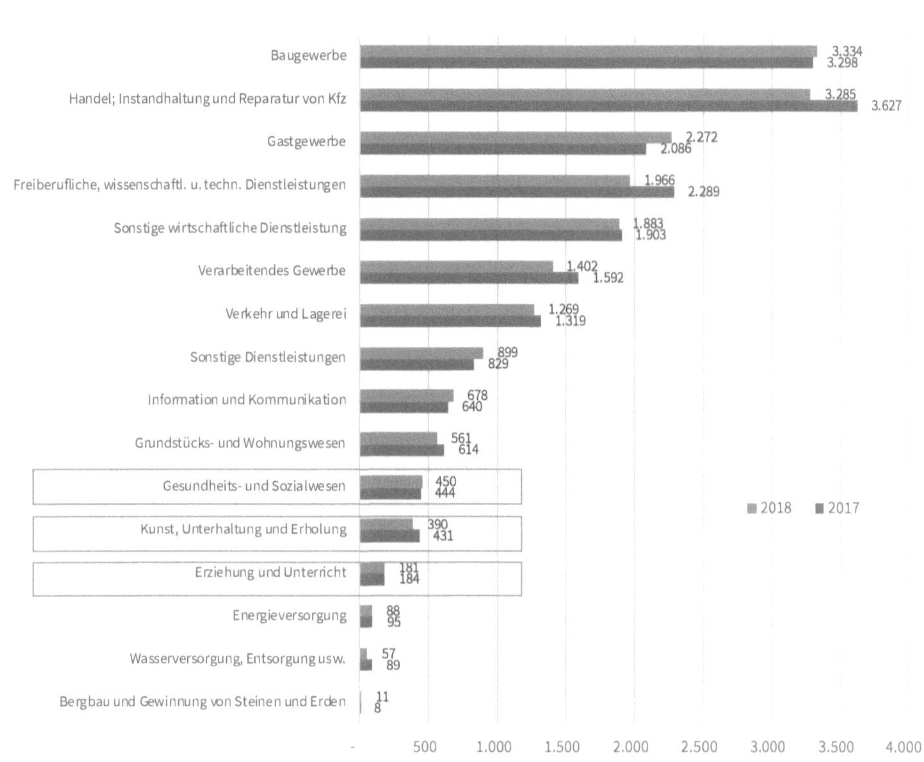

Abb. 98: Absolute Zahl der Insolvenzen nach Branchen (2018 und 2017); Quelle: Statistisches Bundesamt (2019): Insolvenzstatistik, a. a. O.

Wünschenswert wären weitere Informationen zu den Vereinsinsolvenzen, etwa nach Vereinsgröße und Tätigkeitsbereich. Die Creditreforminsolvenzstatistik für Vereine unterscheidet jedoch keine Branchen und gibt keine Vereinsgrößen an. Hinsichtlich der Branchen wird im Folgenden auf den Erziehungs-, Bildungs- und Kulturbereich sowie auf die Sozialbranche eingegangen, da für diese Branchen veröffentlichte Zahlen zu den Insolvenzfällen vorliegen. Für diese Branchen ist typisch, dass viele der dort tätigen Einrichtungen in der Rechtsform des Vereins organisiert sind.

Wenn man die Insolvenzstatistik des Statistischen Bundesamtes nach Branchen betrachtet, zeigen sich zunächst niedrige absolute Zahlen an Insolvenzen. Allerdings ergibt sich für die Sozialbranche eine überraschend hohe Anfälligkeitsquote (über 82 Rechtsträger pro 1.000 Rechtsträger, das bedeutet Platz 5 unter 16 Branchen).

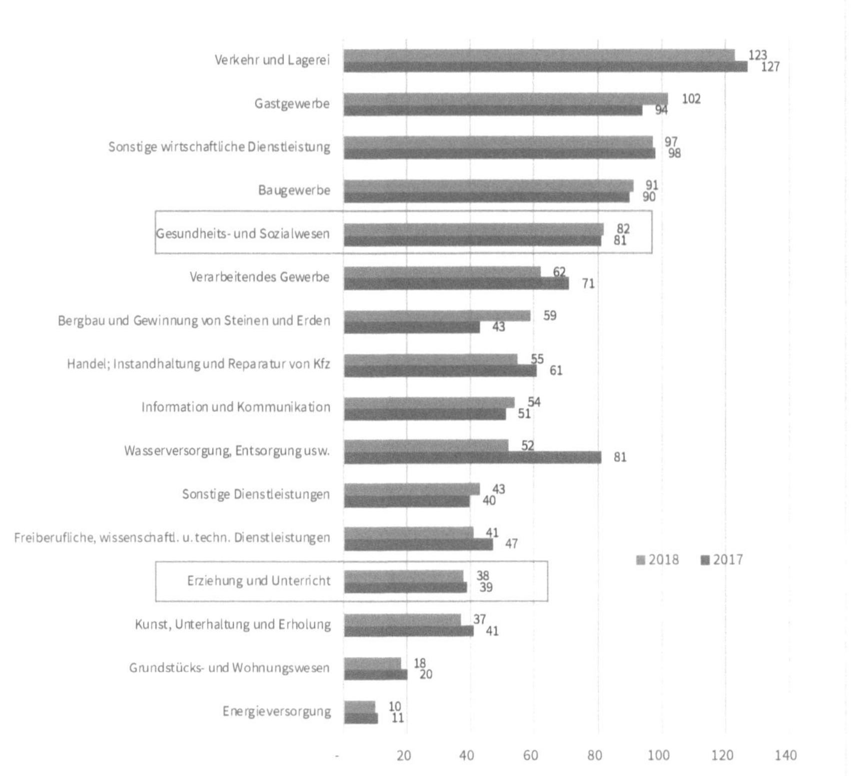

Abb. 99: Insolvenzanfälligkeitsquote nach Branchen (2018 und 2017); Quelle: Statistisches Bundesamt (2019): Insolvenzstatistik, a. a. O.

Zunächst werden die **absoluten Zahlen** der Insolvenzfälle betrachtet. Die Zahl der Insolvenzen in der Branche »Erziehung und Unterricht« liegt mit 184 Insolvenzen im Jahr 2017 und 181 Insolvenzen im Jahr 2018 im sehr niedrigen Bereich (Rang 13 unter den 16 vom Statistischen Bundesamt ausgewiesenen Branchen). Die Branche »Kunst, Unterhaltung und Erholung« weist 431 Insolvenzen im Jahre 2017 und 390 im Jahre 2018 auf (Rang 12). Die Branche des »Gesundheits- und Sozialwesens« weist 444 Insolvenzen im Jahre 2017 und 450 im Jahr 2018 aus. Dies bedeutet, wie Abbildung 98 demonstriert, Rang 11 unter den vom Statistischen Bundesamt ausgewiesenen Branchen.[127]

Die Einrichtungen der Sozialbranche weisen eine hohe »Anfälligkeitsquote« auf, wenn man die absoluten Insolvenzfälle auf 1.000 Einrichtungen der jeweiligen Branche bezieht. Dies zeigt Abbildung 99.

---

127 Vgl. ebenda.

Die Betrachtung pro 1.000 vorhandene Einrichtungen zeigt für die beiden ausgewählten Branchen:

- Die Branche des »Gesundheits- und Sozialwesens« weist 81 Insolvenzen/1.000 Einrichtungen im Jahr 2017 und 82 Insolvenzen/1.000 Einrichtungen im Jahr 2018 aus. Dies bedeutet Rang 5 unter den vom Statistischen Bundesamt ausgewiesenen Branchen. Nach der absoluten Zahl war die Branche noch auf Rang 11!
- In der Branche »Kunst, Unterhaltung und Erholung« mussten deutlich weniger Insolvenzen pro 1.000 Einrichtungen verzeichnet werden. Im Jahr 2018 37/1.000 Einrichtungen bzw. im Vorjahr 41/1.000 Einrichtungen.
- Ähnlich ist es bei den Einrichtungen der Branche »Erziehung und Unterricht«. Es sind 39 Insolvenzen/1.000 Einrichtungen im Jahr 2017 und 38 Insolvenzen/1.000 Einrichtungen im Jahr 2018.
- Dies bedeutet sowohl für die Branche »Kunst, Unterhaltung und Erholung« als auch für die Branche »Erziehung und Unterricht« einen Rang im letzten Viertel unter den vom Statistischen Bundesamt ausgewiesenen Branchen. Dies ist nahezu unverändert zur Rangfolge nach den absoluten Zahlen.
- Die Branche »Gesundheitswirtschaft und des Sozialwesens« ist somit deutlich anfälliger für Insolvenzen. Dies lässt sich an der Anfälligkeitsquote ablesen.

In der betrachteten Branche »Gesundheitswirtschaft und Sozialwesen« sind viele Träger als Vereine organisiert. Deshalb ist zumindest in dieser Branche die Insolvenzprophylaxe ein wichtiges Thema.

Auch die Rechtsform des e. V. kann von einer Insolvenz bedroht sein! Die von Creditreform ermittelte Zahl von 159 Vereinsinsolvenzen im Jahr 2018 und 181 im Jahr 2017 zeigt, dass solche Insolvenzen vorkommen, wenn auch nicht in so großer Zahl wie bei anderen Rechtsformen. In den Jahren 2018 und 2017 weist die Creditreformstatistik ca. 20.000 Unternehmensinsolvenzen aus. Diese statistischen Werte helfen, das Thema richtig einzuordnen. Die Masse der Unternehmensinsolvenzen stammt zwar nicht aus dem Bereich der Vereine, aber die Tatbestandsmerkmale und Abwehrmaßnahmen sollten bekannt sein.

Betriebswirtschaftliche Ursachen einer Krise

Für das Entstehen einer Krise lassen sich verschiedene Gründe anführen. Hauschildt (1988) hat die Insolvenzursachen bei 142 mittelständischen Unternehmen untersucht.[128] Dabei konnte er ein Bündel an Ursachen, die z. T. parallel und z. T. in zeitlicher Folge wirken, ermitteln. Abbildung 100 veranschaulicht die dahinter stehenden Ursachen im Detail.

128 J. Hauschildt/H. Leker (1988): Krisendiagnose durch Bilanzanalyse, Köln, S. 2 ff. Vgl. auch M. Dethleffsen (2010): Chancen und Risiken der Kreditinstitute im Rahmen der Sanierung ihrer Kreditnehmer, Lohmar, Köln.

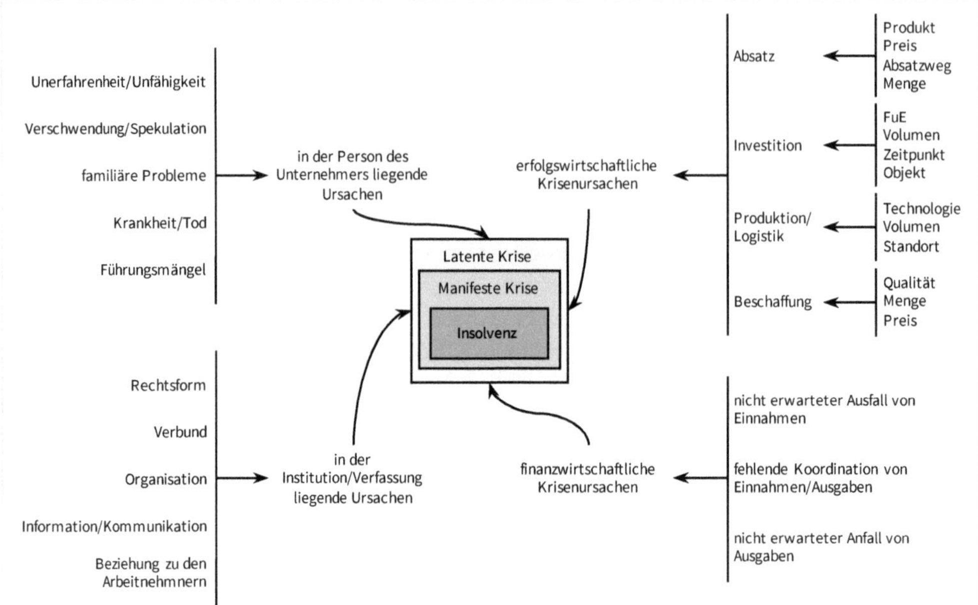

Abb. 100: Ursachen einer unternehmerischen Krise; Quelle: Hauschildt (Hrsg.)(1988): Krisendiagnose durch Bilanzanalyse, a. a. O., S. 5

Im Ergebnis unterscheidet Hauschildt vier unterschiedliche Arten von Ursachen:

- erfolgswirtschaftliche,
- finanzwirtschaftliche,
- in der Institution und ihrer Verfassung bedingte und
- in der Person des Unternehmers liegende.

Von der **zeitlichen Dimension** her ist eine unternehmerische Krise zunächst latent vorhanden. Sie wird bei verstärkten Ursachen und offen zu Tage tretenden Symptomen zu einer manifesten Krise, die schlussendlich existenzbedrohend zur Überschuldung und Zahlungsunfähigkeit führen kann. Abbildung 101 teilt die Entstehung einer Krise in vier Phasen ein. In jeder Phase gibt es unterschiedliche Möglichkeiten zur Abwendung der Krise (Therapie).

Stadium	Bezeichnung	Symptome	Therapiemöglichkeit
Phase 1	potenzielle Unternehmenskrise	Krise ist möglich, aber noch nicht real, keine wahrnehmbaren Symptome	Präventive Maßnahmen stehen unbegrenzt zur Verfügung
Phase 2	latente Unternehmenskrise	Krise ist verdeckt vorhanden oder tritt mit hoher Wahrscheinlichkeit bald ein, Krise ist aber noch nicht identifiziert	Handlungsoptionen bestehen in größerem Umfang, Zwänge zum Handeln fehlen

Stadium	Bezeichnung	Symptome	Therapiemöglichkeit
Phase 3	akute (aber beherrschbare) Unternehmenskrise	Anzeichen der Krise sind klar erkennbar, es besteht ein dringender Handlungsbedarf, Krisenbewältigungspotential ist noch da	Alle Kräfte müssen ausgeschöpft werden, um die Sanierung durchzuführen *Hinweis: Eigeninsolvenz hat in dieser Phase u. U. große Vorteile*
Phase 4	akute (nicht beherrschbare) Unternehmenskrise	Anforderungen der Krise übersteigen die Kräfte des Unternehmens, es besteht extremer Zeitdruck, Existenzbedrohung konkretisiert sich in Insolvenzreife	Optionen zum Handeln verringern sich, keine Therapie mehr möglich abseits des Insolvenzverfahrens

Abb. 101: Phasen der unternehmerischen Krise; Quelle: Dethleffsen (2010): Chancen und Risiken, a. a. O., S. 10 f.

Symptome der Krise sind aus verschiedenen Informationsquellen abzuleiten. Neben dem Rechnungswesen (Abbildung 101) finden sich, wie in Abbildung 102 zu sehen ist, Symptome auch in den Bereichen Finanzierung, Unternehmensführung, Absatz, Unternehmensstruktur, Leistung und Personal.[129]

Nr.	Insolvenzsymptome für Früherkennung in der gewerblichen Wirtschaft
1.	Insolvenzsymptome aus dem Bereich der Finanzierung
	▪ Hausbank senkt Kreditlinie ▪ Wichtige Lieferanten kündigen Lieferbeziehungen ▪ Erträge gehen stetig zurück ▪ Kredittilgung setzt in angespannter Finanzlage ein
2.	Insolvenzsymptome aus dem Bereich der Führung
	▪ Häufiger Personalwechsel ▪ Mangelnde Qualifikation der Geschäftsführung ▪ Falsche Investitionsentscheidungen ▪ Gesellschafterstruktur (Inhaber-Familienunternehmen)
3.	Insolvenzsymptome aus dem Absatzbereich
	▪ Hauptabnehmer wechseln zur Konkurrenz ▪ Zahl der erforderlichen Produkteinführungen stark rückläufig ▪ Abnahme des technologischen Vorsprungs
4.	Insolvenzsymptome aus dem Bereich der Struktur
	▪ Tätigkeiten, die nicht wertschöpfend sind, sind hoch oder nehmen zu ▪ geringe Betriebsgröße führt zu schlechteren Einkaufskonditionen ▪ zu starke Bindung an einen Lieferanten oder Abnehmer ▪ Märkte verlagern sich ▪ Änderung der Rechtsform ▪ Kunden fragen Breite oder / und Tiefe des Sortiments nicht mehr nach

129 Vgl. Th. Möhlmann-Mahlau (2010): Fachberater für Sanierung und Insolvenzverwaltung, Unterrichtseinheit InsB 1, S. 8 ff.

Nr.	Insolvenzsymptome für Früherkennung in der gewerblichen Wirtschaft
5.	Insolvenzsymptome aus dem Bereich der Leistung
	▪ Reklamationen / Inanspruchnahme von Gewährleistungsrechten nehmen zu ▪ Durchlaufzeiten bleiben konstant oder verlängern sich
6.	Insolvenzsymptome aus dem Personalbereich
	▪ Hoher Krankenstand ▪ Hohe Fluktuation, insbesondere bei Schlüsselpositionen ▪ Wechsel der Geschäftsführung ▪ Überalterung des Managements ▪ Patriarchalischer Führungsstil ▪ Mitarbeit von Familienmitgliedern ▪ Lange Dienstzugehörigkeiten ▪ Verschiebung von Produktiv- zu Unproduktivarbeit ▪ Kurzarbeit ▪ Altersteilzeit ▪ Widerruf freiwilliger Sozialleistungen ▪ Unzureichende Nachfolgeregelung ▪ fehlende Personalplanung

Abb. 102: Insolvenzsymptome außerhalb des Rechnungswesens; in Anlehnung an Möhlmann-Mahlau (2010): Sanierung und Insolvenzverwaltung, a. a. O., S. 8 ff.

6. Insolvenzsymptome aus dem Bereich des Rechnungswesens	
▪ Sinkende Eigenkapitalquote	▪ Vernachlässigtes Mahnwesen
▪ Senkung der Kreditlinie durch die Hausbank	▪ Fehlende Planung von Ergebnis und Liquidität
▪ Säumiges Steuerzahlungsverhalten	▪ Fehlende oder unzureichende Vor- und Nachkalkulation
▪ Ausschöpfen der Linie, Überziehungen, Kreditüberschreitungen	▪ Mangelhafte Kostenrechnung
▪ Erweiterter Kapitalbedarf	▪ Ungeordnete Buchhaltung
▪ Verlangen nach Freigaben von Sicherheiten	▪ Wechsel des Abschlussprüfers
▪ Kontopfändungen	▪ Änderung Bilanzstichtag
▪ Keine fristenkongruente Finanzierung	▪ Auflösung stiller Reserven
▪ Verschiebung notwendiger Investitionen	▪ Stilllegung von Betriebsstätten, Filialen
▪ Zunahme der Kundenzahlungsziele	▪ Kündigungen von Versicherungen
▪ Verspätete Rechnungsstellung an Kunden	▪ Entnahme und Ausschüttungspolitik
▪ Hinauszögern eigener Zahlungen	▪ Kündigung von Gesellschafterdarlehen

Abb. 103: Insolvenzsymptome aus dem Rechnungswesen; in Anlehnung an Möhlmann-Mahlau (2010): Sanierung und Insolvenzverwaltung, a. a. O., S. 12 ff.

Nach einem anderen Ansatz wird die Unternehmenskrise als ein Verlauf in **verschiedenen Stadien** erklärt. Ein Unternehmen, das wächst, durchläuft unterschiedliche Stadien (Wachstum durch Kreativität, straffe Führung, Delegation, Koordination und Teamgeist). Beim Wachsen muss es verschiedene Barrieren überwinden, die eine Krise verursachen können (Führungsstil, Autonomie, Kontrolle und Bürokratie). Neben evolutionären Phasen gibt es auch krisenhafte revolutionäre Phasen.[130] Abbildung 104 veranschaulicht diesen Gedankengang.

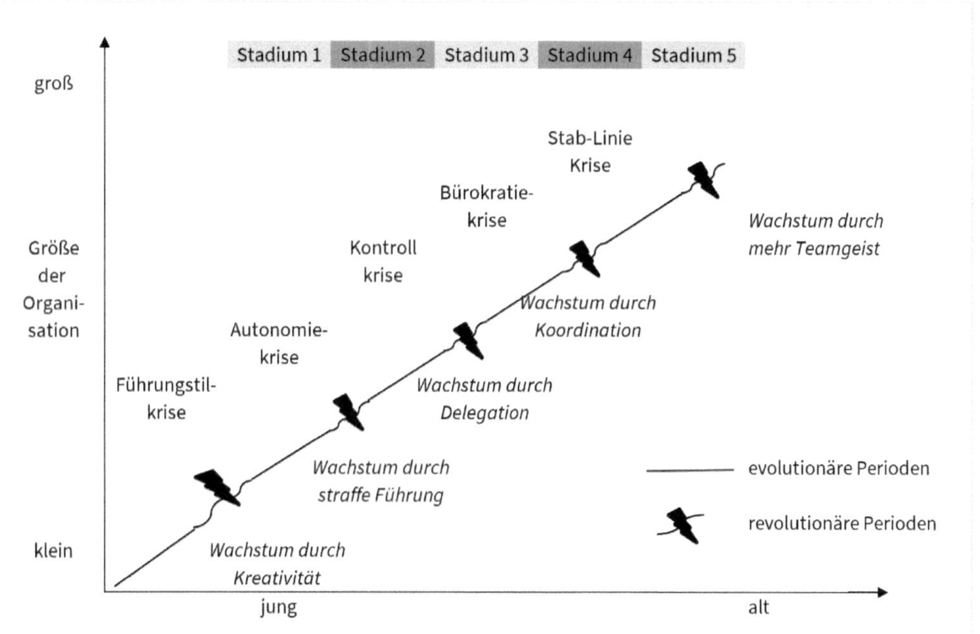

Abb. 104: Zusammenhang zwischen Unternehmensentwicklung und Unternehmenskrisen; in Anlehnung an Greiner (1972): Evolution and Revolution, a. a. O., S. 41

Insofern sich im Laufe der Entwicklung eines Unternehmens Krisen und die Beseitigung der Krisen abwechseln, wird deutlich, dass sich ein Unternehmen nicht linear entwickeln muss. Dieser Grundgedanke, der für gewerbliche Industrieunternehmen in den 1970er-Jahren abgeleitet wurde, gilt im Grundsatz auch für wachsende Vereine.

Insolvenztatbestände nach dem Insolvenzrecht

Rechtlich ist die Insolvenz eines Unternehmens in der **Insolvenzordnung** geregelt, sie trat am 1.1.1999 in Kraft und löste die alte Konkursordnung aus dem Jahr 1877 und die Vergleichsordnung aus dem Jahr 1935 ab.[131] Die Insolvenzordnung hat folgende **Ziele**: Sie will zum einen die Erfüllung der Ansprüche der Gläubiger sichern. Zum anderen soll es mit dem Verfahren der Insolvenz dem redlichen Schuldner ermöglicht werden, sich von den

130 Vgl. L. E. Greiner (1972): Evolution and revolution as organizations grow, in: Harvard Business Review, Heft 07/08, S. 37 ff.

131 Vgl. G. Kreft (Hrsg.) (2011): Insolvenzordnung (InsO) Kommentar, 6. Aufl., Heidelberg, Vorwort.

Verbindlichkeiten zu entschulden und nach einer Wohlverhaltensphase von i. d. R. sechs Jahren[132] eine von bisherigen Schulden befreite neue Existenz zu führen.

Die Eröffnung des Insolvenzverfahrens setzt voraus, dass ein **Eröffnungsgrund** gegeben ist (§ 16 InsO). Mögliche Gründe für die Insolvenz eines Vereins sind:

- die Zahlungsunfähigkeit (§ 17 InsO),
- die drohende Zahlungsunfähigkeit (§ 13 InsO) sowie
- die Überschuldung (§ 19 InsO).

Abbildung 105 erläutert die Tatbestandsmerkmale der **Zahlungsunfähigkeit**.

Insolvenztatbestand	Erläuterung
Zahlungsunfähigkeit § 17 InsO	allgemeine Insolvenzeröffnungsgrund, vgl. § 17 Abs. 1 InsO, d. h., sie kann bei natürlichen und juristischen Personen, dem nichtrechtsfähigen Verein und den Gesellschaften ohne Rechtspersönlichkeit i. S. d. § 11 Abs. 2 Nr. 1 InsO vorliegen
	Zahlungsunfähig ist der Schuldner, wenn er nicht in der Lage ist, die fälligen Zahlungspflichten zu erfüllen, § 17 Abs. 2 S. 1 InsO.
früher einfache Definition	Nach außen erkennbar: wenn die monatlich fälligen Zahlungsverpflichtungen nicht erfüllt werden können (Miete, Kreditraten, Löhne und Gehälter, SV-Beiträge, Telefonrechnung)
aktuell gültige Definition	Nach außen erkennbar wird die Zahlungsunfähigkeit in der Regel, wenn der Schuldner seine Zahlungen eingestellt hat, § 17 Abs. 2 S. 2 InsO.
Hinweis	Diese widerlegbare gesetzliche Vermutung indiziert die Zahlungsunfähigkeit.

Abb. 105: Tatbestandsmerkmale der Zahlungsunfähigkeit

Von der Zahlungsunfähigkeit ist die **Zahlungsstockung** zu unterscheiden. Liegt eine Zahlungsstockung vor, ist noch nicht Insolvenz anzumelden. Die Zahlungsstockung wird in Abbildung 106 erläutert.

132 Die Verfahrensdauer kann unter bestimmten Voraussetzungen auf fünf bzw. drei Jahre verkürzt werden (vgl. für die Restschuldbefreiung des Verbrauchers die §§ 287 bis 303 InsO). Hat der Schuldner den Antrag nach dem 1.7.2014 gestellt, kann er die Verfahrenslaufzeit auf fünf Jahre reduzieren, wenn bis dahin alle Verfahrenskosten beglichen wurden. Tilgt der Schuldner neben den Kosten auch noch 35 % der Gläubigerforderungen innerhalb von drei Jahren, ist eine Restschuldbefreiung bereits zu diesem Zeitpunkt möglich. In vielen Fällen lässt sich diese Verfahrenskürzung aber nicht erreichen. Die Begleichung der Verfahrenskosten und die Tilgung von 35 % der Forderungen der Gläubiger ist eine hohe Anforderung.

Abgrenzung	Erläuterung
Zahlungsstockung	Von der Zahlungsunfähigkeit ist die sog. Zahlungsstockung zu unterscheiden, bei der ein nur kurzfristiger Geldmangel umgehend durch Kreditaufnahme behoben werden kann. Ein Zeitraum von drei bis höchstens vier Wochen ist als kurzfristig anzusehen.
Hinweis	Es wird ergänzend auf die IDW - Empfehlungen PS 800 zur Prüfung eingetretener oder drohender Zahlungsunfähigkeit bei Unternehmen verwiesen.

Abb. 106: Abgrenzung von der Zahlungsunfähigkeit - die Zahlungsstockung

Ist der Schuldner nicht in der Lage, sich innerhalb von drei Wochen die zur Begleichung der fälligen Forderungen benötigten finanziellen Mittel zu beschaffen, handelt es sich nicht nur um eine bloße Zahlungsstockung. Die Zahlungsfähigkeit ist vom Bundesgerichtshof in einem Urteil aus dem Jahr 2016 neu definiert worden.[133]

- Beträgt die innerhalb von drei Wochen nicht zu beseitigende Liquiditätslücke der Schuldnerin weniger als 10 % ihrer fälligen Gesamtverbindlichkeiten, ist allerdings regelmäßig Zahlungsunfähigkeit noch nicht eingetreten, es sei denn, es ist bereits absehbar, dass die Lücke demnächst mehr als 10 % erreichen wird.
- Beträgt die Liquiditätslücke der Schuldnerin 10 % oder mehr, ist dagegen regelmäßig von Zahlungsunfähigkeit auszugehen, sofern nicht ausnahmsweise mit an Sicherheit grenzender Wahrscheinlichkeit zu erwarten ist, dass die Liquiditätslücke demnächst vollständig oder fast vollständig geschlossen wird und den Gläubigern ein Zuwarten nach den besonderen Umständen des Einzelfalls zuzumuten ist.

Eine Forderung ist in der Regel i. S. d. § 17 Abs. 2 InsO fällig, wenn eine Gläubigerhandlung feststeht, aus der sich der Wille, vom Schuldner Erfüllung zu verlangen, im Allgemeinen ergibt, sog. ernsthaftes Einfordern. Eine einmal eingetretene Zahlungsunfähigkeit wird regelmäßig erst beseitigt, wenn die geschuldeten Zahlungen an die Gesamtheit der Gläubiger wieder aufgenommen werden können. Eine sichere Prüfung der Zahlungsunfähigkeit ist im Übrigen nur durch das Erstellen eines Liquiditätsstatus und eines Liquiditäts-/Finanzplans möglich.

Der Tatbestand der **drohenden Zahlungsunfähigkeit** wurde gegenüber der Konkursordnung neu in die Insolvenzordnung eingefügt. Mit diesem neuen Tatbestand sollte es dem Schuldner ermöglicht werden, früher Insolvenz anzumelden und so - unter dem Schutzschirm der Insolvenz - eine Sanierung zu bewerkstelligen. Abbildung 107 benennt die Tatbestandsmerkmale der drohenden Zahlungsunfähigkeit.

---

133 BGH, Urteil v. 14.7.2016 - IX ZR 188/15, ZInsO 2016, S. 1749.

Insolvenztatbestand	Erläuterung
drohende Zahlungsunfähigkeit § 18 InsO	Sie liegt vor, wenn der Schuldner voraussichtlich nicht in der Lage sein wird, die bestehenden Zahlungspflichten im Zeitpunkt der Fälligkeit zu erfüllen, § 18 Abs. 2 InsO, es werden also die noch nicht fälligen Verbindlichkeiten erfasst, ebenso die noch nicht begründeten Verbindlichkeiten, deren Entstehung voraussehbar ist. Mit dem Eröffnungsgrund der drohenden Zahlungsunfähigkeit soll bereits im Vorfeld einer wirtschaftlichen Krise auf die rechtzeitige Eröffnung eines Insolvenzverfahrens hingewirkt werden, um die Chancen einer Sanierung zu erhöhen.
	Hierauf kann sich jedoch nur der Schuldner selbst berufen, § 18 Abs. 1 InsO, der auf Verlangen des Gerichts einen Liquiditätsplan einreichen muss. Damit soll verhindert werden, dass Gläubiger den Schuldner schon im Vorfeld der Insolvenz durch einen Insolvenzantrag unter Druck setzen können.

Abb. 107: Tatbestandsmerkmale der drohenden Zahlungsunfähigkeit

Abbildung 108 definiert die Tatbestandsmerkmale der Überschuldung.

Insolvenztatbestand	Erläuterung
Überschuldung § 19 InsO	Die Überschuldung lässt sich nicht anhand der Handels- und Steuerbilanz feststellen, mag ein negatives Ergebnis der fortgeschriebenen Jahresbilanz auch indizielle Bedeutung haben (BGH WM 2001, 317, 318 ff). Die Überschuldung ist gegeben, wenn das Vermögen des Schuldners die bestehenden Verbindlichkeiten nicht mehr deckt, § 19 Abs. 2 InsO (sog. dreistufiger Überschuldungstatbestand)
bilanzielle Überschuldung	ermittelt aus der regulären Handelsbilanz, die nach der Going-Concern-Prämisse die Vermögensgegenstände und Schulden bewertet.
tatsächliche Überschuldung	gemessen in einem eigenen Rechenwerk (Überschuldungsstatus), Inhalt: Bewertung der Vermögensgegenstände und Schulden zu Zerschlagungswerten, zusätzlich anzusetzende Posten (z. B. Sozialplankosten).

Abb. 108: Tatbestandsmerkmale der Überschuldung

Pflichten des Managements in der Krise

Das Management eines Vereins ist verpflichtet, regelmäßig zu überprüfen, ob Eröffnungsgründe für eine Insolvenz vorliegen. Schon bei ersten Krisenanzeichen hat das Management in kurzfristiger Hinsicht einen Liquiditätsplan zu erstellen, aus dem hervorgeht, ob der Träger zahlungsunfähig ist oder nicht. Auf mittel- und langfristige Sicht hat das Management eine Fortführungsprognose zu erstellen, sofern eine latente Krise eingetreten ist und Anzeichen dafür vorliegen, dass in absehbarer Zeit Zahlungsunfähigkeit eintreten könnte bzw. die Gefahr einer Überschuldung besteht.[134]

Insolvenzantragspflicht: !

Ist ein Eröffnungsgrund eingetreten, ist das Management verpflichtet, ohne schuldhaftes Zögern, einen Antrag auf Eröffnung des Insolvenzverfahrens zu stellen. Diese Insolvenzantragspflicht trifft jedes Mitglied eines Vertretungsorgans (Vorstand) persönlich, und das unabhängig von der Ressortverteilung. Sie trifft außerdem die Liquidatoren während der Liquidation des Vereins. Ob die in § 15a InsO genannte Antragsfrist von drei Wochen auch für das Management gilt, ist fraglich. Aus Vorsichtsgründen ist daher eine unverzügliche Antragstellung geboten.

Der Schuldner hat den gesetzlichen Eröffnungsgrund, auf den er den Antrag stützt (§§ 17 bis 19 InsO), in substantiierter, nachvollziehbarer Form darzulegen. Er hat Tatsachen mitzuteilen, die die wesentlichen Merkmale des herangezogenen Eröffnungsgrunds erkennen lassen.

Stellt der Schuldner den Eröffnungsantrag wegen drohender oder eingetretener Zahlungsunfähigkeit, hat er in der Antragsbegründung seine Finanzlage nachvollziehbar darzustellen (Liquiditätsstatus). Er hat anzugeben, welche Zahlungsverpflichtungen gegenwärtig fällig sind und in absehbarer Zeit (mindestens drei Wochen) fällig werden, und ihnen die jeweils vorhandenen oder kurzfristig herbeizuschaffenden finanziellen Mittel gegenüberzustellen.

Wird der Eigenantrag mit Überschuldung begründet, ist eine aktuelle Übersicht des Vermögensstands vorzulegen (Überschuldungsstatus). In ihr sind sämtliche Vermögensgegenstände unter Angabe des tatsächlichen Werts sowie sämtliche Verbindlichkeiten und notwendigen Rückstellungen mit ihren jeweiligen Beträgen zusammenzufassen.

Sanierungsmaßnahmen

Soll die Krise bekämpft werden, sind geeignete **Therapiemaßnahmen** abzuleiten und einzusetzen. Wie auch im ärztlichen Bereich ist für eine erfolgreiche Therapie eine genaue Diagnose zu stellen. Zu den Krisenursachen und -symptomen wurden auf den voranstehenden Seiten detaillierte Überlegungen vorgestellt.

Wenn die Ursache der Krise in der Person des Managers liegt, muss eine erfolgreiche Sanierung hier ansetzen und das Personal austauschen. Ist die Struktur des Vereins ursächlich für die Krise, muss die Sanierung an der Institution und ihrer Verfassung ansetzen.

Erfolgswirtschaftliche Ursachen sind durch Maßnahmen in der Beschaffung, Leistungserstellung bzw. im Absatz anzugehen. Liegen finanzwirtschaftliche Ursachen vor, sind dem Verein zusätzliche finanzielle Mittel zuzuführen bzw. ist eine Erklärung notwendig, dass der Verein z. B. von den Vereinsmitgliedern oder Fördermittelgebern zahlungsfähig gehalten wird.

134 Die Verpflichtung zur beständigen wirtschaftlichen Selbstprüfung besteht für das Management und das Aufsichtsorgan. Dies folgt z. B. für den Verein u. a. aus § 42 Abs. 2 BGB. Ein Verstoß kann zu einer Schadenersatzhaftung für beide Organe führen (§ 42 Abs. 2 S. 2 BGB).

Bei einer Tochtergesellschaft kann auch der Verein als Gesellschafter Kapital in seine Tochtergesellschaft einlegen. Finanzwirtschaftliche Maßnahmen zur Beseitigung der Überschuldung stellt Abbildung 109 vor.

Nr.	Sanierungsmaßnahme	Erläuterung
1	Kapitalerhöhung	dem Verein wird von außen neues Kapital zugeführt, die einlegenden Personen legen Geld in das Vereinskapital ein
2	Patronatserklärung	eine Person (z.B. ein finanzkräftiger Nachbarverein oder Dachverband) erklärt sich bereit, dafür zu sorgen, dass der in der Krise stehende Verein jederzeit zahlungsfähig gehalten wird
3	Rangrücktrittserklärung/ Besserungsschein	Darlehensnehmer erklären, dass sie mit ihrer Forderung hinter alle anderen Gläubiger zurücktreten, wird ein Besserungsschein zwischen dem Gläubiger, der auf seine Schulden temporär verzichtet, vereinbart, sollen die Schulden wieder aufleben, wenn sich die wirtschaftliche Lage des Schuldners bessern sollte
4	Umwandlung von Krediten in Eigenkapital	Kredite werden in Vereinskapital umgewandelt, die Gläubiger erhalten als Vereinsmitglieder Mitsprachrechte (z. B. Sitz im Aufsichtsgremium)
5	Forderungsverzicht	die Gläubiger verzichten auf die Rückzahlung der gesamten Verbindlichkeit bzw. quotal, der quotale Verzicht ist meist das Ergebnis einer außergerichtlichen Sanierungsverhandlung

Abb. 109: Finanzwirtschaftliche Sanierungsmaßnahmen

Für das Management eines Vereins, das in den letzten Jahren immer stärker in ein wettbewerbliches Umfeld geraten ist, ist die Kenntnis der Krisen, ihrer Ursachen und möglicher Therapiemaßnahmen von nicht unerheblicher Bedeutung. Dabei gilt die wichtige Erkenntnis, dass eine **früh erkannte Krise** besser gelöst werden kann, da der Handlungsspielraum in einem frühen Stadium am größten ist. Dies zeigt abschließend Abbildung 110.

Besonderheit für Vereine: kein Tatbestand der Strafbarkeit

! **Hinweis:**

Die Regelungen zur **Strafbarkeit wegen Insolvenzverschleppung** sehen eine Besonderheit für Vereine vor. Nach § 15a Abs. 4 InsO wird mit Freiheitsstrafe bis zu drei Jahren oder mit Geldstrafe bestraft, wer entgegen Abs. 1 Satz 1 dieser Vorschrift einen Eröffnungsantrag nicht oder nicht rechtzeitig stellt oder nicht richtig stellt. Abs. 5 dieser Vorschrift sieht für den Fall der Fahrlässigkeit eine Reduktion des Strafmaßes auf eine Freiheitsstrafe von bis zu einem Jahr oder Geldstrafe vor. In Abs. 6 dieser Vorschrift der Insolvenzordnung ist für Vereine ausdrücklich der Tatbestand der Strafbarkeit der Insolvenzverschleppung ausgesetzt.[135]

---

135 § 15 a Abs. 7 InSo lautet: »Auf Vereine und Stiftungen, für die § 42 Absatz 2 des Bürgerlichen Gesetzbuchs gilt, sind die Absätze 1 bis 6 nicht anzuwenden.« Demnach gibt es auch bei Stiftungen keine Strafbarkeit der Insolvenzverschleppung!

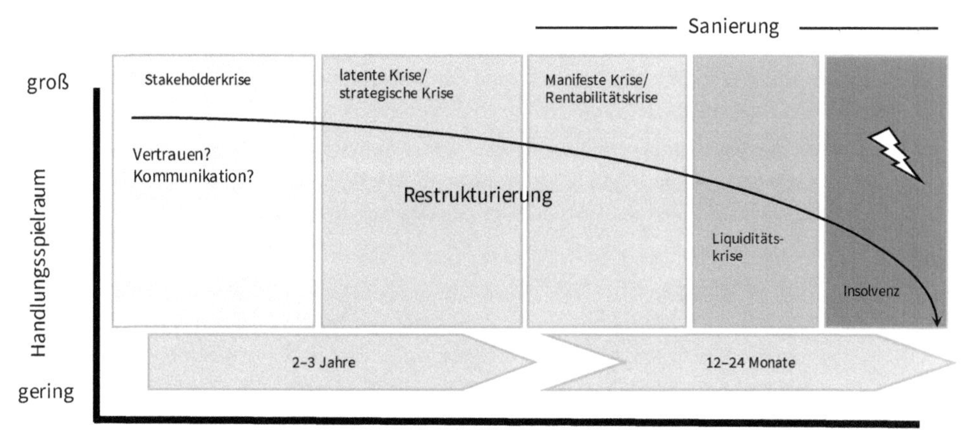

Abb. 110: Stadien von unternehmerischen Krisen

Damit ist eine wesentliche Rechtsfolge, die im unternehmerischen Bereich die Verantwortlichen große Aufmerksamkeit auf die Abwehr von Insolvenzen richten lässt, nicht gegeben. Dies stellt einen Vorteil für die Verantwortlichen im Verein dar.

Zivilrechtlich haftet der Vereinsvorstand allerdings für die Schäden, die er einem Dritten zufügt. Dazu gehört auch die verspätete Anmeldung zur Insolvenz.

3.12 Fazit zu den Rechnungslegungsinstrumenten in Vereinen

Die Betriebswirtschaftslehre bietet dem Management einen gut gefüllten »Werkzeugkasten« mit Instrumenten des Rechnungswesens. Für den Manager eines Vereins, der in den meisten Fällen keine betriebswirtschaftliche Grundausbildung erhalten hat, kommt es darauf an, einen Überblick über die verschiedenen Arten der Werkzeuge zu erlangen.

In diesem Kapitel wurde zunächst zwischen internen und externen Rechnungsweseninstrumenten unterschieden. Dies ist deswegen wichtig, weil **externe Instrumente** auf gesetzlichen Grundlagen beruhen und von Prüfern (des Berufsstands der Wirtschaftsprüfer, wenn es um die Handelsbilanz geht bzw. von steuerlichen Betriebsprüfern, wenn es um die Steuerbilanz geht) überprüft werden. Stellen diese fest, dass die Rechnungslegung nicht gesetzeskonform ist, kann dies haftungs- und strafrechtliche Folgen für das Management haben. Bei eklatanten Gesetzesverstößen dürfte der Manager sogar seine Anstellung verlieren. **Interne Instrumente** sind dagegen nur auf der Grundlage betriebswirtschaftlicher Kenntnisse zu gestalten. Wie ein Verein seine Entgelte kalkuliert oder wie das Reporting an die Einrichtungsleitung und das Aufsichtsgremium ausgestaltet wird (z. B. mit einer Berichterstattung über die Wirkungen der eigenen Tätigkeit oder in Form einer Balanced Score Card), bleibt dem betriebswirtschaftlichen Sachverstand der beteiligten Personen überlassen.

Mit der Darstellung der verschiedenen Instrumente im Laufe des Lebenszyklus eines Vereins (»**von der Wiege bis zur Bahre**«) soll betont werden, dass für unterschiedliche Entscheidungssituationen jeweils geeignete Instrumente einzusetzen sind.

Für den Manager eines Vereins ist die Gesamtschau über die Instrumente wichtig. Wenn eine konkrete Entscheidung im täglichen Geschäft ansteht, muss das richtige Instrument eingesetzt werden. Der Manager wird dabei von seiner Verwaltung und vom Rechnungswesen unterstützt. Damit die Zusammenarbeit zwischen dieser Fachabteilung und der Geschäftsleitung gut funktioniert, müssen die Beteiligten sich gegenseitig verstehen und die gleiche Sprache sprechen. Für das Management sind zumindest gesicherte Grundkenntnisse zu den in diesem Kapitel dargestellten Instrumenten essenziell.

4 Prüfung des Rechnungswesens von Vereinen

4.1 Unterscheidung zwischen verschiedenen Vereinsgrößen

Für die Prüfung des Rechnungswesens der Vereine ist zu unterscheiden, ob es sich um kleinere Vereine handelt, bei denen i. d. R. nur eine sog. Prüfung der Kassenführung vorgenommen wird, oder um mittelgroße bzw. große Vereine, bei denen eine Jahresabschlussprüfung in Anlehnung an die Vorschriften des Handelsrechts (§§ 316 bis 324 HGB) erfolgen kann. In diesem Zusammenhang ist darauf hinzuweisen, dass es keine gesetzliche Definition der Grenzen zwischen kleinen, mittelgroßen und großen Vereinen gibt. Hier werden nur zwei Größen unterschieden:

- kleine Vereine
- und mittelgroße bzw. große Vereine.[136]

Kleine Vereine zeichnen sich dadurch aus, dass kein in kaufmännischer Weise eingerichteter Geschäftsbetrieb vorgehalten wird (Definition in Anlehnung an § 1 HGB). Der Vorstand ist rein ehrenamtlich tätig. Für die Kassengeschäfte und das Bankkonto ist ein Vorstandsmitglied (Schatzmeister) ehrenamtlich tätig. Die Buchhaltung erfolgt in einfacher Form. Einnahmen und Ausgaben werden verzeichnet, am Ende des Jahres wird eine Einnahmen-Überschussrechnung verfasst.

Mittelgroße bzw. große Vereine weisen einen in kaufmännischer Weise eingerichteten Geschäftsbetrieb auf, weil sie z. B. einen Kindergarten, einen Jugendclub, eine Begegnungsstätte oder ein Sozialunternehmen (Sozialstation, Pflegeheim, Krankenhaus o. Ä.) betreiben. In Anlehnung an § 267 HGB kann die Unterscheidung zwischen kleineren und mittelgroßen bzw. großen Vereine gezogen werden, indem auf Merkmale der Zahl der Beschäftigten bzw. der Bilanzsumme oder der Umsatzerlöse abgestellt wird.

Für kleine bzw. mittelgroße Kapitalgesellschaften gelten 50 Beschäftigte und 4 Mio. € Bilanzsumme bzw. 8 Mio. € Umsatzerlöse als Grenze. Kleine Kapitalgesellschaften liegen mit mindestens zwei der genannten drei Merkmale unterhalb dieser Grenzen.[137]

---

136 Aus Gründen der Übersichtlichkeit wird im Folgenden nur zwischen zwei Vereinstypen, nämlich kleinen Vereinen auf der einen und mittelgroßen bzw. großen Vereinen auf der anderen Seite unterschieden.

137 Große Kapitalgesellschaften liegen deutlich über den genannten Werten (mehr als 250 Beschäftigte, mehr als 16 Mio. € Bilanzsumme bzw. 32 Mio. € Umsatzerlöse). Die genauen gesetzlichen Tatbestandsmerkmale (Umsätze, Bilanzsumme) werden von Zeit zu Zeit an die Inflation angepasst. Das Überschreiten der Grenzen bei zwei von drei Kriterien an zwei aufeinander folgenden Abschlussstichtagen ist in § 267 HGB im Einzelnen geregelt.

Mittelgroße und große Vereine werden im Unterschied zu kleinen Vereinen von Hauptamtlichen verwaltet. Die Buchführung wird professionell als kaufmännische doppelte Buchführung geführt. Am Ende des Jahres wird ein Jahresabschluss bestehend aus der Bilanz, der Gewinn- und Verlustrechnung und dem Anhang aufgestellt. Ein Lagebericht ergänzt die Rechenschaftslegung.

Es ist also zunächst das **rechtliche Umfeld** darzustellen, durch das die Größe der Vereine bestimmt ist. Die Frage nach den Rechten und Pflichten eines Kassenprüfers bei einem kleineren Verein steht im Zusammenhang mit der Verfassung und den Regelungen zur Zusammenarbeit der Verantwortlichen. Oberstes Organ ist die Mitgliederversammlung. Den Verein vertritt der Vorstand. Anders als bei einem eigentümergeführten Unternehmen, bei dem der Eigentümer täglich in die Geschäftsräume kommen und die Finanzen kontrollieren kann (z. B. bei der OHG nach § 118 HBG bzw. § 166 HGB für den Komplementär der KG), können die Vereinsmitglieder sich nicht direkt über die Vereinsgeschäfte informieren. Sie sind auf die Rechenschaftslegung durch den Vorstand angewiesen. Der Vorstand berichtet regelmäßig auf der Mitgliederversammlung über den Geschäftsverlauf, den Stand des Vermögens und der Schulden. Die Mitgliederversammlung wählt den Vorstand und kann im Falle eines Misstrauens den Vorstand auch abwählen. Abbildung 111 veranschaulicht diesen Zusammenhang.

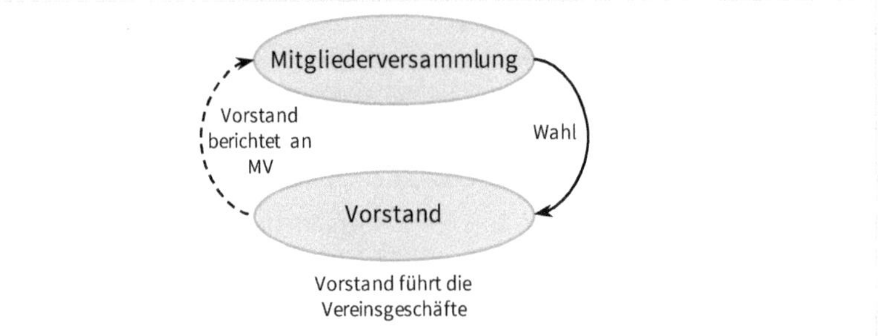

Abb. 111: Übersicht über die Organe und die Rechenschaftslegung bei kleinen Vereinen

Bei mittelgroßen und großen Vereinen wird zusätzlich ein Aufsichtsorgan installiert. Bei Aktiengesellschaften wird die hierdurch entstehende Struktur als **duales Führungsmodell** bezeichnet.

Die Mitgliederversammlung wählt einen Vorstand (oft auch anders bezeichnet, z. B. als »Aufsichtsrat« oder »Verwaltungsrat«). Dieses **Aufsichtsgremium** bestellt seinerseits eine **Geschäftsführung**, die den Verein nach außen vertritt und die Geschäftsführung übernimmt.[138] Abbildung 112 stellt diesen Zusammenhang dar.

---

138 Die Begriffe des ehrenamtlich besetzen Aufsichtsgremiums und des hauptamtlich besetzten Management- bzw. Geschäftsführungsgremiums sind in der Vereinspraxis sehr unter-

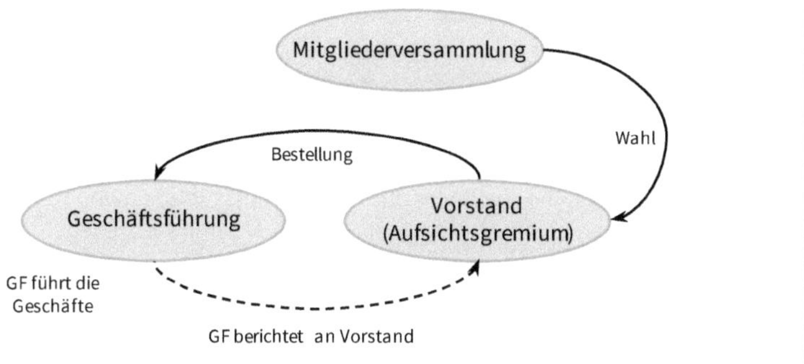

Abb. 112: Übersicht über die Organe und die Rechenschaftslegung bei großen Vereinen

Die rechtliche Situation ergibt, dass sich die Rechenschaftslegung im jährlichen Bericht über die getätigten Geschäfte und den Stand des Vermögens und der Schulden (Jahresabschluss, vgl. §§ 242 bis 288 HGB) unterscheidet, je nachdem, ob es sich um einen kleineren Verein oder um einen mittelgroßen bzw. großen Verein handelt.

Beim **kleineren Verein** stellt der Vorstand den Jahresabschluss auf und berichtet hierüber auf der Mitgliederversammlung. Unterjährig berichtet der mit den finanziellen Angelegenheiten betraute Schatzmeister in informeller Form über den Stand der Finanzen an seine Vorstandskollegen. Die informelle Berichterstattung reicht i. d. R. zur Information der Vorstandskollegen aus, weil kein größerer Geschäftsbetrieb vorhanden ist. Ein Blick auf das Vereinskonto und eine Berichterstattung über den Stand der Mitgliedsbeiträge und Spenden wird im Regelfall als ausreichende Information anzusehen sein. Größere Personalausgaben sind nicht gegeben, da der kleine Verein i. d. R. ohne Angestellte auskommt.[139] Abbildung 113 stellt die zentrale Rolle des ehrenamtlichen Vorstands mit dem Schatzmeister als Vorstandsmitglied dar. Ein Geschäftsführer oder ein unabhängiger Abschlussprüfer existiert nicht.

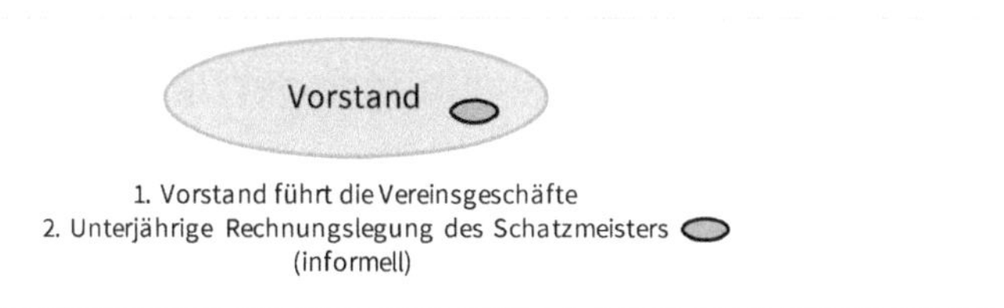

Abb. 113: Überblick über die unterjährige Rechenschaftslegung der Geschäftsführung und der Aufsichtstätigkeit des Vorstands bei kleineren Vereinen

schiedlich. Hier wird die traditionelle Bezeichnung Vorstand und Geschäftsführung gewählt. Beim Vorstand eines großen Vereins wird in Klammern angefügt, dass es sich um das Aufsichtsgremium handelt. Der Vorstand des kleinen Vereins ist der »klassische Vereinsvorstand«, der ehrenamtlich besetzt ist und die Vereinsgeschäfte selbst führt.

139 Über die Übungsleiter- und Ehrenamtspauschale (vgl. § 3 Nr. 26 und § 3 Nr. 26 a EStG) können Tätigkeiten ohne Auslösen von Sozialversicherungsbeiträgen und Lohnsteuern vergütet werden.

Beim **mittelgroßen bzw. großen Verein** berichtet die Geschäftsführung regelmäßig in formeller Form an das Aufsichtsgremium. Monatlich kann eine Betriebswirtschaftliche Auswertung (BWA) vorgelegt werden, quartalsweise oder halbjährlich ein Zwischenabschluss (mit Bilanz und Gewinn- und Verlustrechnung). Aus diesen Rechenwerken sind die Erträge aus Geschäftsbetrieben, Spenden, Zuschüssen und Mitgliedsbeiträgen, sowie die Sach- und Personalausgaben erkennbar.

Bei größeren Investitionsvorhaben (z. B. in Gebäude oder Anlagen bzw. Betriebs- und Geschäftsausstattung) ist zudem eine **Projektberichterstattung** möglich und empfehlenswert. Es empfiehlt sich ein Soll-Ist-Vergleich, aus dem das Aufsichtsgremium erkennen kann, ob die geplanten Erträge und Aufwendungen realisiert wurden. Aus der Gegenüberstellung von Soll- und Ist-Werten ist eine Abweichungsanalyse möglich.[140] Im Beispiel in Abbildung 114 ist neben dem Vorstand ein angestellter Geschäftsführer tätig.

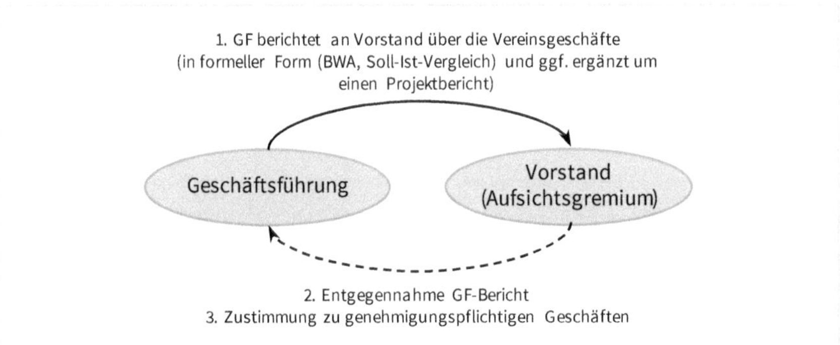

Abb. 114: Überblick über die unterjährige Rechenschaftslegung der Geschäftsführung und der Aufsichtstätigkeit des Vorstands bei großen Vereinen

4.2 Aufgaben und Regelungen der Vereinsprüfung

Die Aufgaben und Regelungen der Vereinsprüfung unterscheiden sich von den Prüfungen bei prüfungspflichtigen gewerblichen oder öffentlichen Unternehmen. Die Person des **Kassenprüfers** gibt es so nur im Vereinsrecht.

Die Tätigkeit des Vereinskassenprüfers ist inhaltlich abzugrenzen von sonst üblichen (handels- oder steuerrechtlichen) Prüfungen. Der Vereinskassenprüfer wird im Auftrag des Eigentümers (der Mitglieder) tätig. Es handelt sich somit um eine Prüfung auf interne Veranlassung. Andere Prüfungen werden an den Verein von außen herange-

140 Vgl. zum sog. Controllerblatt Vogelbusch (2018): Management von Sozialunternehmen, a. a. O., S. 391 ff.

tragen: etwa die Prüfungen des Finanzamts (Lohnsteuerprüfung, große Betriebsprüfung für die Körperschaft- und Umsatzsteuer) oder Prüfungen der Sozialversicherungen (ordnungsgemäße Abführung der Sozialversicherungsbeiträge, d. h. im Einzelnen die Beiträge zur Kranken-, Renten- und Unfallversicherung usw.).

4.2.1 Prüfung der Kassenführung bei kleineren Vereinen

Im Regelfall wählt bei **kleineren Vereinen** die Mitgliederversammlung den Vereinskassenprüfer als internen Revisor. Er prüft und berichtet an die Mitgliederversammlung über das Ergebnis seiner Prüfung. Dies geschieht i. d. R. formlos (durch mündlichen Bericht bzw. einen schriftlichen Kurzbericht). Charakteristisch ist, dass der Kassenprüfer selbst ein Vereinsmitglied ist. Der Vereinskassenprüfer kann einmal jährlich prüfen (Regelfall). Nur bei besonderen Verdachtsmomenten kann er unangekündigt unterjährig beauftragt werden. Abbildung 115 veranschaulicht diese Kassenprüfung bei kleineren Vereinen. Er prüft die Buchführung und den Jahresabschluss und erstellt einen kurzen und i. d. R. formlosen Prüfungsbericht. Bei positiven Prüfungsergebnissen kann er auf der Mitgliederversammlung nach seinem Bericht an die Mitglieder einen Antrag auf Entlastung des Vorstands stellen.

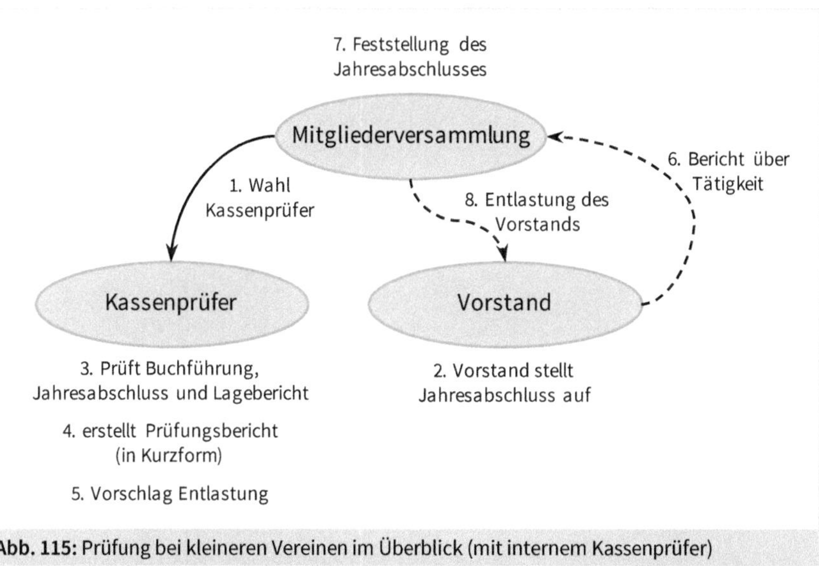

Abb. 115: Prüfung bei kleineren Vereinen im Überblick (mit internem Kassenprüfer)

Zur rechtlichen Einordnung ist auszuführen, dass das Vereinszivilrecht (§§ 21 ff. BGB) eine regelmäßige Prüfung der Geschäftsführung nicht vorsieht. Gleichwohl finden solche Prüfungen bei fast allen kleineren Vereinen in unterschiedlichem Umfang statt. Für solche Prüfungen werden sog. »Revisoren«, »Rechnungs- oder Kassenprüfer« gewählt. Sie sind in der Regel kein Vereinsorgan im eigentlichen Sinn, auch wenn ihre Bestellung in der Satzung vorgesehen ist. Die Geschäftsprüfung kann, wenn sie nicht in der Satzung vorgesehen ist, auch generell oder von Fall zu Fall durch die Mitgliederversammlung angeordnet werden. Das ist z. B. der Fall, wenn die Mitgliederversammlung aus gegebenem Anlass Sonderrevisoren wählt.

Mit der Prüfung können, wenn die Satzung das nicht ausschließt, im Übrigen auch Nichtmitglieder beauftragt werden, nicht jedoch Mitglieder des zu überprüfenden Vereinsorgans, also z. B. des Vorstands, selbst. Hier kommen erfahrungsgemäß pensionierte Banker, Betriebswirte bzw. Kaufleute infrage. Zum Inhalt der Prüfung ist auszuführen, dass der Auftraggeber (die Mitgliederversammlung) den Gegenstand und Umfang der Prüfung bestimmt, wenn die Satzung keine ausdrückliche Regelung enthält. Dabei ist wiederum darauf hinzuweisen, dass die **Prüfungstiefe** der vorgesehenen Prüfung sich nach dem Umfang des Geschäfts und damit der Größe des Vereins richtet:

- Bei **ganz kleinen Vereinen** erfolgt nur eine beschränkte Rechnungsprüfung durch ehrenamtliche Kassenprüfer. Die Prüfung erstreckt sich dabei grundsätzlich auf die Feststellung der Übereinstimmung der Ausgabe- und Einnahmebelege mit den aufgeführten Zahlungen und dem Saldo daraus als Kassenbestand.[141]
- Bei den **übrigen kleinen Vereinen** wird i. d. R. eine umfassende Revision der Geschäftsführung beauftragt. Hier ist der Gang der Geschäfte des Vereins durch Einsichtnahme in die Bücher und Buchungsunterlagen zu prüfen. Die Vermögensaufstellung und die Kontoauszüge sind zudem Gegenstand der Prüfung.

Zur Erfüllung ihres Auftrags können die Prüfer in alle Bücher, Schriften und Bestände des Vereins Einsicht nehmen. Ihnen ist von den Vereinsorganen, also z. B. vom Vorstand, umfassend Auskunft zu geben. Von den Prüfern muss ein Kurzprüfbericht erstellt werden, den sie in der Mitgliederversammlung vorzutragen haben. In dem Bericht müssen sie darüber berichten, wie und in welchem Umfang sie die Geschäftsführung geprüft haben und ob wesentliche Beanstandungen zu machen waren.

Dieser **Prüfbericht** ist die Grundlage für die Entlastung des Vorstands. Der Antrag zur Entlastung wird oft von den Prüfern in der Mitgliederversammlung gestellt. Die Kassenprüfung hat also einschneidende Konsequenzen. Es gilt, Streit um die Kassenprüfung und die sich daran anschließende Entlastung des Vorstands zu vermeiden. Deshalb müssen die Kassenprüfer – schon im eigenen Interesse – sehr sorgfältig arbeiten und sollten sich für die Mitgliederversammlung auf Fragen zu ihrem Prüfbericht vorbereiten.

Die Checkliste in Abbildung 116 fasst die Erörterungen zur Kassenprüfung kleiner Vereine zusammen.

141 Vgl. BGH NJW-RR 1988, 745, 749.

Gegenstand	Hinweise für die Prüfungstätigkeit
Buchführungsvorschriften	Sind bei einer Einnahmen-Überschuss-Rechnung alle feststellbaren Vermögensgegenstände, Aufwendungen und Erträge für den Verein erfasst? Wurde das Zufluss-/Abflussprinzip bei der Buchung beachtet?
Finanzielle Situation	Ist eine ausreichende Liquidität entsprechend dem finanziellen Status sowie den Angaben aus dem Rechenschaftsbericht des Vorstands für das nächste Vereinsjahr erkennbar? Können z. B. Dauerverbindlichkeiten (Miete, Pacht, Gehälter) entsprechend der aktuellen Lage/Finanzplanung erfüllt werden? Wurden steuerlich zulässige Rücklagen gebildet, zweckentsprechend eingesetzt bzw. auf das nächste Vereinsjahr überführt? Sind ergänzend zum Rechenschaftsbericht/Kassenbericht Angaben hierüber gemacht?
Jahresabschluss	Sind die Einzelkonten in betragsmäßiger Hinsicht zutreffend im Jahresabschluss berücksichtigt?
Mitgliedsbeiträge	Sind entsprechend der Mitgliederliste die Jahresmitgliedsbeiträge/Sonderumlagen/Aufnahmegebühren auf den Konten feststellbar, die Einnahmen zutreffend buchhalterisch im ideellen Bereich berücksichtigt? Ergeben sich Anhaltspunkte größerer noch offener Mitgliedsbeiträge mit Hinweis auf Verjährungsproblematik? Erfolgt der Einzug von Beiträgen termingerecht entsprechend Fälligkeit und Einzugsermächtigung nach Satzung/Beitragsordnung?
Anlagevermögen	Gibt es einen Anlagespiegel/eine Übersicht über das Vereinsanlagevermögen? Sind dort ausschließlich Wirtschaftsgüter enthalten, deren Anschaffungskosten über 800 € liegen (geringwertige Wirtschaftsgüter scheiden aus, § 6 Abs. 2 EStG)? Sind Zu- und Abgänge buchhalterisch zutreffend erfasst, insbesondere auch Veräußerungserlöse? Gibt es eine Inventurliste, wurde diese für das Prüfungsjahr entsprechend § 240 HGB fortgeführt/aktualisiert?
Forderungen/ Verbindlichkeiten	Sind offene Forderungen des Vereins/bestehende Verbindlichkeiten separat gelistet, enthält der Rechenschaftsbericht diesbezüglich zutreffende Hinweise? Sind Forderungsverzichte mit entsprechender Berechtigung feststellbar?
Bankkonten	Alle Konten vorgelegt, Abgleich mit Belegen/Eintragung in Journal/Kontenblätter? Abstimmung der Buchführungskonten mit Kontoauszügen erfolgt?
Barkasse	Belegabgleich, Prüfung einzelner Zahlungsvorgänge, Abstimmung des Jahresanfangs- und Kassenendbestands zum Ende des Vereinsjahrs, Verfügungsbefugnis?
Zuschüsse	Ergibt sich aus den Zuwendungsunterlagen eine sachgemäße Mittelverwendung? Liegen Verwendungsnachweise vor?
Personalausgaben	Sind die lohnsteuerlichen Pflichten erfüllt? Sind Lohnkonten angelegt? Ist ein Steuerberater bzw. ein Lohnbüro mit der Ermittlung der zutreffenden Lohnsteuer- und SV-Zahlungen beauftragt?

Gegenstand	Hinweise für die Prüfungstätigkeit
Spenden	Wird eine separate Spendenliste geführt, mit Nachweisen über Spendenempfänger, Ausstellung der Zuwendungsbestätigung und zutreffender buchhalterischer Erfassung? Ist der Wert bei Sachspenden zutreffend festgestellt/nachvollziehbar?
Sponsoring	Lässt sich bei Geldeingängen auf den Konten durch Abgleich mit den Vorgängen feststellen, dass auch buchhalterisch eine getrennte Erfassung/Zuordnung vorgenommen wurde?
Übungsleiterpauschale	Sind die Voraussetzungen für die Pauschale geprüft? Handelt es sich um begünstigte Tätigkeiten usw.?
Ehrenamtspauschale	Sind die Voraussetzungen für die Ehrenamtspauschale geprüft? Bei Zahlungen an ehrenamtliche Vorstände: Ist in der Satzung keine Vorschrift enthalten, die eine ehrenamtliche Tätigkeit des Vorstands vorsieht?

Abb. 116: Checkliste zu den Erörterungen zur Kassenprüfung kleinerer Vereine

4.2.2 Rechnungsprüfung bei mittelgroßen und großen Vereinen

Bei **mittelgroßen und großen Vereinen** kann die Kassenprüfung durch die ehrenamtlichen Vereinsprüfer selbst erfolgen. In diesem Fall ist der für kleinere Vereine geschilderte Prüfungsumfang auszuweiten. Neben der Ordnungsmäßigkeit der Buchführung ist zu prüfen, ob der Jahresabschluss ordnungsgemäß aufgestellt wurde und ein den tatsächlichen Verhältnissen entsprechendes Bild der Vermögen-, Finanz- und Ertragslage vermittelt. Das reine Buchwerk sollte erweitert werden um den Lagebericht nach § 289 HGB.

Die Vereinsprüfung kann sich auch der fachlichen Arbeit des **Wirtschaftsprüfers** bzw. einer Wirtschaftsprüfungsgesellschaft bedienen. In diesem Fall erfolgt eine handelsrechtliche Jahresabschlussprüfung (nachgebildet §§ 316 ff. HGB). Der Wirtschaftsprüfer testiert den Jahresabschluss und erstellt einen Prüfungsbericht. In diesem Fall ist der Vereinskassenprüfer erster Ansprechpartner für den Wirtschaftsprüfer (Bestimmung der Prüfungsinhalte, Begleitung der Prüfung usw.). Es kann auch ein Ausschuss des Aufsichtsgremiums gebildet werden (Finanzausschuss), der die Prüfung durch den Abschlussprüfer begleitet.

Abbildung 117 stellt die Kassenprüfung bei mittelgroßen und großen Vereinen schematisch dar. Der Kassenprüfer ist hier mit einer Anmerkung versehen, die anzeigt, dass er zusätzlich zum externen Abschlussprüfer nicht unbedingt erforderlich ist.

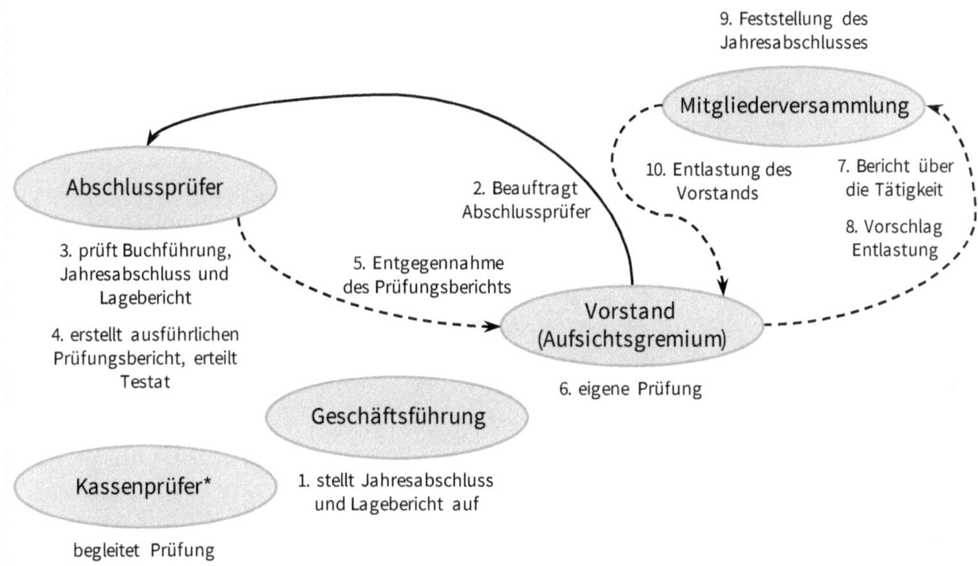

Abb. 117: Kassenprüfung bei mittelgroßen und großen Vereinen (mit externem Abschlussprüfer)

Diese **Jahresabschlussprüfung** von mittelgroßen bzw. großen Vereinen ist weitgehend inhaltsgleich mit der handelsrechtlichen Jahresabschlussprüfung nach §§ 317 ff. HGB. Bei der Jahresabschlussprüfung handelt es sich um ein von der Unternehmensleitung bzw. von der Hauptversammlung bestelltes, unternehmensexternes Prüfungsorgan (Wirtschaftsprüfer oder bei kleineren und mittleren Unternehmen vereidigter Buchprüfer)[142], das nach den gesetzlichen Vorgaben bestellt werden muss oder freiwillig bestellt wird.

Bei der Jahresabschlussprüfung erfolgt eine Prüfung des zum Ende des Geschäftsjahres aufgestellten **Abschlusses.** Dabei werden Bilanz, Gewinn- und Verlustrechnung, Anhang sowie der **Lagebericht** auf der Grundlage der vorliegenden Belege auf ihre gesetzliche und satzungskonforme Richtigkeit, die Einhaltung von Gesellschafterverträgen und die Einhaltung der Grundsätze der ordnungsgemäßen Buchführung überprüft.

Nach der Prüfung erteilt der Abschlussprüfer einen **Bestätigungsvermerk** und einen Prüfbericht, der die ermittelten Sachverhalte der Abschlussprüfung darstellt und bewertet.

Ziel der Prüfung ist die Beurteilung, ob die Rechnungslegungsvorschriften eingehalten wurden. Die Abschlussprüfung ist vergangenheitsorientiert. Außerdem ist es das Ziel der Prüfung, ein vertrauenswürdiges Urteil über die Ordnungsmäßigkeit des

142 Vereidigte Buchprüfer dürfen keine Jahresabschlüsse großer Kapitalgesellschaften i. S. d. § 267 Abs. 3 HGB testieren. Diese Aufgabe ist Wirtschaftsprüfern und Wirtschaftsprüfungsgesellschaften vorbehalten (§ 319 Abs. 1 HGB).

Jahresabschlusses und des Lageberichts zu gewinnen. Darüber hinaus ist eine zutreffende Darstellung der Vermögens-, Finanz- und Ertragslage zu gewähren.

Um die Jahresabschlussprüfung richtig einordnen zu können, ist darauf hinzuweisen, dass auch die Jahresabschlussprüfung keine lückenlose Prüfung ist. Das Treffen der Prüfungsaussagen muss mit hinreichender Sicherheit unter Beachtung des Grundsatzes der Wirtschaftlichkeit erfolgen. Prüfungsaussagen werden im Prüfungsbericht und im Bestätigungsvermerk getroffen und – sofern ein Aufsichtsrat besteht – in der Bilanzsitzung des Aufsichtsrats erläutert. Hinsichtlich des Ziels, ein vertrauenswürdiges Urteil abzuleiten, ist zu beachten, dass Vertrauenswürdigkeit eine bestimmte »hinreichende" Urteilsqualität voraussetzt, die durch die Urteilssicherheit und die Urteilsgenauigkeit des Prüfers bestimmt wird.

Daher ergibt sich die Notwendigkeit, eine effiziente Durchführung der Jahresabschlussprüfung durch den **risikoorientierten Prüfungsansatz** zu gewährleisten.

Eine inhaltliche Prüfung der Zahlen des Jahresabschlusses ist nur dann erforderlich, wenn die zugrunde liegenden Geschäftsprozesse risikobehaftet sind und interne Maßnahmen zur Sicherung eines ordnungsmäßigen Geschäftsablaufs fehlen bzw. nur unzureichend funktionieren.

Im Mittelpunkt steht daher die Analyse, Beurteilung und Prüfung der geschäftlichen Aktivitäten, Prozesse und Kontrollmechanismen. Der Abschlussprüfer testiert keinen fehlerfreien Jahresabschluss, sondern lediglich die Freiheit von wesentlichen Fehlern. Die **Wesentlichkeit** entspricht einem Toleranzbereich für unentdeckte und/oder nicht korrigierte Fehler.

Die Beweiskraft und der Umfang der Prüfungshandlungen steigen mit zunehmender Wesentlichkeit eines Postens bzw. eines Transaktionskreises. Folgende Bezugsgrößen können für die Wesentlichkeit verwendet werden:

- Ergebnis vor Steuern (Regelfall bei erwerbswirtschaftlichen Unternehmen),
- Gesamtertrag (Umsatzerlöse zuzüglich sonstiger betrieblicher Erträge),
- Bilanzsumme.

Für nicht ertragsorientierte Non-Profit-Organisationen und gemeinnützige Vereine sind die Bilanzsumme bzw. der Gesamtertrag (inkl. Zuschüssen) eine geeignete Größe. Gegebenenfalls ist für einzelne Bilanzposten eine niedrigere Wesentlichkeitsgrenze zu berücksichtigen, die sich aus dem Steuerrecht ergibt, z. B. die Einnahmengrenze für die Körperschaftssteuerpflicht oder Verluste aus dem Bereich der Finanzanlagen.

Wie bereits zu Beginn der Ausführungen zur handelsrechtlichen Rechnungslegung betont ist der Verein nicht zum kaufmännischen Rechnungswesen verpflichtet. Dies schließt ein, dass es **keine gesetzliche Pflicht** gibt, eine Abschlussprüfung zu beauftragen. Die Gesetzespflicht zur Abschlussprüfung findet ihre Grundlage in § 316 HGB. Demnach sind alle mittelgroßen und großen Kapitalgesellschaften verpflichtet, den Jahresabschluss durch einen Abschlussprüfer prüfen zu lassen. Nicht prüfungspflichtige Vereine (und kleinere Unternehmen)[143] können sich einer **freiwilligen** Abschlussprüfung unterziehen.

Daneben sind bei Vereinen **branchenmäßige Besonderheiten** zu beachten, die sich aus Buchführungsvorschriften für Krankenhäuser, Pflegeeinrichtungen und Einrichtungen der Behindertenhilfe ergeben (KHBV, PBV, WVO).

Weitere rechtliche Verpflichtungen zur Rechnungslegung für Vereine können sich aus Satzungsbestimmungen ergeben. In vielen Satzungen – gerade bei mittelgroßen und großen Vereinen – wird auf die Rechnungslegung nach dem HGB verwiesen.

Zudem ist die Auffassung des **Instituts der Wirtschaftsprüfer** zur Rechnungslegung und Prüfung relevant, weil die mit der Erstellung bzw. Prüfung der Vereinsrechnungslegung beauftragten Wirtschaftsprüfer fachlich an die IDW-Stellungnahmen gebunden sind:

- RS HFA 14 Rechnungslegung von Vereinen,
- IDW PS 750 Prüfung von Vereinen.

Diese Standards betonen z. T. ein eigenes handelsrechtliches Regelungswerk, losgelöst von der Steuer/Gemeinnützigkeit.[144] Nach den Erfahrungen des Verfassers unterscheiden die meisten Jahresabschlüsse von Vereinen keine steuerrechtlichen und handelsrechtlichen Aufstellungsgrundsätze, sodass in aller Regel in der Vereinspraxis »Einheitsbilanzen«[145] aufgestellt und geprüft werden.

---

143 Dies sind Unternehmen in der Rechtsform des Einzelunternehmens oder einer Personengesellschaft auf der einen und kleine Kapitalgesellschaften auf der anderen Seite. Kleine Kapitalgesellschaften i. S. d. § 267 Abs. 3 HGB sind solche, die mindestens zwei der drei nachstehenden Merkmale nicht überschreiten: 6.000.000 € Bilanzsumme, 12 Mio. € Umsatzerlöse in den zwölf Monaten vor dem Abschlussstichtag und im Jahresdurchschnitt 50 Arbeitnehmer.

144 Vgl. hierzu kritisch: F. Vogelbusch (2006): Gibt es ein Primat des Handelsrechts für die Rechnungslegung von Vereinen? – Einige kritische Anmerkungen zum IDW RS HFA 14, in: Der Betrieb, Heft 37/2006, S. 1967 ff.

145 Treffender wäre es, von einem »Einheitsjahresabschluss« zu sprechen.

5 Analyse des Jahresabschlusses/Betriebsvergleich/Benchmarking

5.1 Überblick zur Analyse des Jahresabschlusses

Unternehmen berichten über ihre Geschäftstätigkeit mittels des Jahresabschlusses und des Lageberichts.[146] Diese beiden Instrumente sind den externen Instrumenten des Rechnungswesens zuzurechnen (vgl. Kapitel 2.1). Mittelgroße und große Vereine erstellen regelmäßig einen Jahresabschluss, der der handelsrechtlichen Vorlage nachgebildet ist. In vielen Fällen sieht bei Vereinen mit einem größeren Geschäftsbetrieb (eine soziale oder kulturelle Einrichtung als Zweckbetrieb, eine Schule oder eine Bildungseinrichtung usw.) die Satzung vor, dass das Vereinsmanagement dem Aufsichtsgremium und der Mitgliederversammlung einen Jahresabschluss und Lagebericht zur Rechenschaftslegung vorzulegen hat. Diese Rechenschaftslegungsinstrumente können in ihrer Verlässlichkeit einen höheren Rang erhalten, wenn zusätzlich eine freiwillige Jahresabschlussprüfung nach handelsrechtlichen Grundsätzen (§§ 317 ff. HGB) vorgesehen wird.

Die Analyse der Rechnungslegung ist für vorhandene und für potenzielle Gläubiger (externe Adressaten) wichtig, da sie Aussagen über die finanzielle Lage und die Zahlungsfähigkeit in Zukunft erwarten. Eigentümer (**Shareholder**) sind an der aktuellen und der zu erwartenden Ertragslage interessiert. Die **Stakeholder** möchten neben Zahlen zur wirtschaftlichen Lage des Unternehmens erfahren, wie die gesetzten wirtschaftlichen Ziele bereits erreicht wurden bzw. noch realisiert werden können. In diesem Kapitel soll dargestellt werden, wie die genannten unterschiedlichen Adressaten (Anteilseigner und Vereinsmitglieder, Lieferanten, Kunden, Zuschussgeber, Spender, Aufsichtsbehörden und Arbeitnehmer) mithilfe der Jahresabschlussanalyse zusätzliche Informationen erhalten.

Die **Bilanzanalyse** ist streng genommen begrifflich als Jahresabschlussanalyse bzw. als Analyse der externen Rechnungslegung zu bezeichnen, da die Bilanz nur ein Teil des Jahresabschlusses ist.[147] Deshalb beinhaltet die Analyse der externen Rechnungslegung neben der Bilanz die Gewinn- und Verlustrechnung, den Anhang und den Lagebericht. Bei Unternehmensverbünden sind auch der konsolidierte Jahresab-

---

146 Mittelgroße und große Kapitalgesellschaften i. S. d. § 267 HGB haben den Jahresabschluss (Bilanz, GuV und Anhang) um einen Lagebricht zu ergänzen. Eingetragene Vereine (bzw. auch Stiftungen) orientieren sich in vielen Fällen an der Rechnungslegung von großen Kapitalgesellschaften.

147 Vgl. W. Grin (2010): Kennzahlenorientierte Bilanzanalyse, München bzw. B. Heesen/W. Gruber (2011): Bilanzanalyse und Kennzahlen: Fallorientierte Bilanzoptimierung, Wiesbaden.

schluss und der konsolidierte Lagebericht zu betrachten. Im Anhang bzw. Lagebericht finden sich weitere Rechenwerke, wie z. B. die Kapitalflussrechnung, der Eigenkapitalspiegel, die Aufstellung über die Rückstellungen und die Verbindlichkeiten (mit Angabe der Rückzahlungsfrist) und ggfs. eine Segmentberichterstattung, d. h. eine Aufschlüsselung der Erträge, Aufwendungen und des Ergebnisses nach Tätigkeitsbereichen (Segmenten).

Je mehr Informationen aus den genannten Rechenwerken zur Verfügung stehen, desto tiefer kann die Analyse schürfen. Die Jahresabschlussanalyse dient der Vermittlung von vertieften Erkenntnissen zur Vermögens-, Ertrags- und Finanzlage eines Unternehmens.

Für einen Verein ist in den allermeisten Fällen davon auszugehen, dass es sich um eine gemeinnützige Organisation handelt. Für nicht gewinnorientierte Einrichtungen gelten andere Ausgangspunkte für die Bilanzanalyse, dies ist im Einzelnen bei der Analyse zu beachten. Gemeinnützige Vereine untereinander können wiederum verglichen und dem Benchmark ausgesetzt werden.

In Kapitel 5.4 werden ausgewählte gemeinnützige Vereine dargestellt und nach Möglichkeit mit anderen Jahresabschlüssen von Kapitalgesellschaften oder öffentlichen Unternehmen (Eigenbetrieben) verglichen.

5.2 Kennzahlenanalyse

Die Analyse des Jahresabschlusses nutzt **Kennzahlen** zur Aufbereitung und Analyse der Informationen. Sie sind ein wesentlicher Bestandteil des Führungs- und Informationssystems des Managements. Nur mithilfe von Kennzahlen gelingt eine Steuerung des betrieblichen Geschehens im Controlling. Kennzahlen sind somit auch für die Vereinsführung relevant. Schließlich erwarten Aufsichtsgremien aufbereitete und verdichtete Informationen.

Das Management nutzt eine große Zahl an unterschiedlichen Kennzahlen. Deshalb soll zunächst ein Überblick über verschiedene Möglichkeiten der Systematisierung gegeben werden. Kennzahlen unterscheiden sich nach den Quellen, dem Objekt und dem zeitlichen und sachlichen Umfang. Nach den **Quellen** der zur Verfügung stehenden Daten unterscheidet man

- die externe Jahresabschlussanalyse und
- die interne Jahresabschlussanalyse (z. B. durch die eigene Finanzabteilung oder den Abschlussprüfer im Rahmen des Analyseteils des Prüfungsberichts).

Nach dem **Objekt** der Jahresabschlussanalyse können

- die formelle Jahresabschlussanalyse (sie bezieht sich auf die Gliederung der Bilanz und der Gewinn- und Verlustrechnung) und
- die materielle Jahresabschlussanalyse

unterteilt werden.

Die **materielle Jahresabschlussanalyse** bezieht sich auf die Bilanzierung und die Bewertung im Zahlenwerk der Bilanz und Gewinn- und Verlustrechnung. Es wird untersucht, nach welchen Methoden die Aktivierung von Vermögensgegenständen und die Passivierung von Verbindlichkeiten und Rückstellungen erfolgten. Aus Sicht der materiellen Analyse ist bedeutsam, wie Aktivierungs- und Passivierungswahlrechte in der Bilanz ausgeübt werden.

Vom **zeitlichen Umfang** der Jahresabschlussanalyse her differenziert man

- die einperiodige Jahresabschlussanalyse und
- die mehrperiodige Jahresabschlussanalyse.

Es versteht sich von selbst, dass aussagefähige Betrachtungen eines Vereins davon profitieren, wenn ein Vergleich der Entwicklung über mehrere Jahre möglich ist. Nach dem **sachlichen Umfang** der Jahresabschlussanalyse gibt es

- die einbetriebliche Jahresabschlussanalyse und
- die zwischenbetriebliche Jahresabschlussanalyse (Beurteilung der Lage und Entwicklung der Unternehmung mithilfe branchenspezifischer Vergleichsdaten – Betriebsvergleich).

Wenn es gelingt, einen geeigneten Verein für einen Betriebsvergleich zu identifizieren und dann über einen längeren Zeitraum zu betrachten, kommen wesentliche Erkenntnisse für den Analysten hinzu. In Kapitel 5.3 wird das Thema des Betriebsvergleichs und des Benchmarkings weiter vertieft.

Weiterhin sind die **Zahlungsströme** (z. B. in der Kapitalflussrechnung) und die Darstellungen des **Lageberichts** zu betrachten. Die Kapitalflussrechnung erlaubt einen vertieften Einblick in das Geschehen des abgelaufenen Geschäftsjahres nach operativem Zahlungsmittelfluss (Cashflow), Investitions- und Finanzierungs-Cashflow. Im Bericht über die Lage des Vereins sind der Gang der Geschäfte, äußere Einflüsse (z. B. aus der Politik und bezogen auf die Branche) darzustellen, Erfolgsquellen aufzuzeigen und die Chancen und Risiken der zukünftigen Entwicklung auszuweisen.

Die bei der Jahresabschlussanalyse besonders wichtigen Kennzahlen erfüllen verschiedene Funktionen,

- sie informieren über wichtige Sachverhalte und Zusammenhänge (**Informationsaspekt**),
- sie messen Sachverhalte und Zusammenhänge auf einer metrischen Skala (**Quantifizierungsaspekt**),
- sie stellen komplizierte Strukturen und Sachverhalte einfach dar (**spezifische Informationsfunktion**),
- sie werden zur Operationalisierung von Zielen und Leistungen gebildet (**Operationalisierungsfunktion**),
- sie dienen dem Erkennen von Auffälligkeiten und Veränderungen (**Anregungsfunktion**),
- für kritische Kenngrößen werden Kennzahlen als Zielgrößen geführt und reportet (**Vorgabefunktion**),
- sie werden zur Vereinfachung von Steuerungsprozessen verwendet (**Steuerungsfunktion**).
- Da diese Kennzahlen laufend erfasst und berichtet werden, dienen sie dem Controlling, d. h. der Soll-Ist-Abweichungsanalyse, und werden aufbereitet und ergänzt durch eine »Ampelfunktion« (**Kontrollfunktion**).[148]

Kennzahlen bilden quantifizierbare Informationen ab. Sie betreffen die Umwelt und den Verein selbst. Entsprechend wird die Analyse mit externen Kennzahlen von der Analyse mit **internen Kennzahlen** unterschieden (Abbildung 118).

Kennzahlen zur Analyse der Unternehmensumwelt **externe Kennzahlen**	**Kennzahlen zur Analyse des Unternehmens** **interne Kennzahlen**
ökonomische Kennzahlen (Konjunkturkennzahlen)	finanzwirtschaftliche Kennzahlen (z. B. Rentabilität, Liquidität)
Kennzahlen der Marktentwicklung (Branchenwachstum, Anzahl und Größe der Konkurrenten)	
technologische Kennzahlen (Anzahl Patente, Anzahl Konferenzen, Anzahl Ausstellungen)	produktionswirtschaftliche Kennzahlen (z. B. Ausschussraten)
soziale Kennzahlen (Fruchtbarkeit, Sterblichkeit, Migration)	absatzwirtschaftliche Kennzahlen (z. B. Reklamationsrate)
politische Indikatoren (Anzahl der den Tätigkeitsbereich betreffenden Gesetze)	personalwirtschaftliche Kennzahlen (z. B. Fluktuation)

Abb. 118: Externe und interne Kennzahlen

148 Vgl. das anschauliche Controllerblatt bei Vogelbusch (2018): Management, a. a. O., S. 391.

Zahlentyp	Art der Zahl
absolute Zahlen	Einzelzahlen (Mitarbeiterzahl)
	Summenwerte (Gesamtleistung = Umsatzerlöse zzgl. sonst. betriebl. Erträge)
	Differenzwerte (z.B. Gewinn = Ertrag abzgl. Aufwand)
	Mittelwerte (Mitarbeiterzahl im Anhang = Mittelwert aus Mitarbeiteranzahl zum Quartalsende)
Verhältniszahlen	Gliederungszahlen (Verhältnis eines Teils zum Ganzen)
	Beziehungszahlen (zwei betriebliche Zahlen werden einander zugeordnet, z. B. Gewinn zu Umsatz)
	Indexzahlen (Zahlen werden im Zeitablauf vergleichbar gemacht, z.B. Umsatzentwicklung mit einer Basisgröße im Jahr 2010 = 100)

Abb. 119: Absolute Kennzahlen und Verhältniskennzahlen

Von den Zahlen her besteht die Möglichkeit, mit absoluten Zahlen und mit Verhältniszahlen zu arbeiten (Abbildung 119).

Überblick über die wichtigsten Kennzahlen für das Management von Vereinen

Für die Analyse der wirtschaftlichen Lage auf der Basis des Jahresabschlusses wird in der Literatur eine Vielzahl an Kennzahlen vorgeschlagen. In Abbildung 120 werden die üblicherweise verwendeten Kennzahlen dargestellt, die nach den Erfahrungen des Verfassers die wichtigsten Informationen zur Vermögens-, Finanz-, Liquiditäts- und Ertragslage zusammentragen.

Zu den weiteren Kennzahlen, die für die Ertragslage, die Analyse des Erfolgs, für die Vermögens-, Finanz- und Liquiditätslage und für den wichtigen betrieblichen Einsatzfaktor Personal auf der Basis des Jahresabschlusses werden in der Literatur eine Vielzahl an Kennzahlen vorgeschlagen.[149] In Abbildung 121 werden weitere Kennzahlen zur finanziellen Dimension, zur Personaldimension und zu den Prozessen wiedergegeben. Die Kennzahlen im Einzelnen sind in Anlage 4 definiert.

149 Vgl. Halfar/Moos (2014): Controlling, a. a. O., S. 213 ff.

a) Vermögensstruktur

$$\text{Intensität des Anlagevermögens} = \frac{\text{Anlagevermögen (AV)}}{\text{Gesamtvermögen}}$$

$$\text{Alter des Anlagevermögens} = \frac{\text{Summe Bruttoanschaffungskosten}}{\text{Summe bisherige Abschreibungen}}$$

b) Kapitalstruktur

$$\text{EK-Quote} = \frac{\text{Eigenkapital (EK)}}{\text{Gesamtkapital}}$$

$$\text{Goldene Bilanzregel} = \frac{\text{EK + Fremdkapital (FK) langfristig}}{\text{AV}}$$

c) Liquidität/Finanzstruktur

absolute Höhe der Liquidität = Wertpapiere des Umlaufvermögens und Kasse/Bank

Working Capital = Liquide Mittel + Forderungen kurzf. + Vorräte + FK kurzf.

d) Rentabilität

Jahresüberschuss = Summe Erträge – Summe Aufwendungen

$$\text{Umsatzrentabilität} = \frac{\text{Jahresüberschuss}}{\text{Gesamtleistung (oder Umsatzerlöse)}}$$

$$\text{EK-Rentabilität} = \frac{\text{Jahresüberschuss}}{\text{EK}}$$

$$\text{Personalaufwandsquote} = \frac{\text{Personalaufwand}}{\text{Gesamtaufwand (oder Umsatzerlöse)}}$$

$$\text{Personalaufwand pro Kopf} = \frac{\text{Personalaufwand}}{\text{Anzahl der Mitarbeiter}}$$

Abb. 120: Wichtige Kennzahlen zur Analyse des Jahresabschlusses

Dimension	Kennzahl	Quelle
Rentabilität	Cash-flow-rate	S. 213 ff.
	EBIT(Betriebserfolg)	
	EBITDA (Betriebserfolg vor Abschreibungen)	
	Produktivität	
Erfolg	Deckungsbeitrag	S. 233 ff.
	Refinanzierungsgrad	
	Personalkosten je Pflegetag/Betreuungstag	
	Erlös je Pflegetag/Betreuungstag	
	Deckungsbeitrag je Pflegetag/Betreuungstag	
	Umsatzanteile definierter Leistungsgruppen	
	Anteil öffentlicher Sozialleistungserträge	
	Durchschnittlich belegte Plätze/Nutzungsgrad	
	Leerlaufkosten (-quote)	
Vermögen	Anlagenintensität	S. 219 ff.
	Förderanteil Objektförderung	
	Investitionsquote	
	Anteil öffentliche Investitionsförderung	
	Anlagenabnutzungsgrad	
	Bruttoinvestitionsdeckung	
	Abschreibungsquote	
	Leasingquote und Miet-/Pachtquote	
	Kapitalwert/Nettobarwert	
	Dynamische Amortisationsdauer	
Finanzierung	Anlagendeckungsgrad	S. 225 ff.
	Kapitalaufbau	
	Verschuldungsgrad	
	Debitoren- und Kreditorenlaufzeit in Tagen	
Liquidität	Liquidititätsgrade I – III	
	Schuldentilgungsdauer	
Personal	Teilzeitquote	S. 239 ff.
	GFB-Quote	
	durchschnittliche Wochenarbeitszeit	
	durchschnittliche Betriebszugehörigkeit	
	Durchschnittsalter der Beschäftigten	
	Fluktuationsrate	
	Neueinstellungsquote	
	Krankheitsbedingte Fehlzeitenquote	
	Überstundenquote	
	Fortbildungstage je Mitarbeiter	
	Mitarbeiter-Fortbildungsquote/Weiterbildungsquote	
	Fortbildungswirkungsquote	
	Fortbildungsstrukturquote	
	Fortbildungskosten je Mitarbeiter	
	Personalkosten je Mitarbeiter (-gruppe)	
	Abrechenbare Zeit je Mitarbeiter	
	Leistungsertrag/Erlös je Mitarbeiter/Vollzeitäquivalent	
	Leistungsmarge je Mitarbeiter/Leistungsertragskoeffizient	
	Kunden je Mitarbeiter	
	Führungsumfang	
	Freistellungsquote Leitungskräfte	
	Altersstrukturquote	
	Personalbeschaffungskosten nach Beschaffungswegen	
	Personalbeschaffungskosten pro Eintritt	
	Personaldeckungsgrad	
	Personalentwicklungsquote	
	Ausbildungsquote	
	Übernahmequote	
	Realer Lohnsteigerungsindex	
	Fachkraftquote	

Dimension	Kennzahl	Quelle
Prozesse	Reaktionsdauer Anfrage	S. 268 ff.
	Dauer Zusage – Aufnahme	
	Dauer Beschwerdereaktion	
	Dauer Beschwerdeklärung	
	Zahl der Pflegevisiten pro Tag	
	Zahl der Zielpunkte je Tour	
	Fahrzeit zwischen den Zielpunkten	
	durchschnittliche Fahrzeit je Tour	
	durchschnittliche Tourendauer	
	Fakturierungsdauer	
	Betreuungskontinuität (ambulanter Pflegedienst)	
	Pflegedokumentationsfehlerquote	
	Patientengruppenbezogene Reklamationsquote	
Kunden/Klienten	Casemix	S. 259 ff.
	Pflege-/Betreuungspersonal je Bewohner	
	Pflege-/Betreuungszeit je Bewohner	
	Kundenfluktuationsrate	
	durchschnittliche Verweildauer	
	Durchschnittsalter der Bewohner/Kunden	
	Auslastungsquote in den Kundengruppen (Pflegestufen, HBG)	
	Höherstufungsquote	
	Zuweiserabhängigkeitsquote	
	durchschnittliche Essenszahl (für mobile	
	Essenslieferanten oder für Betreutes Wohnen)	
	regionaler Auslastungsgrad	
	Cross-Selling-Quote	
Verwaltung	Verwaltungskostenquote	S. 239 ff.
	Detailanalyse der Verwaltungskosten	
	Personalverwaltungskostensatz je Mitarbeiter (Kopf)	
	Zahl der Personalfälle je Mitarbeiter Personalverwaltung	
	Zahl der Buchungsfälle je Mitarbeiter im Rechnungswesen	
	IT-Kosten-Quote	
Werkstatt für behinderte Menschen	Beschäftigungsgrad in den Leistungsgruppen	S. 274 ff.
	Beschäftigungsgrad in Produktionsbereichen	
	Terminüberschreitung	
	Auftragsreichweite	
	Dauerauftragsquote	
	Auftraggeberabhängigkeit	
	Durchschnittsproduktionserlös je Auftraggeber	
	Durchschnittliches Auftragsvolumen	
	Eigenfertigungsanteil	
	Auftraggeberfluktuation	
Waren- und Material-wirtschaft	Durchschnittlicher Lagerbestand	S. 277 ff.
	Lagerumschlag	
	Lagerdauer in Tagen	
Hauswirtschaft	Lebensmitteleinsatz je Essen	
	Lebensmitteleinsatz je Pflegetag/Betreuungstag	
	Verpflegungskosten je Pflege-/Betreuungstag	
	Entsorgungskosten je Pflegetag	
	Wäschekosten je Pflegetag	
fachliche Leistungsplanung	Negative-Planungsquote	S. 280 ff.
	Zielerreichungsquote	
	Überprüfungsquote	
	Abweichungsquote	
	Überprüfungszeitraum	
Ehrenamt	Leistungsanteil Ehrenamtliche	S. 282 ff.
	Durchschnittliche Leistungszeit	
	Zugehörigkeitsdauer	

Hinweis: alle Seitenangaben beziehen sich auf Halfar/Moos (2014) Controlling, aaO

Abb. 121: Weitere Kennzahlen für Vereine; Quelle: Halfar/Moos (2014): Controlling, a. a. O., S. 213 ff.

Grenzen der Analyse von Jahresabschlüssen mit Kennzahlen

Kennzahlen stellen ein wichtiges Mittel zur Analyse von Jahresabschlüssen dar. Allerdings gibt es auch **Grenzen** und **Schwierigkeiten**, die in folgender Hinsicht bestehen:[150]

Fraglich ist,

- ob die Kennzahlen zutreffend erhoben werden,
- ob die Kennzahlen tatsächlich eine Aussage über die Wirklichkeit treffen und ob sie das Richtige messen,
- ob die Informationen überhaupt steuerungsrelevant für das Management sind,
- ob die Kennzahlen das Verhalten der Mitarbeiter beeinflussen und
- ob die Kennzahlen von einer größeren Zahl an Vereinen akzeptiert und verwendet werden.

Bei aller Kritik ist jedoch klar, dass ohne quantifizierte Kennzahlen keine betriebswirtschaftliche Planung, Steuerung und Kontrolle von Vereinen möglich ist. Für einen Einsatz der Kennzahlen in Vereinen kommt es entscheidend darauf an, die Geschäftsgrundlage des jeweiligen Vereins abzubilden. Ein kleinerer gemeinnütziger e. V. wird die Kennzahlen zur Ertragslage anders gewichten als ein börsennotiertes Großunternehmen. Ein kommunales Unternehmen der Daseinsvorsorge hat wiederum andere Ziele im Blick. Für kommunale Unternehmen werden geeignete Kennzahlen standardmäßig von der Beteiligungsverwaltung der Trägerkommune vorgegeben.[151]

Kennzahlensysteme

Für bestimmte Kennzahlen bietet es sich an, sog. **Kennzahlensysteme** zu nutzen. Kennzahlensysteme stellen mehrere Variablen in einer sachlich sinnvollen Beziehung zusammen. Ein Kennzahlensystem stellt eine geordnete Gesamtheit einzelner Kennzahlen aus den verschiedenen Bereichen dar, die in einer Beziehung zueinander stehen und so als Gesamtheit über einen Sachverhalt insgesamt und ganzheitlich informieren. Ein Kennzahlensystem ist auf ein gemeinsames, übergeordnetes Ziel ausgerichtet.[152] Im Folgenden werden operative und strategische Kennzahlensysteme zusammengestellt.

---

150 Vgl. K. Schellberg (2005): Vom Ideal zur Zahl. Betriebswirtschaftliche Aspekte der Organisationen der Sozialen Arbeit, in: C. Engelfried (Hrsg.): Soziale Organisationen im Wandel: fachlicher Anspruch, Genderperspektive und ökonomische Realität, Frankfurt a. M./New York, S. 270 ff.

151 Vgl. hierzu die Berichterstattung der Beteiligungsverwaltung über die kommunalen Eigenbetriebe und Eigengesellschaften im sog. Beteiligungsbericht. Hier legt die Kommune eine Reihe an Kennzahlen fest, die für alle Beteiligungen bzw. Eigenbetriebe ausgewiesen werden. Zum Beispiel kann hier der Beteiligungsbericht der Landeshauptstadt Dresden genannt werden, vgl. https://www.dresden.de/media/pdf/berichte/Beteiligungsbericht2015.pdf (Abrufdatum: 12.10.2017).

152 Vgl. Horváth (1996): Controlling, a. a. O., S. 546.

Operative Kennzahlensysteme

Das älteste und bekannteste Kennzahlensystem ist das Dupont-Kennzahlensystem (auch System of Financial Control genannt), das in Abbildung 122 dargestellt wird.[153]

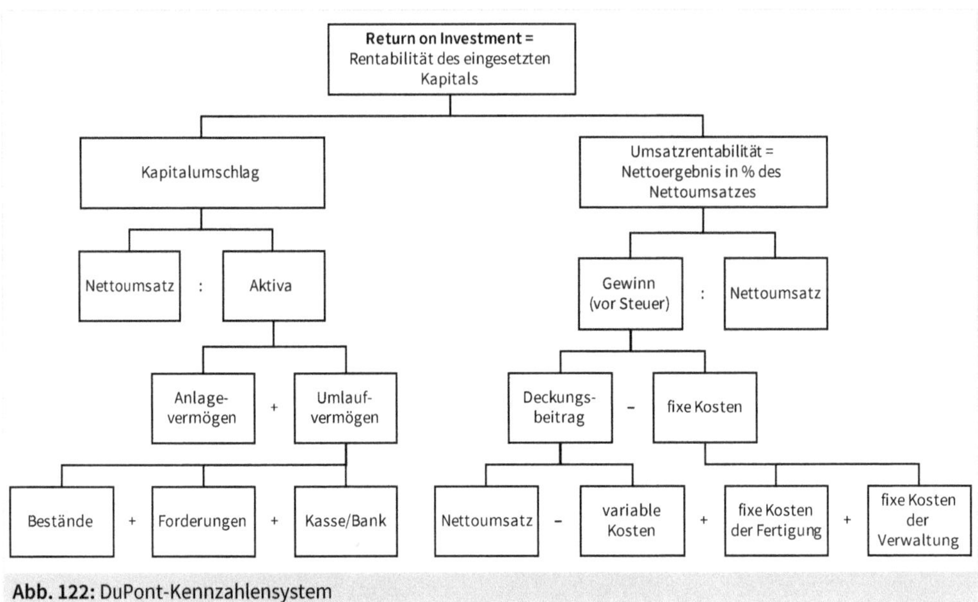

Abb. 122: DuPont-Kennzahlensystem

Das **Kennzahlensystem von DuPont** ist vom Aufbau her ein Rechensystem in Gestalt einer Kennzahlenpyramide. Im Zentrum der Betrachtung steht die Kennzahl Return on Investment (ROI, das ist der Ertrag aus dem investierten Kapital) als oberste Kennzahl. Dieser ROI wird im unteren Teil der Pyramide in den Kapitalumschlag und die Umsatzrentabilität zerlegt. Der Kapitalumschlag wird weiter nach dem Anlage- und Umlaufvermögen analysiert. Die Umsatzrentabilität wird in den Deckungsbeitrag und die Fixkosten zerlegt.

Die DuPont-Kennzahlensystematik verdeutlicht mit der Zerlegung des ROI in den Kapitalumschlag und die Umsatzrentabilität zwei wesentliche Quellen der Rentabilität des eingesetzten Kapitals.[154] In einem gewissen Sinne ist ein solches System ein

153 Es wird seit 1919 angewendet. Dabei werden drei Typen von Kennzahlen einander gegenübergestellt: Ist-Kennzahlen der Gegenwart, Ist-Kennzahlen der Vergangenheit (der letzten fünf Jahre) und Prognosewerte, d. h. Soll-Kennzahlen als Budget. Vgl. W. Gladen (2003): Kennzahlen- und Berichtssysteme, 2. Aufl., Wiesbaden, S. 93 ff.

154 Das DuPont-Kennzahlensystem betrachte allein die Erfolgskomponente. Die Aspekte der Finanzierung, Liquidität und der Unternehmensstrategie werden bewusst ausgeblendet. Deshalb ist das Haupteinsatzgebiet dieses Systems das Investmentcenter, d. h. eine dezentrale Untergliederung in einem größeren Unternehmensverbund, vgl. Gladen (2003): Kennzahlen- und Berichtssysteme, a. a. O., S. 86 ff.

didaktisches Hilfsmittel, um die Wirkungszusammenhänge in einem Unternehmen zu verdeutlichen. Wenn es mit dem Kennzahlensystem gelingt, die Haupteinflussgrößen zu isolieren, können Schwachstellen aufgedeckt und Gegensteuerungsmaßnahmen eingeleitet werden.

Ein weiteres Kennzahlensystem ist das **ZVEI-Kennzahlensystem**, das vom Zentralverband der Elektrotechnischen Industrie e. V. (ZVEI) im Jahre 1989 entwickelt wurde. Es arbeitet mit 88 Haupt- und 122 Hilfskennzahlen und ist nicht nur für die Elektrobranche einsetzbar. Oberste Kennzahl dieses Systems ist die Eigenkapitalrendite.[155]

Ebenso kann auch die **Balanced Scorecard** als ein Kennzahlensystem betrachtet werden. Bei diesem System werden neben der finanziellen Perspektive weitere (qualitative) Dimensionen betrachtet (vgl. die entsprechende Darstellung in Kapitel 3.7).

Im Zusammenhang mit der Analyse der Jahresabschlüsse ist auf den Betriebsvergleich und das Benchmarking einzugehen. Beim Betriebsvergleich oder Benchmarking werden systematisch betriebliche Größen (z. B. Kosten der Produktion oder Leistungserstellung) zwischen zwei Betrieben verglichen, um hieraus Erkenntnisse für das Management abzuleiten. Es handelt sich um Instrumente zur Beurteilung betrieblicher Tatbestände.[156]

5.3 Betriebsvergleich und Benchmarking

5.3.1 Betriebsvergleich

Beim **Betriebsvergleich** wird eine vergleichende Analyse von zwei oder mehr Vereinen vorgenommen.[157] Es können folgende Betriebsvergleiche unterschieden werden:

- **Selbstvergleich** (einbetrieblicher Vergleich): Das Vergleichsmaterial stammt aus einem Verein bzw. Teilbetrieb (z. B. einem Zweckbetreib). Der Selbstvergleich kann a) als Zeitvergleich oder b) als Soll-Ist-Vergleich durchgeführt werden.
- **Zwischenbetrieblicher Vergleich**: Betriebliche Größen aus verschiedenen Bereichen (Vereinsabteilungen, Tochterunternehmen) werden verglichen. Bei den Vergleichsobjekten muss es sich um vergleichbare funktionale Aufgaben handeln. Unter bestimmten Voraussetzungen können jedoch auch Vereine, die in verschiedenen Branchen tätig sind, verglichen werden. Die zwischenbetrieblichen Vergleiche umfassen alle Zahlengrößen oder verbalen Äußerungen aus unter-

155 Vgl. Gladen (2003): Kennzahlen- und Berichtssysteme, a. a. O., S. 97 ff.
156 Vgl. Vogelbusch (2014): Angemessene Verwaltungskosten, a. a. O., S. 6 ff.
157 Vgl. N. Zdrowomyslaw/R. Kasch (2002): Betriebsvergleiche und Benchmarking für die Managementpraxis: Unternehmensanalyse, Unternehmenstransparenz und Motivation durch Kenn- und Vergleichsgrößen, München/Wien, S. 15 ff.

schiedlichen Bereichen der gleichen Ebene, egal ob Größen eines bestehenden oder eines gedachten bzw. konstruierten »Betriebs” verglichen werden. Das Zahlenmaterial muss sich nicht unbedingt auf eine Rechnungsperiode oder auf einen Zeitpunkt beziehen, es kann sich auch auf Werte einer Zeitfolge oder auf mehrerer Zeitpunkte erstrecken.

Bei den zuletzt genannten zwischenbetrieblichen Vergleichen kann nach der **Art des Ausgangsmaterials** weiter unterschieden werden:

- Vergleich aufgrund von Größen der laufenden Rechnung,
- Vergleich von Kennzahlen.

Eine Unterscheidung ist auch nach der Qualität und Kontrollmöglichkeit des Vergleichsmaterials möglich:

- interner Betriebsvergleich mit Einfluss- und Kontrollmöglichkeiten der untersuchenden Stelle auf das Zahlenmaterial,
- externer Betriebsvergleich.

Der **externe Betriebsvergleich** arbeitet entweder nur mit veröffentlichten, jedermann zugänglichen Informationen (Jahresabschluss oder Lagebericht, sonstige Berichte aus der Presse) oder mit Informationen, die die untersuchende Stelle durch Fragebögen (Interviews) erhält. Wenn der Vergleichsstelle die Kontrollmöglichkeit fehlt, lassen sich die Ergebnisse des Kostenvergleichs nur mit Einschränkungen interpretieren.

Für die Vorgehensweise sind beim Kostenvergleich folgende **Schritte** zu benennen:

1. Auswahl des Objekts (Produkt, Methode, Prozess), das analysiert und verglichen werden soll.
2. Auswahl des Vergleichsbetriebs. Dabei ist wichtig festzulegen, welche Ähnlichkeiten zur Gewährungsleistung der Vergleichbarkeit gegeben sein müssen.
3. Datengewinnung (Analyse von Sekundärinformationen; Gewinnung von Primärinformationen, z. B. im Rahmen von Betriebsbesichtigungen).

An den Kostenvergleich können sich Schritte zur Verbesserung der Leistungserstellung anschließen. Etwa indem Leistungslücken und ihre Ursachen betrachtet und Verbesserungen ermittelt und umgesetzt werden.

Der Betriebsvergleich ermöglicht eine **Vergleichsaussage**, und zwar in Form einer für den jeweiligen Vergleichszweck relevanten Aussage über die Vergleichsobjekte.

Beispiel: Betriebsvergleich !

Zum Beispiel überlegt der Vorstand gemeinsam mit dem Küchenchef eines Sportvereins, wie das Angebot an Speisen, Getränken und Kulturveranstaltungen in der Vereinsgaststätte verbessert werden kann. Bevor der Vorstand eine Entscheidung trifft, bittet er den Küchenchef, bei befreundeten Sportvereinen einen Vergleich der Speisekarten, der Preise und der Kulturveranstaltungen vorzunehmen. Neben diesen Fakten ist zu betrachten, wie das Gebäude (Alter, Erhaltungszustand, Funktionalität usw.) die Ausstattung der Räumlichkeiten und die Atmosphäre der Gaststätte gestaltet sind. Das Publikum der Gaststätte (Zusammensetzung, Alter, soziographische und ökonomische Daten usw.) darf beim Vergleich ebenfalls nicht außer Acht gelassen werden.

Das veranschaulicht die Komplexität der anstehenden Entscheidung. Es wirken viele Faktoren auf die Betriebswirtschaft der Vereinsgaststätte ein, die alle in ihrer Interdependenz berücksichtigt werden müssen. Die Verbesserung des Leistungsangebots (Speisen, Getränke, Kulturveranstaltungen) kann vom Vorstand nur gemeinsam mit dem Küchenchef und ggfs. hinzuzuziehenden Experten getroffen werden. Empfehlenswert ist die Erörterung des Sachverhalts in der Mitgliederversammlung, um die Entscheidung mit breiter Rückendeckung aus der Mitgliedschaft zu treffen.

Einschränkend ist aus methodischer Sicht anzumerken, dass die Vergleichsaussage nicht leichtfertig verallgemeinert werden darf. Es dürfen keine Ergebnisse herausgelesen werden, die der Vergleich nicht bietet. Es handelt sich immer nur um erste Erkenntnisse, die Anlass zu weiteren Untersuchungen geben.

Bei der Auswertung müssen zudem die speziellen Bedingungen des eigenen Vereins im Vergleich zu den anderen an der Erhebung beteiligten Vereinen berücksichtigt werden. Es reicht im Allgemeinen nicht aus, eine Vergleichsziffer isoliert zu betrachten. Erst durch gleichzeitige Betrachtung mehrerer Größen wird ein fundiertes Urteil möglich.

5.3.2 Benchmarking

Dem Benchmarking kommt in der Betriebswirtschaftslehre eine über den reinen Betriebsvergleich hinausgehende Rolle zu. Neben dem Gewinnen von Informationen aus dem Vergleich bestimmter Kenngrößen geht es um die laufende Orientierung am »Besten einer Klasse«. Es soll zudem im Rahmen eines kreativen Verfahrens externes Wissen in den Verein eingebracht werden.

Benchmarking ist ein Instrument der Wettbewerbsanalyse. Es ist ein kontinuierlicher Vergleich von Produkten, Dienstleistungen sowie Prozessen und Methoden mit (mehreren) Vereinen, um die Leistungslücke zum sog. Klassenbesten (Geschäftsbetrieb, der die Prozesse, Methoden etc. hervorragend beherrschen) systematisch zu schließen. Die Grundidee ist, festzustellen, welche Unterschiede bestehen, warum sie bestehen und welche Verbesserungsmöglichkeiten es gibt.[158]

Die Durchführung eines Benchmarkings beruht auf der **Orientierung an den Besten** einer vergleichbaren Gruppe. Diese Vorgehensweise bezeichnet man neudeutsch als »Best Practice«. Best Practice bedeutet wörtlich: »bestes Verfahren« oder »beste Lösung«. Dem Benchmarking innewohnend ist der Gedanke, von anderen Vereinen zu lernen. Die Organisation wird dabei als »lernende Organisation« betrachtet.

Benchmarking ist einer der effektivsten Wege, externes Wissen rasch in den eigenen Verein einzubringen. Das in einem Benchmarking-Projekt erarbeitete Wissen ist zudem praxisorientiert – denn es stammt aus der Praxis und hat sich im Alltag bewährt.

In Deutschland gibt es im Bereich der öffentlichen Verwaltung die sog. »Vergleichsringe« der Kommunalen Gemeinschaftsstelle für Verwaltungsvereinfachung (KGSt). Daneben gibt es zum einen gesetzliche Vorschriften für das Benchmarking (z. B. Krankenhäuser, Rentenversicherungen), zum anderen auch freiwillige Aktivitäten in sog. Benchmarking-Clubs. So sind beispielsweise die gesetzlichen Unfallversicherungsträger mit wissenschaftlicher Begleitung dabei, ein Prozessbenchmarking durchzuführen und weiterzuentwickeln, das sowohl qualitative als auch quantitative Ziele und Wirkungen berücksichtigt.

In der betriebswirtschaftlichen Praxis hat sich eine Einteilung des Benchmarkings in **vier Grundtypen** herausgebildet.[159] Die Klassifizierung orientiert sich an den Benchmarking-Partnern und ihren Eigenschaften. Infrage kommt, sie in der eigenen oder in einer fremden Branche bzw. Organisation zu suchen.

- Typ 1: internes Benchmarking,
- Typ 2: Wettbewerbsbenchmarking,
- Typ 3: Funktionales oder marktübergreifendes Benchmarking,
- Typ 4: Best-Practice-Benchmarking.

158 Stichwort: Benchmarking bei: Springer Gabler Verlag (Hrsg.), Gabler Wirtschaftslexikon, online im Internet: http://wirtschaftslexikon.gabler.de/Archiv/2297/benchmarking-v7.html. (Abrufdatum: 1.5.2014).

159 Vgl. etwa A. Hofmann (2004): Artikel »Benchmarking«, in: K. Krieger (Hrsg.): Gabler-Lexikon Logistik. Management logistischer Netzwerke und Flüsse, Wiesbaden, S. 41 ff.

Abbildung 123 zeigt den Inhalt des jeweiligen Benchmarking-Typs.[160]

Nr.	Bezeichnung	Inhalt	Einschätzung
Typ 1	internes Benchmarking	findet innerhalb der eigenen Organisation und Branche statt, beispielsweise wird der Produktionsprozess aller Betriebe eines Herstellers periodisch miteinander verglichen	Vorteil: Daten gut erhältlich und Vergleiche auf Kennzahlenebene möglich, möglicher Nachteil: mangelnde Akzeptanz (Phänomen »der Prophet im eigenen Land gilt oft nichts«)
	Sonderform Konzern-benchmarking	bei größeren Unternehmensverbünden (Holding), die aus rechtlich selbständigen Mutter- und Tochterunternehmen bestehen, die unter einheitlicher wirtschaftlicher Leitung stehen (Konzern), hierbei wird das interne Benchmarking auf den Unternehmensverbund ausgedehnt	Vorteil: gute Verfügbarkeit von Informationen, Nachteil: kennzahlenorientiertes Benchmarking nur noch beschränkt möglich, wenn die beteiligten operativen Einheiten zu unterschiedlichen Branchen (Hilfebereichen) zu rechnen sind
Typ 2	Wettbewerbs-benchmarking	Benchmarking-Partner sind Organisationen aus derselben Branche im selben Markt oder in unterschiedliche Märkten, das Hauptinteresse gilt dem Vergleich von Kennzahlen (aus Wettbewerbsgründen nur eingeschränkt möglich), bedingt gute Vorbereitung und offene Kommunikation, alle Teilnehmer müssen sicher sein, dass Informationen (abgegebenen und erhaltenen) in einem ausgewogenen Verhältnis stehen, Nachteil: sobald einer der Teilnehmer die Federführung übernimmt, ist dies schwer zu realisieren	Vorteil: klare Positionierung des eigenen Unternehmens im Wettbewerb, Unternehmen profitieren von der Wettbewerbsbeobachtung, Nachteil: Kennzahlen oder sogar Prozesse mit der direkten Konkurrenz sind schwierig zu benchmarken, Erkenntnisse aus Wettbewerbs-Benchmarking haben einen geringen Neuigkeitsgrad, Ausnahme: für Wettbewerbsanalysen in Echtzeit gibt es spezielle Benchmarking-Software , diese sammelt Daten und leitet Entscheidungen ab
Typ 3	Funktionales oder markt-übergreifendes Benchmarking	universelle Art des Benchmarkings, Vergleich mit den Betrieben der gleichen Branche in getrennten Märkten, Organisationsbereiche werden in ihrer Funktion verglichen, wie z.B. die Logistikabteilung eines Betriebs mit der eines Versandunternehmens	Vorteil: sehr hohes Lernpotenzial, bietet am meisten Anregungen und neue Ideen, kann vor allem bei Benchmarking von Konzepten ausgeschöpft werden
Typ 4	Best-Practice-Benchmarking	die reinste Form des Benchmarkings, Methoden und Prozesse werden branchen- und funktionsübergreifender verglichen, angestrebt wird der Vergleich zwischen nicht verwandten Organisationen	Vorteil: kreatives Lernen aufgrund der zunächst überhaupt nicht übereinstimmenden Vergleichbarkeit, Beispiel der Southwest Air Lines: Vergleich der Zeiten für Be- und Entladung, Betankung, Reinigung und Sicherheitschecks von Flugzeugen mit den Boxenstopps beim Indy-500-Autorennen, Zeitreduzierung um 50 % möglich

Abb. 123: Typen des Benchmarkings

160 Vogelbusch (2014): Angemessene Verwaltungskosten, a. a. O., S. 9.

Mithilfe des Benchmarkings können ausgewählte Fragestellungen untersucht werden. Exemplarisch kann auf den Betriebsvergleich der BFS Service GmbH und eine Untersuchung von Vogelbusch (2014) verwiesen werden, die die Angemessenheit von Verwaltungskosten für frei-gemeinnützige Vereine betrachtet hat.

Die Kosten der Verwaltung (neudeutsch auch »Overheadkosten«) stehen immer im Mittelpunkt einer kritischen Betrachtung, weil sie unter dem Generalverdacht stehen, erstens nicht auf die eigentliche Aufgabe des Vereins bezogen und zweitens zu hoch zu sein. Dies zeigt auch das folgende Zitat:

> *Die Höhe der Verwaltungskosten ist immer Streitpunkt, intern wie extern. Nach außen, weil die Kostenträger kaum mehr bereit sind, höhere Verwaltungskosten in den Entgelten zu berücksichtigen, auch wenn der bürokratische Aufwand kontinuierlich steigt. Im Innenverhältnis sind die Verwaltungskosten immer ein Streitpunkt mit den Leistungsbereichen.*[161]

Die Angemessenheit von Verwaltungskosten wurde unter der Betreuung des Verfassers in den Jahren 2007 und 2008 in einer Diplomarbeit an der ev. Hochschule für Soziale Arbeit (FH) in Dresden von Jörg Schultz bearbeitet.[162] Die Ergebnisse dieser Analyse wurden aus Datenschutzgründen nicht veröffentlicht und können nur anonymisiert wiedergegeben werden.

In seiner Diplomarbeit untersuchte Schultz drei Einrichtungen der Diakonie (A, B und C mit 530 bis 2.100 Beschäftigten) aus den Branchen Alten- und Behindertenhilfe (und bei einem Träger auch Krankenhilfe) mit einer Fragebogenstudie. Die Fragebögen wurden für den gesamten Verein, die Geschäftsbereiche Alten- und Behindertenhilfe und eine stationäre Altenhilfeeinrichtung erstellt. Die zentrale Fragestellung war, in welcher Größenordnung sich die Verwaltungskosten bei den genannten Einrichtungen bewegen. Der externe Kostenvergleich kam zu folgendem Ergebnis:

- Die Verwaltungskostenquote (Overheadkosten/Gesamtumsatz) schwankt zwischen 8,2 % und 11,7 % (Abweichung: 42 %).
- Bezüglich der Höhe je Platz differieren die Verwaltungskosten stark (von 1.991 €/Platz bis zu 3.134 €/Platz; dies bedeutet eine Abweichung von 57 %).
- Der Träger mit den hohen Verwaltungskosten liegt in den alten, die anderen Vereine in den neuen Bundesländern. Offensichtlich haben die Träger, die nach der Wende neu entstanden sind, auf eine effiziente Struktur geachtet und weisen niedrige Verwaltungskosten auf.

---

161 Eisenreich/Halfar/Moos (2005): Steuerung sozialer Betriebe, a. a. O., S. 80.

162 J. Schultz (2008): Bewertung der Angemessenheit von Verwaltungskosten eines Sozial-(Diakonischen) Unternehmens, unveröffentlichte Diplomarbeit, Evangelischer Hochschule für Soziale Arbeit (FH), Dresden.

Der Verfasser hat darüber hinaus drei große Träger im Rheinland für einen Kostenvergleich gewinnen können. Bei diesen Trägern handelt es sich um sog. Komplexträger, d. h. Träger mit mehreren Betrieben an verschiedenen Standorten. Schwerpunktmäßig sind diese Vereine im Bereich der Altenhilfe tätig. In Verein 1 arbeiten 870, in Verein 2 knapp 1.500 und in Verein 3 über 2.000 Beschäftigte. Aus Gründen der Verschwiegenheit können die Daten nur anonymisiert wiedergegeben werden. Neben den Kosten der zentralen Verwaltung wurden die Overheadkosten erfasst, die dezentral bei den Einrichtungen vor Ort vorgehalten werden. Zunächst wurden die Verwaltungskosten nach den geprüften handelsrechtlichen Jahresabschlüssen 2010 bzw. 2011 abgefragt. Aus den Kostenstellenrechnungen wurden die Kosten der zentralen Stabstellen »Verwaltung« ermittelt. Hinzu addiert wurden die Kosten der bei den einzelnen Einrichtungen angesiedelten Verwaltungen (z. B. der Verwaltungsleitung und der Buchhalterin bei einem Pflegeheim). Die in Abbildung 124 dargestellten Verwaltungskostenquoten wurden ermittelt.

In der Diplomarbeit wurden die Werte für die Vereine A bis C ermittelt. Darüber hinaus hat der Verfasser in der Folgezeit weitere Träger der Wohlfahrtspflege (in Abbildung 124 Vereine 1 bis 3) für einen Kostenvergleich im Sinne eines Benchmarkings gewinnen können.

Hinweise: !

Es werden Werte aus den Jahren vor 2008 für die Vereine A bis C mit Zahlen aus den Geschäftsjahren 2010 bzw. 2011 (Vereine 1 bis 3) dargestellt. Zwischenzeitlich sind die Erträge und Verwaltungskosten wegen Tarifsteigerungen und der allgemeinen Inflation nominell angestiegen. Die »Normierung« der Werte erfolgt durch die Bildung eines Quotienten.

Für die Vereine A und C werden Werte für die Fachbereiche Behindertenhilfe und Altenhilfe angegeben. Für Verein B können nur Verwaltungskosten je Mitarbeiter bzw. je Platz angegeben werden. Die Werte für die Vereine 1, 2 und 3 werden für die gesamte Einheit (Verbund aus Mutterverein und Tochtergesellschaften) angegeben. Abbildung 124 zeigt unterschiedliche Verwaltungskostenquoten. In Verein 1 betragen diese lediglich 5,7 % der gesamten Erträge. In Verein C (Fachbereich Altenhilfe) liegen sie mit 11,7 % am höchsten.

Verwaltungskosten	**Verein A**	**Verein B**	**Verein C**	**Verein 1**	**Verein 2**	**Verein 3**
	Diplomarbeit Schultz			**eigene Untersuchung**		
Quote (Kosten/Gesamtertrag)	8–9 %	9–12 %	11,7 %	5,7 %	7,3 %	7,7 %

Abb. 124: Verwaltungskosten bezogen auf die Umsatzerlöse

Bei allen Trägern handelt es sich um diakonische Vereine mit mehr als 500 Beschäftigten. In der Tendenz weisen die größeren Vereine eine höhere Verwaltungskostenquote auf, was darauf schließen lässt, dass bei diesen Vereinen zusätzliche und aufwendigere Leistungen in der Verwaltung erbracht werden (z. B. Fundraising, Öffentlichkeitsarbeit). Für weitergehende Aussagen wären vertiefte Analysen erforderlich.

Es ist in jedem Fall festzustellen, dass bei den betrachteten Vereinen die Verwaltungskostenquote deutlich unter den in der Rechtsprechung des Bundesfinanzhofs, der Empfehlung des Maecenata Instituts und den Vorgaben des DZI liegt (hier waren Größenordnungen von 20–35 % noch akzeptiert worden).[163]

Andere Institutionen haben sich ebenfalls zu den Verwaltungsaufwendungen geäußert. Das **Maecenata Institut** für Dritter-Sektor-Forschung hat 2003 in einer auf Förderstiftungen bezogenen Analyse für die Verwaltungskosten von Non-Profit-Organisationen eine Grenze von 10–20 % der gesamten Mittel propagiert:

> *Verwaltungskosten von 10 bis 20 % des Gesamtbudgets erscheinen im Durchschnitt mehrerer Jahre als angemessen. In diesen Kosten sind die Kosten des Projektmanagements im Wesentlichen enthalten. Eine genauere Eingrenzung ist nur möglich, wenn Einflussfaktoren (z. B. Struktur der Mittelherkunft, Komplexität der Zweckverwirklichung, satzungsmäßige Zielbeschreibung, Externalisierung von Kosten, Einsatz ehrenamtlicher Führungs- und Hilfskräfte usw.) in die Beurteilung einfließen.*[164]

Diese Äußerung ist jedoch sehr pauschal und nicht durch eine empirische Untersuchung überprüft.

Für die Sozialwirtschaft ist der **Betriebskostenvergleich der BfS-Service GmbH**, Köln von herausragender Bedeutung. Die Bank für Sozialwirtschaft AG, Köln und Berlin bietet ihren Kunden einen EDV-gestützten Vergleich der Betriebskosten in den Branchen ambulante und stationäre Altenhilfe an. Gemeinsam mit dem Bundesverband evangelische Behindertenhilfe (BEB) wurde im Jahre 2006 darüber hinaus ein Projekt im Bereich der Behindertenhilfe (für Heime) angeboten.[165]

Das Projekt in der Altenhilfe differenziert nach Bundesländern, Betriebsgröße und Trägern (kommunal, privat und frei-gemeinnützig). Da sich über 500 Träger an diesem Vergleich beteiligen, können wertvolle Informationen zur Analyse des eigenen Betriebs gewonnen werden. Im Rahmen des Betriebsvergleichs werden allgemeine

---

163 Vgl. Deutsches Zentralinstitut für soziale Fragen (2006): Werbe- und Verwaltungsausgaben Spenden sammelnder Organisationen, Berlin.

164 R. Sprengel/R. Graf Strachwitz/S. Rindt (2003): Die Verwaltungskosten von Non-Profit-Organisationen – ein Problemaufriss anhand einer Analyse von Förderstiftungen, opusculum Nr. 11, Hamburg, S. 3.

165 E. Poniewaz (2013): Arbeitskosten in der Pflege sind drastisch gestiegen, in: Altenheim 7/2013, S. 24 ff. und ders. (2012): Der Pflegemarkt aus der Anbieterperspektive: Die wirtschaftliche Situation stationärer Pflegeeinrichtungen, in: WIdO-Reihe, Wissenschaftliches Institut der AOK, Fokus Pflegeversicherung, Berlin, S. 7 ff. und H. Schmitz (2000): Der Krankenhausbetriebsvergleich als Instrument der internen und externen Koordination, Lohmar/Köln.

Einrichtungsdaten wie Standort, Kapazitäten und Zimmerstruktur erhoben und danach Auswertungskategorien gebildet. Auf diese Weise kann die BFS Service GmbH die optimale Vergleichbarkeit der Daten gewährleisten. Hinzu kommen – jeweils separat – Leistungsmerkmale und Kostenstrukturen für folgende Bereiche: Pflege und Betreuung, Speisenversorgung, Gebäudereinigung, Wäschereinigung, Verwaltung (allerdings werden nicht die Overheadkosten explizit betrachtet) und Technischer Dienst. Alle Leistungsmerkmale sind differenziert und genau beschrieben. Für den Bereich »Pflege und Betreuung« ist es beispielsweise die Summe der geleisteten Pflegetage, differenziert nach Pflegestufen, für den Bereich »Speisenversorgung« die Anzahl der Beköstigungstage.

Eine exakte Abfrage der Personal- und Sachkosten für die einzelnen Bereiche ermöglicht eine differenzierte Betrachtung der Zusammensetzung der Gesamtkosten in der jeweiligen Einrichtung.[166]

Neben diesem bundesweiten Benchmarking-Projekt ist beispielshaft auf diverse Projekte der Wohlfahrtsverbände bzw. der Krankenhausbranche zu verweisen:[167]

- Benchmarking-Projekt zur stationären und ambulanten Altenhilfe der Diakonie Sachsen,
- Ausgewogenes Benchmarking, Diözesan-Caritasverband für das Erzbistum Köln e. V.,
- Benchmarking zur Personalentwicklung und Qualität der Arbeitsplätze – Kooperationsprojekt des Caritasverbandes der Diözese Rottenburg-Stuttgart e. V., des Diakonischen Werkes Württemberg e. V., des Paritätischen Wohlfahrtsverbandes Baden-Württemberg e. V.,
- DRK Benchmarking für die stationäre Altenhilfe (acht Landesverbände und der Bundesverband),
- WGKT-Projekt für Kennzahlen für 31 Krankenhäuser (Forschungsprojekt der Universität Karlsruhe und Opik),
- Betriebskostenvergleich für Krankenhäuser (f&w-Krankenhaus-Kompass),
- Benchmarking-Projekt des Verbands VDD zu Verwaltungskosten.

Das Benchmarking-Projekt zur stationären und ambulanten Altenhilfe der Diakonie in Sachsen ist in der Dissertation von Heike Maschke dargestellt worden.[168] Maschke hat ein Online-Benchmarking-Projekt für die ambulante und stationäre Altenhilfe der Diakonie in Sachsen eingeführt. Mithilfe der Ergebnisse des Projekts kann Maschke die wesentlichen Parameter der Wirtschaftlichkeit der Leistungserbringung im Alten-

---

166 Ergebnisse des Betriebsvergleichs der BFS-Service GmbH werden im Detail nur an die teilnehmenden Träger weitergegeben. Ein Abdruck ist deshalb hier nicht möglich.

167 Vgl. für die Quellen zu diesen Untersuchungen Vogelbusch (2014): Angemessene Verwaltungskosten, a. a. O., S. 10.

168 H. Maschke (2009): Beurteilung und Steuerung der Wirtschaftlichkeit in der freien Wohlfahrtspflege am Beispiel der Diakonischen Altenpflege in Sachsen – Analyse der Ist-Situation und Ableitung von Handlungsempfehlungen mit Hilfe des Instruments Benchmarking, Lößnitz.

hilfebereich darstellen. Dafür leitet sie steuerungsrelevante Kennzahlen ab, für die sie die Ergebnisse des Projekts in Übersichten anschaulich darstellt.

5.4 Analyse von Vereinsjahresabschlüssen anhand von Beispielen

In diesem Kapitel wird auf die Analyse von Vereinsjahresabschlüssen eingegangen. Umgangssprachlich spricht man von der »Bilanzanalyse«. Da jedoch der handelsrechtliche Jahresabschluss aus Bilanz, Gewinn- und Verlustrechnung und Anhang besteht (und bei größeren Vereinen um den Lagebericht ergänzt wird), ist die präzise Bezeichnung Jahresabschlussanalyse.

Im Folgenden werden Beispiele für die Analyse von Jahresabschlüssen aus der Praxis der Vereinsrechnungslegung dargestellt. Dabei werden einfache und komplexe Formen der jährlichen Rechenschaftslegung berücksichtigt.

Abschließend werden Hinweise zur praktischen Vorgehensweise bei der Analyse eines Jahresabschlusses (*quick and dirty*) gegeben. Mit diesen Hinweisen soll erläutert werden, wie sich ein Bilanzleser einen raschen Überblick über die Vermögens-, Ertrags- und Finanzlage (die sog. VFE-Lage) verschaffen kann.

Als Beispiele für die Analyse der Einnahme-Überschussrechnung von kleinen Vereinen bzw. eines Jahresabschlusses bei großen Vereinen wurden solche Vereine ausgewählt, deren Jahresabschlüsse öffentlich zugänglich sind.

Neben Sportvereinen werden Bildungsträger und Sozialunternehmen in der Rechtsform des Vereins betrachtet. Bei der Recherche von veröffentlichten Jahresabschlüssen im Internet fällt auf, dass Sportvereine und Feuerwehrvereine in ihrer Publizität eher »zurückhaltend« sind. Die Recherche für dieses Buch hat ergeben, dass nur eine verschwindend geringe Anzahl von Vereinen Angaben zu ihren finanziellen Verhältnissen veröffentlichen.[169]

ARBEITSHILFE ONLINE

Für Feuerwehrvereine ergibt sich die Besonderheit, dass die Vereine der Freiwilligen Feuerwehr aus einer Fiktion des Bundesfinanzhofs entstehen. Wie in der Arbeitshilfe »FAQ der Besteuerung gemeinnütziger Vereine« dargestellt wird für die Kameradschaftskasse und die hieraus finanzierten Mitgliederwerbungs- und Geselligkeitsveranstaltungen für die Zwecke der Besteuerung ein (nicht eingetragener) Verein gebildet.[170] Die Finanzverwal-

169 Als Beispiel für einen transparenten großen Verein wird der auf Bundesebene angesiedelte Deutsche Olympische Sportbund (DOSB) e. V. genannt. Für kleinere Sportvereine wurde der Gautinger Sport Club e. V. gewählt, der eine vorbildliche Offenheit bezüglich seiner Einnahmen und Ausgaben übt.

170 BFH, Urteil v. 18.12.1996 (Streitjahr 1989) – veröffentlicht in BStBl II 1997, S. 361. Siehe auch den Vortrag des Finanzamts beim Kreisfeuerwehrverband Bitburg-Prüm am 18.11.2010

tung hat in Abstimmung mit den Feuerwehrverbänden eine Handreichung erarbeitet, wie der steuerlich aus einer Fiktion gebildete Verein der Freiwilligen Feuerwehr seinen Haushalt plant und in einer Einnahmen-Ausgabenrechnung die Planwerte den Ist-Werten gegenüberstellt.[171]

Für Vereine aus der Wohlfahrtspflege ist dies anders, dort finden sich weitaus mehr Vereine, die über ihre finanziellen Verhältnisse transparent berichten. Dies hängt nach Einschätzung des Verfassers damit zusammen, dass sich die Träger aufgrund diverser Skandale verpflichtet fühlen, proaktiv Transparenz zu gewähren.[172] Die kirchlichen Träger haben sogar Transparenzrichtlinien beschlossen, die in der zweiten Fassung eine Deckungsgleichheit zur »Initiative Transparente Zivilgesellschaft« gewähren.[173]

Im Folgenden werden die Rechercheergebnisse für die Vereine gezeigt, die eine Transparenz in dem Sinne an den Tag legen, dass sie Informationen zu ihrem Rechnungswesen (im Sinne einer Rechenschaftslegung an externe Adressaten) im Internet publizieren.

Unterschieden werden die Offenlegungen der Daten des Jahresabschlusses nach ihrem Umfang und nach ihrer Detailliertheit.

- Einnahmen- und Ausgabenrechnung in verkürzter Form (Kapitel 5.4.1),
- Einnahmen- und Ausgabenrechnung und Vermögensübersicht (Kapitel 5.4.2),
- zusammengefasste Bilanz und Gewinn- und Verlustrechnung (Kapitel 5.4.3),
- Bilanz- und Gewinn- und Verlustrechnung (Kapitel 5.4.4),
- Bilanz- und Gewinn- und Verlustrechnung sowie Prüfungsbericht (Kapitel 5.4.5 und 5.4.6).

Es werden jeweils Kennzahlen zur Vermögens-, Finanz- und Ertragslage, wie sie in Abbildung 120 vorgestellt wurden, angewendet. Da nicht alle Daten vorliegen, die zum Einsatz aller Kennzahlen erforderlich sind, werden ausgewählte Kennzahlen dargestellt.

(Franz- Josef Stoy/Heinz Broy/Ralf Kockelmann) auf https://finanzamt-bitburg-pruem.fin-rlp.de/fileadmin/user_upload/Finanzaemter/FA%20Bitburg-Pruem/Bilder/feuerwehrund-steuerrecht.pdf (Abrufdatum: 24.10.2019).

171 Vgl. den Vortrag des Finanzamts beim Kreisfeuerwehrverband Bitburg-Prüm am 18.11.2010 (Franz- Josef Stoy/Heinz Broy/Ralf Kockelmann) auf https://finanzamt-bitburg-pruem.fin-rlp.de/fileadmin/user_upload/Finanzaemter/FA%20Bitburg-Pruem/Bilder/feuerwehrundsteuerrecht.pdf (Abrufdatum: 24.10.2019).

172 Vgl. F. Vogelbusch (2018): Transparenz und gute Vereinsführung, in: Lexware der Verein wissen, November 2018, Haufe-Lexware, www.verein-aktuell.de, Führung und Organisation, Gruppe 2.4.12, S. 1 XX ff. und F. Vogelbusch (2012): Transparenz in Welt und Kirche, in KVI 1 2012, S. 12 ff.

173 Vgl. zu diesem Themenkreis allgemein transparency.de/mitmachen/initiative-transparente-zivilgesellschaft (Abrufdatum: 26.10.2019). Die Transparenzstandards der Caritas und Diakonie sind hier zu finden: https://www.diakonie.de/fileadmin/user_upload/Diakonie/PDFs/Ueber_Uns_PDF/Transparenzstandards_Caritas_und_Diakonie_Januar_2019.pdf (Abrufdatum: 26.10.2019).

5.4.1 Einnahmen- und Ausgabenrechnung in verkürzter Form für einen Verein aus dem Bereich Kultur und Bildung

Als Beispiel für eine publizierte Rechenschaftslegung in Kurzform von Vereinen aus dem Bereich Kultur und Bildung sei der Omse e. V., Dresden, aufgeführt. Er veröffentlicht auf seiner Homepage Angaben nach den Vorgaben der Initiative Transparente Zivilgesellschaft.

Der Omse e. V. gibt zu seinen Finanzen die in Abbildung 125 aufgeführten Informationen auf der Transparenzseite.

	2018	
Umsatz nach Bereichen	**t€**	**t€**
Kindergärten inkl. Hort	4.776	
Laborschule	2.535	
Kindertreff	148	
Projekte	206	
Werkhaus	103	
wirtschaftlicher Geschäftsbetrieb	5	
ideeller Bereich	14	
(Stand: 31.12.2018)		**7.787**
Umsatz nach Einnahmenarten (zusammengefasst)		
Elternbeiträge	1.405	
Zuschüsse	6.071	
Stiftungen, Spenden, Mitgliedsbeiträge	18	
eigene Einnahmen	293	
		7.787
Ausgabenübersicht (zusammengefasst)		
Personalkosten	5.863	
Sach- und Betriebskosten	1.725	
		7.588
Ergebnis:		
Jahresüberschuss		199

Abb. 125: Einnahmen- und Ausgabenrechnung in verkürzter Form für den Omse e. V.; Quelle: https://www.omse-ev.de/omse-ev/transparenz (Abrufdatum: 25.10.2019)

Darüber hinaus veröffentlicht der Verein die Zahl seiner Mitarbeiter (Abbildung 126).

	Anzahl
Pädagog*innen	131
Ehrenamt/Freiwillige	21
Honorarkräfte	4
technische Mitarbeiter*innen	9
Verwaltung/Projekte	16
Personalservice	5
Summe	**186**

Abb. 126: Anzahl der Mitarbeiter 2018; Quelle: https://www.omse-ev.de/omse-ev/transparenz (Abrufdatum: 25.10.2019)

Aufgrund dieser zusammenfassenden Darstellung sind die Kennzahlen aus Abbildung 127 zu berechnen.

$$\text{Umsatzrentabilität} = \frac{\text{Jahresergebnis}}{\text{Umsätze insg.}} = \frac{199}{7.787} = 2{,}6\,\%$$

$$\text{Personalaufwandsquote} = \frac{\text{Personalaufwand}}{\text{Umsätze insg.}} = \frac{5.863}{7.787} = 75{,}3\,\%$$

$$\text{Personalaufwand p. c. (t€)} = \frac{\text{Personalaufwand}}{\text{Mitarbeiter (Köpfe)}} = \frac{5.863}{186} = 31{,}5$$

Abb. 127: Kennzahlen für den Omse e. V. (2018)

Die gebildeten Kennzahlen bieten eine erste Hilfestellung bei der Interpretation der Einnahmen-Ausgabenrechnung.

- Die ermittelte **Umsatzrentabilität** deutet z. B. auf ein erfolgreiches Geschäftsjahr hin. Für weitergehende Analysen müssen die ermittelten Kennzahlen für einen Zeitreihenvergleich desselben Vereins oder für einen Querschnittsvergleich mit anderen Schul- und Kindergartenvereinen für das Jahr 2018 verglichen werden. Aus diesen Vergleichen können dann weitere Aussagen, etwa zur Wirtschaftlichkeit oder zur relativen Höhe des Personalaufwands, getroffen werden.
- Hinsichtlich der Kennzahl »**Personalaufwand pro Mitarbeiter**« (pro capite – kurz p. c.) ist besondere Sorgfalt erforderlich. Wenn diese Kennzahl ermittelt und mit der entsprechenden Kennzahl anderer Vereine verglichen wird, sollte genau geprüft werden, ob die Anzahl der Mitarbeiter (Köpfe) oder die Vollbeschäftigtenäquivalente (VBÄ) verwendet wurden. Bei einer hohen Zahl an Teilzeitbeschäftigten ist der Unterschied zwischen beiden Personalgrößen besonders hoch! Im Handelsrecht ist die Zahl der

Mitarbeiter eine Pflichtangabe im Anhang (§ 285 HGB). Sie wird als Mittelwert aus den Werten zum Ende eines Quartals gebildet. Diese handelsrechtliche Zahl an Mitarbeitern unterscheidet sich unter Umständen als Durchschnittswert von einer Angabe »Zahl der Mitarbeiter am 31.12. des Jahres«.

Kennzahlen zur Vermögenslage und zur Finanz- und Liquiditätslage können nicht berechnet werden, da auf der Homepage des Vereins keine Angaben zum Vermögen, zum Kapital und zu den liquiden Mittel veröffentlicht werden.

5.4.2 Einnahmen- und Ausgabenrechnung und Vermögensübersicht für einen Sportverein

Kleine Sportvereine veröffentlichen nur im Ausnahmefall Angaben zu ihren finanziellen Verhältnissen. Als Beispiel für einen kleinen Sportverein kann der Gautinger Sport Club e. V. genannt werden. Auf der Homepage des Vereins finden sich unter der Rubrik »Hauptversammlung« Angaben zu den Einnahmen, zu den Ausgaben und zum Vermögen aus den letzten Jahren. Zusätzlich werden Folien zum jeweiligen Revisionsbericht publiziert.[174]

Abbildung 128 zeigt die Einnahmen-Ausgabenrechnung für die Jahre 2017 und 2016.

	2017		2016		2017/2016
Einnahmen	**abs.**	**rel**	**abs.**	**rel**	**abs.**
Mitgliedsbeiträge	237.184 €	49,9 %	224.614 €	51,8 %	12.570 €
Mieteinnahmen	134.460 €	28,3 %	119.779 €	27,6 %	14.681 €
Zuschüsse	31.163 €	6,6 %	31.633 €	7,3 %	–470 €
Sponsoring/Spenden	20.951 €	4,4 %	23.035 €	5,3 %	–2.084 €
Start-und Kursgebühren	14.821 €	3,1 %	14.414 €	3,3 %	407 €
Erlöse Speisen und Getränke	9.683 €	2,0 %	4.440 €	1,0 %	5.243 €
Werbeeinnahmen	8.713 €	1,8 %		0,0 %	8.713 €
Steuern			4.558 €		–4.558 €
Sonstige Einnahmen	18.106 €	3,8 %	11.031 €	2,5 %	7.075 €
Summe Einnahmen	**475.081 €**	**100,0 %**	**433.504 €**	**100,0 %**	**41.577 €**

174 Vgl. https://www.gautinger-sportclub.de/verein/hauptversammlung.html (Abrufdatum: 18.10.2019).

Ausgaben	2017 abs.	2017 rel	2016 abs.	2016 rel	2017/2016 abs.
Kosten des Sportbetriebs	115.159 €	24,2 %	106.979 €	24,7 %	8.180 €
Infrastrukturkosten	84.038 €	17,7 %	69.637 €	16,1 %	14.401 €
Übungsleitervergütung	59.937 €	12,6 %	79.443 €	18,3 %	-19.506 €
Personalkosten	56.440 €	11,9 %	57.090 €	13,2 %	-650 €
Investition und Instandhaltung	41.125 €	8,7 %	48.423 €	11,2 %	-7.298 €
Abschreibungen/Steuern/Zinsen	28.532 €	6,0 %	20.629 €	4,8 %	7.903 €
Verwaltungskosten	19.039 €	4,0 %	21.778 €	5,0 %	-2.739 €
Summe Ausgaben	**404.270 €**	**85,1 %**	**403.979 €**	**93,2 %**	**291 €**
Jahresergebnis	**70.811 €**	**14,9 %**	**29.525 €**	**6,8 %**	**41.286 €**

Abb. 128: Einnahmen und Ausgaben des Gautinger SC e. V.; Quelle: www.gautinger-sportclub.de/fileadmin/abteilung/hv/files/20180613_HV_Folien.pdf (Abrufdatum: 18.10.2019)

Die Aufstellung der Einnahmen und Ausgaben erfolgt für die Mitgliederversammlung jeweils nur für ein Jahr. Die Auswertung der Einnahmen und Ausgaben in Relation zur Summe der Einnahmen und die Veränderungsspalte wurde vom Verfasser erstellt.

Aus dieser Einnahmen-Ausgabenrechnung können die in Abbildung 129 dargestellten Kennzahlen zur Ertragslage des Vereins berechnet werden.

	2017	2016
$\text{Umsatzrentabilität} = \frac{\text{Jahresergebnis}}{\text{Summe Einnahmen}} =$	$\frac{70.811}{475.081} = 14{,}9\,\%$	$\frac{29.525}{433.504} = 6{,}8\,\%$
$\text{Personalaufwandsquote} = \frac{\text{Personalaufwand + Übungsleitervergütung}}{\text{Summe Einnahmen}} =$	$\frac{116.377}{475.081} = 24{,}5\,\%$	$\frac{136.533}{433.504} = 31{,}5\,\%$

Abb. 129: Kennzahlen zur Ertragslage für den Gautinger SC e. V.

Zusätzlich wird der Einnahmen-Ausgabenrechnung eine Vermögensübersicht beigefügt (Abbildung 130).

Vermögen	31.12.2017	31.12.2016	Verbindlichkeiten	31.12.2017	31.12.2016
Steuern	1 €	89 €	Steuern	5.496 €	5.418 €
Offene Rechnungen	1.697 €	223 €	Offene Rechnungen	13.433 €	9.144 €
			Summe lfd. Verbindl.	18.929 €	14.562 €
			Darlehen	40.000 €	50.000 €
Summe Vermögen	**1.698 €**	**312 €**	**Summe Verbindlichkeiten**	**58.929 €**	**64.562 €**

Abb. 130: Einnahmen und Ausgaben des Gautinger SC e. V.; Quelle: www.gautinger-sportclub .de/ fileadmin/ abteilung/hv/files/20180613_HV_Folien.pdf (Abrufdatum: 18.10.2019)

Der Vermögensübersicht können die Vermögens- und Schuldposten des Vereins entnommen werden. Eine Analyse der Vermögens- und Finanzlage mit Kennzahlen beispielsweise zur Eigenkapitalquote und zur Goldenen Bilanzregel ist aufgrund fehlender Angaben nicht möglich.

5.4.3 Haushaltsplan, Einnahmen- und Ausgabenrechnung und Bestandsverzeichnis/Vermögensübersicht für einen Verein der Freiwilligen Feuerwehr

Für einen fiktiv entstehenden Verein der Freiwilligen Feuerwehr gibt ein Feuerwehrverband ein Schema für den Haushaltsplan, die Einnahmen- und Ausgabenrechnung und die Vermögensübersicht vor (Abbildungen 131 und 132). Diese Rechenwerke werden für das Sondervermögen Kameradschaftskasse gebildet.[175]

Sondervermögen Kameradschaftskasse der Freiwilligen Feuerwehr der Gemeinde Musterort

Einnahmen- und Ausgabenplanung für das Haushaltsjahr ____________

Nr.	Bezeichnung	Einnahmen (Plan)	Nr.	Bezeichnung	Ausgaben (Plan)
0	Zuwendungen von Mitgliedern	- €	8	Ausgaben für Kameradschaftspflege und Versammlungen	- €
1	Zuwendungen von Dritten	- €	9	Ausgaben für Ehrungen, Geschenke und ähnliche Anlässe	- €
2	Einnahmen aus Veranstaltungen	- €	10	Ausgaben für Veranstaltungen	- €
3	Veräußerung von Vermögensgegenständen (> 500 €)*	- €	11	Erwerb von Vermögensgegenständen im Einzelwert ab 500 € *	- €
4	Erstattung von Auslagen durch Gemeinde und Dritte	- €	12	Auslagen für Gemeinde und Dritte	- €
5	Sonstige Einnahmen	- €	13	Sonstige Ausgaben	- €
6	Einzahlungen der Gemeinde	- €	14	Auszahlungen an die Gemeinde	- €
7	Entnahme aus der Rücklage**	- €	15	Zuführung zur Rücklage**	- €
0–7	**Gesamteinnahmen**	**- €**	**8–15**	**Gesamtausgaben**	**- €**
	* Einnahmen aus Abgängen von der Bestandsliste			* Ausgaben für Zugänge zur Bestandsliste	
	** automatische Buchung			** automatische Buchung	

Die Ausgaben werden für gegenseitig deckungsfähig erklärt.

Abb. 131: Schema für den Haushaltsplan für einen Verein der Freiwilligen Feuerwehr; Quelle: Landesfeuerwehrverband S-H 2017

Der in Abbildung 131 wiedergegebene Haushaltsplan stellt den geplanten Ausgaben die geplanten Einnahmen gegenüber. Der Plan hat die Funktion nachzuweisen, dass die geplanten Ausgaben gedeckt sind. Aus dieser Empfehlung des Feuerwehrverbands wird

175 Anlage 1 Muster für den Einnahme- und Ausgabeplan Quelle: www.lfv-sh.de/download.html (Abrufdatum: 28.10.2019).

ersichtlich, dass die Autoren dieses Rechnungswesens in kameralen Kategorien denken. Danach wird die Versammlung der Freiwilligen Feuerwehr einen Haushalt für die Kameradschaftskasse beschließen, der am Ende des Jahres im Sinne der Kameralistik abzurechnen ist, d. h., die Verantwortlichen haben Rechenschaft darüber zu geben, dass die eingeräumten Haushaltsansätze nicht überschritten wurden.

Wenn mehr Ausgaben als Einnahmen geplant werden, ist eine Entnahme aus der Rücklage vorzusehen. Eine dauerhafte Rücklagenentnahme zehrt die Rücklagen des Vereins auf und sollte von daher nur im Ausnahmefall vorgenommen werden.[176]

Abbildung 132 stellt den Jahresabschluss des Vereins in Form der Einnahmen- und Ausgabenrechnung dar. Die erzielten Einnahmen und Ausgaben werden den geplanten Haushaltsansätzen als sog. Sollwerte gegenübergestellt. Somit können Abweichungen aus der Übersicht abgelesen und interpretiert werden.

Nr.	Bezeichnung	*Einnahmen Plan*	Einnahmen Ist	Abweichung	Nr.	Bezeichnung	*Ausgaben Plan*	Ausgaben Ist	Abweichung
0	Zuwendungen von Mitgliedern	*2.000,00 €*	- €	-2.000,00 €	8	Ausgaben für Kameradschaftspflege und Versammlungen	2.000,00 €	39,00 €	-1.961,00 €
1	Zuwendungen von Dritten	*600,00 €*	1.000,00 €	400,00 €	9	Ausgaben für Ehrungen, Geschenke und ähnliche Anlässe	2.000,00 €	- €	-2.000,00 €
2	Einnahmen aus Veranstaltungen	*100,00 €*	- €	-100,00 €	10	Ausgaben für Veranstaltungen	500,00 €	820,71 €	320,71 €
3	Veräußerung von Vermögensgegenständen (> 500 €)*	- €	- €	- €	11	Erwerb von Vermögensgegenständen im Einzelwert ab 500 € *	600,00 €	- €	-600,00 €
4	Erstattung von Auslagen durch Gemeinde und Dritte	*100,00 €*	- €	-100,00 €	12	Auslagen für Gemeinde und Dritte	- €	- €	- €
5	Sonstige Einnahmen	- €	- €	- €	13	Sonstige Ausgaben	300,00 €	- €	-300,00 €
6	Einzahlungen der Gemeinde	- €	- €	- €	14	Auszahlungen an die Gemeinde	- €	- €	- €
7	Entnahme aus der Rücklage**	*5.800,00 €*	1.000,00 €	-4.800,00 €	15	Zuführung zur Rücklage**	400,00 €	140,29 €	-259,71 €
0-7	Gesamteinnahmen	*8.600,00 €*	2.000,00 €	-6.600,00 €	8-15	Gesamtausgaben	5.800,00 €	1.000,00 €	-4.800,00 €
	* Einnahmen aus Abgängen von der Bestandsliste					* Ausgaben für Zugänge zur Bestandsliste			
	** automatische Buchung					** automatische Buchung			

Abb. 132: Schema für die Einnahmen- und Ausgabenrechnung inkl. Soll-Ist-Vergleichs für einen Verein der Freiwilligen Feuerwehr; Quelle: Landesfeuerwehrverband S-H 2017

Der Einnahmen- und Ausgabenrechnung ist zudem eine Vermögensübersicht vorzulegen (vgl. Abbildung 133). In diesem Verzeichnis sind die Vermögensgegenstände mit

176 Ein Ausnahmefall kann z. B. dann gegeben sein, wenn über mehrere Jahre eine Rücklage angespart wird, um eine größere Ausgabe zu finanzieren. Zum Beispiel, wenn ein Lieferwagen angeschafft oder ein rundes Jubiläum gefeiert werden soll.

ihren Anschaffungs- und Herstellungskosten auszuweisen. Der Feuerwehrverband Schleswig-Holstein empfiehlt, Vermögensgegenstände in das Verzeichnis aufzunehmen, die einen Einzelwert über 500 € ausgemacht haben.

Inventar-Nr.	Bezeichnung	Datum	Historische AK/HK
001	Beispiel	22.06.2017	599,67 €
002			
003			
004			
005			
006			
007			
008			
009			
010			

Abb. 133: Schema für eine Vermögensübersicht für einen Verein der Freiwilligen Feuerwehr; Quelle: Landesfeuerwehrverband S-H 2017

Die Vermögensübersicht entspricht in den Grundzügen dem Verzeichnis der Geringwertigen Wirtschaftsgüter und der Wirtschaftsgüter des Anlagevermögens, die nach den steuerlichen Vorschriften der Einnahmen-Überschussrechnung nach § 4 Abs. 3 EStG beizufügen ist.[177]

177 Das Verzeichnis der Geringwertigen Wirtschaftsgüter ist für alle Wirtschaftsgüter zu führen, deren Anschaffungs- und Herstellungskosten mehr als 250 € und weniger als 800 € betragen haben (vgl. § 6 Abs. 2 EStG – erhöhte Werte ab 2018). Die Wirtschaftsgüter des Anlagevermögens sind nach § 4 Abs. 3 S. 5 EStG unter Angabe des Tags der Anschaffung oder Herstellung und der Anschaffungs- oder Herstellungskosten in besondere, laufend zu führende Verzeichnisse aufzunehmen.

5.4.4 Zusammengefasste Bilanz und Gewinn- und Verlustrechnung für einen in der Wohlfahrt tätigen Verein

Als Beispiel für einen römisch-katholischen Träger, der eine hohe Transparenz bezgl. seiner finanziellen Daten gewährt, kann der Diözesan-Caritasverband Augsburg e. V. genannt werden. Auf seiner Homepage findet man Angaben zur Vermögens- und Ertragslage. Die entsprechenden Übersichten werden im Folgenden für die Jahre 2018 und 2017 wiedergegeben. Die Ertragslage stellt sich wie in Abbildung 134 dar.

	2018		2017		Veränderung
	t€	**rel.**	**t€**	**rel.**	**2018–17 t€**
Umsatzerlöse	7.389	30,9 %	6.923	27,9 %	466
Erhaltene Zuschüsse	13.952	58,3 %	14.972	60,4 %	-1.020
Ideelle Erträge	1.869	7,8 %	2.201	8,9 %	-332
Sonstige betriebliche Erträge	711	3,0 %	682	2,8 %	29
Gesamtleistung	**23.921**	**100,0 %**	**24.778**	**100,0 %**	**-857**
Materialaufwand	1.087	4,5 %	1.150	4,6 %	-63
Personalkosten	14.803	61,9 %	14.103	56,9 %	700
Abschreibungen abzgl. Auflösung SoPo	2.367	9,9 %	2.128	8,6 %	239
Sonstiger betrieblicher Aufwand	7.675	32,1 %	7.769	31,4 %	-94
Betriebliche Aufwendungen	25.932	108,4 %	25.150	101,5 %	782
Betriebliches Ergebnis	-2.011	-8,4 %	-372	-1,5 %	-1.639
Finanzergebnis	-602	-2,5 %	275	1,1 %	-877
Neutrales Ergebnis	656	2,7 %	-387	-1,6 %	1.043
Ergebnis vor Ertragssteuer	**-1.957**	**-8,2 %**	**-484**	**-2,0 %**	**-1.473**
Ertragssteuern	121	0,5 %	113	0,5 %	8
Jahresfehlbetrag	-2.078	-8,7 %	-597	-2,4 %	-1.481

Abb. 134: Gewinn- und Verlustrechnung des Diözesan-Caritasverbands Augsburg; Quelle: www.caritas-augsburg.de/diecaritas/bilanz/bilanz (Abrufdatum 17.10.2019)

Zu dieser Bilanz gibt der Verband folgende Erläuterung:

- Die Ursache für den Rückgang der betrieblichen Erträge um 857 t€ ist die deutliche Verringerung der erhaltenen Zuschüsse, insbesondere im Bereich der Migrationsarbeit.
- Verantwortlich für den Anstieg bei den betrieblichen Aufwendungen sind die Personalkosten, die sich gegenüber dem Vorjahr um 700 t€ erhöht haben. Diese zusätzlichen Aufwendungen im Personalbereich sind im Wesentlichen auf Tarif-

steigerungen zurückzuführen, mit dem die Gehälter an das Niveau des TVöD angepasst wurden.

- Der Grund für das stark rückläufige Finanzergebnis ist die anhaltende Niedrigzinsphase und deutliche Kursverluste im vierten Quartal 2018.

Es können die in Abbildung 135 dargestellten Kennzahlen zur Ertragslage berechnet werden.

	2018	2017
Umsatzrentabilität = $\frac{\text{Jahresergebnis}}{\text{Gesamtleistung}}$ =	$\frac{-2.078}{23.921}$ = –8,7 %	$\frac{-597}{24.778}$ = –2,4 %
Personalaufwandsquote = $\frac{\text{Personalaufwand}}{\text{Gesamtleistung}}$ =	$\frac{14.803}{23.921}$ = 61,9 %	$\frac{14.103}{24.778}$ = 56,9 %
Personalaufwand p. c. (t€) = $\frac{\text{Personalaufwand}}{\text{Mitarbeiter (VzÄ)}}$ =	$\frac{14.803}{223}$ = 66,38 %	$\frac{14.103}{223}$ = 63,24 %

Abb. 135: Kennzahlen zur Ertragslage des Diözesan-Caritasverbands Augsburg

! **Hinweis:**

Die Mitarbeiterzahl (Vollzeitäquivalente) wurde dem Verfasser am 16.12.2019 per E-Mail übermittelt. Diese Angabe war nicht im Internet veröffentlicht.

Abbildung 136 stellt die Vermögenslage dar.

AKTIVA	31.12.2018		31.12.2017		PASSIVA	31.12.2018		31.12.2017	
	t€	rel.	t€	rel		t€	rel.	t€	rel
A. Anlagevermögen					**A. Eigenkapital**				
I. Immaterielle Vermögensgegenstände	71	0,0%	102	0,1%	I. Reinvermögen	76.027	44,8%	76.027	45,9%
II. Sachanlagen	102.576	60,5%	99.102	59,8%	II. Rücklagen	32.440	19,1%	32.440	19,6%
III. Finanzanlagen	53.948	31,8%	51.846	31,3%	III. Bilanzverlust	-2.675	-1,6%	-597	-0,4%
B. Umlaufvermögen					**B. Sonderposten**	**14.203**	**8,4%**	**14.402**	**8,7%**
I. Vorräte	14	0,0%	16	0,0%	C. Rückstellungen	1.989	1,2%	1.944	1,2%
II. Forderungen u. sonst. VG	3.840	2,3%	2.519	1,5%	D. Verbindlichkeiten	47.392	27,9%	41.249	24,9%
III. Kassenbestand, Guthaben	9.117	5,4%	12.053	7,3%	E. Rechnungsabgrenzung	193	0,1%	210	0,1%
C. Rechnungsabgrenzung	**3**	**0,0%**	**67**	**0,0%**					
Bilanzsumme	**169.569**	**100,0%**	**165.705**	**100,0%**		**169.569**	**100,0%**	**165.675**	**100,0%**

Abb. 136: Bilanz des Diözesan-Caritasverbands Augsburg; Quelle: www.caritas-augsburg.de/diecaritas/bilanz/bilanz (Abrufdatum: 17.10.2019)

Zu dieser Bilanz gibt der Verband folgende Erläuterung:

- Der Anstieg der Bilanzsumme in den Aktiva resultiert vor allem aus der Zunahme der Sachanlagen, und zwar im Wesentlichen aus Investitionen insbesondere durch den Neubau von Pflegeheimen in Neu-Ulm und Landsberg am Lech.
- In den Passiva hat sich das Vereinsvermögen gegenüber dem Vorjahr um den Jahresfehlbetrag 2018 reduziert.

Abbildung 137 zeigt die Kennzahlen zur Vermögenslage, die berechnet werden können.

	2018	2017
$\text{Anlagenintensität} = \frac{\text{AV}}{\text{Gesamtvermögen}} =$	$\frac{156.595}{169.569} = 92{,}3\,\%$	$\frac{151.050}{165.705} = 91{,}2\,\%$
$\text{EK-Quote I} = \frac{\text{EK}}{\text{Gesamtkapital}} =$	$\frac{105.792}{169.569} = 62{,}4\,\%$	$\frac{107.870}{165.705} = 65{,}1\,\%$
$\text{EK-Quote II} = \frac{\text{EK + SoPo}}{\text{Gesamtkapital}} =$	$\frac{119.995}{169.569} = 70{,}8\,\%$	$\frac{122.272}{165.705} = 73{,}8\,\%$
$\text{Goldene Bilanzregel} = \frac{\text{EK + SoPo + FK (langfr.)*}}{\text{AV}} =$	$\frac{157.909}{156.595} = 100{,}8\,\%$	$\frac{155.271}{151.050} = 102{,}8\,\%$

* Da in der Bilanz nicht ausgewiesen wird, welcher Betrag der Verbindlichkeiten langfristig (d. h. einer Laufzeit > fünf Jahren besitzt), wurde angenommen, dass 80 % der Verbindlichkeiten langfristig sind. Die Rückstellungen wurden komplett als kurz- und mittelfristig behandelt.

Abb. 137: Kennzahlen zur Vermögenslage des Diözesan-Caritasverbands Augsburg

5.4.5 Bilanz und Gewinn- und Verlustrechnung für einen in der Wohlfahrt tätigen Verein

Auf der Homepage der Diakonie Rostocker Stadtmission e. V. findet sich die in Abbildung 138 dargestellte Übersicht zur Bilanz.

Diakonie Rostocker Stadtmission e.V., Rostock

Bilanz zum 31. Dezember 2018

Aktiva	31.12.2018 €	€	31.12.2017 €
A. Anlagevermögen			
I. Immaterielle Vermögensgegnstände		3.818,10	5.574,10
II. Sachanlagen			
1. Grundstücke mit Wohnbauten	11.789.936,77		12.144.587,77
2. Bauten auf fremden Grundstücken, Um- u. Einbauten in fremde Grundst.	254.756,57		370.891,84
3. Einrichtungen, Ausstattg.	415.821,97		460.193,96
4. Ausstattung Leasing	1.035.167,77		1.160.737,90
5. geleistete Anzahlungen, Anl. im Bau	2.687.402,33		374.306,90
		16.183.085,41	14.510.718,37
II. Finanzanlagen			
1. Anteile an verb. Unternehmen	67.800,00		67.800,00
2. Genossenschaftsanteile	971,29		971,29
		68.771,29	68.771,29
		16.255.674,80	14.585.063,76
B. Umlaufvermögen			
I. Forderungen und sonst. Vermögensgegenstände			
1. Forderungen aus Lief. u. Leistungen	1.231.452,33		1.046.710,92
2. Forderungen gg. verb. Unt.	189.153,67		97.646,23
3. Sonstige Vermögensgegenstände	256.431,67		133.986,94
		1.677.037,67	1.278.344,09
II. Kassenbestand, Guth. b. Kreditinstituten		722.946,58	519.521,78
		2.399.984,25	1.797.865,87
			1.399.697,28
C. Rechnungsabgrenzungsposten		12.136,48	3.701,34
		18.667.795,53	**16.386.630,97**

Passiva	31.12.2018 €	€	31.12.2017 €	€
A. Vermögen				
I. Vereinskapital	530.904,76		530.904,76	
II. Gewinnrücklagen	571.755,10		571.755,10	
III. Gewinnvortrag	1.121.146,65		1.099.155,96	
IV. Jahresüberschuss	312.407,55		21.990,69	
		2.536.214,06		2.223.806,51
B. Sonderpostenaus Zuschüssen zum Anlagevermögen				
1. Sonderposten aus öffentl. Fördermitteln	2.886.549,34		2.502.940,72	
2. Sonderposten aus nicht- öffentl. Förderm.	198.688,22		197464,21	
3. Sonderposten für zweckg. Spenden	188.557,71		89.681,14	
		3.273.795,27		2.790.086,07
C. Rückstellungen		621.242,04		502.306,96
D. Verbindlichkeiten				
1. Verbindlichk. ggü. Kreditinstituten	9.115.813,39		7.672.492,11	
2. Verbindlichk. aus Liefer. u. Leist.	1.050.431,60		992.037,10	
3. Sonstige Verbindlichkeiten	1.834.228,37		1.993.235,52	
		12.000.473,36		10.657.764,73
E. Rechnungsabgrenzungsposten		236.070,80		212.666,70
		18.667.795,53		**16.386.630,97**

Abb. 138: Bilanz der Diakonie Rostocker Stadtmission zum 31.12.2018; Quelle: https://rostocker-stadtmission.de/fileadmin/user_upload/Inhalte_Seiten/Der_Verein/Bilanz_2018_3.pdf (Abrufdatum: 26.10.2019)

	2018	2017
Kennzahlen zur Vermögenslage		
Anlagenintensität = AV / Gesamtvermögen =	16.255.675 / 18.667.796 = 87,1 %	14.585.064 / 18.667.796 = 78,1 %
EK-Quote I = EK / Gesamtkapital =	2.536.214 / 18.667.796 = 13,6 %	2.223.807 / 18.667.796 = 11,9 %
EK-Quote II = EK + SoPo / Gesamtkapital =	5.810.009 / 18.667.796 = 31,1 %	5.013.893 / 18.667.796 = 26,9 %
Verschuldungsgrad = FK / EK =	12.857.786 / 2.536.214 = 507,0 %	11.372.738 / 2.223.807 = 511,4 %
Kennzahlen zur Finanzstruktur		
Goldene Bilanzregel = EK + SoPo + langfr. FK / Anlagevermögen =	15.128.824 / 16.255.675 = 93,1 %	13.221.870 / 14.585.064 = 90,7 %
Anlagendeckungsgrad I = EK / Anlagevermögen =	2.536.214 / 16.255.675 = 15,6 %	2.223.807 / 14.585.064 = 15,2 %
Anlagendeckungsgrad II = EK + langfr. FK / Anlagevermögen =	11.855.029 / 16.255.675 = 125,6 %	10.431.784 / 14.585.064 = 125,6 %

Abb. 139: Kennzahlen zur Vermögenslage der Diakonie Rostocker Stadtmission zum 31.12.2018

Für diese Bilanz können die Kennzahlen zur Vermögenslage aus Abbildung 139 berechnet werden.

Die Gewinn- und Verlustrechnung für den Verein kann der Homepage der Diakonie Rostocker Stadtmission entnommen werden (Abbildung 140).

		Gewinn- und Verlustrechnung 2018 Diakonie Rostocker Stadtmission e.V., Rostock		
		1.1. - 31.12.2018		1.1. - 31.12.2017
		€	€	€
1.	Sonstige Umsatzerlöse	27.374.548,70		25.042.174,56
2.	Andere aktivierte Eigenleistungen	13.693,90		47.554,44
3.	Sonstige betriebliche Erträge	740.743,99		619.750,79
			28.128.986,59	25.709.479,79
4.	Materialaufwand			
	a) Aufwendungen für Roh-, Hilfs- und Betriebsstoffe und für bezogene Waren	2.842.985,88		2.757.423,79
	b) Aufwendungen für bezogene Leistungen	2.871.719,35	5.714.705,23	3.086.702,11 5.844.125,90
5.	Personalaufwand			
	a) Löhne und Gehälter	15.617.819,70		14.371.406,75
	b) Soziale Abgaben und Aufwendungen für Altersversorgung und Unterstützung	3.277.363,17		3.033.409,15
	davon für die Altersversorgung 137208,44 (i. Vj. € 126.929,65)		18.895.182,87	17.404.815,90
			3.519.098,49	2.460.537,99
6.	Abschreibungen	833.772,03		820.307,67
7.	Sonstige betriebliche Aufwendungen	2.015.190,71	2.848.962,74	1.278.218,03
	Zwischenergebnis		670.135,75	362.012,29
8.	Sonstige Zinsen und ähnliche Erträge	17,26		22,90
9.	Zinsen und ähnliche Aufwendungen	347.967,52		332.310,76
			-347.950,26	-332.287,86
10.	Ergebnis nach Steuern		322.185,49	29.724,43
11.	Sonstige Steuern		9.777,94	7.733,74
12.	Jahresüberschuss		312.407,55	21.990,69

Abb. 140: Gewinn- und Verlustrechnung für die Diakonie Rostocker Stadtmission e. V.; Quelle https://rostocker-stadtmission.de/fileadmin/user_upload/Inhalte_Seiten/Der_Verein/GuV 2018_4.pdf (Abrufdatum: 25.10.2019)

	2018	2017
Umsatzrentabilität = Jahresergebnis / Gesamtvermögen =	312.408 / 28.128.987 = 1,1 %	21.991 / 25.709.480 = 0,1 %
Personalaufwandsquote = Personalaufwand / Gesamtkapital =	18.895.183 / 28.128.987 = 67,2 %	17.404.816 / 25.709.480 = 67,7 %
Personalaufwand p. c. (€) = Personalaufwand / Mitarbeiter (VzÄ) =	18.895.183 / 395 = 47.835,91	17.404.816 / 395 = 44.062,83

Abb. 141: Kennzahlen zur Vermögenslage der Diakonie Rostocker Stadtmission für das Geschäftsjahr 2018 und das Vorjahr

Für diese Gewinn- und Verlustrechnung können die Kennzahlen zur Ertragslage aus Abbildung 141 berechnet werden.

Zu dieser Kennzahlenübersicht ist anzumerken, dass die Angabe der Anzahl der Mitarbeiter im Anhang nicht für Vollzeitäquivalente erfolgt. Deshalb wurde für die Kennzahl Pro-Kopf-Personalaufwand unterstellt, dass die angegebenen Teilzeitmitarbeiter zu 50 % beschäftigt sind. Der so berechnete VZÄ-Wert wurde auch für das Geschäftsjahr 2016 unterstellt, da im Internet keine Angabe für die Beschäftigtenzahl im Vorjahr zu finden ist.

Im Internet ist darüber hinaus der **Anhang** zu finden. Nach § 264 Abs. 1 HGB besteht der Jahresabschluss zusätzlich aus einem Anhang und einem Lagebericht, die »mit der Bilanz und der Gewinn- und Verlustrechnung eine Einheit« bilden.[178] Der Anhang hat die Aufgabe, den Adressaten vertieft zu informieren. Er soll die Bilanz durch die Erklärung bestimmter Wahlrechte, bestimmter Positionen und weiterer Angaben entlasten und ein falsches Bild, das durch die Zahlen entstehen könnte, durch weitere Erläuterungen korrigieren.

Die Vorschriften für den Anhang im Einzelnen finden sich in den §§ 284 bis 288 HGB.

Es werden Erläuterungen zu einzelnen Bilanz- und GuV-Positionen gefordert sowie Angaben zu den gewählten Bewertungs- und Bilanzierungsmethoden und Begründungen bei Änderung dieser Methoden. Es müssen sonstige Pflichtangaben gemacht werden, die in § 285 HGB niedergeschrieben sind.

---

178 Die §§ 264 ff. HGB richten sich an Kapitalgesellschaften. Diese Vorschriften sind für Vereine relevant, die freiwillig ein erweitertes Rechnungswesen führen. In Kapitel 2 wurde dargestellt, dass sich viele Vereine mit einem größeren Zweckbetrieb in ihrer Satzung freiwillig verpflichten, sich an den strengeren Rechnungslegungsvorschriften für Kapitalgesellschaften zu orientieren.

Nr.	Anhangangaben
1	Erläuterungen der Bilanz und der Gewinn- und Verlustrechnung
2	Die auf die Posten der Bilanz und der Gewinn- und Verlustrechnung angewandten Bilanzierungs- und Bewertungsmethoden müssen angegeben werden
3	Abweichungen von Bilanzierungs- und Bewertungsmethoden müssen angegeben und begründet werden; deren Einfluss auf die VFE-Lage ist gesondert darzustellen
4	Verbindlichkeitenspiegel
5	Die durchschnittliche Zahl der während des Geschäftsjahres beschäftigten Arbeitnehmer getrennt nach Gruppen
6	Name und Sitz der Beteiligungen (Höhe des Anteils am Kapital, das Eigenkapital und das Ergebnis des letzten Geschäftsjahres dieser Unternehmen)
7	Sonstige finanzielle Verpflichtungen, die nicht in der Bilanz ausgewiesen sind

Abb. 142: Angaben aus dem Anhang des Diakonie Rostocker Stadtmission e. V.; Quelle https://rostocker-stadtmission.de/fileadmin/user_upload/Inhalte_Seiten/Der_Verein/Anhang_2018.pdf (Abrufdatum: 25.10.2019)

Der Anhang enthält die in Abbildung 142 dargestellten Berichtsabschnitte.

In der **Beteiligungsübersicht** (Ziffer 6 in der Übersicht) sind der Name und Sitz der Beteiligungen (Höhe des Anteils am Kapital, das Eigenkapital und das Ergebnis des letzten Geschäftsjahres dieser Unternehmen) anzugeben. Diese Beteiligungsübersicht kann aus dem Anhang zum Geschäftsjahr 2018 wie in Abbildung 143 wiedergegeben werden.

Nr.	Name und Sitz	Höhe des Anteils	Eigenkapital zum 31.12.2017	Ergebnis 2017
1	Rostocker Stadtm. Wirtschaftsdienste GmbH, Rostock	100 %	28.086,69 €	488,78
2	Rostocker Tafel gGmbH, Rostock	100 %	68.411,10 €	13.540,85
3	Rostocker Stadtmission	100 %	16.248,45 €	-8.751,55

Abb. 143: Beteiligungsübersicht des Diakonie Rostocker Stadtmission e. V.; Quelle https://rostocker-stadtmission.de/fileadmin/user_upload/Inhalte_Seiten/Der_Verein/Anhang_2018.pdf (Abrufdatum: 25.10.2019)

Die Angaben für die Tochtergesellschaften stammen aus dem letzten festgestellten Jahresabschluss. Deshalb sind diese Werte zum 31.12.2017 ausgewiesen.

Der **Verbindlichkeitenspiegel** stellt die Fristigkeit der unterschiedlichen Verbindlichkeiten und ihre Zusammensetzung dar (Abbildung 144).

	Stand am		Restlaufzeit		mehr
	31.12.2018	bis 1 Jahr	über 1 Jahr	1 bis 5 Jahre	als 5 Jahre
	€	€	€	€	€
Verbindlichkeiten gegenüber Kreditinstituten	9.115.813,39	277.056,72	8.838.756,67	1.229.519,39	7.609.237,31
Vorjahr	7.672.492,11	369.130,55	7.303.361,56	1.036.902,62	6.266.458,94
Verbindlichkeiten aus Lieferungen und Leistungen	1.050.431,60	413.942,66	636.488,94	0,00	636.488,94
Vorjahr	992.037,10	198.560,97	793.476,13	0,00	793.476,13
Sonstige Verbindlichkeiten	1.834.228,37	468.484,10	1.365.744,27	292.655,53	1.073.088,74
Vorjahr	1.993.235,52	558.159,33	1.435.076,19	287.034,01	1.148.042,18
Gesamt	**12.000.473,36**	**1.159.483,48**	**10.840.989,88**	**1.522.174,92**	**9.318.814,99**
Vorjahr	***10.657.764,73***	***1.125.850,85***	***9.531.913,88***	***1.323.936,63***	***8.207.977,25***

Abb. 144: Beteiligungsübersicht des Diakonie Rostocker Stadtmission e. V.; Quelle https://rostocker-stadtmission.de/fileadmin/user_upload/Inhalte_Seiten/Der_Verein/Anhang_2018.pdf (Abrufdatum: 25.10.2019)

Der Verbindlichkeitenspiegel enthält als zusätzliche Information, dass die Bankverbindlichkeiten größtenteils eine längere Laufzeit aufweisen (über 7,6 Mio. € sind erst nach mehr als fünf Jahren zurückzuzahlen). Die Verbindlichkeiten aus Lieferungen und Leistungen sind zu 413 t€ erwartungsgemäß mit einer Laufzeit < 1 Jahr ausgewiesen. Es überrascht der hohe Anteil an langfristigen Verbindlichkeiten aus Lieferungen und Leistungen.

Deshalb ist zu untersuchen, welche zusätzlichen Erläuterungen der Anhang zu diesem Spiegel über die Verbindlichkeiten enthält. Es finden sich folgende Angaben:

- Von den Verbindlichkeiten gegenüber Kreditinstituten sind 9.115.813,39 € und von den sonstigen Verbindlichkeiten sind 644.797,59 € durch Grundschulden, Sicherungsübereignungen sowie Abtretungen von Miet- und Pachtzinsen gesichert.
- Die Verbindlichkeiten aus Lieferungen und Leistungen enthalten 636.488,95 € Verpflichtungen aus Leasingverträgen.

Es wird klar, dass ohne diese Hintergrundinformationen die in der Bilanz ausgewiesenen Verbindlichkeiten des Diakonie Rostocker Stadtmission e. V. nicht zutreffend interpretiert werden können. Ein großer Betrag an Verbindlichkeiten aus Lieferungen und Leistungen steht mit Leasingverträgen im Zusammenhang. Für diese ist eine längere Laufzeit nicht ungewöhnlich, beispielsweise, wenn sie für die Miete von IT-Technik oder Pflegebetten und Möbel vereinbart wurden.

! **Merke:**

Für die Interpretation der Zahlen des Rechnungswesens sind die Angaben im Anhang i. d. R. hilfreich!

5.4.6 Bilanz- und Gewinn- und Verlustrechnung sowie Prüfungsbericht für einen in der Wohlfahrt tätigen Verein

Als Beispiel für einen kleineren, im sozialen Bereich tätigen Verein kann der Deutsches Rotes Kreuz Kreisverband Berlin Steglitz-Zehlendorf e. V., Berlin, genannt werden. Auf der Homerpage des Vereins findet sich der Prüfungsbericht mit den Anlagen

- Bilanz,
- Gewinn- und Verlustrechnung und
- Anhang.

Diese Rechnungslegungsinstrumente werden für die Geschäftsjahre 2017 und 2016 dargestellt.

Zunächst kann ein Überblick über die Bilanz (getrennt nach Aktiv- und Passivseite) und die Gewinn- und Verlustrechnung gegeben werden. Abbildung 145 zeigt die Bilanz.

DRK Kreisverband Berlin Steglitz e.V., Berlin

Bilanz zum 31. Dezember 2017

Aktiva	31.12.2017 €	€	31.12.2016 T€	T€
A. Anlagevermögen				
I. Sachanlagen				
1. Grundstücke, grundst.-gl.Rechte und Bauten einschl. Bauten auf fremden Grundstücken	63.596,00		92	
2. And. Anlagen, BGA	52.889,00		63	
		116.485,00		155
II. Finanzanlagen				
1. Anteile an verb. Unternehmen	109.929,00		110	
2. Beteiligungen	2.080,00		2	
		112.009,00		112
		228.494,00		267
B. Umlaufvermögen				
		750,00		1
I. Vorräte				
II. Forderungen und sonst. Vermögensgegenstände				
1. Forderungen aus Lief. u. Leistungen	12.891,24		30	
2. Forderungen gg. Unt., mit denen ein Bet.-verh. besteht	158,24		0	
3. Forderungen gg. DRK-Unternehmen	1.133,64		1	
4. Sonstige Vermögensgegenstände	228.835,35		231	
		243.018,47		262
III. Kassenbestand, Guth. b. Kreditinstituten		1.155.928,81		1.079
		1.399.697,28		1.342
C. Rechnungsabgrenzungsposten		1.528,71		3
		1.629.719,99		**1.612**

Passiva	31.12.2017 €	€	31.12.2016 T€	T€
A. Vermögen				
I. Vereinsvermögen	76.182,49		76	
II. Rücklagen	972.084,48		972	
III. Gewinnvortrag	127.315,38		77	
IV. Jahresüberschuss	5.455,79		51	
		1.181.038,14		1.176
B. Sonderpostenaus Zuschüssen zum Anlagevermögen		24.074,00		33
C. Rückstellungen				
1. Rückstellungen für Pensionen und ähnliche Verpflichtungen	306.458,00		305	
2. Steuerrückstellungen	15.165,00		0	
3. Sonstige Rückstellungen	22.998,75		31	
		344.621,75		336
D. Verbindlichkeiten				
1. Verbindlichk. aus Liefer. u. Leist.	22.325,79		16	
2. Verbindlichkeiten aus Zuwendungen [	4.129,18		16	
3. Verbindlichkeiten ggü. verbundenen Unternehmen	18.246,29		5	
4. Verbindlichkeiten gegenüber DRK-Unternehmen	12.308,93		7	
5. Sonstige Verbindlichkeiten davon aus Steuern - 3707.71 (Vorjahr: T€ 1) davon im Rahmen der soz. Sicherheit: - € 1.064,32 (Vorjahr: T€ 0)	22.865,91		23	
		79.876,10		67
E. Rechnungsabgrenzungsposten		110,00		0
		1.629.719,99		**1.612**

Abb. 145: Bilanz zum 31.12.2017 des DRK Kreisverband Berlin Steglitz-Zehlendorf e. V.; Quelle: www.drk-sz.de/fileadmin/PDF_s_KV/Jahresabschluss_2017.pdf (Abrufdatum: 18.10.2019)

		Gewinn- und Verlustrechnung 2017 DRK Kreisverband Berlin Steglitz e.V., Berlin			
		1.1.2017–31.12.2017		1.1.2016–31.12.2016	
		€	€		t€
1.	Mitgliedsbeiträge	468.445,11			483
2.	Erträge aus ehrenamtlichen Leistungen	40.932,42			57
3.	Sonstige Umsatzerlöse	117.193,28			111
4.	Sonstige betriebliche Erträge	103.114,25			146
5.	Materialaufwand				
	a) Aufwendungen für Roh-, Hilfs- und Betriebsstoffe und für bezogene Waren	-29.715,96		-44,00	
	b) Aufwendungen für bezogene Leistungen	-105.789,33		-149,00	
			-135.505,29		-193
6.	Personalaufwand				
	a) Löhne und Gehälter	-78.392,21			-92
	b) Soziale Abgaben und Aufwendungen für Altersversorgung und Unterstützung	-27.597,02			-18
	davon für die Altersversorgung € 1.118,16 (Vorjahr: T€ 1)				
			-105.989,23		-110
7.	Abschreibungen	-58.225,77			-57
8.	Sonstige betriebliche Aufwendungen	-383.960,42			-384
9.	Sonstige Zinsen und ähnliche Erträge	777,51			1
10.	Zinsen und ähnliche Aufwendungen	-13.821,00			0
	Aufwendungen aus der Aufzinsung von Rückstellungen: € 11.821,00 (Vorjahr: T€ 0)				
11.	Steuern vom Einkommen und vom Ertrag	-25.743,87			-2
12.	Sonstige Steuern	-1.761,20			-1
13.	Jahresüberschuss	5.455,79			51

Abb. 146: Gewinn und Verlustrechnung 2017 des DRK Kreisverband Berlin Steglitz-Zehlendorf e. V.; Quelle: www.drk-sz.de/fileadmin/PDF_s_KV/Jahresabschluss_2017.pdf (Abrufdatum: 18.10.2019)

In Abbildung 146 ist die Gewinn- und Verlustrechnung dargestellt.

Der Anhang ergänzt die Bilanz und die Gewinn- und Verlustrechnung. Er wird hier aus Platzgründen nicht im Wortlaut wiedergegeben. Der Anhang berichtet über die Methoden, die im Rechnungswesen des Vereins angewendet wurden. Darüber hinaus werden dem Leser des Jahresabschlusses einzelne Angaben (z. B. zu den sonstigen finanziellen Verpflichtungen, zu den Haftungsverhältnissen und zu bestimmten Einzelangaben wie etwa der durchschnittlichen Mitarbeiterzahl) unterbreitet.

Die Anhangangaben sind nach folgenden Sachverhalten gegliedert:

I.	Allgemeine Angaben
II.	Angaben zu Bilanzierungs- und Bewertungsmethoden
III.	Erläuterungen zur Bilanz
IV.	Erläuterungen zur Gewinn- und Verlustrechnung
V.	Haftungsverhältnisse
VI.	Sonstige Angaben

Zusätzlich können dem Prüfungsbericht des Abschlussprüfers weitere Informationen zur Vermögens-, Finanz- und Ertragslage entnommen werden. Der Abschlussprüfer bereitet die Zahlen der Bilanz und der Gewinn- und Verlustrechnung für den Leser des Prüfungsberichts auf.

Zur Ertragslage wird die Übersicht gegeben, die in Abbildung 147 abgebildet ist.

	2017		**2016**		**Veränderung**
	t€	**rel.**	**t€**	**rel.**	**2017–16 t€**
Gesamtleistung	627	100,0 %	651	100,0 %	–24
Materialaufwand	–136	–21,7%	–193	–29,6 %	57
Rohergebnis	491	78,3 %	458	70,4 %	33
Personalaufwand	–106	–16,9 %	–110	–16,9 %	4
Sonstige betriebliche Aufwendungen	–376	–60,0 %	–371	–57,0 %	–5
Sonstige Steuern	–2	–0,3 %	–1	–0,2 %	–1
Betriebliche Aufwendungen	–484	–77,2 %	–482	–74,0 %	–2
Zwischensumme	7	1,1%	–24	–3,7 %	31
Sonstige betriebliche Erträge	81	12,9%	114	17,5%	–33
Betriebsergebnis vor Abschreibungen (EBITDA)	88	14,0 %	90	13,8 %	–2
Abschreibungen	–58	–9,3 %	–57	–8,8 %	–1
Betriebsergebnis	30	4,8 %	33	5,1 %	–3
Finanzergebnis	–13	–2,1 %	1	0,2 %	–14
Neutrales Ergebnis	14	2,2 %	19	2,9 %	–5
Ertragsteuern	–26	–4,1 %	–2	–0,3 %	–24
Jahresergebnis	5	0,8 %	51	7,8 %	–46

Abb. 147: Ertragslage des DRK Kreisverband Berlin Steglitz-Zehlendorf e. V. – Prüfungsbericht; Quelle: https://www.drk-sz.de/fileadmin/PDF_s_KV/Jahresabschluss_2017.pdf (Abrufdatum 18.10.2019)

Der Prüfungsbericht enthält folgende Aussagen zur Erläuterung der Ertragslage:

Die Zusammensetzung der Gesamtleistung wird wie in Abbildung 148 erläutert.

	2017 t€	2016 t€	Veränderung 2017–16 t€
Mitgliedsbeiträge			
▪ DRK Service GmbH	393	400	-7
▪ Schmidt GmbH	76	83	-7
	469	483	-14
Sonstige Umsatzerlöse			0
Erlöse 7 %	42	39	3
Erträge 19 % Umsatzsteuer	37	31	6
Erlöse Vermietung	34	36	-2
Übrige	4	5	-1
Zwischensumme	117	111	6
Erträge aus ehrenamtl. Leistungen	41	57	-16
Summe Gesamtleistung	627	651	-24

Abb. 148: Zusammensetzung der Gesamtleistung; Quelle: www.drk-sz.de/fileadmin/PDF_s_KV/Jahresabschluss_2017.pdf (Abrufdatum: 18.10.2019)

Der Prüfungsbericht enthält weitere Erläuterungen zu den Erträgen:

- Die Abnahme der **Mitgliedsbeiträge** im Vergleich zum Vorjahr hängt mit rückläufigen Mitgliederzahlen zusammen (–5,3 %). Die Auswirkung dieses Rückganges konnte durch einen um 2,4 % höheren Durchschnittsbeitrag (75 t€; Vj.: 73,3 t€) teilweise aufgefangen werden.
- Die **Erlöse 7 % Umsatzsteuer** betreffen Zuschüsse aus dem Blutspendedienst. Der Verein erhält für die Organisation von Blutspendeaktionen einen entsprechenden Zuschuss vom DRK-Blutspendedienst Nord-Ost, Berlin.
- Die **Erlöse 19 % Umsatzsteuer** beziehen sich auf Abrechnungen der EFIBA Handelsgesellschaft mbH, Bassum, für vergütete Alttextilien (Alttextilsammelbehälter).
- Die **Mieterlöse** wurden im Zusammenhang mit untervermieteten Räumlichkeiten an den Blutspendedienst erzielt.

Zur Ertragslage können die Kennzahlen in Abbildung 149 berechnet werden.

	2017	2016
$\text{Umsatzrentabilität} = \frac{\text{Jahresergebnis}}{\text{Gesamtvermögen}} =$	$\frac{5}{627} = 0{,}8\,\%$	$\frac{51}{651} = 7{,}8\,\%$
$\text{Personalaufwandsquote} = \frac{\text{Personalaufwand}}{\text{Gesamtleistung}} =$	$\frac{106}{627} = 16{,}9\,\%$	$\frac{110}{651} = 16{,}9\,\%$
$\text{Personalaufwand p. c. (t€)} = \frac{\text{Personalaufwand}}{\text{Mitarbeiter (VzÄ)}} =$	$\frac{106}{3} = 35{,}3$	$\frac{110}{3} = 36{,}7$

Abb. 149: Kennzahlen zur Ertragslage des DRK Kreisverband Berlin Steglitz-Zehlendorf e. V. für die Jahre 2016 und 2017

Zur Vermögens- und Kapitallage werden die in den Abbildungen 150 und 151 abgedruckten Übersichten gegeben.

	31.12.2017		31.12.2016		Veränderung
Vermögensstruktur	**t€**	**rel.**	**t€**	**rel.**	**2017–16 t€**
Langfristig gebundenes Vermögen					
Sachanlagen	116	7,1 %	155	9,6 %	-39
Finanzanlagen	112	6,9 %	112	6,9 %	0
Summe Vermögen (langfristig)	228	14,0 %	267	16,6 %	-39
Kurzfristig gebundenes Vermögen					0
Vorräte	1	0,1 %	1	0,1 %	0
Forderungen aus Lieferungen und Leistungen	14	0,9 %	31	1,9 %	-17
Sonstige Vermögensgegenstände	229	14,0 %	231	14,3 %	-2
Aktive Rechnungsabgrenzungsposten	2	0,1 %	3	0,2 %	-1
	246	15,1 %	266	16,5 %	-20
Liquide Mittel	1.156	70,9 %	1.079	66,9 %	77
Summe Vermögen (langfristig)	1.402	86,0 %	1.345	83,4 %	57
Gesamtvermögen	**1.630**	**100,0 %**	**1.612**	**100,0 %**	**18**

Abb. 150: Vermögenslage (Vermögensstruktur) des DRK Kreisverband Berlin Steglitz-Zehlendorf e. V. – Prüfungsbericht; Quelle: https://www.drk-sz.de/fileadmin/PDF_s_KV/Jahresabschluss_2017.pdf (Abrufdatum: 18.10.2019)

	31.12.2017		31.12.2016		Veränderung
Kapitalstruktur	**t€**	**rel.**	**t€**	**rel.**	**2017–16 t€**
Bilanzanalytisches Eigenkapital					
Vereinskapital	76	4,7 %	76	4,7 %	0
Rücklagen	972	59,6 %	972	60,3 %	0
Bilanzgewinn	133	8,2 %	128	7,9 %	5
Sonderposten aus Zuschüssen zum AV	24	1,5 %	33	2,0 %	-9
Summe Eigenkapital (erweitertes)	1.205	73,9 %	1.209	75,0 %	-4
Langfristiges Fremdkapital					
Pensionsrückstellungen	307	18,8 %	305	18,9 %	2
Kurzfristiges Fremdkapital					
Steuerrückstellungen	15	0,9 %	0	0,0 %	15
Sonstige Rückstellungen	23	1,4 %	31	1,9 %	-8
Verbindlichkeiten aus Lieferungen und Leistungen	22	1,3 %	16	1,0 %	6
Verbindlichkeiten aus Zuwendungen Dritter	4	0,2 %	16	1,0 %	-12
Verbindlichkeiten gegenüber verbundenen Unternehmen	18	1,1 %	5	0,3 %	13
Verbindlichkeiten gegenüber DRK-Unternehmen	12	0,7 %	7	0,4 %	5
Übrige Verbindlichkeiten und RAP	24	1,5 %	23	1,4 %	1
Summe Fremdkapital (kurzfristig)	118	7,2 %	98	6,1 %	20
Gesamtkapital	**1.630**	**100,0 %**	**1.612**	**100,0 %**	**18**

Abb. 151: Vermögenslage (Kapitalstruktur) des DRK Kreisverband Berlin Steglitz-Zehlendorf e. V. – Prüfungsbericht; Quelle: https://www.drk-sz.de/fileadmin/PDF_s_KV/Jahresabschluss_ 2017.pdf (Abrufdatum: 18.10.2019)

Zur Vermögenslage, zur Kapital- und Finanzstruktur können die Kennzahlen in Abbildung 152 berechnet werden.

	2017	2018
Kennzahlen zur Vermögens- und Kapitalstruktur		
Anlageintensität = Anlagevermögen / Gesamtvermögen =	228 / 1.630 = 14,0 %	267 / 1.612 = 16,6 %
EK-Quote I = EK / Gesamtkapital =	1.181 / 1.630 = 72,5 %	1.176 / 1.612 = 73,0 %
EK-Quote II = EK + SoPo / Gesamtkapital =	1.205 / 1.630 = 73,9 %	1.209 / 1.612 = 75,0 %
Verschuldungsgrad = FK / EK =	307 / 1.181 = 26,0 %	305 / 1.176 = 25,9 %
Kennzahlen zur Finanzstruktur		
Goldene Bilanzregel = EK + SoPo + langfr. FK / Anlagevermögen =	1.512 / 228 = 663,2 %	1.515 / 267 = 567,4 %
Anlagendeckungsgrad I = EK / Anlagevermögen =	1.181 / 228 = 518,0 %	1.176 / 267 = 440,4 %
Anlagendeckungsgrad II = EK + langfr. FK / Anlagevermögen =	1.481 / 228 = 649,6 %	1.481 / 267 = 554,7 %

Abb. 152: Kennzahlen zur Vermögenslage, Kapital- und Finanzstruktur des DRK Kreisverband Berlin Steglitz-Zehlendorf e. V. für die Jahre 2016 und 2017

Der Prüfungsbericht enthält weitere Erläuterungen zu den Passivposten des Vereins:

- Die **Sachanlagen** betreffen Einbauten in die vom Verein gemieteten Grundstücke i. H. v. 63 t€ sowie Betriebs- und Geschäftsausstattung i. H. v. 53 t€. Von den im Berichtsjahr erfolgten Zugängen i. H. v. 19 t€ entfallen 10 t€ auf geringwertige Wirtschaftsgüter und 9 t€ auf Betriebs- und Geschäftsausstattung.
- Das Finanzanlagevermögen bezieht sich mit 110 t€ auf die Anteile an der 100%igen Tochtergesellschaft Deutsches Rotes Kreuz Berlin Südwest gGmbH, Berlin, und mit 2 t€ auf eine Beteiligung an der DRK Kinder-Tages-Betreuung gGmbH, Berlin, (8,3 %).
- Für weitergehende Erläuterungen zu den **Sachanlagen** verweisen wir auf die Aufgliederung des Anlagevermögens (im sog. Anlagenspiegel). Er kann wie in Abbildung 153 wiedergegeben werden.

	Anschaffungs- und Herstellungskosten (€)				aufgelaufene Abschreibungen (€)				Nettobuchwerte (€)	
	1.1.2017	Zugänge	Abgänge	31.12.2017	1.1.2017	Zugänge	Abgänge	31.12.2017	31.12.2017	31.12.2016
immaterielles Vermögen	14.449,18	0,00	1.675,62	12.773,56	14.449,18	0,00	1.675,62	12.733,56	40,00	0,00
I. Sachanlagen										
1. Grundstücke	631.007,64	0,00	0,00	631.007,64	539.033,64	28.378,00	0,00	567.411,64	63.596,00	91.974,00
2. Andere Anlagen	551.400,26	19.301,77	2.219,35	568.482,68	487.965,26	29.847,77	2.219,35	515.593,68	52.889,00	63.435,00
	1.182.407,90	19.301,77	2.219,35	1.199.490,32	1.026.998,90	58.225,77	2.219,35	1.083.005,32	116.485,00	155.409,00
II. Finanzanlagen										
1. Anteile	109.929,00	0,00	0,00	109.929,00	0,00	0,00	0,00	0,00	109.929,00	109.929,00
2. Beteiligungen	2.080,00	0,00	0,00	2.080,00	0,00	0,00	0,00	0,00	2.080,00	2.080,00
	112.009,00	0,00	0,00	112.009,00	0,00	0,00	0,00	0,00	112.009,00	112.009,00
	1.308.866,08	19.301,77	3.894,97	1.324.272,88	1.041.448,08	58.225,77	3.894,97	1.095.738,88	228.534,00	267.418,00

Abb. 153: Anlagenspiegel des DRK Kreisverband Berlin Steglitz-Zehlendorf e. V. zum 31.12.2017 Prüfungsbericht; Quelle: https://www.drk-sz.de/ fileadmin/PDF_s_KV/Jahresabschluss_2017.pdf (Abrufdatum: 18.10.2019)

Der **Anlagenspiegel** ist nach § 284 Abs. 2 HGB im Anhang darzustellen. Er zeigt die Entwicklung der einzelnen Posten des Anlagevermögens in einer gesonderten Aufgliederung. Dabei sind, ausgehend von den gesamten Anschaffungs- und Herstellungskosten, die Zugänge, Abgänge, Umbuchungen und Zuschreibungen des Geschäftsjahres sowie die Abschreibungen gesondert aufzuführen. Zu den Abschreibungen sind folgende Angaben zu machen:

- die Abschreibungen in ihrer gesamten Höhe zu Beginn und zum Ende des Geschäftsjahres,
- die im Laufe des Geschäftsjahres vorgenommenen Abschreibungen und
- Änderungen in den Abschreibungen in ihrer gesamten Höhe im Zusammenhang mit Zu- und Abgängen sowie Umbuchungen im Laufe des Geschäftsjahres.
  - Die **Forderungen aus Lieferungen und Leistungen** betreffen im Wesentlichen die EFIBA Handelsgesellschaft mbH, Bassum. Für ausstehende Forderungen wurde im Jahre 2015 eine Zahlungsziel- und Zinsvereinbarung getroffen.
  - In der Position **Sonstige Vermögensgegenstände** ist das Aktivvermögen zur Pensionssicherung bei der Allianz Lebensversicherung-AG, Stuttgart, mit 221 t€ (Vj.: 225 t€) enthalten.
  - Der **Sonderposten** aus Zuschüssen zum Anlagevermögen bezieht sich auf zuschussfinanziertes Anlagevermögen. Die Auflösung erfolgt entsprechend den anteiligen jährlichen Abschreibungen der Vermögensgegenstände.
  - Die **Pensionsrückstellungen** wurden für einen aktiven und einen ausgeschiedenen Anwärter sowie drei Rentnerinnen gebildet. Der Ausweis erfolgt gemäß versicherungsmathematischem Gutachten der Aon Hewitt GmbH, Mühlheim an der Ruhr.
  - Die **Verbindlichkeiten gegenüber verbundenen Unternehmen** entfallen im Berichtsjahr nahezu vollumfänglich auf Zuwendungen an die Enkelgesellschaft DRK Berlin Südwest Soziale Arbeit, Beratung und Bildung gGmbH, Berlin.
  - Die **Steuerrückstellungen** stehen im Zusammenhang mit Nachzahlungen infolge der Betriebsprüfung 2012 bis 2014, die im Jahre 2017 abgeschlossen wurde.
  - Die **Sonstigen Rückstellungen** wurden im Vorjahr durch nachträglich durchzuführende Instandhaltungsmaßnahmen i. H. v. 10 t€ beeinflusst. Im Jahre 2017 gab es keine vergleichbaren Verpflichtungen.

Der Jahresabschluss des DRK Kreisverband Berlin Steglitz-Zehlendorf e. V. wurde vom Abschlussprüfer mit einem uneingeschränkten Bestätigungsvermerk versehen. Er hat folgenden Wortlaut und ist mit digitalem Siegel unterschrieben (Abbildung 154).

An den Deutsches Rotes Kreuz Kreisverband Berlin Steglitz-Zehlendorf e. V.

Wir haben den Jahresabschluss – bestehend aus Bilanz, Gewinn- und Verlustrechnung sowie Anhang – unter Einbeziehung der Buchführung der Deutsches Rotes Kreuz Kreisverband Berlin Steglitz-Zehlendorf e. V., Berlin, für das Geschäftsjahr 1. Januar 2017 bis 31. Dezember 2017 geprüft. Die Buchführung und die Aufstellung des Jahresabschlusses nach den deutschen handelsrechtlichen Vorschriften liegen in der Verantwortung der gesetzlichen Vertreter des Vereins. Unsere Aufgabe ist es, auf der Grundlage der von uns durchgeführten Prüfung eine Beurteilung über den Jahresabschluss unter Einbeziehung der Buchführung abzugeben.

Wir haben unsere Jahresabschlussprüfung nach § 317 HGB unter Beachtung der vom Institut der Wirtschaftsprüfer (IDW) festgestellten deutschen Grundsätze ordnungsmäßiger Abschlussprüfung vorgenommen. Danach ist die Prüfung so zu planen und durchzuführen, dass Unrichtigkeiten und Verstöße, die sich auf die Darstellung des durch den Jahresabschluss unter Beachtung der Grundsätze ordnungsmäßiger Buchführung vermittelten Bildes der Vermögens-, Finanz- und Ertragslage wesentlich auswirken, mit hinreichender Sicherheit erkannt werden. Bei der Festlegung der Prüfungshandlungen werden die Kenntnisse über die Geschäftstätigkeit und über das wirtschaftliche und rechtliche Umfeld des Vereins sowie die Erwartungen über mögliche Fehler berücksichtigt. Im Rahmen der Prüfung werden die Wirksamkeit des rechnungslegungsbezogenen internen Kontrollsystems sowie Nachweise für die Angaben in Buchführung und Jahresabschluss überwiegend auf der Basis von Stichproben beurteilt. Die Prüfung umfasst die Beurteilung der angewandten Bilanzierungsgrundsätze und der wesentlichen Einschätzungen der gesetzlichen Vertreter sowie die Würdigung der Gesamtdarstellung des Jahresabschlusses. Wir sind der Auffassung, dass unsere Prüfung eine hinreichend sichere Grundlage für unsere Beurteilung bildet.

Unsere Prüfung hat zu keinen Einwendungen geführt.

Nach unserer Beurteilung aufgrund der bei der Prüfung gewonnenen Erkenntnisse entspricht der Jahresabschluss den gesetzlichen Vorschriften und vermittelt unter Beachtung der Grundsätze ordnungsmäßiger Buchführung ein den tatsächlichen Verhältnissen entsprechendes Bild der Vermögens-, Finanz- und Ertragslage des Vereins.

Berlin, den 10. Juli 2018

Hamburger Treuhand Gesellschaft Schomerus & Partner mbB
Wirtschaftsprüfungsgesellschaft
Zweigniederlassung Berlin

Lehmann
Wirtschaftsprüfer

Schwunk
Wirtschaftsprüferin

Abb. 154: Siegel und Unterschrift des Abschlussprüfers des DRK Kreisverband Berlin Steglitz-Zehlendorf e. V. zum 31.12.2017; Quelle: https://www.drk-sz.de/fileadmin/PDF_s_KV/Jahresabschluss_2017.pdf (Abrufdatum: 18.10.2019)

Es ist darauf hinzuweisen, dass dieses Testat nach dem bisherigen Standard des Instituts der Wirtschaftsprüfer (IDW) formuliert wurde. Aktuell werden ab dem Geschäftsjahr 2018 neue Formulierungen gewählt.[179]

Da die neuen Testate jedoch bis zur Drucklegung dieses Buchs noch nicht im Internet veröffentlicht waren, wird die bisherige Formulierung wiedergegeben.

5.4.7 Jahresabschluss und Lagebericht und Prüfungsbericht für einen Sportverein

Der im Internet veröffentlichte Bericht zur Prüfung des Jahresabschlusses zum 31.12.2017 enthält für den Deutschen Olympischen Sportbund (DOSB) e. V. als Information den Prüfungsbericht in Auszügen mit der Bilanz und der Gewinn- und Verlustrechnung.[180] Nur selten ist ein Prüfungsbericht im Internet frei einsehbar, deshalb wird hier zunächst die Titelseite und anschließend der wesentliche Inhalt zur Vermögens- und Ertragslage (der sog. VE-Lage) wiedergegeben.

179 Vgl. https://www.idw.de/idw/idw-aktuell/der-neue-bestaetigungsvermerk--formulierungsbeispiele/103860 (Abrufdatum: 5.11.2019).

180 ww.cdn.dosb.de/user_upload/www.dosb.de/uber_uns/Mitgliederversammlung/Duesseldorf_2018/Anlagen/TOP_14_3_Anlage_Jahresrechnung_2017__Stand_10_10_2018.pdf (Abrufdatum: 17.10.2019).

Deutscher Olympischer Sportbund e.V.,
Frankfurt am Main

Bericht
über die Prüfung des Jahresabschlusses
zum 31. Dezember 2017
und des Lageberichts für das Geschäftsjahr 2017

HSA Horwath GmbH
Wirtschaftsprüfungsgesellschaft
An der Dammheide 10
60486 Frankfurt am Main
Telefon +49 69-97 88 66
Fax +49 69-789 29 46
www.crowehorwath-ffm.de
info@crowehorwath-ffm.de

Abb. 155: Titelseite des Prüfungsberichts des DOSB e. V. zum 31.12.2017; Quelle: www.cdn.dosb.de/user_upload/www.dosb.de/uber_uns/Mitgliederversammlung/Duesseldorf_2018/Anlagen/TOP_14_3_Anlage_Jahresrechnung_2017__Stand_10_10_2018.pdf (Abrufdatum: 17.10.2019)

Die im Internet zu findenden Bestandteile des Jahresabschlusses, d. h. die Bilanz (Abbildung 156) und die Gewinn- und Verlustrechnung (Abbildung 157) werden im Folgenden wiedergegeben. Darüber hinaus kann im Internet der Anhang[181] und der Lagebericht eingesehen werden.

Der Jahresabschluss wird um die Darstellung des Abschlussprüfers zur Ertrags- und Vermögenslage ergänzt. Diese Aufbereitungen des Zahlenwerks werden anschließend dargestellt. Zusätzlich werden Kennzahlen zur wirtschaftlichen Lage präsentiert.

181 Auf die Wiedergabe der Inhalte des Anhangs wird aus Platzgründen verzichtet.

Deutscher Olympischer Sportbund e.V.,
Frankfurt am Main

Bilanz zum 31. Dezember 2017

Aktiva	31.12.2017 €	€	31.12.2016 €
A. Anlagevermögen			
I. Immaterielle Vermögensgegenstände			
Entgeltlich erworbene Konzessionen, gewerbliche Schutzrechte und ähnliche Rechte und Werte sowie Lizenzen an solchen Rechten und Werten	345.763,65		341.736,73
		345.763,65	341.736,73
II. Sachanlagen			
1. Grundstücke, grundstücksgleiche Rechte und Bauten einschließlich der Bauten auf fremden Grundstücken	24.011.858,48		24.513.333,44
2. Andere Anlagen, Betriebs- und Geschäftsausstattung	1.216.414,87		1.426.545,99
3. Geleistete Anzahlungen und Anlagen im Bau	105.228,53		249.804,82
		25.333.501,88	26.189.684,25
III. Finanzanlagen			
1. Anteile an verbundenen Unternehmen	5.002,00		51.002,00
2. Beteiligungen	522,51		522,51
		5.524,51	51.524,51
		25.684.790,04	26.582.945,49
B. Umlaufvermögen			
I. Forderungen und sonstige Vermögensgegenstände			
1. Forderungen aus Lieferungen und Leistungen	8.546.265,05		12.237.273,48
2. Sonstige Vermögensgegenstände	227.784,42		162.616,48
		8.774.049,47	12.399.889,96
III. Kassenbestand, Guthaben bei Kreditinstituten		14.508.475,55	8.474.570,46
		23.282.525,02	20.874.460,42
C. Rechnungsabgrenzungsposten		2.167.161,42	430.975,39
		51.134.476,48	47.888.381,30

Passiva	31.12.2017 €	€	31.12.2016 €
A. Eigenkapital			
I. Eigenmittel Haus des Sports I und II		4.149.373,91	4.149.373,91
II. Rücklagen		5.896.449,95	4.448.230,22
		10.045.823,86	8.597.604,13
B. Sonderposten für Zuwendungen		11.600.000,00	11.840.000,00
C. Rückstellungen			
1. Rückstellungen für Pensionen	774.363,00		788.273,00
2. Steuerrückstellungen	256.676,00		747.000,00
3. Sonstige Rückstellungen	5.235.856,06		3.609.193
		6.266.895,06	5.144.465,85
D. Verbindlichkeiten			
1. Verbindlichkeiten ggü. Kreditinstituten	9.727.745,00		10.000.000,00
2. Verbindlichk. aus Liefer. u. Leistungen	2.375.462,70		5.046.094,85
3. Sonstige Verbindlichkeiten	7.236.219,97		5.114.464,12
- davon aus Steuern 657.278,43			
(VJ:) 291.246,11			
		19.339.427,67	20.160.558,97
E. Rechnungsabgrenzungsposten		3.882.329,89	2.145.752,35
		51.134.476,48	47.888.381,30

Abb. 156: Bilanz des DOSB e. V. zum 31.12.2017; Quelle: www.cdn.dosb.de/user_upload/www.dosb.de/uber_uns/Mitgliederversammlung/Duesseldorf_2018/Anlagen/TOP_14_3_Anlage_Jahresrechnung_2017__Stand_10_10_2018.pdf (Abrufdatum: 17.10.2019)

Deutscher Olympischer Sportbund e.V.,

Frankfurt am Main

Gewinn- und Verlustrechnung für das Geschäftsjahr 2018

		1.1.2017–31.12.2017		1.1.2016–31.12.2016
		EUR	EUR	EUR
1.	Erlöse		54.004.872,86	59.702.250,30
2.	Sonstige betriebliche Erträge davon aus Währungsdifferenzen: 35,04 € (i.VJ. 0,00 €)		1.936.867,26	1.819.853,55
3.	**Betriebsleistung**		55.941.740,12	61.522.103,85
4.	Personalaufwand			
	a) Löhne und Gehälter	-10.905.443,82		-10.659.770,15
	b) Soziale Abgaben und Aufwendungen für Altersversorgung und Unterstützung	-2.517.789,30		-2.423.829,98
	davon für die Altersversorgung 711.482,28 € (i.Vj. 614.998,97 €)		-13.423.233,12	-13.083.600,13
5.	Abschreibungen			
	a) Abschreibungen auf immaterielle Vermögensgegenstände des Anlagevermögens und Sachanlagen		-987.701,29	-873.522,04
6.	Sonstige betriebliche Aufwendungen davon aus Währungsdifferenzen: 25.095,12 € (iVj. 0,00 €)		-39.822.766,32	-45.458.042,23
7.	Sonstige Zinsen und ähnliche Erträge		1.697,04	915,97
8.	Abschreibungen auf Finanzanlagen und auf Wertpapiere des Umlaufvermögens		0,00	-402.708,74
9.	Zinsen und ähnliche Aufwendungen davon aus Abzinsung Rückstellung 28.780,46 € (i.Vj. 33.964,51 €)		-251.716,70	-218.343,38
10.	**Finanzergebnis**		-250.019,66	-620.136,15
11.	Steuern vom Einkommen und vom Ertrag		-9.800,00	-247.000,00
12.	**Ergebnis nach Steuern**		**1.448.219,73**	**1.239.803,30**
13.	Sonstige Steuern		0,00	-1.021.320,00
14.	**Jahresüberschuss**		**1.448.219,73**	**218.483,30**
15.	Entnahme der zweckgebundenen Rücklage für Projekte		17.850,00	17.850,00
16.	Einstellung in die freie Rücklage/Instandhaltungsrücklage		-1.466.069,73	-236.333,30
17.	**Bilanzgewinn**		**0,00**	**0,00**

Abb. 157: Gewinn- und Verlustrechnung des DOSB e. V. für die Jahre 2017 und 2016; Quelle: www.cdn.dosb.de/user_upload/www.dosb.de/uber_uns/Mitgliederversammlung/Duesseldorf_2018/Anlagen/TOP_14_3_Anlage_Jahresrechnung_2017__Stand_10_10_2018.pdf (Abrufdatum: 17.10.2019)

Aus der Bilanz sind die vollständigen nach § 266 HGB erforderlichen Posten der Bilanz zu sehen. Bei den sonstigen Verbindlichkeiten sind die sog. »davon-Vermerke« zu den Steuern ausgewiesen. Die Bilanzsumme beträgt am 31.12.2017 51.134.476,48 € (im Vorjahr betrug sie 47.888.381,30 €). Bemerkenswert ist auch die Höhe der liquiden Mittel. Sie beträgt am 31.12.2017 14.508.475,55 € nach 8.474.570,46 € im Vorjahr.

Kennzahlen zur Bilanz werden in einer späteren Abbildung berechnet, da sie auf den vom Abschlussprüfer aufbereiteten Aufstellungen zur Vermögens- und Kapitalstruktur aufbauen.

Der DOSB e. V. erzielte im Geschäftsjahr 2017 Umsatzerlöse i. H. v. 54.004.872,86 € nach 59.702.250,30 € im Vorjahr, dies weist die erste Zeile der abgebildeten Gewinn- und Verlustrechnung aus. Die Umsatzerlöse des Vereins sind also deutlich gesunken! Aus der drittletzten Zeile ist zu entnehmen, dass der DOSB e. V. einen Jahresüberschuss i. H. v. 1.448.219,73 € erwirtschaftet hat. Im Vorjahr betrug der Jahresüberschuss 218.483,30 €, war also deutlich niedriger.

Um zu analysieren, wieso sich das bessere Jahresergebnis bei gesunkenen Umsätzen ergeben hat, ist eine Analyse der Ertragslage insgesamt – d. h. aller Posten der Ertrags- und Aufwandsseite – erforderlich. Diese Analyse ist den Aufstellungen des Abschlussprüfers zur Ertragslage (Abbildungen 158 und 159) zu entnehmen.

	2017		2016		Veränderung	Veränderung 2017-2016
	t€	%	t€	%	t€	%
Umsatzerlöse	54.004,6	99,0	59.702,3	98,9	-5.697,7	-9,5
Sonstige betriebliche Erträge	555,3	1,0	638,4	1,1	-83,1	-13,0
Gesamtleistung	54.559,9	100,0	60.340,7	100,0	-5.780,8	-9,6
Personalaufwand	-13.423,2	-24,8	-13.083,6	-21,9	-339,6	2,6
Abschreibungen	-987,7	-1,9	-873,5	-1,5	-114,2	13,1
sonstige Betriebliche Aufwendungen	-39.410,9	-72,2	-44.858,7	-74,3	+5.447,8	-12,1
Sonstige Steuern	0,0	0,0	-1.021,3	-1,7	+1.021,3	-100,0
Summe der Aufwendungen	-53.821,8	-98,6	-59.837,1	-99,2	+6.015,3	-10,1
Betriebsergebnis	+738,1	+1,4	+503,6	+0,8	+234,5	46,6
Finanzergebnis	-250,0	-0,5	-620,1	-1,0	+370,1	-59,7
Operatives Ergebnis	+488,1	+0,9	-116,5	-0,2	+604,6	-519,0
Neutrales Ergebnis	+969,7	+1,8	+582,0	+1,0	+387,7	66,6
Ertragssteuern	-9,8	0,0	-247,0	-0,4	+237,2	-96,0
Ergebnis nach Ertragssteuern	+1.448,1	+2,7	+218,4	+0,4	+1.229,7	> 100
Jahresergebnis	+1.448,1	+2,7	+218,4	+0,4	+1.229,7	> 100

Abb. 158: Ertragslage des DOSB e. V. 2017 und 2016 – Prüfungsbericht; Quelle wie Abbildung 157

Die Gegenüberstellung der Erträge und Aufwendungen enthält in den beiden rechten Spalten die Darstellung der absoluten und der relativen Veränderungen. Die so ermöglichte Analyse der Ertragslage erlaubt eine Antwort auf die Frage, warum sich ein um 1.229,7 t€ verbessertes Jahresergebnis bei um 5.697,7 t€ gesunkenen Umsätzen ergeben hat: Ursächlich sind die Absenkung der sonstigen betrieblichen Aufwendungen (Ergebniswirkung: +5.447,8 t€), die Absenkung der sonstigen Steuern auf 0,– € (im Vorjahr waren noch 1.021,3 t€ zu verbuchen), ein verbessertes Finanzergebnis (+370,1 t€) und ein verbessertes neutrales Ergebnis (+387,7 t€).

Das neutrale Ergebnis wird im Prüfungsbericht zusätzlich erläutert und in seinen Bestandteilen dargestellt (Abbildung 159).

	2017		2016		Verän-derung	Verände-rung 2017–2016
	t€	%	t€	%	t€	%
Erträge aus der Auflösung von Rück-stellungen	545,6	56,3	680,7	117,0	–135,1	–19,8
Übrige periodenfremde Erträge	836,0	86,2	500,7	86,0	+335,3	67,0
Neutrale Erträge	1.381,6	142,5	1.181,4	203,0	+200,2	16,9
Forderungsverluste	–2,7	–0,3	–1,1	–0,2	–1,6	> 100
periodenfremde Aufwendungen	–376,5	–38,8	–598,3	> –100	+221,8	–37,1
Aufwendungen aus Währungsdiffe-renzen	–25,1	–2,6	0,0	0,0	–25,1	0,0
Verluste aus dem Abgang von Sach-anlagen	–7,6	–0,8	0,0	0,0	–7,6	0,0
Neutrale Aufwendungen	–411,9	–0,8	–599,4	–0,2	+187,5	–31,3
Neutrales Ergebnis	**+969,7**	**+143,3**	**+581,9**	**+203,2**	**+387,8**	**66,6**

Abb. 159: Aufgliederung des neutralen Ergebnisses für den DOSB e. V. 2017 und 2016 – Prüfungsbericht; Quelle wie Abbildung 157

Exemplarisch zeigt sich aus diesen Tabellen zur Ertragslage, dass die Aufbereitung der Posten der Gewinn- und Verlustrechnung durch den Abschlussprüfer eine wesentliche Hilfe bei der Interpretation des Jahresabschlusses leistet.

Zur Ertragslage können die Kennzahlen aus Abbildung 160 berechnet werden.

	2017	2016
$\text{Eigenkapitalrentabilität} = \frac{\text{Jahresergebnis}}{\text{EK}} =$	14,4 %	2,5 %
$\text{Eigenkapitalrentabilität v. Steuern} = \frac{\text{Jahresergebnis v. Steuern}}{\text{EK}} =$	72,5 %	73,0 %
$\text{Gesamtkapitalrentabilität v. Zinsen u. Steuern} = \frac{\text{Jahresergebnis v. Zinsen u. Steuern}}{\text{EK}} =$	73,9 %	75,0 %

Abb. 160: Kennzahlen zur Ertragslage des DOSB e. V. 2017 und 2016

Der Prüfunsgebericht enthält die in Abbildung 161 dargestellte Aufstellung zur Vermögenslage.

	31.12.2017		31.12.2016		Veränderung 2017–2016		
	t€	%	t€	%	%	t€	%
Immaterielle Vermögensgegenstände	345,8	0,7	341,7	0,71	0,7	+4,1	1,2
Sachanlagen	25.333,5	49,4	26.189,7	54,69	54,6	-856,2	-3,3
Finanzanlagen	5,5	0,0	51,5	0,11	0,1	-46,0	-89,3
Langfristiges gebundenes Vermögen	25.684,8	50,2	26.582,9	55,51	55,5	-898,1	-3,4
Forderungen aus Lieferungen und Leistungen	8.546,3	16,7	12.237,3	25,55	25,6	-3.691,0	-30,2
Sonstige Vermögensgegenstände	227,8	0,5	162,6	0,34	0,3	+65,2	40,1
Liquide Mittel	14.508,5	28,4	8.474,6	17,70	17,7	+6.033,9	71,2
Rechnungsabgrenzungsposten	2.167,2	4,2	431,0	0,90	0,9	+1.736,2	> 100
Kurzfristig gebundenes Vermögen	25.449,8	49,8	21.305,5	44,49	44,5	+4.144,3	19,5
Gesamtvermögen	**51.134,6**	**100,0**	**47.888,4**	**100,00**	**100,0**	**+3.246,2**	**6,8**

Abb. 161: Vermögenslage (Vermögensstruktur) des DOSB e. V. 2017 und 2016 – Prüfungsbericht; Quelle wie Abbildung 157

Schließlich stellt der Prüfunsgebericht eine Aufstellung zur Kapitalstruktur dar (Abbildung 162).

	31.12.2017		31.12.2016		Veränderung 2017–2016		
	t€	%	t€	%	%	t€	%
Eigenmittel Haus I und II	4.149,4	7,9	4.149,4	8,66	8,5	0,0	0,0
Rücklagen	5.896,4	11,3	4.448,2	9,29	9,1	+1.448,2	32,6
Eigenkapital	10.045,8	19,6	8.597,6	17,95	18,0	+1.448,2	16,8
Sonderposten für Investitionszuschüsse	11.600,0	22,7	11.839,9	24,72	24,7	-239,9	-2,0
Langfristige Verbindlichkeiten							
gegenüber Kreditinstituten	9.700,0	19,0	10.000,0	20,88	20,9	-300,0	-3,0
Rückstellungen	774,4	1,5	788,3	1,65	1,7	-13,9	-1,8
Übrige Langfristige Verbindlichkeiten	131,0	0,3	180,0	0,38	0,4	-49,0	-27,2
Langfristiges Fremdkapital	22.205,40	43,50	22.808,20	47,63	47,80	-602,80	-2,6
Steuerrückstellungen	256,7	0,5	747,0	1,56	1,6	-490,3	-65,6
Sonstige Rückstellungen	5.235,9	10,2	3.609,2	7,54	7,5	+1.626,7	45,1
Verbindlichkeiten aus Lieferung und Leistung	2.375,5	4,6	5.046,1	10,54	10,5	-2.670,6	-52,9
Kurzfristige Verbindlichkeiten							
gegenüber Kreditinstituten	27,7	0,1	0,0	0,00	0,0	+27,7	> 100
Sonstige Verbindlichkeiten und							
Rechnungsabgrenzungsposten	10.987,5	21,5	7.080,2	14,78	14,8	+3.907,3	55,2
Kurzfristiges Fremdkapital	18.883,3	36,9	16.482,5	34,42	34,4	2.400,8	14,6
Fremdkapital	**41.088,7**	**80,4**	**39.290,7**	**82,05**	**82,0**	**1.797,9**	**4,6**
Gesamtkapital	**51.134,5**	**100,0**	**47.888,3**	**100,00**	**100,0**	**3.246,1**	**6,8**

Abb. 162: Vermögenslage (Kapitalstruktur) des DOSB e. V. 2017 und 2016 – Prüfungsbericht; Quelle: www.cdn.dosb.de/user_upload/www.dosb.de/uber_uns/Mitgliederversammlung/Duesseldorf_2018/Anlagen/TOP_14_3_Anlage_Jahresrechnung_2017__Stand_10_10_2018.pdf (Abrufdatum: 17.10.2019)

Die in Abbildung 163 dargestellten Kennzahlen zur Vermögenslage und zur Finanzstruktur können berechnet werden.

	2017	2016
Kennzahlen zur Vermögens- und Kapitalstruktur		
$\text{Anlageintensität} = \frac{\text{Anlagevermögen}}{\text{Gesamtvermögen}} =$	50,2 %	55,5 %
$\text{EK-Quote I} = \frac{\text{EK}}{\text{Gesamtkapital}} =$	19,6 %	18,0 %
$\text{EK-Quote II} = \frac{\text{EK + SoPo}}{\text{Gesamtkapital}} =$	42,3 %	42,7 %
$\text{Verschuldungsgrad} = \frac{\text{FK}}{\text{EK}} =$	409,0 %	457,0 %
Kennzahlen zur Finanzstruktur		
$\text{Goldene Bilanzregel} = \frac{\text{EK + SoPo + langfr. FK}}{\text{Anlagevermögen}} =$	170,7 %	162,7 %
$\text{Anlagendeckungsgrad I} = \frac{\text{EK}}{\text{Anlagevermögen}} =$	39,1 %	32,3 %
$\text{Anlagendeckungsgrad II} = \frac{\text{EK + langfr. FK}}{\text{Anlagevermögen}} =$	125,6 %	118,1 %

Abb. 163: Kennzahlen zur Vermögenslage und zur Finanzstruktur des DOSB e. V. 2017 und 2016

In der sog. **Vorwegberichterstattung** wird die Lage des Vereins beschrieben (Kapitel 2.1). Kapitel 2.2 geht auf die Chancen und Risiken der zukünftigen Entwicklung, wie sie der DOSB im Lagebericht ausführlich dargestellt hat, ein und kommentiert diese aus Sicht des Abschlussprüfers. Es finden sich folgende Aussagen:

> ***Wirtschaftliche Lage und Geschäftsverlauf***
>
> *Der DOSB hat zum Jahresabschluss einen Lagebericht (Anlage 4) aufgestellt. Er hat nach unserer Auffassung im Lagebericht folgende wesentliche Aussagen zum Geschäftsverlauf und zur Lage des Sportbundes getroffen:*
>
> ***Positives Ergebnis im Geschäftsjahr 2017***
>
> *Der Sportbund konnte das Geschäftsjahr 2017 mit einem Jahresüberschuss in Höhe von TEUR 1.448 abschließen. Der ursprüngliche Wirtschaftsplan für 2017*

wies ein ausgeglichenes Ergebnis aus. Ursächlich für das positive Ergebnis waren Mehreinnahmen aus der Lotterie Siegerchance welche die prognostizierten Planzahlen deutlich übertrafen. Weitere für die positive Planabweichung ursächlichen wesentlichen Einnahmen- und Ausgabenpositionen werden im Lagebericht detailliert erläutert.[182]

Chancen und Risiken der zukünftigen Entwicklung

Wesentliche Einnahmepositionen

Der Haushalt des DOSB hängt im Wesentlichen von den Mitgliedsbeiträgen, den Zweckerträgen aus dem Glücksspielbereich sowie von den Vermarktungserträgen ab. Seit 2016 sind im Bereich Glücksspiel Einnahmen aus der neu eingeführten Lotterie Siegerchance und der GlücksSpirale enthalten. Bei den Einnahmen aus Mitgliedsbeiträgen erwartet der DOSB kurz- bis mittelfristig konstant bleibende Einnahmen.

Eine weitere wichtige Einnahmequelle ist der Vermarktungsertrag. Hierzu wurde durch das DOSB-Präsidium ein Markenprozess beschlossen, der sich derzeit in der Umsetzung befindet und seit Anfang des Geschäftsjahres 2014 aktiv in die Öffentlichkeit getragen wird. Erweitert wurde er 2017 durch die Einführung der Marke Team Deutschland.

Die Einnahmeposition aus Zweckerträgen der GlücksSpirale und der Lotterie Siegerchance stehen unter dem Einfluss des Spielumsatzes und der Zahl der Hauptgewinner. Beide Faktoren werden durch den DOSB zeitnah betrachtet.

Verschiedene Risikofaktoren

Die GlücksSpirale und die Lotterie Siegerchance, als zwei der wesentlichen Einnahmequellen des DOSB sind mit erheblichen Risiken aus der zufälligen Verteilung der Hauptgewinne sowie der Höhe des Spielumsatzes behaftet. Zur Überwachung des Risikos werden vom DOSB mehrere Szenarien mit einem Einnahmerückgang von fünf bzw. zehn Prozent für die Zukunft aufgestellt. Des Weiteren werden zur Verringerung des Risikos die wöchentlichen Ausspielergebnisse im internen Berichtswesen des Sportbundes verfolgt.

182 Die Begründung des verbesserten Jahresergebnisses deckt sich nicht mit den Erkenntnissen, die die Analysen der aufbereiteten Zahlen zur Ertragslage ergeben haben (nach Abbildung 156). Dies ist bemerkenswert!

Eine dauerhafte Energiebelastung erfährt der Haushalt des DOSB durch die Gehaltsbindung an die Tarifabschlüsse für den öffentlichen Dienst (TVöD). Die Tarifverhandlungen für 2016 und 2017 sehen eine Erhöhung von 2,4 % bzw. 2,35 %. Für den Zeitraum ab 2018 sind die Ergebnisse der zukünftigen Tarifverhandlungen abzuwarten.

Prognosen für 2018

Der verabschiedete Wirtschaftsplan für 2018 weist einen Überschuss von TEUR 1.174 aus. Die Haushaltsposition Mitgliedsbeiträge wird als konstant erwartet.

Thema für das Jahr 2018 und darüber hinaus ist die Digitalisierung, zu der bereits ein Konzept erarbeitet wurde. Auch der Bereich der Tax Compliance wird zur Zeit verstärkt fokussiert.

Aufgrund unserer Prüfung stellen wir fest:

Die Beurteilung der Lage des DSOB, insbesondere die Beurteilung des Fortbestandes und der wesentlichen Chancen und Risiken der künftigen Entwicklung des Sportbunds, ist plausibel und folgerichtig abgeleitet.

Der **Lagebericht** des DOSB (Lagebericht zum 31.12.2017) enthält folgende Abschnitte:

1. Grundlagen des Verbands,
2. Wirtschaftsbericht,
3. Prognosebericht,
4. Chancen und Risikobericht.

Auf die Darstellung der Kapitel 1 bis 3 wird hier aus Platzgründen verzichtet. Kapitel 4 wird jedoch wegen der beispielhaften Erläuterung der **Chancen und Risiken der zukünftigen Entwicklung** im Wortlaut wiedergegeben:

4. Chancen- und Risikobericht

4.1 Chancenbericht

Mit der Zielsetzung, mittels eines höheren Bekanntheitsgrads des DOSB, eine stärkere Gewichtung des DOSB als Stimme des deutschen Sports zu erlangen, hat das Präsidium intensive Aktivitäten für den DOSB-Markenprozess beschlossen. Durch die damit verbundene Wertsteigerung der Marke DOSB und die hierdurch entstehende verbesserte Marktposition ergibt sich mittel- bis langfristig die Chance höhere Vermarktungserlöse generieren zu können. Ein wichtiger Bestandteil hierbei stellt die neue Marke Team Deutschland dar. Ferner bestätigt sich im Berichtsjahr, dass die neu ins Leben gerufene Zusatzlotterie Siegerchance positive Impulse zur Stabilisierung der Haushaltssituation des DOSB beisteuern kann.

4.2 Risikobericht

Nach dem Einbruch der Glücksspielerlöse in 2014 auf 5.082 Tausend EURO, stellen sich die Erträge in den Jahren 2015 bis 2017 zwischen 5.788 Tausend Euro bzw. 5.882 Tausend Euro wieder positiv und relativ stabil dar.

Trotzdem ist die Volatilität der Glücksspielerträge aufgrund der Abhängigkeit von Umsatz und Hauptgewinn sehr hoch. Für die Zukunft plant der DOSB im Bereich der Zweckerträge aus der GlücksSpirale daher vorsichtig mit 10 % Mindereinnahmen gegenüber dem in den Jahren 2009 und 2010 erreichten Niveau der Lotterieerträge. Der entsprechende Planwert 2018 beträgt 5.500 Tausend Euro sowie zusätzlich eingeplante Erlöse von 6.000 Tausend Euro aus der Siegerchance.

Neben den regelmäßigen Abstimmungsgesprächen mit den Lottogesellschaften werden die Einspielergebnisse wöchentlich überwacht und das Jahresergebnis mittels statistischer Methoden permanent hochgerechnet.

Eine weitere zu berücksichtigende zukünftige Ergebnisbelastung erfährt der Haushalt des Olympischen Sport-bundes durch die Gehaltsbindung an die Tarifabschlüsse des TVÖD. Die hieraus resultierenden Mehraufwendungen im Bereich Personal betreffen gegenwärtig 120 Mitarbeiter, für die die Regelungen des TVÖD zwingend Anwendung finden.

Für den Zeitraum vom 1. März 2016 bis 28. Februar 2018 erfolgte hierdurch eine zweistufige Erhöhung von 2,4 % zum 1. März 2016 und von 2,35 % zum 1. Februar 2017. Für den Zeitraum ab dem 1. März 2018 sind die Ergebnisse der zukünftigen Tarifverhandlungen abzuwarten.

Die Ergebnisse der im Jahre 2016 durchgeführten Aufgaben- und Effektivitätsanalyse des DOSB sowie der dem DOSB nahe stehenden Institutionen wurden im Berichtsjahr 2017 erfolgreich umgesetzt und führten zu den geplanten Kostenminderungen.

Mittels des im Jahr 2011 im DOSB eingeführten Risiko-Management-Systems, werden im Rahmen der Vorstandssitzungen regelmäßig die aktuellen Verbandsrisiken aller Geschäftsbereiche qualitativ und quantitativ analysiert. Im Jahre 2017 hat der DOSB zudem ein zentrales Beteiligungsmanagement eingeführt. Darüber hinaus arbeitet der DOSB aktuell an der weiteren Optimierung der bestehenden Tax-Compliance- und Zuwendungsmanagement-Systeme.

Dieser Textauszug zeigt exemplarisch einen ausführlichen Bericht des Vorstands zu den Chancen und Risiken eines Vereins.

Der Prüfungsbericht des Abschlussprüfers ist auf diese Lageberichtsaussagen eingegangen und hat folgende Kernaussagen in der sog. Vorwegberichterstattung zitiert:

- zwei der wesentlichen Einnahmequellen des DOSB sind mit erheblichen Risiken behaftet (GlücksSpirale und die Lotterie Siegerchance),
- dauerhafte kostenseitige Belastung des Haushalts des DOSB durch die Gehaltsbindung an die Tarifabschlüsse (TVöD).

Darüber hinaus geht der Abschlussprüfer auf die sog. Going-Concern-Prämisse ein. Er schätzt ein, dass der Wirtschaftsplan für das Folgejahr plausibel einen Überschuss einplant und dass deshalb keine Gründe dagegen sprechen, dass der Jahresabschluss unter der Prämisse aufgestellt wird, dass der DOSB für die kommenden Monate fortbestehen wird.

Somit kann die Berichterstattung des Vorstands und die Kommentierung des Abschlussprüfers als repräsentatives Beispiel für das Zusammenspiel zwischen berichtendem Verein und kommentierendem Abschlussprüfer eingeschätzt werden. In diesen Abschnitten haben der Verein und der Abschlussprüfer die Möglichkeit, eine differenzierte Darstellung und Kommentierung der wirtschaftlichen Lage vorzunehmen. Die Darstellung muss keineswegs »schwarz-weiß« sein. Eine Schattierung in Graustufen ist möglich und – nach Einschätzung des Verfassers – in der Vereinspraxis sachgerecht.

Sollte sich die wirtschaftliche Lage eines Vereins verschlechtern (bis hin zur drohenden Zahlungsunfähigkeit), kommt diesen Abschnitten im Lagebericht des Vereinsvorstands und im Prüfungsbericht des Vereinsabschlussprüfers eine besondere Bedeutung zu. Das hier ausgewiesene Beispiel des DOSB e. V. zeigt einen kerngesunden Verein, der nicht von einer solchen Existenzbedrohung betroffen ist.

5.4.8 Abschließende Hinweise zur Vorgehensweise bei der Analyse eines Jahresabschlusses (*quick and dirty*)

Zum Schluss dieses Kapitels sollen die wichtigsten Blicke auf den aus Gewinn- und Verlustrechnung und Bilanz bestehenden Jahresabschluss dargestellt werden, mit denen sich ein externer Bilanzleser **einen ersten Überblick** verschaffen kann.

Zunächst interessiert den Bilanzleser die **Ertragslage**. Es ist zu untersuchen, ob die abgelaufene Periode erfolgreich im Sinne der Rentabilität war (Abbildung 164).

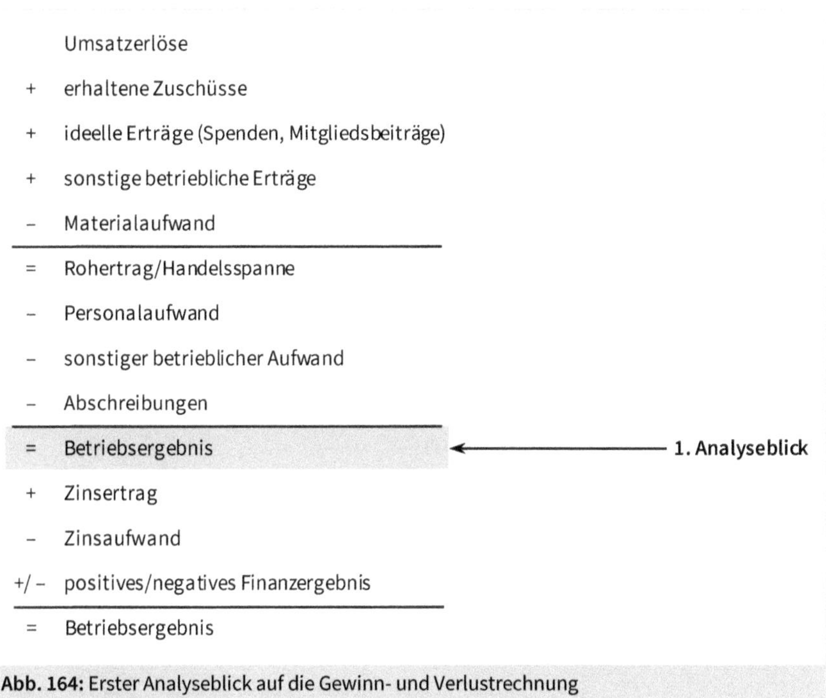

Abb. 164: Erster Analyseblick auf die Gewinn- und Verlustrechnung

Darüber hinaus will der Bilanzleser als zweitwichtigste Information wissen, ob **positives Eigenkapital** vorhanden ist. Als drittes interessiert ihn, wie hoch der **Bestand an liquiden Mitteln** am Stichtag (31.12.) ist. Nach Möglichkeit sollte die absolute Höhe der liquiden Mittel in Relation zu den kurzfristigen Verbindlichkeiten gesetzt werden. Dann lässt sich der Aktivbestand besser beurteilen. Dies zeigt Abbildung 165.

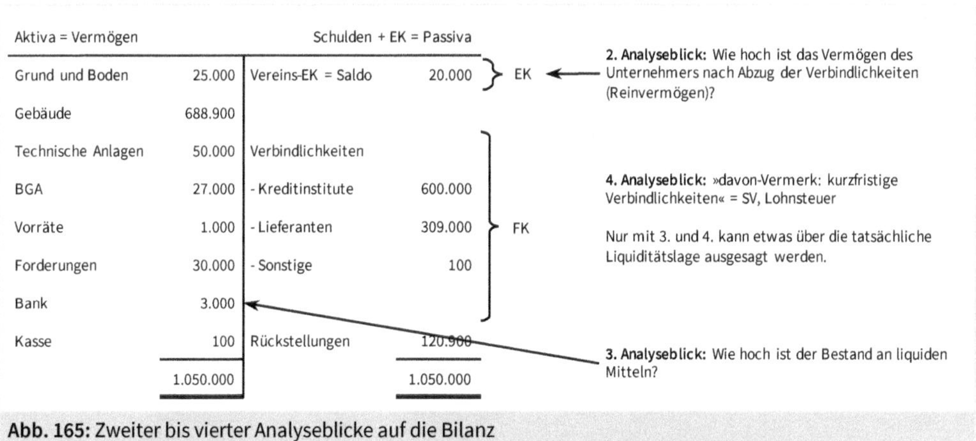

Abb. 165: Zweiter bis vierter Analyseblicke auf die Bilanz

Wünschenswert ist, die Zahlen des Geschäftsjahres mit den Vorjahren zu vergleichen. Hieraus ergeben sich erste Erkenntnisse zu den Entwicklungen im Trend.

Weitere Analyseblicke richten sich auf die verbalen Aussagen im Lagebericht, d. h. auf die Frage, ob die Entwicklung im Geschäftsjahr und die Entwicklung in Zukunft von Besonderheiten geprägt sein werden (siehe Kapitel 3.5).

Schließlich ist auch der **Anhang** interessant, da sich dort u. U. Angaben finden, aus denen hervorgeht, ob der bilanzierende Verein eine aktive Bilanzpolitik betriebt und Bilanzierungs- und Bewertungswahlrechte ausgeübt hat, um das Bilanzbild zu verbessern. Dies sollte dem Analysten nicht entgehen!

6 Das System der Transparenz für Vereine

6.1 Bestandteile des Systems

Vereine haben nach BGB, Handels- und Steuerrecht verschiedene Vorschriften zu erfüllen, die insgesamt ein ganzes Gefüge an Transparenzregelungen bilden. Dieses System der Transparenz für Vereine setzt sich aus Prüfungen durch mehrere Agenten zusammen. Darüber hinaus gibt es Publizitätsvorschriften. Elemente bzw. Beteiligte dieses Systems sind:

1. Vereinsregister,
2. Finanzverwaltung,
3. Zuwendungsgeber,
4. Gütesiegel verleihende private/halbstaatliche Organisationen.

Darüber hinaus sind

5. die Rechnungslegung, Publizität und Prüfung

als weitere gesetzliche Instrumente zu nennen.

6.2 Prüfungen durch die Vereinsregister

Die **Register**, in denen Vereine eingetragen werden müssen, werden in Deutschland dezentral geführt. Dies hat zur Folge, dass derjenige, der sich für die Registerdaten eines Vereins interessiert, nicht zentral auf ein Bundesregister (wie etwa bei gewerblichen Kaufleuten) zurückgreifen kann. Er ist auf freiwillige Angaben angewiesen (etwa auf dem Geschäftspapier, in Informationsbroschüren oder im Internet) oder muss die Akte des jeweils zuständigen Registergerichts vor Ort einsehen.

Das Verfahren der Registergerichte, das zur konstitutiven Eintragung eines e. V. führt, umfasst die Überprüfung, ob die gesetzlichen Voraussetzungen des BGB erfüllt sind. Die einzutragenden Inhalte für Vereine betreffen Angaben über die einzelnen Vorstandsmitglieder (Vorname und Name, mitunter Beruf, Wohnort, Geburtsdatum, Stellung im Vorstand – z. B. Schatzmeister –, besondere Vertretungsbefugnisse).

Reformvorschläge gehen dahin, in Zukunft ein zentrales Vereinsverzeichnis zu schaffen, das über das Internet volle Transparenz bietet.

6.3 Prüfungen durch die Finanzverwaltung

Die Prüfung durch die **Finanzverwaltung** erstreckt sich zum einen auf den Beginn der Tätigkeit (Prüfung der Anerkennung als gemeinnützige Körperschaft) und zum anderen auf die laufende Überwachung der Geschäftstätigkeit.

In § 59 AO sind die Voraussetzungen beschrieben, die zu erfüllen sind, um den Status als gemeinnützige Körperschaft zu erlangen: Die Satzung des Vereins muss den formellen Anforderungen des Gemeinnützigkeitsrechts entsprechen (§ 60 AO), insbesondere § 61 AO »Vermögensbindung». Im Laufe der Tätigkeit ist jährlich nachzuweisen, dass die tatsächliche Geschäftsführung auf die ausschließliche und unmittelbare Erfüllung steuerbegünstigter Zwecke gerichtet gewesen ist (§ 63 AO). Die Satzung muss den Zweck so genau bestimmen, dass aufgrund der Satzung geprüft werden kann, ob die Voraussetzungen für die Steuervergünstigung gegeben sind (Anforderungen der formellen Satzungsmäßigkeit).

Die Tätigkeit des Vereins muss sich tatsächlich so darstellen, dass ausschließlich und unmittelbar die steuerbegünstigten Zwecke verfolgt werden. Der Nachweis dieser Erfordernis des § 63 Abs. 1 AO ist durch ordnungsgemäße Aufzeichnungen über die Einnahmen und Ausgaben zu führen. Die tatsächliche Geschäftsführung umfasst auch die ordnungsgemäße Ausstellung von Spendenquittungen. Verstößt die tatsächliche Geschäftsführung gegen die gesetzlichen Bestimmungen, verliert die Körperschaft für das Geschäftsjahr (oder bei schweren Verstößen für die letzten zehn Jahre) die Gemeinnützigkeit.

Das Finanzamt prüft die Aktivitäten anhand der im Rahmen der Steuererklärung »Gem1-Erklärung« alle drei Jahre einzureichenden Unterlagen. Das heißt, gemäß dem Jahresabschluss (Bilanz, GuV, Anhang) – und ggfs. dem Lagebericht nach § 289 HGB – oder gemäß der Einnahme-Überschussrechnung nach § 4 Abs. 3 EStG und dem Tätigkeitsbericht des Vorstands.

Es gibt darüber hinaus Richtlinien der Finanzverwaltung zur Prüfung der Angemessenheit der Ausgaben für die allgemeine Verwaltung sowie der Werbemaßnahmen betreffend neue Mitglieder und Spender. Zwar sieht die Verwaltungsrichtlinie vor, dass die Prüfung der tatsächlichen Geschäftsführung auch die Angemessenheit der Ausgaben für die allgemeine Verwaltung einschließlich der Werbung um Spenden und Mitglieder umfassen soll. Dies ist aber nach Erfahrungen des Verfassers – trotz gegenteiliger Erwartungen in der Öffentlichkeit! – ein nur selten eingesetztes »stumpfes Schwert«.

Hinweis

!

Im Zusammenhang mit der hier diskutierten Offenlegung ist auf die nur im Ausnahmefall gegebene Möglichkeit der Finanzverwaltung zur Veröffentlichung der Ergebnisse ihrer Prüfungstätigkeit hinzuweisen. Nach dem gesetzlich normierten Steuergeheimnis gem. § 30 AO ist die Finanzverwaltung verpflichtet, keine Verhältnisse des Steuerpflichtigen bekanntzugeben; somit kann das Finanzamt keine Prüfungsfeststellungen über die gegebene oder versagte Gemeinnützigkeit veröffentlichen. Es ist allerdings gem. § 30 Abs. 4 Nr. 5c AO zulässig, dass im Falle eines zwingenden öffentlichen Interesses das jeweilige Finanzministerium im Einvernehmen mit dem Bundesministerium der Finanzen der Verbreitung unwahrer Behauptungen entgegentritt. Darüber hinaus kann das Finanzamt nach § 30 Abs. 5 AO unwahren öffentlichen Angaben des Steuerpflichtigen mithilfe der Strafbehörden entgegentreten.

6.4 Prüfungen durch die Zuwendungsgeber

Für die tatsächliche Geschäftsführung in der Praxis der meisten Vereine spielt die Zusammenarbeit mit **Zuschussgebern** eine herausragende Rolle. Bezogen auf Projektzuschüsse prüft der Zuwendungsgeber vorab genau, ob der von ihm beabsichtigte Förderzweck durch den beantragenden Verein erfüllt werden kann. Ebenso intensiv ist erfahrungsgemäß die Verwendungsnachweisprüfung im Nachhinein. Hier liegen wichtige Instrumente im Gesamtgefüge des Systems der Transparenz vor. Im Hintergrund dieser Verfahrensweise steht die Prüfung der zuwendenden Dienststellen durch die örtlichen Landesrechnungshöfe bzw. den Bundesrechnungshof.

6.5 Prüfungen durch private/halbstaatliche Organisationen

Die Strukturen im Bereich der Spendenprüfungen und der Verbandsmitgliedschaften mit ihren Selbstverpflichtungen sind in Deutschland sehr komplex. Derzeit sind zwei **Spendenprüfungsorganisationen** in Deutschland tätig:

- Deutsches Zentralinstitut für soziale Fragen (DZI),
- Arbeitsgemeinschaft Evangelikaler Missionen (AEM) und Deutsche Evangelische Allianz (DEA)

Neben diesen beiden Spendensiegel vergebenden Organisationen gibt es noch den Deutschen Spendenrat, dessen Mitgliedsorganisationen sich einer Selbstverpflichtung zur Einhaltung gewisser Bestimmungen unterworfen haben. Eine Prüfung findet jedoch nicht statt.

Die genannten Organisationen vergeben nach bestandener Prüfung ein **Siegel**. Die Prüfung erstreckt sich darauf, wie die Aktivität der spendensammelnden Organisation (z. B. in Bezug auf das Auftreten am Spendenmarkt, etwa durch die Art der Werbung) zu werten ist, ob die Organisation als gemeinnützig anerkannt ist, wie die Rechenschaftslegung erfolgt und wie hoch die Verwaltungskosten sind.

Das DZI verleiht im gemeinnützigen Sektor an Organisationen, die bestimmte Kriterien erfüllen, das DZI Spenden-Siegel. Dieses steht für die nachgeprüfte, sparsame und satzungsgemäße Verwendung der Spendengelder und damit für die Seriosität und Transparenz der geprüften Organisation. Das DZI prüft in einem intensiven Verfahren, ob die Kriterien eingehalten werden. Aufgrund dessen sind nur ca. 70 % der Erstanträge auf Zuerkennung des Siegels erfolgreich. Zurzeit ist das DZI Spenden-Siegel die wohl umfassendste der in Deutschland existierenden Spendenprüfungen.

Das DZI selbst nennt sein Spendensiegel »das Zeichen für Vertrauen«. Allerdings stellen die Kosten zum Erhalt des DZI-Spenden-Siegels gerade für kleinere Vereine eine erhöhte finanzielle Belastung dar. So wird bei Erstanträgen eine Gebühr von mindestens 1.500 € erhoben. Für die jährliche Siegelprüfung berechnet das DZI eine pauschale Grundgebühr von 500 € und einen Zusatzbetrag von 0,035 % des jährlichen Sammlungsergebnisses.

Zu den Bedingungen für die Verleihung des DZI Spenden-Siegels zählen:

- die zweckgerichtete, sparsame und wirtschaftliche Verwendung der Spendenmittel,
- die eindeutige und transparente Rechnungslegung und Berichterstattung über die Geschäftstätigkeit,
- die sachgerechte Prüfung der Rechnungslegung und
- die sachgerechte Spendenwerbung, die über die Verwendung der Spendengelder informiert und die Würde der Betroffenen achtet.

! **Praxis-Tipp**

Bis 2004 wurde das Spenden-Siegel nur an humanitär-karitative Organisationen verliehen. Seitdem können alle gemeinnützigen Spendenorganisationen das Siegel beantragen, unter anderem auch Umwelt-, Tierschutz-, Kultur- und Naturschutzorganisationen.

Das DZI überarbeitet regelmäßig die Leitlinien für die unabhängige Prüfung und Vergabe seines Spenden-Siegels. Dieser Prozess findet unter Beteiligung externer Experten, der betreffenden Dachverbände und der Spenden-Siegel-Organisationen statt. Aktuell liegt die Fassung vom April 2019 vor.[183]

Zuletzt wurden die Kriterien in folgenden Punkten verschärft:

- Einführung detaillierter Vorgaben für die Veröffentlichung von Jahresberichten (Offenlegung des Jahresabschlusses; Informationen zur Vergütung hauptamtli-

183 https://www.dzi.de/wp-content/pdfs_DZI/DZI-SpS-Leitlinien_2019.pdf (Abrufdatum: 20.11.2019).

cher Mitarbeiter und externer Berater, zu Aufwandsentschädigungen Ehrenamtlicher sowie zur Zahlung von Provisionen; Veröffentlichung des Werbe- und Verwaltungskostenanteils nach DZI-Standard),
- Sicherstellung und Überprüfung einer angemessenen Projektevaluation; ausführlichere Regelungen zur Zulässigkeit von Provisionen (Offenlegung, Deckelung),
- Offenlegung der Verträge mit externen Dienstleistern gegenüber dem DZI,
- erhöhte Anforderungen an die Qualität der Aufsichtsstrukturen (Mindestzahl von Sitzungen in Abhängigkeit von der Organisationsgröße, keine Interessenskonflikte).

Die Erfahrungen mit Managementfehlern und strukturellen Mängeln bei UNICEF Deutschland werden diesen Prozess beeinflussen. Mit sofortiger Wirkung geht das DZI dazu über, von allen Mitgliedern der Vorstände und besonderer Aufsichtsorgane eine Erklärung zu verlangen, dass diese die Spenden-Siegel-Standards zur Kenntnis genommen haben und deren Einhaltung in ihrem Verantwortungsbereich mit gewährleisten werden. Bisher war nur die entsprechende schriftliche Selbstverpflichtung der vertretungsberechtigten Leitungsmitglieder erforderlich.

Ein weiterer Baustein für mehr Transparenz und Vertrauen im deutschen Spendenwesen ist der seit 2003 jährlich veröffentlichte »DZI Spenden-Almanach«. Er informiert detailliert über die Zusammensetzung der Einnahmen und Ausgaben aller Siegel-Organisationen und ihre individuellen Werbe- und Verwaltungskostenanteile.

Nach Auffassung des DZI sind aber noch weitere Bausteine erforderlich, um Vertrauen und Transparenz im deutschen Spendenwesen zu stärken. Hierzu gehören u. a. aussagekräftigere Jahresberichte und verbesserte Transparenz in den Jahresabschlüssen. Ob auch erweiterte Rechnungslegungsstandards für Spendenorganisationen nach dem Vorbild Schweiz und Großbritannien und eine generelle Pflicht zur Publizität der Jahresabschlüsse und sonstiger Informationen eingeführt werden sollten (stärkere staatliche Kontrolle z. B. durch Stärkung statt Abbau der Landessammlungsgesetze, Umbau der Sammlungsaufsicht auf Länderebene nach dem positiven Beispiel Rheinland-Pfalz usw.), ebenso wie eine Selbstregulierung (weiterer Ausbau von themenspezifischen Verhaltenskodizes von Lobby- und Dachverbänden) ist nach Einschätzung des DZI der weiteren Diskussion zu überlassen.

Hinweis !

Für Vereine ist zu beachten, dass nur rudimentäre gesetzliche Bestimmungen zur Rechnungslegung anzutreffen sind. Dies ist anders als bei Kapitalgesellschaften (gGmbH, gAG), deren Rechnungslegung sich an den verschärften Pflichten für große (bzw. börsennotierte) Kapitalgesellschaften orientiert. Nur in Ausnahmefällen sind die Rechnungslegungsvorschriften durch Satzungsbestimmungen auch bei Vereinen gültig.

Das fachberatende Institut der Wirtschaftsprüfer in Deutschland (IDW) hat am 1.3.2006 eine Stellungnahme zur Rechnungslegung von Vereinen verabschiedet (IDW RS HFA 14), die sich mit den Normen für den e. V. befasst. Das IDW empfiehlt aus handelsrechtlicher Sicht eine kaufmännische Rechnungslegung immer dann, wenn ein Verein die Größenkriterien der § 267 Abs. 2 und 3 HGB erfüllt (z. B. eine Bilanzsumme von mehr als 4,8 Mio. € und mehr als 50 Arbeitnehmer). Zusätzlich sollte ein Lagebericht entsprechend § 289 HGB aufgestellt werden (Tz. 24–28). Es handelt sich bei dieser Stellungnahme des IDW um einen hilfreichen Vorschlag, schon weil es bisher nichts Entsprechendes zur Rechnungslegung von Vereinen gibt.

! **Hinweis**

Unter Publizität (Offenlegung im engeren Sinne) versteht man im Handelsrecht die Verpflichtung zur Offenlegung der Jahresabschlüsse und Lageberichte. Da für bestimmte Rechtsformen (große bzw. mittelgroße Kapitalgesellschaften) eine Publizität bereits jetzt schon gesetzlich gem. dem Dritten Buch des HGB vorgeschrieben ist, betrifft die Veröffentlichungspflicht nach dem PublG nur Rechtsformen, die nicht schon bereits durch das HGB angesprochen sind. Für Vereine gilt diese gesetzliche Pflicht aber nur dann, wenn ihre wirtschaftlichen Geschäftsbetriebe die sehr hohen Schwellen des PublG überschreiten (Bilanzsumme größer als 65 Mio. €, Umsatzerlöse über 130 Mio. €, über 5.000 Beschäftigte). Im Regelfall greift daher das PublG nicht für Vereine.

6.6 Kontrolle durch die Jahresabschlussprüfung

Der Wirtschaftsprüfer ist ein nicht unwesentlicher Bestandteil des Systems der Transparenz. Er wird vom Aufsichtsorgan (z. B. dem Vorstand beim e. V., dem Aufsichtsrat bei der GmbH, dem Kuratorium oder dem Verwaltungsrat bei der Stiftung) als Instrument eingesetzt, um die Verlässlichkeit des Rechnungswesens zu erhöhen. Er bestätigt mit seinem Prüfungsurteil, dass die Finanzbuchhaltung und der Jahresabschluss mit dem Gesetz und der Satzung im Einklang stehen und dass die Grundsätze ordnungsmäßiger Buchführung beachtet wurden.

Durch die Jahresabschlussprüfung wird geprüft, ob die Buchführung, der Jahresabschluss (Bilanz, Gewinn- und Verlustrechnung und Anhang) und der Lagebericht den gesetzlichen Vorschriften und der Satzung entsprechen (§ 317 HGB). Darüber hinaus soll sie die Verlässlichkeit des Jahresabschlusses und des Lageberichts erhöhen.

Hier muss jedoch auf die tatsächlich gegebene Begrenztheit des Prüfungsumfangs hingewiesen werden. Der handelsrechtliche Abschlussprüfer führt die Prüfung mit dem eingrenzenden Ziel durch, Prüfungsaussagen unter Beachtung des Grundsatzes der Wirtschaftlichkeit abzuleiten. Es liegt in der Natur der Sache, dass nur eine stichprobenhafte Prüfung der Geschäftsvorfälle stattfindet. Wenn sich keine besonderen

Anhaltspunkte für ein untreues Handeln ergeben, ist die Jahresabschlussprüfung von ihrem Charakter her keine Unterschlagungsprüfung. Beispielsweise darf der Abschlussprüfer darauf vertrauen, dass die ihm vorgelegten Kopien mit den Originalen übereinstimmen und nicht gefälscht sind.

6.7 Gesetzliche Vorschriften zur Transparenz im Bereich der Pflege

Der Gesetzgeber hat in seinem Pflege-Weiterentwicklungsgesetz (PfWG) vom 28.5.2008 verschärfte Transparenzvorschriften für den Bereich der **Altenpflege** vorgesehen: Zukünftig sollen Qualitätsberichte über die erbrachten Leistungen von Pflegeeinrichtungen und deren Qualität veröffentlicht werden (§ 115 PfWG). Diese Qualitätsberichte sollen die Verbraucher in die Lage versetzen, vorhandene Angebote zu vergleichen und selbstbestimmte Entscheidungen zu treffen. Dazu müssen die Qualitätsberichte verständlich, nachprüfbar, aktuell, übersichtlich und zuverlässig über die Qualität der Leistungen von Pflegeeinrichtungen informieren. Ferner sollen sie über die Art und das Datum der erfolgten Prüfungen Auskunft geben.

Die Qualitätsberichte sollen kostenfrei im Internet und in anderer Form veröffentlicht werden. Der inhaltliche Fokus soll auf die Lebens- und Ergebnisqualität ausgerichtet werden. Den publizierten Berichten sind die Ergebnisse der Qualitätsprüfungen der medizinischen Dienste der Krankenversicherungen (MDK) sowie gleichwertige Prüfergebnisse zugrunde zu legen (§ 114 Abs. 3 PfWG). In der Gesetzesbegründung sind als gleichwertige Prüfungen genannt: Prüfungen der zuständigen Heimaufsichtsbehörden, Prüfungen im Rahmen von Zertifizierungsverfahren oder weitere Prüfverfahren, die von Pflegeeinrichtungen erbrachte Leistungen und deren Qualität darstellen.

Die Bundesspitzenverbände der Leistungserbringer im Bereich der Pflege haben auf diese Initiative grundsätzlich positiv reagiert. Sie begrüßen die Absicht des Gesetzgebers, neben den Ergebnissen aus MDK-Prüfungen auch die Ergebnisse weiterer Qualitätsprüfungen in die Berichterstattung einzubeziehen, weil damit der Qualitätsbericht auf eine breitere Datenbasis gestellt und seine Aussagekraft erhöht wird. (Kritisiert wird an den MDK-Berichten in erster Linie, dass sie nur negative Feststellungen treffen und hinsichtlich der Ergebnisqualität zu wenig aussagekräftig sind.) Außerdem können aktuelle Qualitätsberichte auch für solche Einrichtungen erstellt werden, deren MDK-Prüfung weit zurückliegt oder die überhaupt noch nicht durch den MDK geprüft worden sind.

6.8 Reformvorschläge zur Rechnungslegung und Transparenz für Vereine

In Deutschland haben mehrere Autoren wiederholt auf die Lücken in den Regelungen zum Rechnungswesen der Vereine hingewiesen. Die gesetzlichen Grundlagen für das Rechnungswesen von Vereinen und Stiftungen seien »geradezu archaisch«.[184]

Der Bundestag hat sich in den vergangenen Jahren wiederholt mit dem tatsächlichen Transparenzverhalten der entsprechenden Organisationen befasst:

- kleine Anfrage der FDP-Bundestagsfraktion (BT DS 2003 15/335),
- kleine Anfrage der FDP-Fraktion (BT DS 2008 16/8325).

Die Bundesregierung ist bisher der Auffassung, dass die Rechnungslegungs- und Publizitätspflichten für Stiftungen und gemeinnützige Vereine nicht zu verschärfen sind. Zurzeit ist nicht beabsichtigt, über die bereits bestehenden Regelungen im PublG hinaus gesetzliche Regelungen zu verabschieden. Die Bundesregierung weist zudem auf die derzeit ausgebaute Selbstregulierung der Non-Profit-Organisationen hin:

> *Freiwillig veröffentlichte Jahresrechnungen oder Jahresabschlüsse und Geschäftsberichte schaffen Transparenz, wenn sie aussagekräftig, vergleichbar und verlässlich sind, weil sie nach einheitlichen Standards erstellt und von unabhängigen Stellen geprüft wurden. Dies gilt insbesondere dann, wenn sich eine ausreichend große Anzahl von Non-Profit-Organisationen zu solchen Maßnahmen verpflichtet, die veröffentlichten Informationen von unabhängigen Stellen gesammelt und der Öffentlichkeit zusammengefasst einfach zugänglich gemacht werden. Auch die Zertifizierung von Non-Profit-Organisationen durch kompetente unabhängige Stellen, wie z. B. die Erteilung des Spenden-Siegels durch das DZI, macht den Gemeinnützigkeitssektor für die Öffentlichkeit transparenter.*

Buchheim/Deffland/Penter (2008) stellen die Regulierungsvorschriften zur Rechnungslegung, Prüfung und Publizität im europäischen Kontext dar.[185] Vorgeschlagen wird, sich an den europäischen Nachbarn zu orientieren: In der Schweiz, in Österreich, England, Frankreich, Belgien, Schweden und der Slowakei sind beispielsweise Prüfungen gesetzlich vorgeschrieben. Die Autoren unterbreiten einen Vorschlag, der die differenzierten Vorschriften für Vereine in Österreich aufnimmt und auf deutsche Verhältnisse überträgt. Vorgeschlagen wird ein Stufenmodell, bei dem zwischen kleinen und mittleren bzw. großen Trägern (Vereinen, Stiftungen usw.) unterschieden

184 M. Lutter (1988), Zur Rechnungslegung und Publizität gemeinnütziger Spenden-Vereine, in Betriebsberater, S. 489 ff.

185 Vgl. R. Buchheim/M. Deffland/V. Penter (2008): An den europäischen Nachbarn orientieren: Die aktuellen Ereignisse haben die Diskussion um Transparenz im Non-Profit-Sektor neu entfacht, in: Wohlfahrt intern, 4. Jahrgang, Heft 4, S. 10 ff.

wird. Sie regen an, entsprechend den Regelungen für Kapitalgesellschaften abgestufte Pflichten zur Rechnungslegung und Prüfung gesetzlich festzuschreiben.

Von Segna liegt ein ähnlicher Vorschlag zur Verbesserung des Systems der Transparenz für gemeinnützige Vereine aus dem Jahr 2005 vor.[186]

- Bei unternehmerisch tätigen (Groß-)Vereinen ist es im handelsrechtlichen Sinne aus Gründen des Gläubigerschutzes erforderlich, die Rechenschaftslegung verbindlich festzulegen.
- Die Grenze sollte sich auf ein bestimmtes Spendenvolumen beziehen, z. B. 500.000 € oder 1,0 Mio. €. In Österreich, das jüngst eine entsprechende Regel vorgesehen hat, war in einem Referentenentwurf die Schwelle sogar nur bei 200.000 € gesetzt worden (gesetzlich umgesetzt wurde eine Schwelle von 3,0 Mio. €).

6.9 Reformvorschläge zur Offenlegung

In der politischen Debatte wird mitunter vorgeschlagen, die Vereine gesetzlich zu einer erweiterten Publizität zu verpflichten – entsprechend mittelgroßen bzw. großen Kapitalgesellschaften (z. B. börsennotierte AG im Bundesanzeiger). Denkbar wäre ein zentrales NPO-Portal (wie das im gewerblichen Bereich diskutierte zentrale Unternehmensregister) oder eine Publizität der entsprechenden Daten auf der eigenen Homepage (dies wäre kostengünstiger).

Aus jüngster Zeit ist zudem auf die Transparenzinitiative der beiden großen kirchlichen Wohlfahrtsverbände hinzuweisen: die »Transparenzstandards von Caritas und Diakonie«. Im Dezember 2010 wurde beschlossen, den Vereinen aus dem Bereich der Caritas und Diakonie die Erstellung eines Transparenzberichts zu empfehlen, der in »Soll-Modulen« bzw. »Kann-Modulen« Informationen zu folgenden Bereichen enthalten soll:

- Strukturdaten,
- Leistungsbericht,
- Wirtschaftsbericht,
- Spendenbericht,
- Ehrenamtsbericht,
- Sozialbericht,
- Umweltbericht.

Der Leistungsbericht enthält u. a. Aussagen zur leistungsbezogenen Qualität. Der Wirtschaftsbericht orientiert sich an den Veröffentlichungsstandards des Handelsgesetzbuchs. Der Spendenbericht gibt ausführlich Rechenschaft über den Erhalt und

186 Vgl. U. Segna (2005): Rechnungslegung und Prüfung von Vereinen – Reformbedarf im deutschen Recht, in: B. Bösche/R. Walz (Hrsg.): Wie viel Prüfung braucht der Verein – Wie viel Prüfung verträgt die Genossenschaft?, S. 27 ff.

die Verwendung von empfangenen Spendengeldern. Wesentliche Strukturdaten wie Angaben zur Corporate Governance und die Anerkennung als gemeinnützige Körperschaft gehören ebenfalls zum Pflichtkanon. Kann-Module wie ein Ehrenamtsbericht oder Sozialbericht sollen die Bandbreite der schon heute von verschiedenen Rechtsträgern in Rechenschaftsberichten aufgegriffenen Punkte zeigen.

Im Jahre 2018 wurden die Transparenzstandards überarbeitet und gestrafft.[187] Die Gliederung wurde grundsätzlich beibehalten, nunmehr decken die Standards auch die zehn Basiskriterien der Initiative Transparente Zivilgesellschaft (ITZ)[188] ab. Die Abstimmung mit den Basiskriterien der ITZ ermöglicht es Einrichtungen, beide parallel Standards zu erfüllen. Eine wichtige Neuerung der überarbeiteten Standards ist zudem, dass alle relevanten Informationen kurz und bündig über eine zentrale Internetseite aufzufinden sein sollen (die sog. „Ankerseite Transparenz"). Die Harmonisierung mit der im Jahre 2010 gegründeten ITZ ist deshalb wichtig, weil sich mittlerweile knapp 1.300 Organisationen dieser trägerübergreifenden Initiative angeschlossen haben (Angabe vom März 2020).

---

187 Es gibt keine zusätzlichen Kann-Module mehr. Vgl. www.diakonie.de/transparenzbericht (Abrufdatum: 16.3.2020).

188 Im Jahr 2010 haben auf Initiative von Transparency International zahlreiche Akteure aus der Zivilgesellschaft zehn grundlegende Punkte definiert, die jede zivilgesellschaftliche Organisation der Öffentlichkeit zugänglich machen sollte. Dazu zählen unter anderem die Namen der wesentlichen Entscheidungsträger, die Satzung, Angaben über die Mittelherkunft, die Mittelverwendung und die Personalstruktur, vgl. www.transparency.de/mitmachen/initiative-transparente-zivilgesellschaft/ (Abrufdatum 16.3.2020).

7 Schluss und Zusammenfassung: Rechnungslegung für Vereine

Für Vereine bestehen keine – oder nur sehr rudimentäre – gesetzlichen Vorschriften zur Rechnungslegung. Nur für steuerliche Zwecke ist ein Mindestmaß an Informationen an die Finanzverwaltung über die Einnahmen und Ausgaben sowie den Stand des Vermögens in Form einer Vermögensaufstellung des Vereins geregelt. Die EÜR nach § 4 Abs. 3 EStG ist jedem Verein aus der Steuererklärung geläufig.

Obwohl die Rechnungslegung von Vereinen handelsrechtlich nicht geregelt ist, haben sich in der Praxis vielfach beachtete Standards herausgebildet. Dabei sind die Informationszwecke und die verschiedenen Arten der Rechnungslegungsinstrumente zu unterscheiden. In dieser Broschüre sind die internen und externen Rechnungslegungsinstrumente unterschieden worden. Interne Instrumente dienen dem Vereinsmanagement zur Steuerung des betrieblichen Geschehens, externe der Erfüllung gesetzlicher Zwecke (bei Vereinen in erster Linie gegenüber dem Finanzamt) und der Information der Vereinsmitglieder und der von ihnen gewählten Aufsichtsorgane. Darüber hinaus werden weitere Stakeholder (Interessenträger) wie die örtliche Gemeinde, die Fördermittelgeber bzw. die Spender und Ehrenamtlichen informiert.

Bei der Erörterung des angemessenen Rechnungswesens und der Rechenschaftslegung zwischen den Vereinsorganen ist die Größe des Vereins zu berücksichtigen:

- Kleinere Vereine können ihre Rechnungslegung ggü. den Vereinsmitgliedern und den Finanzbehörden mit einer einfachen Einnahmen-Überschussrechnung bewerkstelligen.
- Mittelgroße und große Vereine sollten sich an den handelsrechtlichen Standards orientieren.
- Bei vielen größeren Vereinen sieht die Satzung eine Rechnungslegung nach HGB-Standards vor.

Informationen aus dem Rechnungswesen sind generell wichtig für die Geschäftsführungen und Aufsichtsorgane von Vereinen. In einem ausführlichen Kapitel dieses Buchs wurden die verschiedenen Informationssituationen und die jeweiligen Instrumente erörtert, mit denen die Situationen gemeistert werden können. Aus didaktischen Gründen hat es sich nach den Erfahrungen des Autors bewährt, die Entscheidungssituationen nach dem Leben eines Vereins zu gliedern (sozusagen »von der Wiege bis zur Bahre«). Ein besonderes Anliegen dieses Buchs ist es, dem Leser eine systematische Übersicht über den »Werkzeugkasten« des Kaufmanns zu vermitteln.

Abschließend wurde betrachtet, welche Anforderungen sich in Zukunft an das Rechnungswesen von vereinen gerichtet werden. Wichtige Schlagwörter sind hier die Wirkungsorientierung und die erhöhte Transparenz.

Fördermittelgeber beispielsweise im Bereich der Entwicklungszusammenarbeit oder in bestimmten sozialen Hilfefeldern erwarten vom geförderten Verein einen Bericht über die subjektiven und objektiven Wirkungen. Der Geldgeber möchte wissen, ob z. B. ein technisches Programm zum Brunnenbau in Afrika nachhaltige Ergebnisse für die dortige Bevölkerung und das Land insgesamt erbringt. Hinsichtlich der Transparenz haben sich die Erwartungen der breiten Öffentlichkeit deutlich erhöht. Da gewerbliche Unternehmen über das Unternehmensregister verpflichtend Informationen zu ihrer Vermögens-, Finanz- und Ertragslage geben müssen (sog. Pflicht zur Offenlegung der Jahresabschlüsse), hat sich die Forderung nach Transparenz auch im Bereich der nicht buchführungspflichtigen Vereine erhöht. Es bleibt abzuwarten, ob der Gesetzgeber gesetzliche Regelungen zur verpflichtenden Transparenz für Vereine schaffen wird.

Die Transparenz über die eingenommenen Mittel und die Mittelverwendung bei gemeinnützigen Vereinen ist ein weiterer Punkt, der in der Debatte beachtet werden sollte. Zunehmend erwarten die Interessenträger (Stakeholder) eine offene Einsicht in die Geschäftsunterlagen des Vereins.

Der Gesellschaftsrechtler Marcus Lutter hatte gemeinnützige Vereine sehr kritisch im Blick. In einer Kritik aus dem Jahr 1988 fragt er provokativ, ob es nicht – bei der schon zum damaligen Zeitpunkt beachtlichen Größenordnung von mehreren Milliarden DM, die Vereine einnehmen und verwalten – »auf der Hand« liege, »dass sich auch Raubritter beteiligen und Einfallsreiche sich wärmen wollen.«:

> *Ein Verein ist leicht gegründet, ein gemeinnütziger Zweck schnell gefunden, die nach § 56 BGB erforderlichen 7 Mitglieder aus Familie und naher Freundschaft rasch rekrutiert, die Bestätigung des Finanzamts über die Gemeinnützigkeit nach wenigen Wochen erteilt – und schon kann mit dem guten Zweck und der Steuerbescheinigung geworben werden, einer Bescheinigung, welche die Beteiligung des Finanzamts durch Absetzbarkeit garantiert, aber auch den Anschein geprüfter Güte, Qualität und Seriosität erweckt. Was macht es, wenn die Kosten des Feldzugs, will sagen der Einwerbung von Spendengeldern 50 % der Einkünfte verschlingt, wenn nur der Rest für anständige und nur zu oft sehr anständige Vorstandsgehälter der Raubritter reicht. ... Kein Fremder schaut in die Bücher, niemand kann die Aufnahme in den Verein mit dem Ziel der Kontrolle des Vorstands erzwingen. Die Initiatoren rechnen mit sich selber ab. Was schadet es, wenn das Finanzamt als äußerste Reaktion nach einigen Jahren die Gemeinnützigkeit entzieht? Der Verein entschläft, sein Know-how und seine Adressenkartei werden auf einen neuen Verein an einem neuen Orte übertragen, und das*

Spiel kann erneut beginnen. Kein Wunder bei einem Kuchen von 2.000 Mio. DM pro Jahr mit steigender Tendenz. Kein Wunder auch, wenn sich richtige, halbrichtige und falsche Meldungen in Presse, Rundfunk und Fernsehen über das »Versickern,« gar Unterschlagen von Spendengeldern häufen.

Die in diesem Abschnitt dargestellten Maßnahmen und die derzeit erwogenen Verbesserungsvorschläge lassen uns endlich hoffen, dass Lutter nicht Recht behalten wird.

Literaturverzeichnis

Bach, D./Hamm, M. (2012): Betriebswirtschaftliche Steuerung von Non-Profit-Organisationen – Grundlagenwissen, Projekt ERiS – Erfolgschancen in der Sozialwirtschaft, Parität Baden-Württemberg, Stuttgart.

Bachert, R. (2005): Buchführung und Bilanzierung: Controlling und Rechnungswesen in Sozialen Unternehmen. Weinheim/München.

Bachert, R. (2005): Kosten- und Leistungsrechnung: Controlling und Rechnungswesen in Sozialen Unternehmen. Weinheim/München.

Bachmann, P. (2008): Controlling für die öffentliche Verwaltung. 2. Aufl., Wiesbaden.

Bachmann, P. (2008): Grundlagen des Controllings in sozialen Organisationen. 2. Aufl., Brandenburg.

Baetge, J./Fey, D./Fey, G. (2002): § 243, Aufstellungsgrundsatz. In: Küting, K./Weber, C.-P. (Hrsg.): Handbuch der Rechnungslegung. 5. Aufl., Stuttgart.

Baetge, J./Kirsch, H.-J. (2002): Grundsätze ordnungsmäßiger Buchführung. In: Küting, K./Weber, C.-P. (Hrsg.): Handbuch der Rechnungslegung. 5. Aufl., Stuttgart, Tz. 30 f.

Baum, H.-G./Coenenberg, A. G./Günther, Th. (2013): Strategisches Controlling. 5. Aufl., Stuttgart.

Berndt, R./Nordhoff, F. (2019): Rechnungslegung und Prüfung von Stiftungen. 2. Aufl., München.

Biener, H./Berneke, W. (1986): Bilanzrichtlinien-Gesetz. Düsseldorf.

Blachfellner, M./Drosg-Plöckinger, A./Fieber, S./Hofielen, G./Knakrügge, L./Kofranek, M./Koloo, S./Loy, Ch./Rüther, Ch./Sennes, D./Sörgel, R./Teriete, M. (2017): Arbeitsbuch zur Gemeinwohlbilanz 5.0. Wien.

Borrmann, A./Stockmann, R. (2009): Evaluation in der deutschen Entwicklungszusammenarbeit Bd. 1 (Systemanalyse) und Bd. 2 (Fallstudien). Münster et. al.

Bruhn, M. (2011): Marketing für Non-Profit-Organisationen. 2. Aufl., Stuttgart.

Buchheim, R./Deffland, M./Penter, V. (2008): An den europäischen Nachbarn orientieren: Die aktuellen Ereignisse haben die Diskussion um Transparenz im Non-Profit-Sektor neu entfacht. In: Wohlfahrt intern, 4. Jahrgang, Heft 4, S. 10 ff.

Bungartz, O. (2011): Handbuch Interne Kontrollsysteme (IKS) – Steuerung und Überwachung von Unternehmen. Berlin.

Coenenberg, A. G./Fischer, Th. M./Günther, Th. (2012): Kostenrechnung und Kostenanalyse. 9. Aufl., Stuttgart.

Collrepp, F. v. (2007): Handbuch Existenzgründung. 5. Aufl., Stuttgart.

Creditreform (2019): Insolvenzen in Deutschland. Neuss.

Dethleffsen, M. (2010): Chancen und Risiken der Kreditinstitute im Rahmen der Sanierung ihrer Kreditnehmer. Lohmar, Köln.

Deutsche Bank (2010): Wirtschaftsfaktor Wohlfahrtsverbände. Studie vom 16.11.2010. db-Research, Frankfurt a. M.

Deutsches Zentralinstitut für soziale Fragen (2006): Werbe- und Verwaltungsausgaben Spenden sammelnder Organisationen. Berlin.

Eisele, W./Knobloch, A. P./Disselkamp, A. K./Becker, M./Sossong, P. (2011): Technik des betrieblichen Rechnungswesens. 8. Aufl., München.

Eisenreich, Th./Halfar, B./Moos, G. (2005): Steuerung sozialer Betriebe und Unternehmen mit Kennzahlen. Baden-Baden.

Emerson, J. (2003): The blended Value Proposition: Intregrating Social and Financial Return. In: California Management Review Nr.4, S. 35 ff.

Girlich, G. C. (2011): Crashkurs Lohn- und Gehaltsabrechnung. München.

Gladen, W. (2003): Kennzahlen- und Berichtssysteme. 2. Aufl., Wiesbaden.

Greiner, L. E. (1972): Evolution and revolution as organizations grow. In: Harvard Business Review, H. 07/08, S. 37 ff.

Grin, W. (2010): Kennzahlenorientierte Bilanzanalyse. München.

Halfar, B./Wagner, B.(2011): Soziales wirkt. Teil 1: Der Social Return on Investment bewährt sich in der Praxis. In: BFS-Info/Bank für Sozialwirtschaft (Oktober 2011), S. 13–16.

Halfar, B./Wagner, B. (2011): Soziales wirkt: Teil 2: Wirkungsorientiertes Controlling. In: BFS-Info/Bank für Sozialwirtschaft (November 2011), S. 13–16.

Halfar, B./Moos, G./Schellberg, K. (2014): Controlling in der Sozialwirtschaft. Handbuch, Baden-Baden.

Hauschildt, J./Leker, H. (1988): Krisendiagnose durch Bilanzanalyse. Köln.

Heesen, B./Gruber, W. (2011): Bilanzanalyse und Kennzahlen: Fallorientierte Bilanzoptimierung. Wiesbaden.

Hofmann, A. (2004): Benchmarking. In: Krieger, K. (Hrsg.): Gabler-Lexikon Logistik. Management logistischer Netzwerke und Flüsse. Wiesbaden, S. 41 ff.

Horváth, P. (1996): Controlling.

Horváth, P./Mayer, R. (1989): Prozesskostenrechnung – Der neue Weg zu mehr Kostentransparenz und wirkungsvolleren Unternehmensstrategien. In: Controlling. H. 4, S. 214 ff.

Horváth, P./Mayer, R. (1993): Prozesskostenrechnung – Konzeption und Entwicklung. In: Kostenrechnungspraxis. Sonderheft 2, S. 15 ff.

Hummel, S./Männel, W. (2013): Kostenrechnung 1: Grundlagen, Aufbau und Anwendung. 4. Aufl., Wiesbaden.

IDW (Hrsg.) (2016): IDW Prüfungsstandards (IDW PS), IDW Stellungnahmen zur Rechnungslegung (IDW RS), IDW Standards (IDW S). 59. Ergänzungslieferung, Düsseldorf.

Jordan, Y./Vogelbusch, F. (2013): Die E-Bilanz: Aktueller Stand, Relevanz und Konsequenzen im Non-Profit-Bereich. In: KVI im Dialog. H. 4, S. 16 ff.

Jordan, Y./Vogelbusch, F. (2014): Aktuelle Hinweise zur E-Bilanz im Non-Profit-Bereich, in: KVI im Dialog, H. 3, S. 6 ff.

Kaplan, R. S./Norton, D. P. (1992): The Balanced Scorecard – Measures that Drive Performance. In: Harvard Business Review, Januar/Februar, S. 71 ff.

Kaplan, R. S./Norton, D. P. (1997): Balanced Scorecard. Stuttgart.

Kaplan, R. S./Cooper, R. (1999): Prozesskostenrechnung als Managementinstrument. Frankfurt a. M.

Klieme, E. et al. (2010): PISA 2009. Bilanz nach einem Jahrzehnt. Münster.

Korndörfer, W. (2003): Allgemeine Betriebswirtschaftslehre. Wiesbaden.

Kreft, G. (Hrsg.) (2011): Insolvenzordnung (InsO) Kommentar. 6. Aufl., Heidelberg.

Küpper, H.-U./Friedl, G./Hofmann, Ch./Hofmann, Y./Pedell, B. (2005): Controlling. Konzeption, Aufgaben, Instrumente. 4. Aufl., Stuttgart.

Küting, K. (1996): Erhebliche Gestaltungsspielräume: Das Spannungsverhältnis zwischen Bilanzpolitik und Bilanzanalyse. In: Blick durch die Wirtschaft, S. 11.

Lambert, S. (2005): Die Rolle des § 264 Abs. 2 HGB – *true and fair view* – im deutschen Bilanzrecht. Berlin.

Landesfeuerwehrverband S-H (2017): Handlungshilfe für die Führung der Kameradschaftskassen der Freiwilligen Feuerwehren in Schleswig-Holstein.

Leffson, U. (1987): Die Grundsätze ordnungsmäßiger Buchführung. 7. Aufl., Düsseldorf.

Littkemann, J./Sunderdiek, B. (1999): Der Verein: Rechtsgrundlagen zur Besteuerung, Rechnungslegung und Publizität. In: BBK 1999, F. 4, S. 1791.

Loon, J. v./Buchenau, M./Löbler, F./Bernshausen, G. (2012): POS – Personal Outcomes Scale: Individuelle Qualität des Lebens. Gelsenkirchen.

Lutter, M. (1988): Zur Rechnungslegung und Publizität gemeinnütziger Spenden-Vereine. In: Betriebsberater, S. 489 ff.

Maschke, H. (2009): Beurteilung und Steuerung der Wirtschaftlichkeit in der freien Wohlfahrtspflege am Beispiel der Diakonischen Altenpflege in Sachsen – Analyse der Ist-Situation und Ableitung von Handlungsempfehlungen mithilfe des Instruments Benchmarking. Lößnitz.

Merkt, H. (2001): Unternehmenspublizität. Offenlegung von Unternehmensdaten als Korrelat der Marktteilnahme. Tübingen.

Möhlmann-Mahlau, Th. (2010): Fachberater für Sanierung und Insolvenzverwaltung, Unterrichtseinheit InsB 1, S. 8 ff.

Moehrle, Ch. (2016): Aufbruch in die vierte Dimension. In: Die Stiftung, H. 4, S. 56 f.

Nagl, A. (2015): Der Businessplan: Geschäftspläne professionell erstellen Mit Checklisten und Fallbeispielen. 8. Aufl., Wiesbaden.

OECD (2001): Lernen für das Leben. Erste Ergebnisse der internationalen Schulleistungsstudie PISA 2000. Paris.

Olshagen, Ch. (1991): Prozesskostenrechnung – Aufbau und Einsatz. Wiesbaden.

Ottersbach, J. H. (2012): Der Businessplan: Praxisbeispiele für Unternehmensgründer und Unternehmer. 2. Aufl., München.

Pepels, W. (2013): Strategisches Marketing-Controlling: Grundlagen, Organisation, Instrumente. 2. Aufl., Düsseldorf.

Pfeiffer, I./Schwecke, D./Vogelbusch, F. (2011): Auswirkungen der Einführung der E-Bilanz auf kirchliche und diakonische Körperschaften. In: KVI im Dialog. H. 4, S. 6 ff.

Plümer, Th. (2016): Existenzgründung Schritt für Schritt. 2. Aufl., Wiesbaden.

Poniewaz, E. (2012): Der Pflegemarkt aus der Anbieterperspektive: Die wirtschaftliche Situation stationärer Pflegeinrichtungen. In: WIdO-Reihe, Wissenschaftliches Institut der AOK, Fokus Pflegeversicherung. Berlin.

Poniewaz, E. (2013): Arbeitskosten in der Pflege sind drastisch gestiegen. In: Altenheim 7/2013, S. 24 ff.

RKW (Hrsg.) (1995): RKW-Führungsmappe – Zahlen der Unternehmenssteuerung. 9. Aufl., Eschborn.

Roux, S. (2002): PISA und die Folgen: Der Kindergarten zwischen Bildungskatstrophe und Bildungseuphorie. www.kindergartenpedagogik.de/fachartiekl/bildung-erziehung-betreung/967. Abrufdatum: 4.3.2020.

Schauer, R./Andessner, R./Greiling, D. (2015): Rechnungswesen und Controlling für Non-Profit-Organisationen. 4. Aufl., Bern.

Schellberg, K. (2005): Vom Ideal zur Zahl. Betriebswirtschaftliche Aspekte der Organisationen der Sozialen Arbeit. In: Engelfried, C. (Hrsg.): Soziale Organisationen im Wandel: fachlicher Anspruch, Genderperspektive und ökonomische Realität. Frankfurt a. M./New York, S. 270 ff.

Schmidt, A. (1996): Kostenrechnung – Grundlagen der Vollkosten-, Deckungsbeitrags-, Plankosten- und Prozesskostenrechnung. Stuttgart.

Schmitz, H. (2000): Der Krankenhausbetriebsvergleich als Instrument der internen und externen Koordination. Lohmar/Köln.

Schneider, J./Ramb, J. (2010): Die Einnahmen-Überschussrechnung von A–Z. 5. Aufl., Stuttgart.

Social Reporting Initiative e. V. (Hrsg.) (2014): Leitfaden zur wirkungsorientierten Berichterstattung. Mühlheim a. d. Ruhr.

Schönfeld, W./Plenker, J. (2017): Lexikon für das Lohnbüro. Arbeitslohn, Lohnsteuer und Sozialversicherung von A-Z, Heidelberg.

Schultz, J. (2008): Bewertung der Angemessenheit von Verwaltungskosten eines Sozial-(Diakonischen) Unternehmens, unveröffentlichte Diplomarbeit, Evangelischer Hochschule für Soziale Arbeit (FH). Dresden.

Segna, U. (2005): Rechnungslegung und Prüfung von Vereinen – Reformbedarf im deutschen Recht. In: Bösche, Burchard/Walz, Rainer (Hrsg.): Wie viel Prüfung braucht der Verein – Wie viel Prüfung verträgt die Genossenschaft, S. 27 ff.

Segna, U. (2006): Rechnungslegung und Prüfung von Vereinen – Reformbedarf im deutschen Recht, in: DStR, S. 1568 ff.

Social Reporting Initiative e. V. (Hrsg.) (2014): Leitfaden zur wirkungsorientierten Berichterstattung. Mühlheim a. d. Ruhr.

Sprengel, R./Strachwitz, R. Graf/Rindt, S. (2003): Die Verwaltungskosten von Non-Profit-Organisationen – ein Problemaufriss anhand einer Analyse von Förderstiftungen. In: opusculum Nr. 11, Hamburg, S. 3.

SRS-Initiative (2014): Leitfaden.

Steffens, A. (2017): Pantha Rhei.

Stiftung für Zukunftsfragen (2014): Immer mehr Vereine – immer weniger Mitglieder: Das Vereinswesen in Deutschland verändert sich. Newsletter. Ausgabe 254.

Straßmann, W. (2000): Pflege-Buchführungsverordnung, Gesamtdarstellung mit Kosten- und Leistungsrechnung. 2. Aufl., Hannover.

Strecker, A. (1991): Prozesskostenrechnung in Forschung und Entwicklung. München.

Stützel, W. (1967): Bemerkungen zur Bilanztheorie. In: Zeitschrift für Betriebswirtschaftslehre, S. 314.

Tanne, M. (2007): Kostenrechnung. Stuttgart.

Uebelhart, B./Zängl, P. (2013): Praxisbuch zum Social-Impact-Modell. Baden-Baden

Vogelbusch, F. (2006): Primat des Handelsrechts in der Rechnungslegung von Vereinen? – Eine kritische Kommentierung von IDW ERS HFA 14. In: Der Betrieb. H. 37, S. 1796 ff.

Vogelbusch, F. (2007): Rechnungslegung gemeinnütziger Vereine. In: steuer-journal.de. Das Fachmagazin für Steuerberater, H. 21, S. 24–29.

Vogelbusch, F. (2009): Buchbesprechung zu: Prill, M.-A. (Hrsg.): Balanced-Scorecard-Gestaltung für Krankenhäuser. www.Socialnet.de 11/9.

Vogelbusch, F. (2011): Prüfungen in Vereinen. In: Der Verein, H. 4, S. 10 ff.

Vogelbusch, F. (2011): Transparenz und gute Vereinsführung. In: Der Verein, H. 3, S. 1 ff.

Vogelbusch, F. (2012): Transparenz in Welt und Kirche. In: KVI im Dialog, H. 1, S. 12 f.

Vogelbusch, F. (2014): Angemessene Verwaltungskosten für caritative und diakonische Unternehmen – Welchen Beitrag kann das Benchmarking für die Beurteilung der Höhe der Overheadkosten leisten? in: KVI im Dialog, H. 2, S. 6 ff.

Vogelbusch, F. (2014): E-Bilanz für Vereine. In: Lexware der verein wissen online. Aktuelle Hinweise zur E-Bilanz für Vereine (Stand: September 2014), Haufe Index 7201158.

Vogelbusch, F. (2017): BWL Sozial – Entwicklung einer modernen Managementlehre für Sozialunternehmen.

Vogelbusch, F. (2018): Der Aufsichtsrat in gemeinnützigen Unternehmen. In: NZG 30/2018, S. 1161 ff.

Vogelbusch, F. (2018): Management von Sozialunternehmen. München.

Vogelbusch, F. (2018): Transparenz und gute Vereinsführung. In: Lexware der verein wissen, November 2018, Haufe-Lexware, www.verein-aktuell.de, Führung und Organisation, Gruppe 2.4.12, S. 1 XX ff.

Weber, M. mit St. Petrick. Bertelsmann Stiftung Gütersloh https://www.bertelsmann-stiftung.de/fileadmin/files/BSt/Publikationen/GrauePublikationen/GP_Was_sind_Social_Impact_Bonds.pdf (Abrufdatum: 4.3.2020)

Weber, J./Schäffer, U. (2000): Balanced Scorecard & Controlling. 2. Aufl., Wiesbaden.

Wedell, H./Dilling, A. A. (2014): Grundlagen des Rechnungswesens. 14. Aufl., Herne.

Wöhe, G./Döring, U. (2013): Einführung in die Allgemeine Betriebswirtschaftslehre. 25. Aufl., München.

World Bank (2003): A User's Guide to Poverty and Social Impact Analysis, Poverty Reduction Group and Social Development Department. World Bank, Washington.

Zdrowomyslaw, N./Kasch, R. (2002): Betriebsvergleiche und Benchmarking für die Managementpraxis: Unternehmensanalyse, Unternehmenstransparenz und Motivation durch Kenn- und Vergleichsgrößen. München/Wien.

Zerres, M. P. (2000): Handbuch Marketing-Controlling. 2. Aufl., Berlin.

Zimmermann, R. (1995): Die Einnahmen-Überschussrechnung. In: NWB Nr. 39 vom 25.9.1995, S. 3087 Fach 17 S. 1379.

Internetquellen

www.cdn.dosb.de/user_upload/www.dosb.de/uber_uns/Mitgliederversammlung/Duesseldorf_2018/Anlagen/ TOP_14_3_Anlage_Jahresrechnung_2017__Stand_10_10_2018.pdf (Abrufdatum: 17.10.2019)

www.destatis.de/DE/Themen/Branchen-Unternehmen/Unternehmen/Gewerbemeldungen-Insolvenzen/Publikationen/_publikationen-innen-insolvenzen.html?nn=206104 (Abrufdatum: 16.10.2019)

www.diakonie.de/fileadmin/user_upload/Diakonie/PDFs/Ueber_Uns_PDF/Transparenzstandards_Caritas_und_Diakonie_Januar_2019.pdf (Abrufdatum: 2.1.2019)

www.dresden.de/media/pdf/berichte/Beteiligungsbericht2015.pdf (Abrufdatum: 12.10.2017)

www.dresden.de/media/pdf/kitas/Ergebnisbericht_6._Dresdner_Elternbefragung_2018.pdf (Abrufdatum: 15.10.2019)

www.dresden.de/rathaus/aktuelles/pressemitteilungen/2019/04/pm_092.php (Abrufdatum: 12.11.2019)

www.dzi.de/wp-content/pdfs_DZI/DZI-SpS-Leitlinien_2019.pdf (Abrufdatum: 20.11.2019).

www.ecogood.org/de/community/pionier-unternehmen/ (Abrufdatum: 20.6.2017)

www.elisabeth-verein.de/fileadmin/user_upload/PR/Dokumente/ Jugendhilfe/GEMEINWOHL- Bilanz-30-11-18.pdf (Abrufdatum: 12.11.2019)

www.engagiert-in-nrw.de/wettbewerbe-und-preise (Abrufdatum: 21.11.2019)

www.existenzgruender.de/DE/Mediathek/Publikationen/Gruender-Zeiten/inhalt.html (Abrufdatum: 3.5.2017)

www.existenzgruender.de/SharedDocs/Downloads/DE/GruenderZeiten/Gruender-Zeiten-22.pdf?__blob=publicationFile (Abrufdatum: 3.5.2017)

www.feuerwehrverband.de/statistik.html (Abrufdatum: 24.10.2109)

www.finanzamt-bitburg-pruem.fin-rlp.de/fileadmin/user_upload/ Finanzaemter/FA%20Bitburg-Pruem/Bilder/feuerwehrundsteuerrecht.pdf (Abrufdatum: 24.10.2019)

www.finanzamt-bitburg-pruem.fin-rlp.de/fileadmin/user_upload/ Finanzaemter/FA%20Bitburg-Pruem/Bilder/feuerwehrundsteuerrecht.pdf (Abrufdatum: 24.10.2019)

www.gautinger-sportclub.de/verein/hauptversammlung.html (Abrufdatum: 18.10.2019).

www.idw.de/idw/idw-aktuell/der-neue-bestaetigungsvermerk-formulierungsbeispiele/103860 (Abrufdatum: 5.11.2019)

Insolvenzstatistik des Statischen Bundesamtes: https://www.destatis.de/DE/Themen/Branchen-Unternehmen/Unternehmen/Gewerbemeldungen-Insolvenzen/Publikationen/_publikationen-innen-insolvenzen.html?nn=206104 (Abrufdatum: 16.10.2019).

www.iww.de/vb/archiv/abc-der-zweckbetriebe-einrichtungen-der-wohlfahrtspflege-unter-diesen-bedingungen-sind-sie-ein-zweckbetrieb-f17779 (Abrufdatum: 20.11.2019)

www.lfv-bayern.de/media/filer_public/b7/82/b78262ae-7fe2-4c17-a0f0-23f0aec8805f/2007-43732_informationsblatt.pdf (Abrufdatum: 24.10.2019)

www.lfv-sh.de/download.html (Abrufdatum: 28.10.2019)

www.Socialnet.de (Abrufdatum: 11.9.2019)

www.vereindesjahres.de/ (Abrufdatum: 21.11.2019)

www.vereinsaktion.entega.de/wettbewerb/ (Abrufdatum: 21.11.2019)

www.wirtschaftslexikon.gabler.de/Archiv/2297/benchmarking-v7.html. (Abrufdatum: 1.5.2014)

Stichwortverzeichnis

16-Felder-Tafel 144

A
Adressat
- externer 28
- interner 28
Aktivseite 79
Amortisationsrechnung 168
Analyseblicke
- auf die Bilanz 261
- auf die GuV 261
Analyseinstrumente
- Kennzahlensysteme 160
- Kostenrechnung 160
- Soll-Ist-Abweichungsanalyse 160
Anhang 202, 235, 262
Anhangangaben 236, 241
Anlagenbuchhaltung 52, 82
Anlagenspiegel 246 f.
Annuitätenmethode 169
Arbeitsergebnisrechnung
- bei Werkstätten für behinderte Menschen (WfbM) 49
Arbeitsgemeinschaft Evangelikaler Missionen (AEM) 265
Aufsichtsgremium 190
Ausschüttungssperre 35, 97

B
Balanced Scorecard (BSC) 143, 151 f., 160, 211
- vier Perspektiven 152
Bankbeleg 82
Basisinformationssystem 160
Belegablage
- geordnete 71
Belegprinzip 45
Benchmarking 213
- Best-Practice-Benchmarking 215
- funktionales 215
- internes 215
- Konzernbenchmarking 215
- marktübergreifendes 215
- Typen 215
- Wettbewerbsbenchmarking 215
Besserungsschein 186
Bestätigungsvermerk 98, 197
- uneingeschränkter 247
Beteiligungsübersicht 236
Betriebsabrechnungsbogen (BAB) 106 f.
- Grundschema 107
Betriebsergebniskonto 115
Betriebsergebnisrechnung 110
Betriebskostenvergleich
- der BfS-Service GmbH 218
Betriebsvergleich 211
- der BFS Service GmbH 216
- externer 212
Betriebswirtschaftliche Auswertung (BWA) 53, 89, 160
- Auswertungslayouts 95
- Layout 92
- mögliche Ergänzungen 93
- Schema 90
- Vergleichs-BWA 90
- verschiedene Formen 94
Bewertung 47
Bewertungsfreiheit
- geringwertige Wirtschaftsgüter 70
Bilanz 78 f.
Bilanzanalyse 201
Bilanzansatz 47
Bilanzausweis 47
- Gliederung 47
- Grundsätze der Gliederung 47
Bilanzierung
- dem Grunde nach 47
- der Höhe nach 47

Bilanzierungsstandards
- internationale 81
Bilanzkontinuität
- materielle 48
Bilanzrechtsmodernisierungsgesetz (BilMoG) 39
Buchführung
- allgemeine Regeln 44
- doppelte Buchführung in Konten (Doppik) 33, 78
- einfache 31, 70
- elektronische 45
- Finanzbuchführung 68
- Zwecke 34
Buchführungspflicht 33
- allgemeine Regeln 44
- derivative 32
- originäre 32
Buchhaltung
- Anlagenbuchhaltung 159 f.
- Bank 160
- Debitorenbuchhaltung 52
- Finanzbuchhaltung 51, 159
- Jahresabschlussbuchungen 160
- Kasse 160
- laufende Geschäftskosten 160
- Lohnbuchhaltung 51, 159 f.
- Offene-Posten-Buchhaltung 52, 159
- Sonderposten 160
- Sonderpostenbuchhaltung 159
Budget
- flexibles 141
- starres 141
Budgetierung 99, 137
- Input-orientierte 139
- Output-orientierte 139
- programmbezogene 139
- ressourcenbezogene 139
- Zero-Base-Budgeting 139 f.
Budgetierungsprozess 25
Bundesamt für Justiz 98
Bundesanzeiger
- elektronischer 98
Businessplan 53, 57
Businessplanwettbewerb 60

C
Chancen
- der zukünftigen Entwicklung 256
Chancenbericht 258
Chefmappe
- des RKW 23
Compliance 87
Controlling 99
- wirkungsorientiertes 144
Controllingdimensionen 146
Controllinginstrumente
- umfassende 143
Corporate-Governance-Kodex 41

D
Datenfernübertragung 74
Debitor 82
Deckungsbeitragsrechnung (DB-Rechnung) 117
- mehrstufige 119
Deutsche Evangelische Allianz (DEA) 265
Deutscher Olympischer Sportbund (DOSB) e. V. 249
Deutsches Zentralinstitut für soziale Fragen (DZI) 265
Diakonie Rostocker Stadtmission e. V. 231
Diözesan-Caritasverband Augsburg e. V. 229
Direct Costing 117, 119
Divisionskalkulation 112
- Beispiel 171
- mehrstufige 113
Dokumentation 34
Dokumentationsfunktion
- allgemeine 51

DuPont-Kennzahlensystem 210
DZI
- Spenden-Almanach 267
- Spenden-Siegel 266

E
Earnings
- After Taxes (EAT) 81
- Before Interest and Taxes (EBIT) 81
- Before Interest, Taxes, Depreciation and Amortization (EBITDA) 81
- Before Taxes (EBT) 81
E-Bilanz 42, 85
Effect 143
Ehrenamtlicher 273
Einheitsbilanz 199
Einnahmen-Ausgabenrechnung 70
Einnahme-Überschussrechnung (EÜR) 70
Einzelabschluss 98
Einzelkosten 104
Endkostenstelle 108
Enterprise-Resource-Planning (ERP) 25, 86
Entgeltverhandlung 51
Entlastung
- des Vorstands 36
Erfolgsrechnung
- kurzfristige 89, 160
Erfolgsspaltung 109
Ergebnis
- neutrales 253
Eröffnungsbilanz 79
Ertragslage 242, 260

F
Feuerwehrverein 50
Financial Reporting Standards 147
Finanzausschuss 196
Finanzierungsplan 61
Finanzplan 61, 66
Finanzstruktur 244
Fixkostendeckungsrechnung
- stufenweise 120
Fördermittelgeber 274
Forderungsverzicht 186
Fortführungsprognose
- positive 37
Führungsmodell
- duales 190

G
Gautinger Sport Club e. V. 224
Geldrechnung 71
Gem1-Erklärung 264
Gemeinkosten 104
Gemeinschaftskontenrahmen 83
Gemeinwohlbilanz 148, 150
Gemeinwohlmatrix 148
Generalnorm
- für Kapitalgesellschaften 46
geringwertige Wirtschaftsgüter
- Bewertungsfreiheit 70
Gesamtkostenverfahren 115
Geschäftsführung 190
- Prüfung der Ordnungsmäßigkeit 50
- tatsächliche 264
Geschäftsplan 53, 57
- Erstellungsbeispiel 61
- Erstellungsempfehlung für Vereine 65
- für Non-Profit-Einrichtungen 60
- Gliederung 59
- wesentliche Inhalte 59
Gewinn- und Verlustrechnung (GuV) 80
- Kontoform 80
- Staffelform 80
Gewinnvergleichsrechnung 167
Gläubigerschutz 97
Gleichgewicht
- finanzielles 135
Grundbuch 82

Grundsatz
- der Bilanzidentität 48
- der Einhaltung der Aufstellungsfristen 46
- der Einzelbewertung 48
- der formellen Kontinuität 47
- der Klarheit und Übersichtlichkeit 45 f.
- der periodengerechten Zuordnung 48
- der Richtigkeit 45
- der Stetigkeit 47
- der Vollständigkeit 45, 47
- der zeitnahen Aufstellung 48
- der zeitnahen und geordneten Buchung 46

Grundsätze ordnungsmäßiger Buchführung (GoB) 34, 43
- formelle 45
- im engeren Sinne 45
- im weiteren Sinne 44
- materielle 45

Grundsätze ordnungsmäßiger Speicherbuchführung (GoS) 85

Gutenberg, Erich 135

H

Handelsbilanz
- Aufgaben 35

Haushaltsplan 138
- für einen Verein der Freiwilligen Feuerwehr 226
- Schema 226

Haushaltsrecht
- kamerales Rechnungswesen 50

Haushaltsüberwachungsliste 139

Herstellkosten 111 f.

I

IDW PS 740 41

IDW PS 750 41

IDW Rechnungslegungsstandards (IDW RS) 40

IDW RS 14 49

IDW RS HFA 14 41, 268

IDW RS HFA 5 41

IDW-Standards zur Prüfung (PS) 40

Impact 143

Imparitätsprinzip 48

Input 143

Insolvenz
- Selbstschutz des Managements 36

Insolvenzanfälligkeitsquote 176

Insolvenzantragspflicht 185

Insolvenzordnung 181

Insolvenzstatistik
- Statistisches Bundesamt 175

Insolvenztatbestand 181

Insolvenzverschleppung
- Strafbarkeit 186

Institut der Wirtschaftsprüfer (IDW) 40, 199, 268

Instrumente
- der Wirkungsmessung 160 f.
- des IKS 88
- externe 31
- interne 50
- strategische 160

Internes Kontrollsystem (IKS) 87
- Prinzipien 88

Investition 161

Investitionsplan 61, 65

Investitionsplanung 162

Investitionsrechnung 51, 161
- dynamische Verfahren 164
- mit vollständigem Finanzplan 165
- statische Verfahren 164
- Verfahren 164

Ist-Kostenrechnung 100

Istrechnung 71

J

Jahresabschluss 71, 96
- Aufgaben 97
- Aufstellung 97
- Aufstellungsfrist 97
- Feststellung 36, 98
- handelsrechtlicher 41
- keine gesetzliche Offenlegungspflicht 42
- Offenlegung 41
- Offenlegungspflicht 98
- Zwecke 34

Jahresabschlussanalyse 201
- einbetriebliche 203
- einperiodige 203
- externe 202
- formelle 203
- interne 202
- materielle 203
- mehrperiodige 203
- Vorgehensweise 260

Jahresabschlussbuchungen 91
Jahresabschlussprüfung 197 f., 268
- bei Vereinen 39, 198
- freiwillige 39
- keine gesetzliche Prüfungspflicht 198
- Kontrolle 268
- Ziel 197

K

Kalkulation 110
- als Hauptanwendungsfall der Kostenrechnung 170
- von Preisen 51

Kalkulationsverfahren 112
Kapitalerhaltung 34
Kapitalerhöhung 186
Kapitalflussrechnung 202
Kapitallage 243
Kapitalstruktur 244
Kapitalwertmethode 169
Kaplan, Robert S. 152
Kassenbuch 82
Kassenführung
- Prüfung bei kleineren Vereinen 193

Kassenprüfer 192 f.
Kassenprüfung
- Erörterungen (Checkliste) 196

Kennzahlen 95, 204
- externe 204
- Funktionen 204
- Grenzen der Analyse von Jahresabschlüssen 209
- interne 204
- weitere Kennzahlen für Vereine 208
- wichtige Kennzahlen zur Analyse des Jahresabschlusses 206

Kennzahlenanalyse 202
Kennzahlensysteme 209
- operative 210

Kontennachweis 71
Kontenrahmen 71, 83
Kontenrechnung
- Schema 78

Konto 78
Kontoauszug 82
Kontobuchführung 78
Konzernabschluss 98
Kosten
- fixe 104
- relevante 174
- sprungfixe 102
- variable 104

Kosten- und Leistungsrechnung (KLR) 99
Kostenarten 102
Kostenartenrechnung 103
Kostenrechnung 99
- Einsatzgebiete 173
- nach Umfang der Kostenverrechnung 101
- nach Zeitbezug 100
- Verfahren 106

Kostenstellenrechnung 100, 105
Kostenträgerrechnung 110
Kostenträgerstückrechnung 110
Kostenträgerzeitrechnung 110, 114
Kostentreiber 125
Kostenvergleichsrechnung 164
Krankenhausbuchführungsverordnung (KHBV) 84, 100
Kreditor 82
Kunde 82

L
Lagebericht 197, 202, 258, 262
Leistungsbericht 271
Leitfaden SRS 149
Lieferant 82
Liquidität
- dynamische 135
Liquiditätsstatus 185
lnsolvenzverfahren
- Eröffnung 182
Lohnbuchführung 86
Lohnbuchhalter 86
Lohnbuchhaltung 86
Lutter, Marcus 274

M
Meldung
- an das Finanzamt 87
- an die Agentur für Arbeit 87
- an die Sozialversicherungen 87
Mitgliederversammlung 190

N
Nebenbuch 82
Normal-Kostenrechnung 100
Norton, David P. 152

O
Offene-Posten-Auswertung 93
Offene-Posten-Liste 92
- Beispiel 93
OLAP-Datenbank 25
Omse e. V., Dresden 222
Ordnungsgeld 98
Organisationsentwicklung 160
Outcome 143
Output 143

P
Passivseite 79
Patronatserklärung 186
Personalaufwand
- pro Mitarbeiter 223
Personalentwicklung 160
Pflegebuchführungsverordnung (PBV) 84, 100
PISA-Schulleistungsstudie 146
Plan-Kostenrechnung 100
Planung
- operative 135
- strategische 133, 135
- taktische 135
- unternehmerische 132
Planungsinstrumente
- Finanz- und Liquiditätsplan 160
Planungsprozess 25
- Phasen 134
Primärkostenverrechnung 107
Principal-Agent-Theorie 50
Prinzip
- automatischer Kontrolle 88
- der Funktionstrennung 88
- der Mindestinformation 88
- der Transparenz 88
- des Schaffens angemessener organisatorischer Regelungen 88
Profit-Center-Rechnung 119
Prozesskostenrechnung 122
Prüfbericht 194, 197
Prüfung
- durch die Finanzverwaltung 264
- durch die Vereinsregister 263
- durch die Zuwendungsgeber 265
- durch Spendensiegel 265

Prüfungsansatz
- risikoorientierter 198
Prüfungsbericht 40, 196, 241, 245, 250
Prüfungspflicht
- gesetzliche 38
Publizität 268
Publizitätsgesetz (PublG) 268
Publizitätspflicht
- für Nichtkapitalgesellschaften 42

Q
Qualitätsprüfung
- medizinische Dienste der Krankenversicherungen (MDK) 269

R
Rangrücktrittserklärung 186
Realisationsprinzip 48
Rechenschaft 34
Rechenschaftslegung
- unterjährige 191
- Vertrauen in die 39
Rechnungslegung
- Besonderheiten bei Vereinen 48
- externe 48
- Primat des Handelsrechts 199
- von Stiftungen 41
- von Vereinen 41, 199
Rechnungsprüfer 193
Rechnungsprüfung
- große Vereine 196
- mittelgroße Vereine 196
Rechnungswesen 22
- Adressaten 28
- eingesetzte Instrumente 56
- Entwicklungsstufen 159 f.
- internes 99
- Prüfung bei Vereinen 189
Reformvorschläge
- zur Offenlegung 271
- zur Rechnungslegung und Transparenz für Vereine 270
Rentabilitätsplan 61, 64, 67
Rentabilitätsvergleichsrechnung 167
Reporting 51, 99
Reportinginstrumente
- umfassende 143
Reporting-Tools 25
Revisor 193
Risiken
- der zukünftigen Entwicklung 256
Risikobericht 259
Rotes Kreuz Kreisverband Berlin Steglitz-Zehlendorf e. V. 238
Rücklage
- Verwendungsbeschluss 36
Rücklagenaufstellung 75

S
Sanierungsmaßnahme 185
- finanzwirtschaftliche 186
Schmalenbach, Eugen 83
Segmentberichterstattung 202
Sekundärkostenverrechnung 108
- Verfahren 109
Selbstkosten 111 f.
Shareholder 201
Siegel 265
Social Reporting Standard (SRS) 148
Social Return on Investment (SROI) 143
Soll-Ist-Abweichungsanalyse 100
Sonderpostenbuchhaltung 83
Sondervermögen Kameradschaftskasse 226
Sozialbilanz 151
Sozialrendite 147
Spendenbericht 271
Spender 273
Staffelrechnung 68
Stakeholder 28, 42, 50, 201, 273
Standardkontenrahmen (SKR) 84
Stellenplan 138

Steuerbilanz 42
- Ableitung der Steuerbilanz aus der Handelsbilanz 42
Steuergeheimnis 265
Steuerungsinstrumente
- Berichtswesen 160
- Risikomanagementsysteme 160
Stichtagsprinzip 48
Stiftung
- Prüfung 41
Strategieumsetzung 151
Summen- und Saldenliste 92
System der Transparenz
- für Vereine 263

T
Taxonomie 85
Teilkostenrechnung 101
Testat 39, 249
Transparenz 50, 274
Transparenzstandards
- von Caritas und Diakonie 271
Transparenzvorschriften
- gesetzliche 269
- im Pflegebereich 269

U
Überschuldung 36, 184
- bilanzielle 184
- tatsächliche 184
Überschuldungsstatus 185
Überschussrechnung nach § 4 Abs. 3 EStG 70
Umsatzkostenverfahren 115
Umsatzrentabilität 223
Unterbilanz 37
Unternehmenskrise
- akute 179
- betriebswirtschaftliche Ursachen 177
- latente 178
- Pflichten des Managements 184
- potenzielle 178
- Stadien 187
- Symptome 179
Unternehmensregister 98

V
Verbindlichkeitenspiegel 237
Verein
- Empfehlung für mittelgroßen und großen 47
- Größeneinteilung 34
- großer 189, 273
- kleiner 189, 273
- mittelgroßer 189, 273
- Prüfung 41
Vereinsinsolvenz 175
Vereinsjahresabschluss
- Analyse 220
Vereinskontenrahmen 84
Vereinsregister 21
Vergleich
- einbetrieblicher 211
- zwischenbetrieblicher 211
Vergleichsringe
- der Kommunalen Gemeinschaftsstelle für Verwaltungsvereinfachung (KGSt) 214
Vermögensaufstellung 74
- nach dem Bilanzschema 76 f.
Vermögenslage 243
- Kapitalstruktur 255
- Vermögensstruktur 255
Vermögensübersicht 225, 227
- für einen Verein der Freiwilligen Feuerwehr 228
- Schema 228
Verwaltungskosten
- Angemessenheit 216
Vier-Augen-Prinzip 88
Vollkostenrechnung 101
Vorhabensbeschreibung
- verbale 68
Vorkostenstelle 108

Vorschriften
- für alle Kaufleute 43
- für Kapitalgesellschaften 43
- handelsrechtliche 43
- zur Buchhaltung 22
- zur Lageberichterstattung 22
- zur Rechnungslegung 22
Vorwegberichterstattung 256

W

Warenausgangsbuch 82
Wareneingangsbuch 82
Werkzeugkasten
- des Kaufmanns 55
Wirkungskette 143
- Input-Output-Outcome-Impact 143
Wirkungsmatrix
- stakeholderbezogene 145
Wirkungsmessung 151
Wirtschaftsprüfer 196, 268
Wirtschaftsprüfungsgesellschaft 196

Z

Zahlungsstockung 182
Zahlungsunfähigkeit 182
- drohende 183
- Tatbestandsmerkmale 182
Zielkostenrechnung 130
Zinsfuß
- interner 169
Zuschlagskalkulation 112 f.
- differenzierende 113
- summarische 113
ZVEI-Kennzahlensystem 211

Exklusiv für Buchkäufer!

Ihre Arbeitshilfen zum Download:

- **http://mybook.haufe.de/**
- **Buchcode:** RGY-8509